U0160727

自己的英雄

HOW TO MAKE A SPACESHIP

向更大的世界探索

［美］**朱莉安·格思里**（Julian Guthrie）_ 著

杨占 王良兰 译

中信出版集团｜北京

图书在版编目（CIP）数据

自己的英雄：向更大的世界探索 /（美）朱莉安·
格思里著；杨占，王良兰译. -- 北京：中信出版社，
2021.1
书名原文：How to Make a Spaceship
ISBN 978-7-5217-2480-6

Ⅰ.①自… Ⅱ.①朱… ②杨… ③王… Ⅲ.①宇宙飞
船—普及读物 Ⅳ.①V476.2-49

中国版本图书馆CIP数据核字（2020）第 230177 号

自己的英雄——向更大的世界探索

著　者：[美]朱莉安·格思里
译　者：杨占　王良兰
出版发行：中信出版集团股份有限公司
　　　　　（北京市朝阳区惠新东街甲 4 号富盛大厦 2 座　邮编　100029）
承 印 者：中国电影出版社印刷厂

开　本：880mm×1230mm　1/32　　印　张：14.5　　字　数：450 千字
版　次：2021 年 1 月第 1 版　　　　印　次：2021 年 1 月第 1 次印刷
京权图字：01-2017-0378
书　号：ISBN 978-7-5217-2480-6
定　价：59.00 元

彼得·戴曼迪斯在一年级的科学展会上展示他制作的原子模型。这次展会他只得了第二名，这让他心有不甘。（彼得·戴曼迪斯提供）

彼得与父亲哈里、母亲图拉，以及妹妹玛塞勒。（彼得·戴曼迪斯提供）

6 岁的彼得·戴曼迪斯拿着父母给他的玩具——医疗箱扮演医生。他正在给妈妈体检。

（彼得·戴曼迪斯提供）

联合国"和平与非政府利用太空"会议，1982 年，维也纳。在这次会议上，彼得初次见到亚瑟·克拉克。

（彼得·戴曼迪斯提供）

彼得（右）和一起制造火箭的小伙伴比利·格林伯格。面前摆放的是他们自己制造的"蒙戈"火箭。

（彼得·戴曼迪斯提供）

乔治·华盛顿大学，在太空探索与开发学生社团主席交接仪式上，彼得（右）和托德·霍利亲切握手。（彼得·戴曼迪斯提供）

1989年，彼得与父亲在哈佛大学毕业典礼上。（彼得·戴曼迪斯提供）

科罗拉多州蒙特罗斯，火箭制造者与太空爱好者的"约翰·高尔特"集会。在没有美国国家航空航天局的帮助下，彼得和其他与会者探讨进入太空的办法。这里也是X大奖诞生的地方。

（彼得·戴曼迪斯提供）

蒙特罗斯的"火箭制造"头脑风暴将六七位热衷于商业太空的人士吸引到戴维·瓦恩和迈拉·瓦恩的家中。

（彼得·戴曼迪斯提供）

（从左至右）1995年，彼得、托德·霍利、鲍伯·理查兹在史密森尼国家航空航天博物馆。这是三人的最后一张合影。

（彼得·戴曼迪斯提供）

1996年，圣路易斯，1000万美元的X大奖正式对外公布。之所以选取圣路易斯作为发布地，是因为1927年，年轻的飞行员查尔斯·林德伯格也是在这里寻求到资助的，从而完成了跨越大西洋的飞行。（彼得·戴曼迪斯提供）

6岁的伯特·鲁坦在位于加州迪纽巴的家里，手里拿着一架自己制造的飞机模型。伯特从来没用玩具套装拼装过飞机，而是按照自己的设计，用巴尔沙木制作飞机模型。

（伯特·鲁坦提供）

16 岁的伯特·鲁坦自己组装了飞机模型，并参加了全美航模大赛。
（伯特·鲁坦提供）

1986 年，迪克·鲁坦和珍娜·耶格尔驾驶旅行者号正在进行历史性的环球飞行。迪克的弟弟伯特·鲁坦，以及他们的朋友迈克·梅尔维尔、萨莉驾驶着公爵夫人迎接他们归来。（马克·格林伯格提供）

缩尺复合体工程师史蒂夫·洛西在制造太空船 1 号的座舱。(戴夫·摩尔提供)

位于莫哈韦沙漠中一个机库内的缩尺复合体公司。正在建造的是伯特·鲁坦和保罗·艾伦的秘密航天项目——太空船 1 号,它将由"白衣骑士"母舰搭载至空中,然后再发射进入亚轨道。(戴夫·摩尔提供)

缩尺复合体公司于2003年4月对外公布了其太空船计划。图为伯特（左）、水星号飞船与航天飞机设计者马克斯·费格特（中），以及宇航员巴兹·奥尔德林（右）。（布拉德利·韦茨提供）

左图：2003年4月，白衣骑士和太空船1号首次公开亮相。图为缩尺复合体飞行员（从左至右）：道格·沙恩、迈克·梅尔维尔、皮特·西博尔德、布莱恩·宾尼。（布拉德利·韦茨提供）

右图：英国人史蒂夫·贝内特和他制造的火箭。贝内特放弃了在高露洁的稳定工作，创建了公司并自己制造火箭。他是X大奖参赛者中最早发射火箭的人。照片摄于2001年，英格兰莫克姆湾。

（布拉德利·韦茨提供）

阿根廷。阿根廷空间科学家巴勃罗·代·利昂和他参与X大奖角逐的太空舱。他的同事曾告诫他,如果他参与X大奖角逐,他将失去科学家的名誉。(巴勃罗·代·利昂提供)

罗马尼亚人杜米特鲁·波佩斯库从布加勒斯特理工大学的航空航天工程学院退学后,潜心制造火箭并参与X大奖角逐。图为波佩斯库与他参加X大奖角逐的火箭,摄于2004年9月。(杜米特鲁·波佩斯库提供)

埃里克·林德伯格——查尔斯·林德伯格与安妮·莫罗·林德伯格的孙子。在做完双膝关节置换手术后进行恢复性训练。在被诊断为类风湿性关节炎之后，他努力找回原来属于自己的生活。

（芭芭拉·罗宾斯提供）

继他的祖父于 75 年前历史性飞越大西洋之后，埃里克·林德伯格于 2002年驾驶兰斯 300 飞机飞越大西洋，并在巴黎勒布尔热机场成功着陆。

（兰斯公司提供）

2004 年 6 月 20 日，缩尺复合体公司准备创造私人载人航天历史的前一夜，伯特·鲁坦（居左坐）在位于莫哈韦的家中接待了微软共同创始人保罗·艾伦（居中坐）和维珍集团创始人理查德·布兰森（居右坐）。伯特称这次会面为"远景峰会"，瞄准的是太空探索和太空殖民。（汤娅·鲁坦提供）

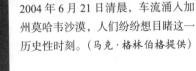

2004 年 6 月 21 日清晨，车流涌入加州莫哈韦沙漠，人们纷纷想目睹这一历史性时刻。（马克·格林伯格提供）

伯特·鲁坦的白衣骑士载着太空船 1 号升空。到达 48 000 英尺的高空后，太空船 1 号驾驶员迈克·梅尔维尔将点燃火箭发动机，驾驶飞船飞往 62 英里高的卡门线。

（马克·格林伯格提供）

2004年6月21日，试飞员迈克·梅尔维尔从莫哈韦机场的跑道上起飞，经过亚轨道飞行之后，又在跑道上降落，降落地点离欢呼的人群仅数十英尺。他一下子成为公众的偶像。照片中，他在一个妇女的背上签名，周围还有很多人向他索要签名。（马克·格林伯格提供）

2004年6月21日，这一历史性的亚轨道飞行成功之后，伯特·鲁坦、飞行员迈克·梅尔维尔，以及太空船1号的赞助者保罗·艾伦共同面对摄影者和公众。伯特·鲁坦转过身来，抑制不住满脸喜悦。（马克·格林伯格提供）

完成飞行之后，兴奋的迈克·梅尔维尔举着他的老板兼好友伯特·鲁坦从人群中拿过来的一幅标语。伯特和保罗·艾伦（戴帽者）则坐在一辆皮卡车的后面，将太空船1号拉回机库。（马克·格林伯格提供）

迈克·梅尔维尔在十多岁时就
与萨利在南非相爱了。两人后
来一起离家出走并结婚。这张
照片摄于1962年10月6日,
这是两人结婚的前一天,英
格兰。
(迈克·梅尔维尔和萨利提供)

2004年9月29日,为夺取X大奖的第一次正式飞行。迈克与萨利正深情
对望。萨利深知此次飞行的危险,她担心会失去自己的丈夫。
(马克·格林伯格提供)

2004年10月4日,决定成
败的第二次飞行。早上,迈
克·梅尔维尔(左)告诉布莱
恩·宾尼,说相信他一定能够
成功。布莱恩准备对1 000万
美元的大奖发起最后的冲刺,
并决意以此赢回"王牌飞行
员"的称号。
(马克·格林伯格提供)

作为试飞员的妻子，心中的担忧是相同的。2004年10月4日起飞前，布莱恩的妻子芭布（左）与萨利站在跑道上。（戴夫·摩尔提供）

彼得·戴曼迪斯（右）怀着一生的梦想，携父亲哈里观看了太空船1号于2004年10月4日这次决定胜负的飞行。这个日子是伯特·鲁坦特意挑选的，是为了纪念第一颗人造卫星斯普特尼克号（1957年）成功发射。（彼得·戴曼迪斯提供）

白衣骑士搭载着太空船
1号起飞了。
（马克·格林伯格提供）

布莱恩·宾尼驾驶着太
空船1号返航，数千名
观众为之欢呼。他们离
1 000万美元的X大奖
越来越近了。
（马克·格林伯格提供）

太空船1号赢得X大
奖后，理查德·布兰森
（白衬衫者）与伯特·鲁
坦紧紧地拥抱在一起。
对于他们两人而言，这
预示着太空商业化时代
的开启。
（马克·格林伯格提供）

2004 年 10 月 4 日，X 大奖被赢取之后，彼得对公众发表了一番热情洋溢的讲话。
[魏培伟（音，Peiwei Wei）提供]

2004 年 10 月 4 日，X 大奖角逐获得圆满成功。（从右至左）理查德·布兰森、布
莱恩·宾尼、伯特·鲁坦、保罗·艾伦、彼得·戴曼迪斯、阿米尔·安萨里、阿努
什·安萨里。（戴夫·摩尔提供）

谨以此献给我已故的父亲韦恩·格思里

和母亲康妮·格思里

谢谢你们给予我爱与力量

目录/

推荐序 / 勇者无畏

　　奖励，催生出一个又一个产业，树立起一座又一座里程碑。英国于 1714 年设立的经度奖挽救了无数船只和船员的生命。彼得·戴曼迪斯找到我，说他要设立一项 1 000 万美元的奖励基金，名叫 X 大奖。他的想法是，将这项奖励用于鼓励一些私人团队进行以前不太可能的空间探索。我对奖励的力量深信不疑，听完他的想法，本能地觉得非常可行。本来嘛，我的绰号就是"好好博士"。那时的我，总是有提前消费的习惯，钱还没到手就先预支了。但不知道为什么，我嘴里却说出了一个"不"字！

　　我们再次相遇是在 20 世纪 90 年代后期。那时，我已经去过不少地方，遇到很多人，他们都说自己有能力到太空中去。他们中大多数的情况都差不多，很多都有详细的计划，但是又拿不出像样的东西来。在加利福尼亚的莫哈韦沙漠，有一枚被称为"旋子"的火箭，制造者誓要以此打败美国国家航空航天局（NASA）。不过那枚火箭似乎不太好控制，在我看来挺危险的。所以，我只是一直在观望。

太空啊！是我几十年来梦寐以求的地方。我依然清晰地记得当年和父母以及两个妹妹坐在一起观看阿波罗 11 号登月的情景。那年我 19 岁，看到几名宇航员能够飞往另一个星球，简直让我心驰神往。依我看，在我有生之年，普通人遨游太空是完全能够做到的。然而，几十年过去了，还没有哪个国家将普通人送上太空。1999 年，我注册了维珍银河公司，相信梦想很快就会成真。

随后，我和在航空界享有盛名的伯特·鲁坦开展了一项名为"地球风"的热气球航空计划。我们组织了一个小团队，准备利用一只热气球，进行一次不间断的环球航行。伯特的工厂就设在莫哈韦沙漠中，他负责热气球舱体的制造。几年之后，我有幸再次与伯特以及冒险家史蒂夫·福塞特合作。当时，维珍大西洋航空公司正与他们共同打造一架准备进行单人不间断环球飞行的飞机——环球飞行者号。伯特那时便透露说，他正在制造"更酷"的飞行器。原来，他是在秘密建造一艘宇宙飞船，并以此角逐彼得的 1 000 万美元的 X 大奖。听他这么一说，我思忖着："我的梦想可能真的要实现了。"如果真有人能实现我的这个梦想，这个人一定是伯特。

彼得·戴曼迪斯、伯特·鲁坦、保罗·艾伦，还有那些大思想家和疯狂的梦想家（用"疯狂"一词完全是出于一种敬仰）的故事不仅令人鼓舞，还引人入胜。他们的故事讲述了在历史的转折期，创业者们获得了宝贵的机会，能够从事以前只有政府才能做的事情。无论你只有 9 岁，还是 99 岁，这个故事都能激发你的想象力。戏剧般的情节历经数年，其中一个个鲜活的人物令人难以忘怀。故事中的有些时刻，绝对高度紧张刺激，令人肾上腺素激增。那些都是我亲眼所见，而且永远也不会忘记。那样的时刻，以及勇士们无畏的探索精神，常常令我泪流满面。这是一段伟大的历史，人类旧的规则即将被打破，新的规则开始得以书写。我很荣幸能够在这段新的历史中扮演自己的角色。

规则，就是用来被打破的。我16岁时离开学校，创办了一份杂志。这份杂志完全由几个同学来管理，后来杂志迅速走红。当时，越战正在进行中。我希望能够为终止这场战争发出自己的声音，尽到自己的绵薄之力。我做这一切的时候，并没有想到要当企业家或者挣多少钱。1970年，维珍最初是一家零售唱片的邮购公司，后来转成一家唱片商店和一间录音室。很快，一些大牌明星和乐队开始加盟到我们名下。我们与性手枪乐队和滚石乐队签约，成立了一家唱片公司，成为当时世界上最大的独立唱片公司。所有人都觉得这一切不可思议。后来，我们又向驾驶船只穿越大西洋的最快纪录发起了挑战。第一次失败了，但第二次成功了。我们还尝试乘坐热气球飞越大西洋。第一次失败了，但第二次也成功了。我们从行动中学习，从失败中学习。做一名冒险家和一名企业家，其实并没有太大差别。作为企业家，你得不断寻求突破，防止企业的业绩下滑。作为冒险家，你同样得不断寻求突破，防止水平的下滑，这便是生命的意义所在。

在朱莉安·格思里的这本书中，你会读到很多勇士，他们克服了重重困难，完成了很多看似不可能的挑战。没有彼得这样一个特立独行的人，商业化的太空之行是不可能的。现在，数十亿美元的资金开始投向商业化的宇航事业，这在很大程度上可能要归功于X大奖。起初，我的资金本没有打算投给他们，但是，他们建造了维珍银河号太空船，实现了我以及其他很多人的梦想。当你读完这本书，你就会知道，这与彼得的努力以及他的X大奖是密不可分的。如果他一开始找到我的时候，我就答应下来，说不定我现在已经开始从事航天事业。不过，我是不做则已，要做就一定要做到最好。现在，我为了促成其商业化，预计的投入不是X大奖的1 000万美元，而是5亿美元！

我们成立维珍银河公司的目的，就是要让普通大众也能进入太空，从而改变整个世界。如果成功，世界上成千上万的人都会实现他们的梦想，能够从太空中，甚至从其他星球上饶有兴致地欣赏我们地球的壮美景色。我们相信，我们的努力将会给整个人类带来诸多益处。我们希望，宇航员不仅仅是几个大国的专利，每个国家都能拥有自己的宇航员。

X大奖的故事，仅仅是这本书的一段序曲。书中的很多章节，讲述的都是像保罗·艾伦和我这样的一些人的故事。这笔丰厚的奖金，激励着他们在探索太空的道路上勇往直前。打造商业化的太空旅行，花的时间比我们预计的要长得多，也比我们想象的更加痛苦。我们承认，宇宙航行商业化存在巨大的风险，而且过程也非常漫长。但如果我们不做这样的努力，太空就永远只属于少数的勇者。所以，相信这本书传递出的一个信息，也是我个人的哲学观点，能够成为改变世界的力量：向前看，向上看，才能创造最好的生活。

理查德·布兰森爵士

维珍集团创始人、

畅销书作家、企业家、慈善家

前 言 奇迹诞生

　　63 岁的试飞员迈克·梅尔维尔独自一人坐在结构简单的黑色驾驶舱内，驾驶着飞机急速升空。这个驾驶舱是由碳纤维和环氧胶构造而成的。他有 80 秒的时间进行超音速飞行，并垂直爬升至 100 千米的高度，这是民航飞行员从未到达的高度。火箭发动机以液态的一氧化二氮作为氧化剂，使用固态的橡胶燃料，产生出高达 17 000 磅（1 磅约等于 0.45 千克）的推力，将他死死地压在座位上，还发出类似于金属间相互刮擦的尖锐的声音。风的切变让飞机向左偏转了 90 度。梅尔维尔右手紧握操纵杆，双脚控制着方向舵，试图纠正角度，不料却让飞机向右偏转了 90 度。这几乎是一个 180 度的转向，有点类似于特技飞行的动作。他偏离了航线 30 英里（1 英里约等于 1.61 千米），几乎是垂直向上爬升，速度也接近 1

马赫^①。这是相当于大约 700 英里每小时的飞行速度，曾一度被认为是不可突破的速度极限。在这样的速度下航行，周围的气流会变得紊乱，航天器会受到巨大的冲击，并危及飞行员的生命，梅尔维尔也可能因此而无法生还。如果他能顺利返航，将会创造新的历史，成为世界上首位商业宇航员。

"上帝啊！求求你，这次别让我搞砸了。"梅尔维尔在心里默默地祈祷着。

飞行速度一旦超过音速，冲击波形成的阻碍就会影响飞行员对航天器的操控，梅尔维尔将无法控制操纵杆和方向舵。这个自称"超胆侠"的人经常划着皮划艇飞越瀑布，并且在悬崖边上做倒立。现在，他正坐在形如豆荚的火箭中，由气体推动着急速穿越大气层。这支火箭大小和一辆小型公交车差不多，由大约 40 名工程师在位于加利福尼亚的高地沙漠中建造而成。这个团队的目的，就是要完成世界上只有少数大国（苏联、美国、中国）才能实现的挑战——将人类送上太空。这一天，有超过两万人来到位于洛杉矶以北 100 英里的莫哈韦沙漠，其中就包括巴兹·奥尔德林。他们有的开小汽车，有的开敞篷车，有的骑自行车，还有的坐飞机，都是为了目睹这艘带翅膀的太空船 1 号发射的盛况。彼得·戴曼迪斯，这位 X 大奖的创设者，准备为第一个用私人航天器将人类送上太空的团队提供 1 000 万美元的奖金。此刻，他正在沙漠中驻足观看。正是他的倡导和努力，这项工作才有了今天的成果：一艘载人宇宙飞船，在不依靠政府的情况下独立建造完成并发射升空。按计划，飞船将冲出大气层，并安全返回至十几英尺（1 英尺约等于 0.3 米）外的跑道上。此

① 马赫指载具的运动速度达到局部音速。马赫数小于 1 为亚音速，马赫数大于 1 为超音速，等于 1 为跨音速。马赫数的命名是为了纪念奥地利物理学家恩斯特·马赫，他研究了子弹在超音速下产生的冲击波。1 马赫对应的具体速度在高海拔和低空气密度下会降低：1 马赫在海平面约为 760 英里每小时；在 60 000 英尺高度则约为 660 英里每小时。

刻，无论是对想要成为太空旅行者的人们，还是对戴曼迪斯本人来说，都是一个非常紧要的关头。梅尔维尔操控着这艘 6 000 磅重的宇宙飞船，近乎垂直地划过天空，在一望无垠的蓝天上划出了一道锯齿状的白线。

"开始的时候非常颠簸，飞船抖得厉害。"梅尔维尔说道。当他与坐镇控制中心监控飞行的指挥官道格·沙恩通话时，他的呼吸有些吃力。就在梅尔维尔座椅的后方，安放的是火箭的混合燃料发动机和 3 000 磅一氧化二氮，以及 800 磅的橡胶燃料。他又说："感觉飞船在减速。引擎熄火。我并未关闭引擎。引擎自动熄火……引擎的情况不是特别好。"发动机点燃 77 秒后，在大约 170 000 英尺的高空熄火。但在惯性的作用下，飞船依然朝着距离地球 62 英里，即 328 000 英尺的目标奔去。这一目标即卡门线[①]，这是得到广泛认可的地球与太空的界限。

"打开'羽毛'。"道格·沙恩回复道。"羽毛"是飞船上可向上弯折的机翼，也是这艘飞船上用以增大阻力的秘密武器。这是航空界的概念设计师伯特·鲁坦的一项发明，能够将人员和设备安全带回地球。这项发明前景非常广阔，只是尚未得到实践证实。鲁坦是一位能够不断创造奇迹的大师级人物，善于利用非常规的合成材料和冲浪板技术制造飞行器。他尝试过将机翼前置、引擎后置，甚至连飞行器惯常的对称设计也敢打破。对于现有的探空技术，鲁坦是最具创造力的挑战者。但是，要将人送上太空，他也毫无经验。有好多次，尤其像今天这样的试验，鲁坦都会对自己说："真是难以置信。冒这样的风险，我们简直是疯了。"

"'羽毛'解除锁定。'羽毛'马上打开。"梅尔维尔说着。白色的火

[①]　卡门线以匈牙利物理学家西奥多·冯·卡门的姓氏命名，是在距海平面 100 千米的高度上、人为定义的地球大气与外太空之间的分界线。事实上，二者之间并没有绝对的界限。在这一区域之上，大气变得非常稀薄，飞行器已经无法依靠空气获得动力，而必须达到火箭速度才能继续飞行。

箭也随之在稀薄的空气中翻转。"让'羽毛'竖起来。"梅尔维尔驾驶过
150多种飞行器，有9 500小时的驾驶经验。他甚至还尝试过鲁坦的一种
古怪设计——骑在机头上飞行，就像骑马那样。但是，像火箭这样大的
威力，他还从来没有尝试过。梅尔维尔凝视着窗外。飞机机头排列着16
扇舷窗，又圆又小，直径为9英寸（1英寸约等于0.025 4米），由双层合
成材料密封，内层用的是树脂玻璃，外层则是更为坚固的聚碳酸酯纤维。
在飞船的建造和测试阶段，鲁坦曾让试飞员用焊接轴拼命地敲击舷窗，
看能否将舷窗敲碎。

　　加利福尼亚早上8点左右，火箭爬升至其飞行抛物线的顶端。此刻，
梅尔维尔看见，层层叠叠的云朵腾起在洛杉矶海岸线上，涌上棕黄相间
的沙漠边缘，飘浮在下加利福尼亚银光闪闪的海岸，以及内华达山脉的
森林与群峰之上。从他现在的高度看去，那些巨大的山峰，平坦得如同
沙漠一般，一直向南延伸。

　　空中云朵或卷或舒，色彩纷呈。有的呈银色，有的呈白色，还有的
呈灰色。那些小朵的卷在一起，宛若银色的布匹；那些连成片的则不停
翻涌着，犹如大海中的波涛。浩瀚的湖泊，奔腾的河流，全都闪耀着金
色的光芒。地球上那道蓝色的天际线，看上去似乎有100万英里之遥。
这颗蓝色的水晶球啊，是如此美丽而脆弱。此刻，他也明白了，为什么
当宇航员眺望地球之后，内心会有如此大的触动和改变。

　　梅尔维尔飞行的空域离爱德华兹空军基地不远。这是一片受严格空
中管制的区域，代号为2515。爱德华兹地处偏远，气候炎热干燥，但这
里却是飞行实验和试飞员的圣殿与天堂。全世界最快速、动力最强劲的
飞行器在这里进行着各种各样的测试，最早的飞行器音爆现象也产生于
此。同时，飞行员们也在这里挑战着自己的技术和胆量。梅尔维尔注视
着高度预测器上的数值。这种仪器显示的是当引擎熄火之后，飞机能够

达到的高度。他的好友兼导师阿尔伯特·克罗斯菲尔德是首位进行两倍音速飞行的飞行员，也是驾驶 X-15 飞机最有经验的飞行员。X-15 是一款黑色亚光面的火箭飞机，这只怪兽曾在 1963 年首次达到 100 千米的飞行高度。[①] 他也提醒过梅尔维尔，当火箭引擎点燃，拉起操纵杆之后，人就会完全迷失方向。"你会感到机头仰了起来，而整个人也会向后倾倒，"克罗斯菲尔德告诉他，"所有的人都会有那样的感觉。"

"姿态控制系统工作正常。"道格·沙恩说道。他的这句话说的是火箭上的冷气体反应控制系统，这是用于控制火箭姿态的小型推进器。

"一切正常，道格。"梅尔维尔回复道。

控制中心报告："328。"顷刻间，人群中爆发出一阵热烈的掌声。但在片刻的欣喜之后，大家很快又冷静了下来。因为现在还无法确信，鲁坦的太空船 1 号（注册号 N328KF）是否真正到达太空。他们必须等待从火箭上发回的数据。鲁坦和其他成员又坐回座位上，最严峻的挑战还没有到来。就在此前的 2003 年，哥伦比亚号航天飞机在返回地球的途中解体，机上 7 名宇航员全部遇难。X-15，另一款能够到达太空的带翼飞行器，在重返大气时动能会急速增加，速度可达 5 马赫，飞行时机头向下，与地面呈 40 度夹角。鲁坦的一位朋友，X-15 飞行员迈克·亚当斯，便是在 1967 年的一次试飞中丧生的，时年 36 岁。当时，飞机升至 266 000 英尺的最高点，当回落至 230 000 英尺时，其速度达到 5 马赫，并快速翻转起来，此种情况是这位学者兼最佳试飞员难以把控的。飞机最后在空中解体，碎片散落在沙漠中方圆近 60 英里的范围内。

梅尔维尔看了看仪表盘。飞行员都知道要相信仪表盘上的数据，而

---

① X-15 是一架由美国国家航空航天局牵头，联合美国空军、海军和北美航空公司共同开发的火箭动力试验机。该试验机被认为是继 X-1 之后，X 系列试验机中最重要的一架。在 20 世纪 60 年代，X-15 打破了许多速度与高度的纪录，其飞行高度曾到达太空边缘。——译者注

不是靠着身体的感觉。不过此刻，梅尔维尔还是想把这种感觉释放出来。他有一种穿裆的感觉，似乎整架飞机穿过了自己的臀部，和参加摩托车比赛时的感觉类似。飞机也有飞机的怪癖，就和人一样。梅尔维尔拨动了操纵杆顶端的按钮，调整水平安定面，这一活动的襟翼可以控制飞机的俯仰和翻转。调整后，飞机重返大气的角度达到 30 度。他凝神静气，目不转睛地注视着前方。"羽毛"成功展开。由于关闭了发动机，他能听到"羽毛"打在前面的尾桁上，发出"砰"的一声。

他又看了看仪表盘，好像哪里出了问题。

"我要看一下水平安定面配平情况。"沙恩立刻说道。在操纵杆和方向舵失灵的情况下，安装在尾桁上的精密电子马达和变速箱将在高空和高速状态下，自动控制飞机尾翼上的水平安定面以及铰接在安定面后缘的升降副翼。安定面角度必须再增加 10 度，才能安全重返大气。

鲁坦注视着遥测数据。那一刻，没有人挪动脚步，也没有人说一句话。控制中心唯一的声音来自 60 英里的高空——那是梅尔维尔快速不停地拨动按钮所发出的声音。

"快！快打开断电器！"鲁坦的首席空气动力专家吉姆·泰伊喊道。断电器可启动备用马达。梅尔维尔已经试过，但没有用。安定面此时处于不平衡状态。左侧为 30 度，右侧为 10 度。这 20 度的差异可能导致飞行器高速旋转，而这种旋转往往是致命的。梅尔维尔非常清楚，火箭发动机以 3 马赫的速度，即 3 倍音速将他带离大气层，而重力也将以同样的速度把他拉回来。如果安定面不平衡，重返大气还能存活的可能性几乎为零。而要逃生，唯一的出口就是飞机前端。太空船 1 号与 X-15 不同，机内没有配备安全座椅。在紧急情况下，梅尔维尔要首先降低舱内气压，拉动机舱底部的控制杆，解除飞机前端锁定，弹开机头，随后整个人从机舱中跳出，飞行的速度比子弹还要快。克罗斯菲尔德曾警告说，跳出火箭就是"为了逃避被杀而选择自杀"。

梅尔维尔此时有一种仰面跌倒的感觉。他没有感到惊恐，只是有些悲伤。"已经尽力了，这就是结局吧。"他心里想着。此刻，在沙漠中的整个团队，正期盼着宇航黄金时代的到来。这是一个创造奇迹的时代，工程师和飞机建造者们为此付出了巨大的努力。和梅尔维尔一起离家出走的妻子萨利，曾经是个白肤金发、非常可爱的女孩，现在已经 50 多岁。此刻，她也站在飞行线路的下方，或许还紧紧地握着儿子的手。她就这样直直地站着，一动不动地注视着天空。在丈夫出发前，她将一块幸运马蹄铁别在了他的飞行服上，这是丈夫在 1961 年为她设计的一件饰物，上面刻着"迈克和萨利"。萨利是他的第一个，也是他唯一的爱人……他尝试着再次拨动按钮。

左侧安定面没有反应。

吉姆·泰伊暗自念叨着："这可不是什么好兆头。"

鲁坦坐在沙恩右边，身体前倾，表情扭曲。梅尔维尔是他最好的飞行员，也是他最好的朋友，算得上是鲁坦飞机制造厂的第一名员工。萨利曾试图让丈夫放弃太空船 1 号的试飞任务。她对这枚火箭有一种不祥的预感，并且努力地向其他人表明，丈夫为了这项计划已经付出很多。鲁坦也看到，在试飞的那天早晨，梅尔维尔一反常态地感到紧张，但他又的确想创造新的历史——为自己，为团队，为那些看似成不了大事的人。还有彼得·戴曼迪斯 1 000 万美元的奖金，只要他们能够在两周内两次往返太空，这笔奖金就是他们的了。今天是创造历史的一天，也让他们离那份诱人的奖金更近了一步。

飞机预计早上 6 点 47 分起飞。当天边露出鱼肚白的时候，肆虐了一夜的暴风和沙尘终于平息下来，一轮橙色的太阳从地平线上升起。在起飞前，鲁坦来到飞机驾驶舱，紧紧握住朋友的手。

"迈克，这就是一架飞机，"他说道，"和开飞机一样，该怎么开就怎么开。"

第一部分

如果
你有一个梦想,
就要努力
捍卫它

第一章 / 追随你的内心

1969 年 7 月 20 日晚上 10 点。此刻，8 岁的彼得·戴曼迪斯正在位于纽约州弗农山的家中看电视，那时的电视机，外面还套着一个木框。他的爸爸、妈妈、妹妹，还有祖父、祖母也都坐在电视机前。彼得穿着睡衣，披着披肩，拿着妈妈的超级 8 毫米胶片摄像机，一会儿对准电视屏幕，一会儿又左右移动镜头，将画面移到家里那只名叫"公主"的白色牧羊犬身上，然后又把镜头拉回到电视屏幕。

彼得的身旁，放着几张便笺和新闻剪报。有的是关于美国国家航空航天局的任务，有水星计划、双子星计划和阿波罗计划；有的则是关于不同的火箭，有红石火箭、宇宙神火箭、大力神火箭和土星火箭，彼得对它们都进行了分类。他当时上小学三年级，是一个不太安分的小家伙，坐不了一会儿就又是摇又是蹦，反正静不下来，连妈妈也管他叫淘气包。不过，今天的这一刻，却是小家伙梦寐以求的。这一刻，肯定要比睿侠公司卖的电子玩意儿都要好，比埃斯蒂斯公司所有的玩具火箭都要酷。

这一刻，甚至比过生日的时候，自己成为镁光灯的焦点而令妈妈和小伙伴们黯然失色的感受更令人兴奋。

那天晚上，家里的这台西尔斯银通电视播放的是《CBS[①]晚间新闻》，该节目的著名主持人沃尔特·克朗凯特此刻正在佛罗里达州的肯尼迪角。彼得的摄像机都没来得及关，就迫不及待地读着屏幕上的一行文字：人类踏上了月球——史无前例的阿波罗 11 号之旅。随后，又听到了肯尼迪总统 1961 年 5 月的一番讲话："我相信我们的国家，一定能够为这个目标齐心协力。10 年之后，人类将乘坐宇宙飞船登陆月球并安全返回。目前，还没有哪一项太空计划，能够在影响力方面、在远程空间的探索方面，与我们的目标相提并论，也没有哪一项太空计划像我们的计划那样具有挑战性且投资巨大。"随后，屏幕上出现了阿波罗 11 号宇航员尼尔·阿姆斯特朗和巴兹·奥尔德林操控登月舱的画面，在月球表面着陆进入倒计时。

这项伟大的登月计划历经多年的探索和努力。早在 1957 年 10 月 4 日，苏联就发射了第一颗人造卫星。所以，在这样一个冷战的背景之下，这项计划不仅是形势所迫，甚至关系到一个国家的生死存亡。在差不多 12 年之后的今天，美国终于书写了自己的历史。此时，迈克尔·柯林斯驾驶着阿波罗 11 号的指令舱哥伦比亚号已经与登月舱分离，并独自绕月球飞行，等待着同伴们在月球上漫步。

如果计划进展顺利，柯林斯、奥尔德林、阿姆斯特朗将在 24 小时之内在绕月轨道上会合。为了这次发射计划，大约有 1.7 万名工程师、机械师，以及管理人员齐聚佛罗里达航天中心，而参与阿波罗计划的人，更是多达 40 万。其中既有特拉华州多佛的妇女（她们负责缝制和黏合宇航服的救生胶布），也有来自美国国家航空航天局、诺斯罗普公司以及北美

---

① CBS，即哥伦比亚广播公司。

航空公司的工程师，他们仅研制哥伦比亚号上面由三只降落伞组成的降落伞群系统就花费了数年的时间。整个项目的费用超过 250 亿美元。

彼得时常梦想着有朝一日，能够坐在自己的飞船里，探索这暗无边际而又星光璀璨的宇宙，就像电视剧《迷失太空》中鲁宾逊一家人那样，带着才 9 岁却老气横秋的儿子威尔·鲁宾逊和通人性，还配有武器的机器人。而今晚，电视中所播出的情景，将这个孩子的注意力牢牢吸引住了。

克朗凯特用他低沉而缓慢的声音报道："登月舱 10 分钟后着陆。噢！上帝呀……10 分钟后将在月球上着陆。"节目时而播放月球影像，时而切换到美国国家航空航天局协助制作的模拟登月场景。从月球上传来的信号，需要跑上 25 万英里，才能到达位于澳大利亚悉尼西部的帕克斯无线电天文台，然后再通过卫星中转，穿越太平洋，到达位于美国休斯敦的控制中心。在那里，信号进入电视网络系统，最后传遍全美国，传到世界各地。

在阿波罗 11 号发射的最初几分钟内，土星 5 号火箭（其原型为德国在第二次世界大战时设计的弹道导弹）的第一级燃烧掉 4 500 000 磅燃料，将飞船的速度从 0 加速到 9 000 英尺每秒。①

电视里又传来克朗凯特的声音："离月球表面还有 3 000 英尺。"

"鹰号看起来棒极了。"伴随着休斯敦控制中心传来的声音，千家万户的电视上出现了一幅贫瘠且岩石遍布的黑白画面。

"高度 1 600 英尺，"克朗凯特继续报道，"他们将在空中稍稍停留，

---

① 此为三级火箭中的第一级。第一级火箭脱落时，飞船相对于地球的速度为 7 900 英尺每秒；第二级火箭脱落时相对于空间的速度为 9 100 英尺每秒；第三级火箭脱落时达到轨道速度，即相对于空间约 25 500 英尺每秒。三级火箭装载的全部燃料加氧化剂接近 5 700 000 磅。与相对于空间的速度相比，相对于地球的速度较低，因为火箭总是沿地球自转的方向发射，相对于空间而言可以获得大约 1 000 英里每小时的初始速度。

然后再做决定……显然，机会来了。700英尺，继续下降。"

"19秒，17秒，10秒倒计时。"克朗凯特说道。月球上现在是黎明时分，登月舱后面的太阳正从东方缓缓升起。

彼得又将摄像机对准了电视屏幕。他以前就曾用妈妈的摄像机将美国国家航空航天局的电视播报录下来。

他还从报纸和杂志上剪辑了许许多多与宇宙航行有关的故事，还给美国国家航空航天局写过好几封信。他有一本美国国家航空航天局发布的《太空术语汇总简表》，里面有很多专业术语，像"单元推进剂"和"人造重力"，他都记得很清楚。他曾在县里的牙齿健康海报设计大赛中获得一等奖，画的就是阿波罗登月，上面配着醒目的标题——"离开了地球一日，刷牙得刷三次"。他还与小学的同窗好友韦恩·鲁特一起，把《星际迷航》的人物模型固定在钓鱼线上作为道具，制作定格动画电影。在进行后期处理的时候，彼得还给它弄了几条划痕，这样就可以让宇宙飞船发出激光光束。每到周末，彼得就喜欢让家人全都坐在楼上的起居室里，然后一本正经地给他们讲有关星球、月亮和太阳系的知识，还要对"近地轨道"一类的术语进行解释。

在登月的四天前，即7月16日，土星5号火箭发射的那一天，彼得就已经进入兴奋状态，比过去任何一个国庆节都要开心。三名宇航员坐在这枚巨型火箭的头部，直指太空。五个F-1引擎，用煤油和液氧作为推进剂，可产生750万磅的推力，足以把华盛顿纪念碑送上太空。[①]彼得课本里夹着不少手绘，画的全都是行星、外星人，还有宇宙飞船。土星5号火箭他不知画了多少遍，第一级、第二级、第三级，还有登月舱、服务舱和指令舱。

---

① 实际上，华盛顿纪念碑比土星5号高50%，质量（不包括底座）是这枚火箭的14倍。

这枚高大挺拔、动力强劲的火箭总长 363 英尺，比一个足球场还要长，发射前总质量超过 640 万磅。彼得看到尼尔·阿姆斯特朗和巴兹·奥尔德林通过连接隧道，从指令舱哥伦比亚号爬到登月舱鹰号进行检查。登月舱，最初也被称为月球探测飞船，此前还从未进行过月球微重力环境下的测试。彼得担心飞船能否顺利返回地球。事实上，很多人都有类似的担忧。

哥伦比亚号将以超过 17 000 英里每小时的速度返航。返回大气层时，如果角度过高，飞船将被烧毁，如果角度过低，将无法穿越大气层到达地面。如果能够以超音速顺利进入大气层，飞船也会变成一个火球，其外表温度将超过 3 000 华氏度（1 华氏度 =5/9 摄氏度）。彼得的父亲哈里·戴曼迪斯也很期待看到这历史性的一刻，他本人对越战和煽情的民权运动也不太感兴趣。他只是无法明白，在地球上，在现实生活中，有那么多的挑战，为什么儿子对太空会情有独钟。他和太太图拉都来自希腊的莱斯博斯岛。他是放羊长大的孩子，经历过以物换物的生活——用橄榄换杏仁，用甘蓝换牛奶，后来又到父亲的咖啡馆工作。

哈里的母亲雅典娜是一名管家，她会将节余的面粉残渣装在围裙口袋里，带回家烤面包。哈里最喜欢的圣诞节礼物是一只红色的大气球。他是在乡下长大的孩子，也是家里第一个读完高中、考入大学的人。哈里想做一名医生，他在雅典获得了医疗资格，随后将目光对准了美国。他先来到纽约的布朗克斯，那时他还不会说英语。憧憬着不大可能的机会，怀着些许担心，以及初到异国他乡的陌生感，哈里终于当上一名产科医生。他有时觉得，自己的历程和登月之旅是如此相似。

在起居室的电视屏幕上，显示出登月的模拟影像。随后传来阿波罗 11 号指挥官阿姆斯特朗的声音："休斯敦，到达静海。鹰号已着陆。"鹰号静静地停在月球北半球的静海表面。控制中心回复："收到，到达静海。我们和你着陆时的心情一样，小伙子们的脸都憋青了，现在终于可以出口气了。"

"登月舱在月球表面着陆啦！"克朗凯特显得异常兴奋，"我们成功了！人类登上了月球！"

有超过5亿人，从迪士尼乐园聚集在屏幕前的人群，到越南战场上的美国士兵，都看到了穿着白色宇航服，戴着头盔的阿姆斯特朗。他那矮而结实，如同神灵一般的身影，从登月舱倒退着走下了舱梯。

图拉望着彼得，希望儿子此刻还知道呼吸。随后又传来阿姆斯特朗的声音："我走到了舱梯的最下面一层。月球表面近看都是些细小的颗粒物，几乎呈粉末状。我将离开登月舱。"

戴曼迪斯家里的时钟显示，差几分钟到晚上11点。从地球上看，此时的月亮是一轮渐满的上弦月。慢慢地，阿姆斯特朗伸出一只穿着防滑靴的脚，踏在了如同撒满滑石粉的月球表面，成为踏上外星球的第一人。"这是个人的一小步，"阿姆斯特朗说道，"却是人类的一大步。"月球上是一片荒凉的景象，却又那么令人神往，像是一片被清洗过的沙漠。天空是那么黑，那么深，宛如黑色的天鹅绒。

彼得停止了拍摄。这就是信仰上帝和见到上帝的区别。这是我们古老的地球开拓的新疆域；这既是问题，又是答案。美国国家航空航天局实现了它所承诺的目标。那几名宇航员就是现代的麦哲伦。

克朗凯特习惯性地揉搓着双手。"人类的一只脚踏上了月球，"他一边说，一边拿下黑框眼镜擦了擦眼睛，"阿姆斯特朗踏上了月球！尼尔·阿姆斯特朗，38岁的美国人，现在正站在月球的土地上！我的天，看看吧，240 000英里的旅程。我已经不知道该说什么了。真是太了不起了！这样的一个世界，真是让人难以抗拒！"

那天晚上，图拉直到深夜才把孩子们叫到床上睡觉。6岁的妹妹玛塞勒头还没有碰到枕头就已经睡着了。彼得还一直处于兴奋状态，他又一次对妈妈讲，长大后自己一定要当一名宇航员。图拉也重复着她的回答：

"那太好了，亲爱的。不过你以后会当医生的。"医学是一门成熟的科学，而对宇宙的探索刚刚开始。在希腊，长子总是会循着父亲的道路走下去。

他们的朋友已经管小彼得叫未来的戴曼迪斯医生。图拉给彼得买了一个儿童玩具医疗箱。他有时会让妈妈靠在沙发上，然后为她测量脉搏，听她的心跳。对于彼得来说，当医生的确是一项非常体面的职业。

当图拉离开房间之后，彼得打开手电筒，窝到被子里。他在自己的秘密日记本中写道：月球背向太阳的一面非常寒冷，但对着太阳的一面却炽热无比。他需要一套航天服和一双合适的靴子——滑雪靴可能没问题。月球上没有空气，所以还得准备氧气。他还得准备食物和水，当然，还得有一枚火箭。他又画了好几幅土星 5 号的图画，还画了宇航员。夜已经很深了，彼得也已昏昏睡去，图画和笔记散落在身旁。他不知道，当自己有了去月球的想法之后，又该如何做一名医生呢？

登月后的第二年，彼得就开始建造自己的探测车。那段时间，他一见到马达就眼红。有一次，家中割草机的马达不见了，后来却出现在他的微型车里面。还有一次，床单也不见了，结果是他拿来制作微型车的降落伞。戴曼迪斯一家住在纽约州弗农山北侧，一个中产阶级聚集的街区中段，与布朗克斯毗邻，离纽约市有 30 分钟的车程。他们的住宅是一幢白色两层楼的荷兰式建筑，装有蓝色的百叶窗，前院很大，门前狭窄的道路上铺着砾石。彼得喜欢骑着自行车从砾石上碾过，自行车便随之高高跃起。房子也有旁院和后院，栽了樱桃树。还有一架秋千，是爸爸和叔叔花了好大的力气才安上去的。

彼得驾驶着由割草机马达驱动的小车，从屋里顺着街道开了出去，拐上了普里姆罗斯大道。然后，又推着车，上到了山坡的最高点。他没戴头盔，开着小车风驰电掣般地顺着普里姆罗斯大道冲下来，活像小约翰·斯塔普[①]。美国空军的斯塔普上校为研究水平重力加速度，乘坐火箭式滑橇车，速度达到639英里每小时。直到接近车来车往的十字路口，彼得才展开他小车的"降落伞"。

彼得对他妹妹的玩具也很感兴趣，就像一只饥饿的大乌鸦盯着一具肉质丰富的尸体似的。有一次，玛塞勒得到一套芭比梦幻屋，彼得发现里面的马达用到自己的一个项目上非常合适。还有小屋的百叶窗，彼得也觉得是一条很不错的链条，对他的机器人手臂的自动化设计很有帮助。父母和玛塞勒开始只是觉得搞笑，后来完全震怒了。彼得还有很多关于武器设计的想法。有一次，他将烟斗通条制成玩具BB枪的子弹。由于没能发射出去，彼得便用嘴对着枪口，想把它吸出来，结果烟斗通条径直插进了他的喉咙。他被火速送往医院，但晚上一回家，他又继续实验。彼得的成绩不错，但老师在他的成绩单上写的是——"彼得太爱讲话了，应该努力安静下来"。

每逢星期天，家人都要带着彼得前往罗斯林附近的天使长米迦勒希腊东正教教堂。彼得在那里担任祭坛侍者，负责拿香、蜡烛，或者大的金十字架，也帮忙打理圣餐。虽然没有要求他进行忏悔，但他还是会向和蔼的亚历克斯·卡尔洛索斯神父坦言，他经常拿走妹妹的玩具，让他的父母为他担心。他还告诉神父，自己对太空非常感兴趣，觉得太空就是为自己指路的"北极星"。

他对神父说，自己相信所有人都生活在一个生物圈层内。这是一个巨大的容器，外星人在这里面播下了生命的种子。彼得还说，外星人会回来收集人类个体作为样本或幼体，不过他们只到偏远的地区，比如像内布拉斯加州，因为只有在那些地方他们才不会被人类发现。

---

① 斯塔普为墨菲定律加上了一个附录，称为斯塔普定律："普遍存在的愚蠢化倾向，将人类的一切成就都看成不可思议的奇迹。"

第一章
追随你的内心

亚历克斯喜欢听彼得讲述他心里的这些故事。他知道，彼得绝不是一般的孩子，不是靠一两句"上帝就是爱"之类的话就能让他内心平静下来的。亚历克斯告诉彼得，宇宙的宏伟，正好说明了上帝在我们生命中的存在。

早春，彼得骑着一辆金色的安着细长车座的施文魔鬼鱼自行车外出，他偶然发现家的附近有一个小孩儿在卖烟花。不久以后，又到彼得的生日了，图拉和彼得还为生日聚会制订了计划。彼得提出要燃放他的新式"烟花"。图拉怕这种M80爆竹声响过大，提出将它埋到道路中的砾石堆里燃放，彼得坚持说这不过就是一种普通的烟花爆竹。于是，妈妈决定亲自点燃引线。彼得的好友韦恩·鲁特当时也在场，还拿着摄像机。图拉让孩子们后退，哆嗦着点燃引线，然后就飞快地跑开了。一直没有反应。周围一片寂静。突然，似乎听见一阵枪响。砰！砰！图拉大声喊道："卧倒！全部卧倒！"霎时间，砾石横飞，玻璃哗啦作响，她和孩子们吓得四处逃窜。

当她回过神来，发现还有一缕缕青烟尚未散去，孩子们一个个眼睛瞪得大大的。韦恩依然抓着他的摄像机。幸运的是，居然没有人受伤，只有房屋的一扇窗户被打碎了。图拉心跳加快，久久不能平复，她感觉好像刚才有人拿枪朝着他们扫射了一番。她狠狠地瞪了儿子一眼，表示"你今天遇上大麻烦了"。彼得竭力让自己表现得镇定，内心却是按捺不住的激动，他看到了那一点点火药居然能产生那么大的威力。

1974年夏，在彼得即将升入八年级的时候，他们全家离开了弗农山，搬到了长岛的国王点。

当时，哈里·戴曼迪斯在布朗克斯的业务蒸蒸日上。

他们搬到长岛，主要是为了孩子上学。图拉在《纽约时报》上看到一处百年老宅，已经待售三年，她感到非常满意。

这套位于山脚下的房屋面积有 8 000 平方英尺（1 平方英尺约等于 0.09 平方米），配套设施有网球场、游泳池，以及游艇码头。在别人眼中，这是一套大而无用、徒费工夫的住宅，在图拉看来却潜力巨大。她将整套住宅的房间一间间地收拾出来。

从大颈地区到曼哈顿，坐车上下班只需要 30 分钟。这里也是弗朗西斯·司各特·菲茨杰拉德笔下《了不起的盖茨比》的背景所在地。这一带有成片的绿色草坪，宽阔的车道直通家门口，沿着长岛海峡和曼哈西特湾是 9 英里长的滨水区。戴曼迪斯的新家所在的国王点，就位于拿骚县大颈半岛的北端。

彼得要的是三楼，还用点阵式打印机打了一个绿白相间的标牌，上面写着"成人勿进"，然后将标牌挂在楼梯的顶端。他要的三楼有三间房：一间用来睡觉和学习；一间用来搞他的研究——机器人、火箭、化学实验，以及其他一些实验；还有一间用来打乒乓球，规划电动火车路线，看电视，听音乐，以及学习。

彼得的卧室依然贴着美国国家航空航天局的海报，不过海报上变成阿波罗 17 号的宇航员尤金·塞尔南、罗纳德·埃文斯和美国国家航空航天局的首位科学家宇航员哈里森·施密特。他们的登月任务是在两年前的 1972 年完成的，整个过程历时 12 天，有 3 天的时间是在月球表面上进行勘探工作。塞尔南驾驶着月球车行进了 20 多英里，搜集地质标本。在将要离开月球的时候，他说了这样一番带着期许的话："我们离开了，就像我们来的时候一样。如果上帝允许，我们还会再来，带着和平与全人类的希望。"阿波罗任务结束了，但一项新的航天飞机制造计划又展开了。尼克松总统 1972 年曾宣称这件新型运载工具可以像火箭一样发射升空，也可以像飞机一样着陆，是"可以重复使用的地球轨道飞行器。这种飞行器可常规化使用，会使人类进入近地空间的方式发生革命性变化"。在彼得心目中，美国国家航空航天局是不会错的。他只是觉得，和"阿波罗"比起来,"航天飞机"这个名称似乎缺乏创意。

很快,彼得在大颈结识了新朋友比利·格林伯格。他们意识到,进行科学实验和项目需要更多的钱。拆拆旧家电或者兄弟姐妹的玩具,现在看来只是小打小闹。他们又集合了一帮志趣相投的朋友,有加里·冈莫威茨、丹尼·佩尔茨,以及克利福德·施托贝尔。大家把钱凑到一起,然后骑着自行车去了银行。

男孩们七嘴八舌地告诉银行柜员,说他们要开一个账户,为他们的俱乐部购买一些很酷的装备。

"你们的俱乐部叫什么名字啊?"银行柜员问。

孩子们面面相觑,一时竟说不上来。

"嗯,那你们准备干什么呢?"

"还不好说呢,"彼得回答道,"我们要建造一些东西。"

"比如呢?"

"火箭、火车、机器人、遥控飞机、遥控汽车,还有轮船。"

"看来你们什么都造啊,"银行柜员最后说道,"为什么不叫'一切俱乐部'呢?"

于是,这个组织松散的"一切俱乐部"就算成立了。孩子们经常聚集在彼得的树屋里,还故意把上树屋的梯子修得东倒西歪的,以防止大人们爬上来。他们有时也在彼得搞项目的房间里聚会。他们订购了埃斯蒂斯公司的分级火箭套装,开始买的是红色经典款,有红色的木质尾翼,锥部为黑色,上面还有骷髅图案。这枚火箭有 16 英寸长,能飞 500 英尺高,下落时还能展开降落伞。这些孩子有个计划:准备从第一级开始建造,直到造完全部的五级火箭。然后,就开始自己找燃料,打造自己的火箭。

彼得、比利,还有其他男孩,都加入了大颈北高中的计算机俱乐部、数学俱乐部以及未来医生俱乐部。他们最开始是用惠普公司和德州仪器公司的计算器进行编程，后来又在中学生进行职业培训的电脑上进行编程。

他们通过组装希斯工具盒学习了电子技术，能够利用电阻、电容器、二极管、晶体管、变阻器和小的扬声器组装小型晶体管收音机。他们的同学乔恩·林恩，是他们这群人当中最早学会组装电脑的人。他可以组装处理器科技公司的Sol-20电脑，这与早期的阿尔泰机型有些类似。他们当时接触的"计算机"，都利用穿孔卡片进行编程，机械原理和提花织机相同。卡片阅读机将卡片上的小孔转换成开/关的电子信号，计算机将这些信号翻译成数字和指令代码进行计算。在校园里揣着这些穿孔卡片，就像有了一个私密伙伴一样。

放学之后，这群男孩常去金海岸电子游乐场玩乒乓球、坦克大战和赛车。他们最喜欢的一款游戏叫《月球登陆》。玩游戏的时候，利用箭头按钮控制登陆器的方向和推力的大小，让登陆器在月球表面画叉的地点安全着陆。彼得还加入了学校跳水队。虽然他对体育一直都不太感兴趣，但他的身体素质非常好，强壮得如同摔跤运动员一般，还可以站着做后空翻。他的一头黑发浓密且层次分明，戴着一条金项链，上面有一个十字架的吊坠，还常常因为身高而被人家开玩笑——他的个头长到5英尺5英寸就封顶了。

在彼得和比利上了人气化学老师图奥里先生的课之后，他们建造和发射火箭的前景得到了进一步拓展。图奥里先生在大颈北地区从事化学教学有数十年了，热衷于搞各种各样的实验，这些实验开启了孩子们的心智，给他们留下了深刻的印象。彼得和比利是实验室搭档，他们对每一次实验总是细致地观察。这里面有很多他们将会用到的知识。

在实验室里，彼得和比利穿着实验室外套，戴着护目镜，看着图奥里先生将金属样的灰色碘晶体从一个小瓶子里取出，放入一只烧杯。然后，他又从通风柜里取出少量浓氨水，滴在碘晶体上。他轻轻地摇动烧杯，使两种物质混合，然后告诉他们，一种新的物质——三碘化氮产生了。这种物质是三个碘原子结合了一个氮原子。在潮湿的环境下，这种物质还是比较安全的。但是，当它变干燥之后，连一片雪花或一片羽毛都会让它爆炸。图奥里给两种物质留足了反应时间，然后，对这杯泥浆色的液体进行了过滤，清除掉多余的氨水。图奥里先生警告说，现在非常关键，要趁它还没有变得干燥之前，将它静置下来。

进行实验的时间到了，彼得和比利挤在最前面。图奥里先生拿着一根长竿，慢慢地靠近这种像炭一样的物质。这时，彼得注意到有一只苍蝇嗡嗡地飞了过来，正好就在三碘化氮的上方。他用胳膊肘轻轻地碰了一下比利，让他注意看这个六条腿的闯入者。当图奥里先生的长竿快要接近三碘化氮的时候，那只苍蝇落在了那些粉末上，顷刻间只听得噼啪作响，随即腾起一团紫色的烟雾，那只可怜的苍蝇就这样被烧成了灰烬。

很快，成箱的爆炸物被送到了彼得的家门口，上面画着骷髅图，并且印有"危险易爆"的字样。这些孩子发现，通过《大众科学》杂志背面的广告，他们可以联系到很多化学品供应商，想要什么化学品都能买到。他们可以通过联合包裹运输服务公司，让供应商将化学品直接送到家门口。彼得偷偷地将三楼的一个房间用作他的化学品储藏室。每次总是在父母回家之前，惴惴不安地期待着运送化学品的箱子。彼得和比利将贮存的化学品一分为二。如果谁的被家人发现了，那至少还留着一份。

这帮孩子还为他们的化学实验室订购了很多设备，有烧杯、本生灯、烧瓶、塞子、滴管、漏斗，以及温度计。彼得最感兴趣的是碱土金属，尤其是镁，这种金属燃烧时会发出耀眼的白光。他买了成箱的镁带和镁粉，又买了钡和锶，这另外两种金属燃烧时能分别发出绿色和红色的光。他还用钙做实验。当然，他最喜欢的就是硝酸钾、硫黄和木炭，这三种物质是做火药的基本原料。

让他唯一感到不快的，就是硝酸钾和硫黄的燃烧都离不开氧气。他希望能找到一种不需要氧气也能燃烧的物质。对于彼得而言，化学将他推入了一片未知的领域，一片与学校普通的功课截然不同的领域。化学很神秘，但又蕴含逻辑和规律。

化学让他保持着一份童真，就好像雨天看到水坑还想往里跳。不过现在，他开始自己制造水坑，还有涟漪。

于是，彼得开始学习真正的火箭技术，阅读俄国教育家和物理学家康斯坦丁·齐奥尔科夫斯基的著作。齐奥尔科夫斯基出生于1857年，童年就几乎完全丧失听力，14岁以后主要靠自学读完了中学和大学数理课程。他提出的关于火箭和宇航技术的理论，在一个多世纪后的今天仍然发挥着巨大的作用。在19世纪后期，齐奥尔科夫斯基曾就零重力对身体的影响发表过文章，推断日后的太空航行需要使用加压服，并研发了俄国第一个风洞。他还设想以液氢和液氧为燃料为火箭提供动力，并推导出火箭动量与速率变化的数学公式。[①]彼得还会读与罗伯特·戈达德相关的书籍。戈达德是美国物理学家，在1926年发射了世界上第一枚用液体作为燃料的火箭，其意义不亚于莱特兄弟在小鹰镇的试飞。戈达德相信，如果一枚火箭足够大，那么有朝一日就能够把人类送达月球。他的想法遭到很多人的嘲笑，但是飞行员查尔斯·林德伯格却对他表示支持。当戈达德还在伍斯特理工学院读大学的时候，他的火箭实验曾发生了爆炸，浓烟滚滚，教授们四处寻找灭火器。彼得对这样的故事很感兴趣。

彼得还了解了德国物理学家赫尔曼·奥伯特，他也相信火箭用液体燃

---

① 齐奥尔科夫斯基创立了火箭方程式，用以计算火箭可以获得的速度。该速度取决于火箭排气速度，以及燃料消耗过程中火箭净质量的变化。该公式表达为：$\Delta V = V_e \ln(m_0/m_1)$，其中，$\Delta V$ 为速度变化，m_0 为火箭初始总质量，m_1 为加速度后的总质量。比如，如果火箭的质量减小为原来的1/3，其速度的增加量大致等于排气速度；如果质量减小为原来的1/9，其速度的增加量大致等于排气速度的2倍。其核心就是：燃料要尽可能多，且尽可能快地消耗掉，从而以最快的速度推动火箭；燃料消耗得越快，火箭就越轻，速度获得的增量就越大。

料优于固体燃料；还有沃纳·冯·布劳恩——土星 5 号的设计者，也来自德国，曾在第二次世界大战时期为纳粹德国研制过 V-2 弹道导弹。①

彼得知道，如果没有冯·布劳恩和他的德国工程师团队，美国是不可能在 20 世纪 60 年代末登上月球的。

到了周末，彼得就和伙伴们一起，将他们制作的火箭，还有各式各样的遥控飞机全部塞到包里，然后骑上自行车，他们的目的地离家不远，位于国王点的美国商船学院。有时，他们会选择校门外的橄榄球场，在那儿发射他们的埃斯蒂斯火箭。一般过不了多久，学院的保安就会出来把他们撵走。

有时，他们也会央求父母开车带他们去罗斯福机场。当年，林德伯格就是从这儿驾驶着圣路易斯精神号飞机飞往巴黎布尔歇机场的。这个机场有停车场和大片的空地。这些孩子将自制的火药塞入火箭，随即点火发射。有时，火箭发出"扑哧"一声，就没有反应了；有时，火箭像一枚烟花弹一样；有时，又像一条歪歪扭扭的飞蛇，完全不是孩子们想要的结果。这让孩子们的心都碎了，差一点没把火发在毫无防备的哈里·戴曼迪斯身上。

不过，彼得和比利最为得意的，是被他们称为"蒙戈"的系列火箭，有蒙戈 1 号、蒙戈 2 号、蒙戈 3 号，一个比一个高，由他们所能找到的动力最强的马达驱动。他们还设计了一个自动发射系统，这个系统利用围绕 555 定时器构建的线路，可以逐次将三枚火箭发射出去。所以，当只有他俩在的时候，一名"火箭专家"会负责前场追踪，另一名会负责拍照。凭借这几枚火箭，他们在埃斯蒂斯火箭设计大赛中夺得了第一名，还获得了证书，也因此能够购买更多的火箭。当彼得和比利根据元素周期表对他们的"火药库"进行研究之后，他们又有了重要发现：氯酸钾

---

① 整个"土星"火箭的管理团队是由曾参与德国佩内明德 V-2 火箭研发的工程师组成的。

的爆炸性能优于硝酸钾。

同时，彼得还发现了高氯酸钾的一些重要化学特性。他发现高氯酸钾不仅爆炸威力大，而且自身还能分解产生氧气。这是一种被广泛运用于烟花爆竹、武器弹药以及火箭发射的无色晶体。彼得买了很多盒，每盒就有 5 磅重。

进行实验时，他首先在胶卷筒上钻孔，然后拿修补汽车的填料将孔封住。为了让高氯酸钾或氯酸钾发生爆炸，他还需要加入一些像硫黄、铝粉之类的易燃物质。如果燃料选择及混合得当，点燃后将能看到火焰从密封的小孔中喷出，否则只能听见"嘶嘶"作响的声音，或者根本就看不到任何反应。

一个冬天的下午，孩子们全都聚集在乔恩·林恩家中。他们将一只只胶卷筒装上各种配方不同的火药，用胶带把胶卷筒缠住，然后放在结冰的道路上点燃。结果，一只胶卷筒弹起来砸到一个男孩的头部；有好几个的反应都算正常，也有几个只是"嘶"了两声就没反应了。又经过几次试验之后，他们又酝酿出一个新的计划：将一只高氯酸钾胶卷筒炸弹放在水中点燃，看看会有什么反应。高氯酸钾燃烧是不需要氧气的。

孩子们跑到屋后，那儿是林恩家的游泳池，部分水面已经结冰。他们将一支胶卷筒点燃扔到冰层下面，然后站在泳池边上，等待着马上会发生的一切……什么都没有发生。几秒钟过去了，水底传来一声闷响，冰面也抬升了一英寸，孩子们吓得后退了几步，随即水面似乎又平静了下来。彼得放心了。但紧接着，又传来一阵清脆的"咔嚓咔嚓"的声音。乔恩·林恩的妈妈苏珊娜正在家里做饭，突然觉得房子一阵摇晃……

看来，市郊的这一片土地，已经越来越容纳不下彼得的宇航梦了。

第二章 / 幸运需要主动争取

彼得独自坐在汉密尔顿学院的寝室里。这所新英格兰风格的文理学院坐落于纽约州的克林顿，有1 800名学生。学院位于彼得家所在的大颈北面，离他家有差不多5个小时的车程。

学校校园风景优美，但是仅仅过了几个星期，彼得就感到他犯了一个巨大的错误。

他对太空、化学，还有火箭的热爱与日俱增，然而，他在汉密尔顿学院，走的却是学医的道路，而不是朝着宇航员的方向在发展。更糟糕的是，学校也不允许他修生物和物理方向的双专业。如此一来，他想兼顾医学和航天科学的愿望也破灭了。在这里，根本就没有理科方向的双专业，更何况他想学的是极其严谨的航天科学。

彼得当初之所以选择汉密尔顿学院，主要还是因为感到自己申请常春藤学校的底气不足，不过他的大多数朋友都进了常春藤学校。选择学医，算是遂了父母的心愿。一个不安分的男孩如今变得安分了。

大学生活才开始不久，这个 18 岁的男生就在日记中写道："我承认自己对汉密尔顿学院有不同的看法。我希望课程的选择能够再宽泛一些。我要努力让学校把生物、化学开成一个专业。我也不知道自己行不行。"

在后面的一页，他继续写道："在汉密尔顿的遭遇，真是让我烦透了（我真希望这一切都是虚幻的）。起初，我听说这里的学风极其严谨，甚至比很多更好的知名大学都要严谨。但是，我不知道在关键的时候，在你毕业找工作的时候，这样的学风能起到多大作用。"

彼得在感恩节放假回家的时候，遇见了中学同学迈克尔·诺文伯，他此时在麻省理工学院读大一。他们决定在家附近的舍尔特湾网球场打一场比赛，一来锻炼锻炼身体，二来也了解一下彼此的近况。深秋的天气寒冷而干燥。彼得告诉曾在一起上化学预科班的迈克尔，说他现在非常渴望学习科学技术。每逢学院请外面的教授来做科学讲座，彼得总是坐在最前面，而且非常认真地记笔记。"我得把那些东西全部消化掉，"彼得对朋友说，"哲学很伟大，文学也不错，但我要的还不止这些。"

迈克尔在中学时橄榄球打得不错，非常喜欢数学，就像彼得对天文学的热爱一样。他到大学后的经历，却与彼得截然相反。在他俩打网球的间隙，迈克尔告诉彼得，麻省理工学院有一个叫作"本科研究机会"（UROP）的项目，为本科生提供机会，鼓励他们从事核物理、城市规划，以及光伏系统等各个领域的研究。

他对彼得说，自己在做的是核聚变方面的实验，搭建一个缩小版的托卡马克。这是一个中央为真空室的钢制环形容器，利用磁约束来实现受控核聚变。这个项目的负责人是路易斯·斯姆林教授。学校的电气工程系和计算机科学系是在他的帮助下建立起来的。同时，他在 20 世纪 40 年代初期就是辐射实验室的负责人，研制出的机载雷达曾在第二次世界大战中发挥过重要作用。

听完迈克尔的讲述，彼得完全没有打球的心思了。他不敢相信，一个一年级的新生居然有机会去搞核聚变实验。"我的天！太不可思议了！"
他说道。

迈克尔还修了杰罗姆·弗里德曼教授有关相对论的课程，弗里德曼
教授是学校核科学实验室主任。他大一的物理课是亨利·肯德尔教授教
的，肯德尔教授和弗里德曼教授一起，正在从事关于亚核粒子"夸克"①
的突破性研究。打完了网球，麻省理工学院却在彼得的脑子里挥之不去。
之后的几天，彼得都在搞他那辆庞蒂亚克火鸟汽车。这款车搭载了V8引
擎，引擎盖上有一只金色的火鸟。他对化油器的进气管进行了改造，从
而增加了吸气量。他还在考虑要不要再装一套氮氧加速系统。

当过完感恩节回到汉密尔顿之后，彼得给麻省理工学院打了个电话，
了解了其转学政策。在了解相关政策之后，他很是兴奋，准备1月上旬去
麻省理工学院参加面试，而麻省理工学院的转学申请表也将给他寄过来。

他不知道麻省理工学院是否会给他一个机会。毕竟，这是全球最具
竞争力的一所大学，而转学录取就更加困难了。同时，彼得也充分地挖
掘汉密尔顿学院的资源，并努力在校外拓展理科和空间知识。他发起成
立了一个生物学研究小组，每周搞两三次聚会，并且在当地寻访有太空
知识的教授和作家。他还给美国国家航空航天局写过好几封信，其中一
封是这样写的：

　　亲爱的先生们：
　　　　我就自己的教育状况给你们写信。我现在是一名大学生，梦想

---

① "夸克"（quark）的概念最早由美国物理学家默里·盖尔曼提出。盖尔曼教授在加州
理工学院与物理学家理查德·费曼共事。据说，"夸克"一词取自詹姆斯·乔伊斯的
长篇小说《芬尼根的守灵夜》中的一句话："向麦克老人三呼夸克！"盖尔曼希望在
指称物理上的这一概念时念作"括克"（quork）。夸克模型将当时发现的各种纷繁复
杂的粒子进行了归纳。

是将来参与太空项目。

但是，我希望首先能进入研究生学院，获得医学博士学位。如果有可能，再拿到哲学博士学位（最有可能是生物化学工程）。我的问题是，美国国家航空航天局是否有我感兴趣的培养项目呢？……如果有可能，可否为我提供一些有关太空项目和宇航员培训方面的信息以及申请表格？

真诚的

彼得·戴曼迪斯

好不容易挨到了 1 月，彼得就和妈妈迫不及待地开着车赶往波士顿。跨过查尔斯河，就是位于剑桥的麻省理工学院。彼得和图拉沿着马萨诸塞大道走过了哈佛大桥①。迈上一段颇有些年头的台阶，接着又经过一排巨大的石柱，最后走进了马萨诸塞大道 77 号——麻省理工学院。校园的中央，便是那幢大理石圆顶的宏伟建筑。彼得仔细地观察着每一处细节，从圆顶下方镌刻的希腊文到伸向前方的长廊。

冬日的阳光从他们身后高大的窗户透了进来，将整个大理石砌成的大厅染成了淡淡的乳白色。学生们都穿着厚厚的夹克，拿着书或背着包，从大厅进进出出，他们的说笑声在整个大厅里回荡。大厅外是一条 825 英尺长的走廊，通向校园其他地方。图拉对建筑情有独钟，觉得麻省理工学院的这座大圆顶真是美到令人窒息，堪比罗马的万神殿。彼得心里

---

① 哈佛大桥官方公布的长度为 364.4 "斯穆特" 加一只耳朵。每 1 斯穆特就用一种颜色的涂料表示，每 10 斯穆特就标一个数字。奥利弗·斯穆特是拉姆达·驰·阿尔法联谊会成员。他在 1958 年的联谊会考核期内，用自己的身长衡量该大桥的长度。当时，他的朋友将他整个人沿大桥反复摆放了 300 多次，最后警察把他们赶走了。斯穆特的堂弟乔治·斯穆特在宇宙背景探测卫星方面取得了巨大的成就，并首先测得了宇宙微波背景辐射的各向异性。

升起一种无可名状的感觉。或许当妈妈发现大颈的那套房屋时就是这种感觉，或许爸爸第一次见到穿着周末晚礼服的妈妈时也是这种感觉。

彼得和妈妈慢慢地沿着长廊往前走。一路上，彼得不断看着海报栏和陈列橱里面的海报与传单。突然，他眼前出现了"UROP"的标志，这就是迈克尔感恩节对他讲过的"本科研究机会"的相关项目。一名学生告诉彼得和图拉，这里还有"麻省理工巨石阵"。每逢 1 月下旬，总有几天，落日与基里安方庭北缘的建筑呈一条直线，阳光透过 7 号楼射到 8 号楼。在三楼，你可以欣赏到最美的景致。

在麻省理工学院，大家都把眼前这条长廊称作"无尽长廊"，这条长廊贯穿了 3 号、4 号、7 号、8 号和 10 号楼。麻省理工学院非常崇尚数字——学生、班级和建筑全都有数字编号。教室的门上都装着浅黄色的不透明玻璃，上面的系名，以及教授的姓名都是黑色手写的，这不禁让彼得想起过去侦探剧中的情景。他真想把每一扇门都推开，对每一门学科都做一番探究。一贯活泼开朗的他，此刻却沉默了。这里的点点滴滴，都让他如此沉醉。他和妈妈走过 10 号楼和 11 号楼，驻足于 8 号楼前，物理系就位于这幢楼内。物理系由麻省理工学院的奠基人威廉·巴顿·罗杰斯创建于 19 世纪。在物理系的教师团队和毕业生中，闪耀着一大批成就非凡的诺贝尔奖获得者及物理学领域最伟大的科学家，其中包括理查德·费曼（量子电动力学）、默里·盖尔曼（基本粒子）、丁肇中和伯顿·里克特（亚原子粒子）、罗伯特·诺伊斯（仙童半导体、英特尔）、比尔·肖克利（场效应晶体管）、乔治·斯穆特（宇宙微波背景辐射），以及菲利普·莫里森（曼哈顿计划参与者）。在人类第一颗人造卫星"斯普特尼克"以及"阿波罗"系列飞船发射成功之后，麻省理工学院的学生便像洪水般地涌入了物理系的教室。

彼得和妈妈一直走到了生物系。他理解自己的父母，如果自己转学成功，被麻省理工学院录取，他仍然会读原来的医学预科。比起汉密尔顿学院，麻省理工学院的生物系确实要强得多。彼得和妈妈在长廊里来来回回地看着那些俱乐部活动的照片和海报，有跳萨尔萨舞的，也有观测天体的。

在离开麻省理工学院之前，彼得还有两个系要去看一看。一个位于37号楼，从事天体物理学方面的研究。这是一个既玄妙，又真实的领域。在这里，宇宙的形成、绚烂的色彩，以及天体的移动和分布，都会用文字和公式表达出来。

他们的最后一站，是位于33号楼的航空航天系。除了美国的军事院校，这里培养出的宇航员算是最多的。在两次世界大战期间，很多军官也在麻省理工学院接受航空训练，高超音速的试飞也在这里取得了重大突破。巴兹·奥尔德林于1963年在这里获得博士学位。还有一些宇航员，像阿波罗13号的吉姆·洛弗尔、阿波罗14号的埃德加·米切尔，都参与过麻省理工学院的航天员指导课程。

还有一张照片，是六位宇航员参观仪器实验室的情景：其中三位是阿波罗1号宇航员维吉尔·格里森、罗杰·查菲和爱德华·怀特，他们三人在一次发射前测试中丧生。在他们身旁的，是麻省理工学院的学生和另外三名宇航员：戴夫·斯科特、拉斯蒂·施韦卡特，以及吉姆·麦克迪维特。

彼得仔细地看着航空航天系的发展史：查尔斯·斯塔克·德雷伯博士于20世纪20年代开创该系，并在30年代建立了仪器实验室。彼得继续往后读着，后面的内容也让他感到无比震撼。"阿波罗"系列飞船的惯性制导系统，也就是将人类送上月球的计算机系统，正是在这里，在这里的仪器实验室研发的！当制导系统诞生的时候，计算机还大得要占据整间屋子，电视还是黑白的，打字机和复写纸也被广泛使用。麻省理工学院的一个小团队，则开始设想如何利用集成电路的新技术，将人和设备送上月球并安全返航。这里，仿佛就是棒球迷心中的瑞格利球场、高尔夫球员的圣安德鲁斯、冲浪者的加州冲浪湾或攀登者的乔戈里峰。这里，同样也是彼得心中的圣地。

彼得又看了看空间研究后留下的一些物品，其中就包括仪器实验室火星探测器上的零部件。这个探测器建造于 20 世纪 60 年代初期，从未发射过，但其中的技术却得到了发展，并运用到了阿波罗的制导计算机上。就在肯尼迪总统发表关于登月计划演说的几个月之后，麻省理工学院就收到了美国国家航空航天局关于制导计算机研制的第一份合同。

吉姆·韦伯是新成立的美国国家航空航天局负责人，他非常了解德雷伯这个人，知道他既是工程师、惯性制导系统的发明者，又是飞行员，他所研制的零部件都是由他亲自驾驶飞机进行测试的。德雷伯说，韦伯曾打电话给他，问："博士，阿波罗的制导和导航系统你能搞出来吗？""当然，没问题。"德雷伯回答道。

"什么时候能搞好？"韦伯问。"你们需要的时候。"德雷伯说。

"那我怎么知道它能不能正常工作呢？"

"我会亲自操作给你看。"德雷伯回答说。他当时已经 60 岁了，还主动请缨当宇航员。

事实上，他的团队是否有能力制造这样一台计算机将人类送上月球，他心里也不清楚，毕竟谁都没有做过。但是，面对人类历史上这样一道最为复杂的技术难题，德雷伯却毫不犹豫地答应了下来。他相信自己，相信自己的团队。

走过一间间实验室，彼得又记下了他的偶像——沃纳·冯·布劳恩与别人的一段对话。有人曾在"阿波罗计划"初期问他："如果我们同俄国人合作，是不是还会做得更好些？"冯·布劳恩回答道："如果同俄国人合作，那我们两个国家都不会有什么项目和计划了。"彼得写道："是竞争将美国送上了月球。"

当彼得和图拉走出大楼时，已近黄昏，空气中寒意阵阵，而彼得大脑中却滚涌着这里的一门门课程、这里的一个个专业，还有在这里取得的一项又一项成就。这是一片有着无限可能的土地。

回到汉密尔顿学院，彼得变得有些心烦意乱了。在麻省理工学院，彼得见识了美国国家航空航天局的创新和胆略，看到了在不到十年的时间里所取得的成就。他真希望能再现过去十年的辉煌。70年代在很多方面都和60年代截然相反，资金都被拿去打越战和解决无数的社会问题了。

20世纪60年代，美国国家航空航天局的预算占到整个联邦预算的1%。在最为鼎盛的1965年，其雇员和承包人数量就超过4万人。[①]到1979年，美国国家航空航天局的联邦预算被削减了一半，而雇员人数也减至2万人左右。它原本准备发射一架航天器，对1986年接近地球的哈雷彗星进行近距离观测，但计划最终取消了，而哈雷彗星也要再过75年才能重返地球。阿波罗18号、19号和20号的发射也终止了，尽管发射所需要的硬件设备该造的都造了，该买的也都买了。月球倒是去过了，但也有批评人士称政府"是在把钱往天上射"。航天飞机的设计和研发也停滞不前，而建造近地轨道空间站的计划也搁浅下来。一个伟大的梦想走向幻灭，热爱太空的人们不知道接下来将会面对什么。

彼得几乎陷入了绝望，但是，他还是想在汉密尔顿为飞向太空做点什么。他制作了很多份力挺太空计划的请愿书，并将这些请愿书送到他能找到的各级当权者手中。这些人既有地方上的议员，也有吉米·卡特总统关于太空事务的顾问。在请愿书中，彼得对"美国日趋缓慢并逐渐萎缩的太空计划及预算"表达了自己的担忧。他从汉密尔顿学院的师生那里征集了200多个签名。这对于这所只有1 800人的学校来说，可是一

---

① 1965年为美国国家航空航天局招募人数最多的一年，其机构内部招聘的雇员达到34 300人，而与其签约的外部雇员则达到了376 700人。

个不小的比例。他还亲笔写了一封信，希望能够发表在《全知》科学杂志上。

> 致所有的大学生朋友：
>
> 　闻悉"伽利略"与"哈雷彗星/T2 号"任务的终止，以及航天飞机建造计划的尴尬延期，太空计划一再受到政府的冷落。所以，我们所有支持太空计划，所有关心未来去向的人，都应该对此加以关注。
>
> 　让政府知晓我们的心声，办法很简单：在你所在的学校进行请愿，收集签名，然后呈交至总统和国会相关事务办公室。
>
> 　美国有近千所高校，每所高校平均 2 000 人。我们代表了一股强大的力量，能够改变自己的未来。
>
> 彼得·戴曼迪斯于纽约大颈

1980 年 2 月初，汉密尔顿学院举办了一场讲座，演讲的是客座教授吉姆·阿诺德，他是加州大学圣迭戈分校化学系的创始人，美国国家航空航天局顾问，也是首批参与研究月球岩石和土壤样品的人之一。阿诺德谈到了月球和近地小行星上可供开采的丰富资源，包括镍、铁甚至还有铂等，这是彼得闻所未闻的。讲座结束后，彼得又碰到两名访问学生，他们自称是"未来国际学校"的代表，计划打造一座"太空微城"。在回寝室的路上，彼得看了看他们给的名片。彼得当晚的感觉真是好极了，但是，在汉密尔顿学院，这样的讲座少之又少。又过了 6 个星期，麻省理工学院还是音讯全无。

在汉密尔顿学院，医学预科生的一门关键必修课是弗兰克·普赖斯教授开设的生物学导论。这门课程难度很大，据说是让医学预科生放弃专业的一大原因。解剖和研究胎猪占学生总成绩的 50%。

彼得所在的班上大约有 80 名学生，每周有 3 个学时的课程和 3 个学时的实验。上课的第一天，已在汉密尔顿学院任职 5 年的普赖斯教授做了番非常严肃的讲话，要求大家心怀敬畏，认真细致地对待那些胎猪。他警告说："无论如何，都不得将它们带出实验室。"

课堂上，一只胎猪供两名学生实验。内容包括了解其生理构造、脏器功能，以及血液流经心脏、肺、胃和肝脏的途径。

在离关键的解剖学考试还有两周的时候，彼得身上开始长水痘，于是不得不在校医院待了一个星期。就这样，他错过了重要的实验和考前训练。他知道，如果考得不好，就没法进入顶尖的医学院，而麻省理工学院当然也就无从谈起了。他必须要考好。想到这里，他一夜都没睡好。最后，他萌生出一个计划：准备"借"一只胎猪出来，利用周末好好研究一番。他的想法得到他的实验搭档兼室友菲利普的支持。他们决定，下课后由菲利普快速地把胎猪塞到书包里，然后由彼得拎出去。

第二周的周一，普赖斯教授把大家都叫住，脸色非常不好。他说："我已经发现，有一只胎猪被盗。不管是谁拿走了，请主动坦白。如果你是知情者，也有责任和义务站出来。"

彼得吓坏了，回头看了看菲利普。汉密尔顿学院严格的校规，是每一名学生入校时都签了字的。学术上弄虚作假，会让你的课程直接不及格，更有甚者会被开除。那只偷回来的胎猪大约有一英尺长，被浸了甲醛的纸巾裹着放在一个塑料袋里，藏在宿舍冰箱的最里面。下课后回到寝室，彼得又听到一个消息：同住的一个室友准备告发他。这对彼得简直犹如五雷轰顶一般。

我的人生玩完了，彼得心想。他央求了那位室友一整天，说让他自己把这件事处理好。惶恐之余，彼得和菲利普决定毁灭证据。他们走到校园里，一边走一边留意大的垃圾桶和僻静之处。他们要找一个这只猪永远都不会被发现的地方。那天晚上，彼得和菲利普扎进了树林里。汉密尔顿学院地处郊区，有数百英亩的林地。就这样，那只胎猪被埋在了树林里，埋的地方还做了标记。此刻的彼得，脑子一片混乱。他想着自己可能会被开除，家人会因此而蒙羞，而自己也永远进不了麻省理工学院了。他感觉自己像是又生病了。

他给爸爸打了个电话。当时，哈里和图拉正在朋友家里打扑克。听到是儿子打来的电话，哈里抽身走到一边。当他回来时，已经过去一个多小时。图拉问他出了什么事，哈里告诉她，儿子正在处理。在电话中，彼得将这件被他搞得一团糟的事情告诉了爸爸，还说打算第二天就自己去坦白。

哈里·戴曼迪斯听着儿子从电话里传来的声音。片刻停顿之后，他告诉儿子说自己还想到一个办法。他让儿子给校医院的那位医生打电话，把整个事情向他解释一下。在彼得长水痘住院期间，哈里曾到过校医院，觉得那位校医人挺不错的，也挺会做事。"把那位医生当自己人吧。"哈里说道。按计划，彼得先请校医出面，对普赖斯教授讲明整件事情，然后自己再将胎猪送回实验室，并和教授做一次坦诚的沟通。

他跑回树林，将胎猪挖了出来。那天下午的晚些时候，他走进了普赖斯教授的实验室。当他将胎猪从包里拿出来的时候，双手在不由自主地颤抖。普赖斯教授注意到，彼得脸色苍白，差一点就要泪崩的样子。其实，这类事情，教授以前也曾遇到过。曾经有学生将胎猪偷回去吊在寝室里面，或者搞恶作剧，把胎猪塞到同学的被窝或者卫生间里。由于校医已经将事情的原委告诉了他，他便问彼得："那么，你的功课做了吗？"彼得点了点头，又噙着泪水结结巴巴地说："对不起。"彼得望着教授。我的人生就此结束了，还是会得到宽恕呢？教授没有作声，这片刻的停顿似乎要永远地延续下去。不知过了多久，才听到普赖斯教授说道："那么好吧，祝你考试好运。"

几周之后，彼得收到了麻省理工学院的来信。他饱含着泪水将信拆开，上面写着："彼得，谨代表录取委员会通知你，你被麻省理工学院录取了……"

是普赖斯教授给了他第二次机会，他的宽大与仁慈，将令他终生难忘。进入麻省理工学院是一份大礼。此后，便不再有任何捷径，也不可能有任何规则为他而改变。彼得又将返回那条无尽长廊，打开很多扇门，加入很多俱乐部，或许还能开创自己的一番天地。

第三章 / 一切皆有可能

1980年秋，彼得进入麻省理工学院之后不久，便得到了一个绰号：太空彼得。他所在的西塔·德尔塔·驰联谊会中的朋友，还把他的绰号的首字母合在一起，管他叫PIS。他们开玩笑说他俨然是一名"太空学员"，已经处于"飘飘然的失重状态"。

彼得从容地接受了这些善意的玩笑话，还干脆将PIS用作自己的签名。能进入麻省理工学院，彼得感到无比幸福。

在这里的每一天，他所向往的每个专业都越发让他陶醉，有分子生物学、物理学、计算机科学、电气工程、天体物理，还有航空航天学——颇有一种应接不暇的感觉。但是，当他再次漫步于无尽长廊，浏览上面的海报和公告的时候，突然发现上面似乎少了点什么：麻省理工学院没有太空方面的学生团体。

在麻省理工学院，这么多学生社团中，怎么可能连一个太空方面的都没有呢？彼得去校园活动管理部门询问了相关情况，得到的答复是：

有计算机俱乐部和天文学俱乐部，但确实没有太空俱乐部。他还被告知，如果要创建一个俱乐部，这个俱乐部首先得有一个名字，然后还得有四个人的签名。

彼得从联谊会和一个朋友那里得到了签名，接着又罗列了一长串俱乐部的名字：学生太空社团、伊卡洛斯之子、未来保护社团、太空探索与开发学生社团、美国太空学员，以及麻省太空学员。后来，听说有同一幢楼的"瘾君子"很喜欢"太空学员"这个名字，他赶紧把这个名字从选项中划掉了。最后，彼得选定了太空探索与开发学生社团（SEDS）这一名字，因为这个名字能体现该社团的目标和任务。他印制了几百张传单，散发到校园各处，然后又在无尽长廊精心挑选了一处好位置。他用刮彩画的工具将印刷体的"SEDS"四个字母打出来，再用粗钢笔写道："如果你关心未来的太空生活，请来学生活动中心与我一起吧。"

如今，19 岁的彼得不仅要完成繁重的学习任务，还要承担两项本科生研究课题：一项是关于医学预科的，另一项则是关于太空的。医学这边，他毫不松懈，一直在格雷厄姆·沃克的基因实验室里，进行大肠杆菌质粒 PKM-101 不稳定性的研究。很多个晚上，他都一直待在实验室里，直到凌晨 3 点才回到宿舍。凭着自己对太空的激情，彼得还申请了另一项本科生研究课题。这项课题来自 37 号楼航空航天学院的人车实验室（MVL）。彼得做实验的地方，位于没有窗户的底楼。那儿的摆设、橱柜、地板，甚至连一些设备，看上去都像是有半个世纪没人动过似的。这一切，似乎让彼得又回到了阿波罗时代。

实验室的工作，并不是那么精彩而有趣，但彼得非常喜欢。人车实验室主要研究人的生理及认知在飞行器和宇宙飞船中的局限。该实验室建立于 1962 年，曾在阿波罗计划早期与美国国家航空航天局有过密切的合作，当时主要研究宇航员的太空病。现在，实验室与美国国家航空航天局有了新的合作，致力于培养专业人员和科学家成为航天员，以便在航天飞机上开展科学实验。彼得的任务便是协助设计并制造一台胃电图仪，以记录下晕动病发作时胃部的胃电生理变化。到了本学年后期，他还要进行一项研究，并设计出一种实验方法，用以追踪眼睛的不自觉运动，即眼球震颤。这是宇航员太空病常见的一种症状。

彼得被告知他将与宇航员一对一地进行工作。他还听说美国国家航空航天局需要更多的航天医生，以便将来在航天飞机和空间站开展工作。彼得的专业是医学预科，但他俨然已经成为预备航天员。

周三晚上，按计划是SEDS第一次会议的时间。彼得在斯特拉顿学生中心预订了一个房间，他此刻正在屋内焦急地等待着。现在只有5个人报名参加他的社团，他担心今晚的会议没有人会来。门前学生来来往往，他对着屋外望眼欲穿。有几个人在门口停了下来，似乎要走进来，但最终还是扬长而去。他咬了咬指甲，这是他打算放弃的一个习惯性动作。过了几分钟，有几个人进来了；一会儿，又来了几个。这下他放心了，屋里前前后后来了30多个人——到场人数还不算少。

彼得首先对大家的到来表示欢迎，然后做了一番自我介绍，说自己是"宇航方面的路路通"——知晓《星际迷航》《星球大战》，以及阿波罗计划。他还解释了为什么现在创建学生宇航组织正是时候。他说："我们的未来由我们自己做主，不能让短视的政客们来决定我们未来的去向。我们需要把握太空的未来。"

彼得还谈到60年代阿波罗计划发展得如火如荼，到了70年代就偃旗息鼓了，最后以阿波罗17号收尾；谈到了穿梭于星际间的旅行者号，以及由改进的土星5号火箭发射的空间站——太空实验室，它让人们第一次看到了空间站技术。但是，走向太空的步伐却逐渐放缓了；航天飞机的制造计划也延迟了，并且超预算了。人们说这架"90亿美元的航天飞机根本飞不起来"，而且美国国家航空航天局也没有打算将人类重新送上月球或者送往更远的地方，公众对太空的兴趣也降低了。彼得热情洋溢地向大家介绍了从太空项目中发展出来的一些新技术，包括各种无线设备、用于导航的集成电路、植入式心脏起搏器，以及冻干食品。

"我们的目标，"彼得继续说道，自己都不知道从哪里来的那么大的热情，"就是要让我们的政府、我们的企业，以及普通大众认识到，强有力地推进太空项目，将为我们带来巨大的利益。"

有同学问彼得，他是否考虑将麻省理工学院的SEDS纳入L5。L5是根据普林斯顿大学物理学家格里·奥尼尔的想法组建的一个全国性的太空团体。作为《高边疆》一书的作者以及太空研究学会的创始人，奥尼尔呼吁在L5这一拉格朗日点上建立一个大约1万人的移民区。L5是地球和月球之间的一个引力平衡点，距离地球大约有35万千米，位于该点上的航天器可以保持静止状态。

彼得摇了摇头说："我要的是一个完全由学生创立并运作的团体。"

坐在后排的一个男生举手要求发言，并自我介绍说自己名叫埃里克·德雷克斯勒。"我想，彼得创立的是一个由学生引领的组织，"德雷克斯勒说，"我认为这样的团体不应该成为L5的一部分。"德雷克斯勒曾有两个暑假都在普林斯顿，和奥尼尔教授一起制造质量加速器。这是一种形如加农炮、依靠电磁进行加速的装置，用于将月球物质的有效载荷发射到拉格朗日点上。他的硕士学位就是在麻省理工学院拿的航空工程，毕业论文是关于高效太阳帆系统的。现在，他是一名博士研究生，致力于分子纳米技术这一开拓性领略的研究工作。

会议结束时，彼得将所有与会者的姓名和住址都收集了起来。那天，他在开会的房间回复同学们提出的各种各样的问题，构想着SEDS的未来，待到很晚才离开。当他走出房间时，天还比较暖和。晴朗的夜空中星光闪耀。这一刻真是太完美了。他此前也曾有过这样的感觉，那是当他走在无尽长廊中的时候，他确信自己进入了一个宏大而又真实的场景。

彼得夹着海报，走在校园里，感觉能够伸出双手，触摸到自己的未来。

很快，普林斯顿大学和耶鲁大学宣布成立了 SEDS 分会。普林斯顿分会的创建者，是彼得大颈高中的朋友斯科特·沙夫曼；耶鲁分会的创建者，则是彼得大颈高中的另一个伙伴理查德·索金。

彼得、斯科特，以及理查德共同起草了一份 4 页的章程，并且发起了一次全国性的请愿活动，活动指向已当选为美国总统的罗纳德·里根以及美国国会，敦促他们拨款从事太阳能卫星的研发。他们还为社团设计了徽章，上面印有一架航天飞机。同时，他们还给既登载真科学，又登载伪科学的《全知》杂志写了一封措辞考究的信件，声称"美国太空计划日渐衰退，预算逐步减少，这将威胁到我们未来的生存。我们呼吁全国的高校都组织起来，发出我们自己的声音……我们邀请你，还有你的同学们，在你们学校也建立一个分会。愿你与我们一道，共谋航天发展大计"。SEDS 的国际总部位于纪念大道 372 号，彼得联谊会的所在地。

《全知》于 1981 年 4 月刊登了这封信。当月，哥伦比亚号航天飞机首次执行了代号为"STS-1"的任务，引起了国际社会的广泛关注，民族自豪感在美国国民的心中再次复苏了。按计划，哥伦比亚号航天飞机将进行 4 项地球轨道实验，这次任务将完成第一项实验。航天飞机像火箭一样发射升空，然后像宇宙飞船一样绕轨道巡航，最后像滑翔机一样返回地球。这是世界上第一架可重复使用的载人航天器。这次发射，也是美国近 6 年来的首次发射。

发射前，成千上万的观看者涌向了与肯尼迪航天中心只有一河（印第安河）之隔的海滩。当进入最后的倒计时，人们也跟着默念着："发射，发射！"就在航天飞机腾空而起的那一刻，人群沸腾了，他们欢呼着，祈祷着。

一天，彼得上完课返回联谊会。在迈入前门之后，他停住了脚步。在联谊会会堂的门厅处，是由几十个木格子组成的邮箱，其中一个是他的。他发现，里面堆满了信件，摞成厚厚的一沓，还有几封放得不够整齐，已经伸出一个角来。又是谁在搞恶作剧？彼得一边想着，一边小心翼翼地将一封封信取出来。每一封信上面，都写着不同的字迹，贴着不同的邮票，盖着不同的邮戳。他索性在门厅坐了下来，阅读这一封封的来信。印度孟买有同学来信，希望建立SEDS分会。亚利桑那州州立大学的一名女同学来信说，她也想把志同道合的同学召集起来，在菲尼克斯建立一个分会。得克萨斯州卢伯克的一名男同学在信中说，为了飞向太空，自己正在努力学习"殖民生态系统和质量加速器等相关知识，以防山姆大叔尽不到应尽的责任"。加拿大多伦多一名工程学专业的同学也写信说："当读到你的想法时，我的心情简直无法用言语来表达，如果一定要说，可能就叫'欣喜若狂'。已经好久没听到学生有组织地发出支持太空计划的声音了。你的倡议又激起了我内心的热情。"他建议说这样一个社团不应该只是全国性的，而应该是国际性的，自己愿意做加拿大的协调员。

每天的信件都如潮水般地涌入。彼得联谊会的兄弟们也都注意到了，当他们再叫他PIS时，话语中也带着几分敬意。

在接下来的两年中，SEDS从一个三校间的社团发展成一个拥有近百个分会，遍布美国和海外的学生组织。

现在，彼得成了该社团的主席，时常到附近的分会进行考察走访，还要腾出时间发布通讯稿，准备自己的期末考试。他在演说方面也下了一番功夫，努力让自己在说话时更加抑扬顿挫，更有自信。有一次，他多方奔走，想筹集5 000美元用于给各个分会打印并邮递新闻通讯。这一次的经历，让他在筹款方面也获得了不少经验。彼得筹款的对象，多是自己的朋友和老师，但是一提到要钱，彼得还是感到很难开口，怕遭到拒绝。

当他与德雷伯实验室的负责人见面的时候，他知道自己得使出浑身解数。他让自己的声调充满了十二分的热情。后来，德雷伯实验室的负责人告诉他，他们很欣赏彼得以及这个社团所做的工作，但是，他们的实验室是非营利性的，所以无法为他提供资金支持。彼得点头表示理解。但是，当他快要走出实验室的时候，有了一个主意，转过身问："我要打印通讯稿，你们有没有可能帮我在你们实验室打印？"他的这个请求得到了肯定的答复。彼得又继续问："那你们能不能再帮忙把通讯稿寄到分会去呢？"

他又一次得到了肯定的答复。

通过这个经历，彼得又学到了令他终生难忘的一课：问题总是有办法解决的。

彼得多次在塔夫茨大学、哈佛大学和波士顿大学等高校组织研讨会，邀请学术界、美国国家航空航天局，以及其他一些太空团体的知名人士参加。SEDS 的第一次国际年会于 1982 年 7 月召开，这次年会的会期超过 4 天。美国国家航空航天局副局长汉斯·马克应邀参会，并主要针对进入太空的军事意义发言。彼得甚至还被邀请参加在维也纳召开的联合国关于太空问题的大会。这次大会的主题是"和平与非政府利用太空"。

彼得购买了最便宜的机票，然后和加拿大 SEDS 主席鲍勃·理查兹一起飞往维也纳。这位理查兹，就是当年看了刊登在《全知》上的公开信之后，给彼得写信的那名来自多伦多的工程学专业学生。现在，鲍勃已经毕业，获得了工业工程和航空航天学方面的学位，并且在多伦多创建了一个 SEDS 社团。现在，他在康奈尔大学学习，担任空间科学家兼作家卡尔·萨根教授的助手。彼得与他，还有另一位同学托德·霍利成为同伴和挚友。托德是乔治·华盛顿大学 SEDS 分会的创建者。1982 年的国际SEDS 大会就是在乔治·华盛顿大学召开的。霍利会讲西班牙语、法语，以及俄语，同时还在乔治·华盛顿大学修了经济、斯拉夫语和文学等专业。他把彼得和鲍勃介绍给了联合国非政府太空大会的主席戴维·韦伯。

说来也怪，彼得三人形神俱似，犹如合体，人们也常常把三个人的名字放在一起，念作"彼得鲍勃托德"。他们甚至连身高也一样。彼得深褐色的头发层次分明，从中间分开。托德一头蓬乱的金发，戴一副金边眼镜。鲍勃则是草莓色的鬈发，一张又圆又胖的脸。托德相信，太空是一个可以抹去一切差异的地方。在鲍勃看来，宇宙是人类发展的下一段旅程。彼得则更关注飞往太空的硬件条件，以及太空探险。

彼得和鲍勃选择了奥地利本土的一家航空公司——阿里斯塔航空，托德则和自己的女友玛丽安一起去维也纳。飞了差不多9个小时，飞机上一则简短的通告将彼得和鲍勃唤醒，他们被告知飞机将降落在匈牙利的布达佩斯，而非奥地利的维也纳。飞机刚一降落，一群荷枪实弹的警察便牵着警犬登上了飞机。当时的匈牙利依然属于东方社会主义阵营的国家。鲍勃觉得他们是被劫持了。彼得拿出相机拍照，很快便被一名军官制止了。停机坪上的飞机就这样被太阳炙烤着，彼得和鲍勃也只能在闷热的机舱中焦虑地等待着。这是SEDS组织的第一次国际出访，但这样的情况却是彼得从未预料的。最后，他们被告知，所有的维也纳公民都必须下车乘坐公共汽车，据说是因为有人没有支付奥地利的着陆费。彼得和鲍勃一直没有离开座位。最终，飞机还是飞往了维也纳。他俩不知道，接下来的旅程是否还会这般离奇。

第二天，他们与托德和玛丽安碰了面，随后四人便一同前往联合国会议的会场。会议大厦庄严雄伟，数十个国家的国旗迎风飘扬，马车和卫星通信车并排停在大厦门前。彼得拍了一张卫星通信车的照片。这辆车上写着"苏联，莫斯科"。他参加了其中的几场分会，分别是"明日和平使者""遥感中心""穿越太空的土地利用信息"。和彼得坐在一块儿的人告诉彼得，他曾是参与里根"星球大战"计划的一名科学家，但现在已经离职，因为他觉得这个计划相当危险。他还告诉彼得，自己的护照被盗，还有一名女克格勃试图接近他。

在维也纳的第二天上午，彼得、鲍勃和托德站在大厅里，翻看着发言人的花名册。根据安排，他们三人明天将获得发言机会。突然，鲍勃激动地小声说："快看，那位是亚瑟·克拉克！"托德有点不敢相信。彼得对克拉克享有的地位还不甚了解，便问道："怎么啦？"克拉克是《2001 太空漫游》的作者，他最早提出了"地球同步卫星"这一概念。同时，他也是一名未来主义者，被誉为"太空时代的先知"。

当鲍勃和托德注视着克拉克的时候，彼得说道："去和他聊聊吧。"奉之为偶像的鲍勃和托德还没做出回应，彼得已经径直朝身边跟着随从的克拉克走去。当走近克拉克，彼得伸出一只手，同时向身后的鲍勃和托德比手势。

"我们来自 SEDS……"

克拉克没有接话便走开了。彼得摇了摇头。他是不会就此善罢甘休的。鲍勃觉得彼得似乎过于莽撞了。人群缓缓步入礼堂，准备聆听克拉克的发言。彼得则快速地钻了进去，抢到前排的几个座位。克拉克在发言中谈到了未来的远程通信。早在数十年前，克拉克就曾在《无线电世界》上发表过一篇著名的文章，解释了同步轨道，并且提出利用人造卫星实现全球通信。

彼得对克拉克提出的地球同步卫星非常感兴趣，决定好好与他交流一下。他小声对鲍勃说："我们邀他共进晚餐如何？"鲍勃眼珠子转了转。

克拉克的发言结束后，正要去接受记者采访，彼得又拦住了他。

"克拉克先生，我们是 SEDS 的学生，不知您今晚是否愿意和我们共进晚餐呢？"他大声地说道，"这是我们旅馆的电话号码和房间号。我们会乐意告诉您我们在做些什么。"

克拉克看了看眼前这三个年轻人，然后用他那低沉的英国口音回答道："我会给你们打电话的。"

回到旅馆，彼得和鲍勃坐在床上，眼睛直直地盯着电话。他俩还为克拉克是否会给他们电话打了个赌。彼得信心十足，鲍勃则持怀疑态度。他们又看了看钟：17:30……17:35……17:50……电话铃响了。彼得一把抓过电话，鲍勃屏住呼吸，只听彼得说道："嗯，好的。洲际酒店，一定一定。"说完便挂了电话。

"怎么样？"鲍勃急切地问道。

"亚瑟打来的，"彼得回答得非常平静，"他说，我们请他吃饭这事儿没戏。"鲍勃听罢叹了一口气。

"他要请我们吃饭！"

鲍勃简直不知道该给彼得一拳，还是该给他一个拥抱。

那天晚上，彼得、鲍勃和托德与克拉克在洲际酒店的大厅里见了面。他们共进晚餐，克拉克讲了自己在40年代成长的故事，讲他读过的通俗小说，以及他早年在星际协会的一些经历。三个人听得聚精会神。克拉克还谈到自己是如何想到同步通信卫星的。他十分激动地说，正是大家对太空有着共同的热爱，才走到了一起。全世界搞太空项目的知名科学家，他几乎都见过，有苏联的、中国的，还有日本的。"他们对于太空，都有着共同的认识。"克拉克说，同时希望彼得、鲍勃和托德能够把全世界热爱太空的学生都凝聚到一起，无论他们讲什么语言，来自哪个国家，属于哪个政府和哪种意识形态。"年轻人是关键。"他叮嘱道。

他还说了一句年轻人很喜欢的话：先进的科技，无异于一种魔法。

晚餐快要结束的时候，彼得说："如果您不介意，我们叫您'亚瑟叔叔'行吗？"

在做出肯定的答复之后，这位"亚瑟叔叔"、太空时代的先知，又答应做SEDS的顾问。

返回麻省理工学院的人车实验室之后，彼得参与了查克·阿曼教授的工作。他将粘胶电极片贴到受试者的脸上，觉得这位受试者颇有王者风范。此人是试飞员、越战战斗机飞行员、麻省理工学院培养的机械工程师、生物医学工程师，以及新一代的宇航员，他的名字叫拜伦·利希滕贝格。

利希滕贝格于 1978 年被选为专家宇航员。

当时对他讲的，是航天飞机每年执行大约 48 次飞行任务，进行科学实验、卫星布置，以及空间站的建设等一系列工作，这让他很激动。但是，航天飞机的发射时间却一再拖延，一直延迟了 3 个发射周期，而且飞行的次数也将缩减至计划的 1/3。1983 年冬，利希滕贝格被安排在年底执行航天飞机首次空间实验室的任务。

其中一项重要的研究内容就是太空病。在水星计划、双子星计划，以及阿波罗计划中，一些身体素质极好的宇航员都深受其苦。苏联的尤里·加加林是世界上第一名宇航员，当时还没有出现太空病的症状。而苏联的第二名宇航员盖尔曼·季托夫，环绕地球轨道 17 周，却在太空中出现了呕吐的症状，这与加加林完全不同。阿波罗 9 号宇航员拉斯蒂·施韦卡特在进入轨道的第一天就患上了太空病。巴兹·奥尔德林告诉人车实验室的朋友，说他在返回地球的途中感到难受极了。

在利希滕贝格的头部和腹部都贴上粘胶电极片之后，彼得又安排他坐在转椅上。转椅带着他朝一个方向转动，而他的头则转向另一方，直到出现恶心的症状。相关数据被记录了下来，然后对各种生理反应也进行了对照。彼得和教授们也会在转椅上坐上很长一段时间。

经过研究，他们得出一些有趣的发现——从感觉恶心开始，到症状完全消失需要 35 分钟。同时，他们也有了一些新的问题。利希滕贝格打算在头上戴一个由实验室相关人员制造的加速传感器，以便能够对他的感受进行详细记录。实验室的任务，就是要让一切关于太空病的问题都显露出来。人车实验室主任、麻省理工学院的拉里·扬教授是一系列空间实验的主要负责人，负责对空间实验室 1 号的宇航员进行研究。空间实验室 1 号将成为第一个由航天飞机送往太空的加压实验室。

在实验闲暇，彼得和利希滕贝格也会谈起宇航员的一些生活状况。彼得想知道，宇航员在接受面试的时候，会被问到一些什么样的问题。

他想为今后成为宇航员做好准备。利希滕贝格告诉他，通常的问题包括太空飞行的软、硬件条件，训练，以及对家庭生活的影响。不过有时候也会有些很奇怪，甚至有几分傻的问题，比如"你血液中红细胞的平均寿命有多长"，"你觉得我们实施的登月计划是假的吗"，或者"我们听说有外星人到航天飞机上来，和航天员一起乘坐航天飞机。对此你怎么看"。

彼得的问题一个接一个，问的大多是成为一名宇航员的可能性有多大。利希滕贝格告诉他，美国国家航空航天局每一期大约接收 6 000 名申请者，而通常只有不到 10 人能成为宇航员，比例为 600 : 1，可能性不到 0.17%。他还说，选择可能是随机的，但也可能是有政治考虑的，审查的过程非常严苛。

彼得突然想到自己视网膜有轻微的损伤，这是打橄榄球时被膝盖磕的。

"我会因此而被淘汰吗？"他问。

"是的，"利希滕贝格答道，"在筛选时你会被淘汰掉的。"

彼得愣住了，他不知道该说什么才好。

"美国国家航空航天局不喜欢冒险。"利希滕贝格耸了耸肩，"更糟糕的是，就算你被选上了，也不代表你就一定能上天。大多数宇航员都被称为'企鹅'——有翅膀但不能飞。"

从彼得记事开始，就一直梦想着能成为一名宇航员。如果不能通过美国国家航空航天局的渠道进入太空，他又该怎么办呢？他又将做怎样的尝试，又将冒怎样的风险呢？没有政府的支持，还有可能进入太空吗？

在大约 3 000 英里外的加州高地沙漠，一位对政府的太空计划不抱有任何幻想的飞机设计师，也在问同样的问题。现在，他正在制造一架低空飞行的飞机。这架飞机需要极长的跑道，他希望能得到美国军方的支持。但是，他也有和彼得一样的梦想，希望有朝一日能够飞到星星上面去。

第四章 / 冒险成就传奇

　　加州沙漠爱德华兹空军基地地面上那条部分由混凝土铺成的跑道全长 7.5 英里。

　　此刻，伯特·鲁坦正坐在一架追逐机上，凝视着这条世界上最长的跑道之一。在他的左边，是他最为大胆的一项设计——旅行者号。

　　这架飞机自重 2 500 磅，白色、扁平的机身犹如拉长的太妃糖。该机采用双体结构，细长的机翼上装载了 7 000 磅的燃料。① 还有几分钟，旅行者号将从这条跑道上起飞，执行一项极具挑战性的任务：在中途不着陆、不加油的条件下完成环球飞行。航空界的专家对旅行者号的成功不抱太大希望，因为伯特在飞机的设计和制造过程中采用了很多折中方案，而且他的目标无异于要将保持了近 25 年的航空纪录再延长一倍。所以，

---

① 旅行者号在设计上类似于第二次世界大战时洛克希德公司的 P-38 "闪电" 战斗机。伯特将飞机的水平安定面前移，将两个引擎安在机身中部，一个起牵引作用，一个起推动作用，这样有助于减轻机身重量并延长翼展。

有充分的理由相信，飞行员精力耗尽将是旅行者号着陆的原因。

这次任务，对于飞行员的技术、耐力，以及飞机的设计都是一个考验。

和查尔斯·林德伯格在 1927 年处理圣路易斯精神号的方式一样，伯特也尽可能地将旅行者号的重量减到了最轻。而飞机上的工具，无论是扳手还是螺丝刀，都是空心设计。飞机顶部只涂了一层淡淡的白色，以便在沙漠炽热的阳光下看起来清爽一些。飞机的外层只含两层石墨纤维复合材料，两层复合材料之间为蜂窝状纸板结构。飞机上没有哪一样东西是多余的，如果一个零件坏了，连备用的都没有。[①]

伯特又绕到旅行者号的右侧，他不知道载那么多燃料，飞机的操控性能如何。

但他就有这样一个习惯：在别人看来毫无意义的事情，他却总是想去寻求一些突破。在尚未使用计算机以前，伯特就开始设计制造飞机了。他用铅笔和计算尺进行计算，用曲线板设计机翼。这个特立独行的人留着猫王埃尔维斯般的鬓角，一双蓝眼睛闪闪发光，他可以估计一架飞机的重量，误差仅有 1~2 磅。他与自学成才的琼斯一样，喜欢与世俗的观点背道而驰。琼斯创立了后掠翼飞机的相关理论，成为今天民航客机的基础。[②]他还有一点也和一琼斯一样，就是要让航空界的怀疑者都闭上嘴。

他居住在莫哈韦沙漠中一幢三层楼的房屋里，房屋呈金字塔形，周围是约书亚树丛，不远处就是爱德华兹空军基地。他不喜欢社交，玩世不恭且非主流。这幢大部分位于一条护坡道之下的房子有着很好的节能

---

① 幸运的是，旅行者号上有一台备用的姿态指示器，第一台在航程进行到一半的时候就坏掉了。

② 在琼斯之前，已经有大量关于后掠翼飞机的实验，甚至已经开始生产制造，但理论一直是缺失的。琼斯用薄薄的三角翼飞机进行实验，这是后掠翼设计中一个非常极端的例子。

效果。他的台球桌、餐桌以及会议桌都是定制的，呈六边形。屋内他最喜欢的壁画是一幅埃及的金字塔，上面画有埃及姑娘、棕榈树和一位法老。

每逢有到访的客人，他会让他们在这幅壁画上找出两件极其微小且意想不到的东西：一架风力发电机和一个飞碟。他花了几年的时间研究金字塔的建造，认为金字塔的建造者们很可能懂得对石灰石进行加工和浇铸。他还花了8年的时间研究肯尼迪遇害，也得出过一些离经叛道的结论。从灌木丛点缀的直升机停机坪穿过马路，就是他的邮箱。这个邮箱是一架缩小版的飞机的尾部，而且还是一架军用飞机，名为"SMUT"（特殊任务运输机）。

伯特出生于1943年，在加州中央谷地一个名叫迪纽巴的小镇上长大。他的父亲乔治是一名牙医，他的母亲艾琳则负责照看他家小农场里的孩子。鲁坦一家是基督复临安息日会教友，从周五日落到周六日落都需要守安息日。棒球、篮球、橄榄球，以及别的一些需要在周末练习的体育项目都没法开展。他也不能看电影、追女孩，或是赛车。他就喜欢玩飞机模型，追着它跑，然后把飞机摔得粉碎。

他妈妈会带他去距离迪纽巴有4小时车程的旧金山，在一家小杂货店里买东西。伯特喜欢买各种各样的零件，但他不喜欢买成套用品，他对那些已经成形的零件不感兴趣。8岁那年，他设计制造了一架飞机模型，将引擎安在箭形翼的下方，看起来很像数年后才投入使用的波音707客机。他参加了很多航模设计的展示和节目。在16岁那年，他和另外9名选手入选了全美航模大赛。鲁坦妈（人们都这么叫）在旅行车的后面套上一个拖车，把伯特的模型塞到里面，然后就带着他远赴达拉斯参加比赛。

这个十多岁、瘦高个、留着平头的小伙子还对火箭感兴趣，也一直在关注苏联"斯普特尼克"号的发射、尤里·加加林的首次航天之旅，以及美国政府承诺的太空计划。12岁那年，他最喜欢的电视节目就是华特·迪士尼的《迪士尼乐园》，其中有一个环节是关于未来的，叫作"明日世界"。

这一环节由华特·迪士尼亲自主持，他会问很多问题，包括其他行星上的生命、太空中的失重状态、恒星的起源，以及探索月球等，还会对科学家进行专访，其中就包括沃纳·冯·布劳恩。伯特16岁时开始学习驾驶飞机，以每小时2.5美元的价格请迪纽巴广播台主持约翰尼·班克斯当自己的兼职教练。租用飞机的价格为每小时4.5美元。在教练的指导下飞了不到6个小时，伯特就开始独自驾驶艾龙卡7AC冠军飞机。但是，他更大的热情还是在飞机设计上。他毕业于位于圣路易斯奥比斯波的加州理工大学，毕业的时候正处在加加林上天和阿波罗11号登月两个历史事件之间。

伯特于1965年从加州理工大学拿到航空工程的学位之后，在爱德华兹空军基地当了一名非军人编制的航空测试工程师。他的任务是找出当时的主力轰炸机麦道F-4"鬼怪"为什么有如此高的事故率。这款飞机有60多次事故都被诊断为"飞行失控"：在飞行员没有操作的情况下，飞机会自行失速或旋转。因此，在1968年，爱德华兹空军基地搞了一个测试项目，对这个问题进行研究。伯特担任该项目的飞行测试工程师。他坐在一架F-4的后排，由杰瑞·金特里驾驶着飞机，经受着一次又一次时刻都危及生命的飞行旋转。经过这一系列的测试飞行，伯特提出要对F-4飞行员手册进行大的修订，以帮助他们避免失控和旋转，同时恢复到正常心理状态。他还制作了一个培训影片，名为《摆脱操控之烦恼》。他和金特里旋风一样跑了全世界40多个地方，甚至还到了土耳其的因吉尔利克和泰国曼谷，给这些地方的美国空军F-4飞行员进行讲解说明。爱德华兹空军基地是美国军方对最快速和最具实验性的飞机进行测试的基地。查克·耶格尔的首次超音速飞行，以及X-15的亚轨道飞行都是在这里完成的。

伯特于1972年离开爱德华兹，进入位于堪萨斯州的贝德飞机公司。但是，他与那边的合作并不愉快。他很快意识到，自己需要听从内心的召唤。于是，在1974年，他返回加州，在莫哈韦机场上开设了鲁坦飞机制造厂，设计和开发一些小型飞机的样机，供业余制造者进行拼装。就这样，自制飞机成套配件的业务就开展起来了。但是，到20世纪80年代初，伯特意识到这项业务存在一个风险：自己可能因为制造者的错误而被起诉。于是，他关掉了这家公司，另外创建了一家名为缩尺复合体的公司，制造各种类型的飞机，并开发样机。

现在到了1986年，在12月这个寒冷的早晨，伯特检查着爱德华兹空军基地上这条神圣的跑道。他担心自己新设计的飞机不能从地面上飞起来，更不要说创造历史。这架轻型飞机还从未承载如此大的重量。伯特计算着这架飞机的机械可靠性：他的测试团队在两年的时间内进行了68次试飞，总飞行时间达到375小时。其中有7次试飞出现严重的机械故障，有一次是驾驶舱失火，还有一次是推进器故障，引擎都从底座上裂开了。现在，他们的飞行计划是将飞机送上天，进行超过200小时的不间断飞行。第一段航程是向西越过太平洋飞往夏威夷，这一段航程上燃料的载重量最大。这架飞机在遭遇湍流时的表现一直不是太好，但伯特认为遇到这种情况的可能性不大。

如果说有哪一个飞行员能够完成这项艰巨的任务，那么他一定是伯特的飞行员，他的哥哥迪克·鲁坦。

迪克摘下他的黑色牛仔帽，然后爬进和电话间差不多大小的驾驶舱。他的副驾驶珍娜·耶格尔（与查克同姓）坐在他身后。她身材娇小却胆大无畏，在驾驶舱内也不系安全带——没有安全带是飞机减轻重量的又一举措。他俩曾经是恋人，但他们在做环球飞行的时候，已经只是普通朋友了。

迪克当时48岁，觉得自己会死在这架可怕的飞机里面。在两天前，他就录好了诀别的"死亡磁带"，向他的团队道别。

他将录音带交给地勤组组长布鲁斯·埃文斯，告诉他自己死后就播放给大家听。这位曾被授过勋的战斗机飞行员被誉为"勇者之王"。珍娜34岁，是一名有经验的机械制图员，曾为海军的发明家兼火箭工程师鲍勃·特鲁阿克斯工作过。今天，他俩准备将24年前美国空军飞行员驾驶波音B-52"同温层堡垒"所创造的纪录再增加一倍。为了这个梦想，迪克和珍娜奋斗了5年。他们将一切都投到了旅行者号上面，以至连房租都没钱支付。他们四处寻求赞助，包括美国的大企业家罗斯·佩罗特。佩罗特本来已经决定为他们的飞行提供赞助，但最后还是拒绝了，因为迪克和珍娜没有结婚。凯撒皇宫娱乐场的老板也愿意给予赞助，前提是飞机必须在娱乐场的停车场起飞和降落。但由于跑道太短，这个条件无法满足。这架脆弱的飞机，是在莫哈韦机场的一个飞机库里制出来的。所需资金也是几百几百地凑出来的，零件是靠别人捐赠的，整个团队几乎都是义务干活的志愿者。

迪克从小走的就是飞行冒险这条路。小时候，他妈妈带他去参加一个飞行表演，在那里，他有了第一次上天的经历。那是一架老式的黄色双人派珀飞机，轮胎没有胎面，需要靠人支撑飞机保持平衡，而且还是从草地上起飞。飞到空中之后，迪克解开安全带，在这架小飞机的后排站起身来。他想看看飞行员都能看到些什么。那一刻，他觉得这将是他一生要追寻的目标。在刚满16岁那天，他就拿到了飞行员许可证。当迪克还不能驾驶飞机的时候，就经常开着摩托车，飞也似的穿过一个个狭窄的葡萄园，还为自己能够躲避那些警察而感到庆幸。警察一见到他，总会警告他开慢点。他甚至比伯特还要惧怕安息日的到来。他会悄悄地溜进电影院，坐在后排以避免被人发现，电影结束时又偷偷从后门溜走。

小时候，大人总是告诉他，世界末日就要来临了。对于他而言，唯一的末日就是每周的安息日。每到周六的下午，他就会望着地平线，等太阳下了山，炼狱就该结束了。

1958年，迪克20岁。虽然基督复临安息日会是拒绝服兵役的，但他还是报名参加了空军的航空学校。他开着超音速的F-100"超级佩刀"战机在越南北部上空作战，归来时机身上弹孔密布。似乎他肾上腺素的分泌特别旺盛，飞得越多，越要寻求冒险。他也看到同事和战友的死亡，一些甚至在机舱里被活活烧死。他还亲眼看到一名战友在地上被大砍刀砍成了碎片。但是，在他执行任务的时候，他没有任何恐惧。当返航回营地之后，他偶尔也会走到跑道边呕吐一阵。

所以，当伯特准备旅行者号的计划时，他自然成了不二人选。80年代初，迪克一直在做伯特的试飞员。他曾驾驶伯特自制的加长超轻型飞机，多次创造远距离飞行的纪录，现在正在寻找新的冒险项目。一次，伯特、迪克和珍娜坐在莫哈韦天桥咖啡馆吃午餐，迪克说他需要一种做特技飞行的新型飞机。伯特说自己有一个更好的主意，而且已经酝酿好几年了，因为现在已经能够利用碳纤维与合成材料制造飞机了。咬了两口照烧牛排，伯特抓过一张纸巾，在上面画了一架翼展很长的单翼机草图。做这样一次中途不着陆、不加油的飞行，他们三人都明白意味着什么。他们将这样一次冒险看作一个里程碑，在航空史上前无古人，后无来者。

伯特计算了一下，要环游地球，每1磅飞机自重，将要消耗7磅燃油。现在最大的困难，就是如何装载充足的燃油以保证近25 000英里的飞行，而且飞机的总重量不能太重，否则无法起飞。利用碳纤维可以解决部分问题，这种材料可将机身的重量减少至传统铝材结构的一半，而且结构强度也能满足需求。这种飞机的气动效率和推进效率必须要优于其他轻型飞机。

推进器必须有更高的效率，引擎在燃油转化为能量的过程中也必须有更好的表现。因为驾驶舱如果不进行加压，这种飞机只能在低空飞行。

迪克和伯特就机身重量和稳定性的问题争论了半天。迪克说他驾驶这种飞机没法转弯。伯特告诉他说这将是环球飞行，不需要转弯。迪克说这架飞机遇上暴风雨就得散架。伯特告诉他不要在雨天飞行。伯特觉得飞机上不需要雷达。迪克说那种盲目飞行他是不干的。当鲁坦兄弟这般针锋相对的时候，一般人都会识趣地走开。

不过最后，两兄弟还是达成一致。自打小的时候开始，就是伯特设计飞机，迪克开飞机。他们的妹妹内尔则是一名空姐。旅行者号将会安上一对很长且纤细的翅膀，非常脆弱，似乎会像鸟儿那样拍动起来。这架飞机有 19 个独立油箱，燃油占到起飞重量的 73%。也就是说，迪克几乎是在驾驶一只燃油箱飞行。

"爱德华兹指挥塔，这里是旅行者 1 号。"迪克·鲁坦在爱德华兹空军基地的跑道上呼叫，时间是 1986 年 12 月 14 日。

"起飞准备完毕。"

"跑道清理完毕，一路平安。"早上 8 点传来回复。

坐在追逐机上，伯特深深地吸了一口气。他身旁坐着一流的飞行员迈克·梅尔维尔，准备驾驶飞机跟随旅行者号完成第一阶段的航程。

珍娜报着飞机时速："45，61，65……"

在旅行者号加速的过程中，装满燃油的翼梢开始下垂，就像郁金香长长的叶片一样。飞机滑行在跑道上，翼梢垂得越来越厉害，翼尖已经触到跑道，并与地面发生了刮擦。

"机翼擦着地面了，"迈克说着，紧紧地跟了上去，"有个油箱恰好就在翼梢。"

"快让他把操纵杆拉起来！"伯特大声喊道，"告诉他翅膀拖到地上了，赶快把操纵杆拉起来！"

珍娜用一成不变的语调报着时速："84，87，90……"迈克担心飞机会着火。旅行者号时速必须达到100节才能产生足够大的升力。

随着旅行者号的速度越来越快，机翼也抬升了一英寸。

接着两英寸，三英寸。

"翅膀抬起来了！"迈克说道，"哇！翅膀恢复了！"

珍娜仍然报着数："94，97，100。"飞机腾空而起。

"速度100！太好了！"伯特大声叫道，"速度终于上了100节！"

迈克、伯特，以及迈克的妻子萨利坐在伴飞的飞机里不再说话了。这架飞机要飞起来已经很不容易了。他们乘坐着伯特的双引擎公爵夫人要一直跟着旅行者号，直到看不见加州的土地再返航。翼梢的状况看起来不太好，能看见有导线在上面晃来荡去。飞机的小翼，即位于翼梢的垂直翼，也只是勉强能够支撑住。伯特让迪克试试小翼的稳定性如何，结果右侧的小翼脱落了，另一侧的小翼似乎马上也要掉下来。①

伯特一遍遍地对迪克说："不要放弃，不要放弃。"迪克听到了伯特的话，又摇了摇头。他并没有打算放弃。在他的指南针上，有一个大写的字母"W"，代表着"西方"，而他现在，正是朝着西方前进。公爵夫人上的燃料表又下降了不少，伯特、迈克和萨利必须返航，否则就没法飞回爱德华兹基地了。迈克驾驶着飞机，一个倾斜转弯，向他们道别。伯特没有说话，他的眼睛一直在搜索着地平线。目之所及，唯有茫茫大海。

位于莫哈韦77号机库的旅行者号团队由布鲁斯·埃文斯领导，他也是少数几个让迪克无条件服从的人之一。现在，他时刻都与迪克和珍娜保持着联系。接下来，伯特和迈克还要花时间对新款商务机比奇星舟进

---

① 右侧小翼落到位于加州兰开斯特一位女士家的后院，当时她正从电视上观看旅行者号起飞的实况。左侧小翼在圣巴巴拉上空脱落。

行测试。

伯特和他哥哥随时保持着联系，或者干脆由他按自己的方式驾驶——想怎么驾驶就怎么驾驶。每天晚上，迈克都在追踪旅行者号的行程，并且一直和迪克与珍娜交流。有时，伯特会给他哥哥一些建议。迈克知道他哥哥根本就不会听，听了反而还会发火，于是他会出面说几句好话。

当他们最终离开跑道，当那双脆弱的翅膀最终飞起来之后，迪克曾兴奋地说："这飞机我开得了！这飞机我开得了！"珍娜仰面躺着，望着他，回应他道："我知道你能行的。"迪克不知道珍娜是出于自信还是天真，但此时能有这样一番鼓励确实非常重要。"遇到像我这样一流的试飞员，旅行者号还是能飞的。"他很是得意地说。但他也知道，如果机翼继续发生断裂并伤及油箱，他俩就死定了。不过这些信息，都储存在一个被他称为"不屑一顾"的匣子里。

危险随时都有可能发生，他俩也只是在必要的时候才说话。珍娜负责油耗记录仪，一直都没有驾驶。飞机的很多零部件，都是靠她手工打造出来的，她对于这次任务的成功起到至关重要的作用。她考取了驾驶旅行者号所需要的证书，包括多引擎及仪表飞行的等级签注，只是还没有掌握这架飞机上其他一些关键性系统，包括使用雷达、设置自动导航和驾驶，以及利用无线电通话。如果天气情况允许，迪克会设置好自动驾驶，然后睡上两个小时。他是用一种半仰卧的姿势驾驶，观察那些由自己和团队手工打造出来的仪表，同时也会把珍娜用娟秀的字体列出的检查项目都过上一遍。没有珍娜，这次任务可能实现不了，但现在要让飞机在天上飞，要活下来，恐怕还是得靠他才行。

就连休息的片刻，迪克也担心自动驾驶会出什么问题。他一闭上双眼，飞机就在他脑海中上下颠簸。

　　他们遭遇过暴风雨、低能见度，甚至还遇到过能见度为零的情况。航程的第二天，他们穿越了台风玛琦。第三天，自动驾驶仪失灵。第五天，在穿越非洲中部的时候，他们遭遇了季风和极端的雷暴天气，迪克也从未经历过如此猛烈的暴风雨。他驾驶着飞机，在云层中颠簸起伏，突然一个90度的倾斜转弯。"完蛋了。"他心里想着，好在一切又很快平静下来。这正如欧内斯特·甘恩在他的著作《空难追踪案》中所写的那样："危险随时出现，但又随时消失。我们在帘子后面窥视着这一切，见证了很多不幸者的遭遇。我们幸存了下来，也留下了永恒的记忆。"当非洲猛烈的暴风雨最终消退之后，他们又钻进一片浓黑色的雾霾之中。厚重的雾霾让迪克觉得似乎在上面行走都没有问题。还有一次，他们差一点就撞上了一座山的山顶。在斯里兰卡上空，飞机引擎冷却剂发生泄漏。在太平洋上空，油压消失。当时，他正在小憩，准备休息20分钟，珍娜把他叫醒，让他快看红色的油压指示灯，这表明飞机将出现过热的状况。

　　他感觉自己每天都像是在玩俄罗斯轮盘一样——扣动扳机，一声空响，于是又可以多活一天。他的脑子里只有一个念头：得活下来。但每一天，他望着远方，心里又会想着：远方，又将是一场灾难。或许就在今晚，当飞越某片水域的时候，或许是在明天……不知道什么时候，任务就终结了，而我们也将不复存在。如果飞机有结构上的误差，他们连驾驶舱都逃不出去。离心力会将飞机死死缠住，令他们动弹不得，直到撞向地面。他俩都带着尼龙绳牵引的小型降落伞，同时还有一只橄榄球大小的真空救生筏。迪克觉得，如果真遇到紧急情况，能够打开机舱盖并跳出去的可能性微乎其微，甚至根本就不可能。他的整个世界都紧缩到驾驶舱这个小小的茧子里面。经过几天的飞行，他连外面的世界是什么样子都无法想象了。

　　飞了9天之后，有消息传来，说迪克和珍娜在一个夜晚飞越了哥斯达黎加，已飞抵加州海岸，离爱德华兹空军基地已经不远了。伯特和迈克钻入公爵夫人，希望能够在圣迭戈以西的海域上空与旅行者号会合。

12月23日凌晨，在距离海岸大约60英里的地方，伯特和迈克透过黑暗，看到有闪光灯射来的光线，但此时不敢确定是不是旅行者号。飞机上没有航行灯，航行灯已经随小翼一起掉落了。

迈克发出无线电信号，试图确认机上是否为迪克，以便引导他利用闪光灯发出脉冲信号。闪光灯熄灭了，当闪光灯亮起做出应答时，迈克和伯特的反应却是所有人都意想不到的：他俩开始抽泣起来，接着又像婴儿般地号啕大哭。一会儿，两人又抹去眼泪，露出笑容，集中注意力。很快，在旭日淡淡的光线中，他们看到了旅行者号的轮廓。此时的旅行者号，机身已经受损，同时还出现了弯曲变形。它沿直线缓慢地飞行着，似乎更像大气中的一叶轻舟。

此刻，在旅行者号的驾驶舱中，迪克最担心的，就是能否在爱德华兹空军基地顺利着陆。又过去了20分钟，他的心依然是悬着的。他想，他们那里测试的都是些大型轰炸机和歼击机，而我们的飞机不过就是从这该死的莫哈韦一个作坊里搞出来的。谁会在乎你这玩意儿呢？他又想，如果无法成功着陆，那又会怎样呢？如果不能在爱德华兹着陆，纪录将是无效的。按照世界航空纪录认证机构——国际航空联合会的要求，封闭路线纪录的创造者，其起飞和着陆必须为同一地点。

迪克呼叫爱德华兹指挥塔。"20分钟后着陆，"他呼叫道，"我知道你们很忙，但可否允许我在管制区域内着陆？"他想，自己可以选择在管制区域内较为偏远的地点着陆，这样的话就不会影响到空军基地的工作了。

指挥塔应答道："这里是爱德华兹空军基地指挥塔。先生，今天所有飞行任务取消。我们等着你的归来。"

迪克一脸惊愕。他们取消了所有飞行任务，专等着我们？一切都不重要了！重要的是整整9天，自己没有睡过一个完整的觉，挤在一个狭小的驾驶舱中，时刻忍受着如同货运列车般大小的噪声。迪克更没想到，旅行者号上了那一周《新闻周刊》的封面，旁边配着醒目的标题："不可思议的旅行者号，完成不间断全球飞行。"

在飞机最后飞越圣加布里埃尔山脉的时候，还遭遇一大片厚重的云层。临近爱德华兹南端上空时，他向下看了看，希望能看到基地上米黄色的帆布。然而，他看到的不仅仅有米黄色，还有黑色和银色。他看到成千上万的观众、卡车、卫星天线，还有房车，将跑道密密匝匝地围了起来。曾将航天飞机载至基地的波音747也停在美国国家航空航天局巨大的机库前——这一景象令人终生难忘。依靠伴飞的迈克，迪克和珍娜计算出轮胎离地面的高度，最终将飞机降落在跑道上。9天零3分44秒，26 358英里。这一壮举通过电视进行了全球直播。

迪克曾告诉过旅行者号团队的成员，说在国际航空协会的检查员对此次航行进行验证之前，他不希望有任何人靠近飞机。他有好几次都做着同样一个噩梦：梦到自己完成了飞行，却没有得到应有的认可。迪克打开机舱，人流如潮水般地向他涌来，有的举着照相机，有的拿着麦克风。

现在，他还面临一项新的挑战：不知道自己还能否正常行走。他努力让自己直起身来，打开驾驶舱，然后坐到飞机的顶上。9天没有任何运动，他感觉双腿如同面条一般。他又向后朝机身的方向挪了挪，以便能够伸展一下双腿。他不想被别人从飞机上抬下去，这样有损于自己作为战斗机飞行员的光辉形象。他打算就这样坐着挥挥手，舒展舒展双腿。感觉差不多了，迪克又把自己的黑色牛仔帽戴上，然后小心翼翼地下到地面。

伯特第一个上前给他拥抱。时间正好是12月23日，这可能是最好的圣诞节礼物了。

那一年的开局就非同寻常。1986年1月28日，挑战者号航天飞机在起飞73秒后爆炸，机上7名宇航员全部丧生，包括一名中学女教师。

事故原因部分为机械故障，部分为操作失误。授权调查此次空难的罗杰斯委员会成员发现，美国国家航空航天局的管理者此前并未对发射的风险进行准确的评估。该调查委员会委员、加州理工大学教授，同时也是诺贝尔奖得主的理查德·费曼说："美国国家航空航天局夸大了其产品的可靠性，而且几乎到了一种幻想的程度。"

对于调查委员会的一些发现和结论，伯特也略知一二。令他更加难忘的，则是从试飞员查克·耶格尔那儿听到的一些情况，他偶尔会途经莫哈韦并进行短暂拜访。耶格尔是调查委员会的成员之一，参加了第一次调查讨论，讨论的焦点是航天飞机的O型密封圈。由于发射当天早上的寒冷天气，导致密封圈失效（在此次讨论中，费曼将一只O型密封圈置于冰水中，向与会者展示材料遇冷受损的情况）。耶格尔勇气过人但耐心有限，那天也是耐着性子在听。那场会议一开就是几个小时。他预测在未来的几年内，美国国家航空航天局肯定会限制航天飞机发射的次数。讨论还没结束，他就离开了会场，也不打算再回去了。在大厅里，有人问他为什么离开，他回敬人家一句："你看哪天天气好，我就去开那该死的航天飞机。"

耶格尔看很多事情都不顺眼，不过他这人就这样，伯特挺欣赏他这股子劲儿。耶格尔曾驾驶过形如点五零子弹的X-1飞机，机头呈针状，速度比当时所有的飞机都要快，飞入辽阔的未知领域。伯特知道，自己的哥哥和耶格尔就像是一个模子里刻出来的。迪克所想的，就是希望在驾驶飞机方面能有所成就，如今他已经做到了。沙漠中这样一个拼凑起来的团队，不顾怀疑者的质疑，向不可能发起了挑战，并最终创造了历史。伯特也被称为"莫哈韦沙漠的魔法师"。在他牛仔布的袖子里面，还有好多把戏没有上演。

第五章 / 心怀梦想才能真的快乐

彼得驾驶着黑色的特兰斯·艾姆行驶在马萨诸塞大道上。当途经无尽长廊的入口时，他放慢了车速。

他将车驶入纪念大道，斯特拉顿学生中心就位于这条街上，SEDS正是在一个繁星密布的夜晚成立于此。穿过马路便是37号楼，里面有宇航员的真实生活场景以及最先进的太空技术。广播里放着波士顿的歌曲《不要回头看》。彼得眼中泛起了泪光。麻省理工学院就映在他的后视镜里面。

他于1983年6月从麻省理工学院毕业，取得了分子生物学的学士学位。他从事过不少高端的工作，包括太空实验和基因工程。他现在要去的是医学院。如今，他已被斯坦福大学提前录取。他很喜欢那边的天气，所以就搬到了大学所在的帕洛阿托。没想到的是，当他从希腊徒步旅行回来之后，又收到了哈佛大学医学院的录取通知。确切地说，录取他的是哈佛大学的医学博士专业——健康科学与技术。彼得管它叫作"极客医学专业"。哈佛大学的健康科学与技术专业是彼得的首选，但被录取的机会却相当小，该专业每年只招收 25 名学生。

哈佛这所学校是得花时间去适应的。他很快发现，告诉其他人自己要去哈佛大学的医学院，无疑是丢下了一颗氢弹。因为一说起自己读的是这所学校，人们就会觉得你自以为是。不过，从好的方面来说，就是追女孩子比较有优势，但是医学院的社交活动却又少得可怜，和睡眠时间一样严重缺乏。从哈佛大学校园跨过查尔斯河，走上大约 15 分钟的路程，就是医学院所在的位置。医学院的中心便是四方院，最中央是一片草地，五幢贴着大理石的建筑呈马蹄形围在四周。彼得入校的第一年，住在位于范德比尔特大楼的学生宿舍。教学楼的周围，便是多家实习医院。彼得对学校的历史，以及延伸数英里的地下长廊颇感兴趣。偶尔有点时间，他会建议其他人一起到位于学院行政楼顶楼的博物馆参观。位于顶楼的沃伦解剖学博物馆清晰地呈现了医学发展的历史。馆内有许多复制品，有些看起来令人感到恐怖，包括 19 世纪的外科器械，早期的显微镜和显微影像，颅相学的面部石膏模型，以及一些伟大的外科医生右手的石膏模型，还有早期手术时进行消毒的设备。最酷的一件展品是菲尼亚斯·盖奇的颅骨。在一次事故中，一根钢筋刺穿了他的头颅，他却奇迹般地活了下来。

在医学院，真正让人大开眼界的课程可能就要算是解剖课了。上课时，老师让彼得和同伴选择尸体标本，要么选一具身形瘦小的老年妇女，要么选一具体形硕大的男性。彼得选择了那具老年妇女的尸体，想着身形较小，解剖起来也相对容易些。他管这具尸体叫"莫莉阿姨"。这名妇女在 73 岁时死于胰腺癌。在进行解剖的第一天，彼得和同伴将莫莉的面部和双手盖住，以便能得到更加客观的体验。他们将尸体的喉部切开，然后用手锯锯开肋骨。彼得觉得，这是一种残忍的体验。不久以后，他们按要求对莫莉阿姨的腹股沟部位进行解剖，然后是手臂和手掌。

在解剖手臂之前，指导实验的教授将一只解剖得非常完美的手臂放在托盘中，一桌挨着一桌展示给大家看。彼得和同伴将一枚镍币放在尸体摊开的手掌中，引发了一阵笑声。在解剖的过程中，彼得看到了手掌与前臂的肌肉，还有那些结缔组织、肌腱、关节，以及神经，它们是那样精妙而灵巧地构建在一起，被赋予了生物力学的性能，这不禁让他感到震撼。他又想到了《帝国反击战》中的主角卢克·天行者的假手。他还想到了在大颈的时候，在自家的楼上制作的机械手臂。手臂的机械性能一直让他很着迷。

当要展露莫莉阿姨面部的时候，彼得停住了，他感觉到巨大的心理障碍。揭开面部的遮盖物之后，学生们需要将面部的皮肤除去。接下来，彼得要用一把圆盘锯，在耳郭上方约一英寸的位置，绕整个头部一周，将莫莉的头颅打开。彼得按照方法打开了头颅，仔细地观察了里面的脑神经、脑静脉，以及其他各种各样的结构，包括神经元、树突和突触。他发现，头部的这些组织有点像半软的干酪。气味有些难闻，但见到头颅内部的结构，这是让他久久难以忘怀的事情。最让他感到震撼的，是这颗灰白色的头颅略微有些光滑，重量不过三磅，仿佛河边拾到的一块石头，但就是这样一颗小小的头颅，却承载了莫莉阿姨的思想、记忆、本领，以及她的需求、欲望和所有的爱。莫莉的一生都寄于这些物质之中，直到有一天，大脑停止了工作。所有的记忆，都以神经元之间突触联系的形式贮存着，又封存在血肉之躯构建的硬盘中，但再也无法读取了。彼得最近买了一台IBM（国际商业机器公司）的第一代台式个人电脑，带两个5英寸软驱。他可以将文件在软盘上进行备份，但人脑中的东西，却是没有办法备份的。想着这一切，他感到一丝恐惧，还有些许悲哀。

到了第三年，他进入第一次轮转期。在马萨诸塞州综合医院的贝克大楼，彼得第一次直面一名患者的生死。

那时大约凌晨3点钟，彼得正在一张小床上睡觉。突然，他被一阵警报声叫醒："蓝色警报，贝克大楼五楼。"五楼有患者心脏骤停。彼得冲上五楼，第一个到达现场。这名患者一天前接受了心内直视手术。他立刻对患者进行胸外心脏按压。每按压一次，患者的胸骨都会"咔嚓"作响，而在彼得的心中，只想着救世主何时才能到来。他曾在模型上演练过，但在真正的患者身上，却完全是两码事。那晚的结局最终还是令人满意的。不过还有很多次，却让彼得感到无法承受。他曾遇到一个天使般的女孩，16岁，患有淋巴瘤，生存机会渺茫。他还看到一些早产婴儿，为了生存而挣扎着。他还与一个无家可归的人成为朋友，此人酗酒，患有肝衰竭，眼中充满黏液。后来发现，他也是哈佛的毕业生。当他清醒的时候，他俩常在一起聊一些宏大的话题。一位身体虚弱且上了年纪的患者出现了粪便嵌塞，彼得戴上手套为他进行清除。在这里，他完成第一次脊椎穿刺和乳房检查。他也看到一些曾经非常健康的人，因患上传染病而虚弱不堪，有的是肺炎，有的是卡波西肉瘤。其中就包括最早一批确诊出的艾滋病病毒感染者。伴随着艾滋病的，是心理上的焦虑和情绪上的失控，宗教右翼称这是"上帝对同性恋的怒火"，而彼得则处在与艾滋病战斗的第一线。

面对每一位患者，无论是怎样的问题，彼得考虑的都是三件事：但愿他们能理解我的无知；我要尽自己的最大努力；希望自己没有把事情搞砸。

但最大的问题就是，彼得并不喜欢他所做的事情。他有时也会在课堂上因为疲惫而打瞌睡，也会觉得有些课程沉闷乏味而缺乏新意。他觉得学院的解剖实验室和内战时期没什么两样。他修了病理学的课程，发现课堂上讲的东西和中学七年级学的差不多。倒是一个没花什么时间的话题引起了彼得的兴趣——心房纤颤，课堂上还对此进行过详细的数学分析。彼得觉得这算是比较有趣的了。

　　一天，他和实验室同伴赶去参加一个师生理事会会议，结果发现到场的全是学生。和他读同一个专业的同学有着五花八门的背景，既有职业冲浪运动员，也有林林兄弟马戏团的小丑，还有来自哥伦比业的18岁神童。他们对彼得的太空情结都有所耳闻。

　　对彼得来说，健康科学与技术专业最好的一点就是，哈佛医学院与麻省理工学院有学术上的合作，因此，在传统的医学教学中也融入了一些工程原理。学院会对心脏进行研究，然后和麻省理工学院的专家一起，构建一张心脏的电子线路图。

　　不过，麻省理工学院的人车实验室一旦有什么需要，彼得就会直奔该实验室，志愿为新的太空项目做一些研究和打杂的事情。他现在仍然负责SEDS的工作。到20世纪80年代中期，社团的分会已经增加到110家，包括他在哈佛医学院新建的分会。他在麻省理工学院搞过几次颇具规模而且令人难忘的太空展，应邀参加的有学生，有教师，还有来自美国国家航空航天局、波音公司，以及洛克希德·马丁公司的管理人员。一天傍晚，在他乘车回哈佛医学院的路上，他在日记中写道："噢，我多想挣脱父亲期待的那根缰绳。我所做的一切，难道都是为了父亲吗？"

　　虽然选择医学院是出于对家庭的责任而非自己的爱好，但彼得还是相信，从某种意义上来说，学医可能还会让他离太空更近一步。他也有过了解，知道除了战斗飞行员，医学博士学位是进入宇航员队伍的最佳途径。彼得觉得，学医至少能够让自己知道如何延长人的寿命，从而可以等到技术足够发达的那一天，以实现自己的太空梦想。寿命越长，离开地球的机会就越大。他觉得当一位博学家也不错，就像在他的童子军游戏中，一个人扮演三个角色的男孩。彼得最近喜欢的一个英雄人物，是电影《巴卡路·班仔跨越八次元空间大冒险》中的主人公巴卡路·班仔。

　　此人是一名顶尖的神经外科医生，同时还是粒子物理学家、赛车手，以及摇滚明星。巴卡路在很多领域都可以做到技艺精湛，自己为什么就不行呢?

彼得坐在哈佛医学院A号阶梯教室里面。老师一边给大家发表格,一边进行说明。书面任务就是要同学们在表格内填上自己完成四年学业后,想去什么地方做实习医生和住院医师。彼得已经通过医疗委员会第一阶段的考核,在第四年年底,将接受第二阶段的考核。如果通过,他将成为一名实习医生。在实习期快要结束的时候,他还要接受第三阶段的考核,通过后将获得从业资格证。接下来就是住院医师阶段。根据不同的医疗机构,这一阶段为2~7年。

彼得看着这些表格。他是否知道该选哪一家医院呢?还是应该表明一下自己想要从事的专业?他想,我就是想去造火箭。在第一年和第二年,包括现在已经到第三年,正在进行临床轮转,他仍然想方设法到医学院外面做一些别的事情。他要负责SEDS的工作,在人车实验室做实验,还要召开一些全国性的太空会议。太空已经变得越来越真实,航天飞机的发射也越发频繁——从1981年的2次增加到1985年的9次。看到膝盖上要填的表格,彼得的心中生出一阵恐慌。一旦他成为实习生,当上住院医师,将无法兼顾两头。那样,他可能会造成医疗事故,甚至导致他人的死亡。说得轻一点,他内心会一直怀着深深的挫败感,因为无法践行自己的梦想。他一直沉浸在自己的思绪中。不知过了多久,他醒过神来,四下张望,发现其他人全都离开了这洞窟般的房间,灯全都熄灭了。彼得将表格塞进包里,怀着几分焦虑,几分激动,径直走向了行政办公室。他有了一个大胆的想法。

他问接待员可否让自己给麻省理工学院的人车实验室打个电话。他想同心目中的"欧比旺·肯诺比"①——实验室主任拉里·扬博士好好谈一

---

① 欧比旺·肯诺比是电影《星球大战》中的一个英雄人物,一名武士,使用R4-P17航天机器人。他的一生充满了传奇色彩,为银河系做出了不可磨灭的贡献。——译者注

谈。幸运的是，扬博士恰好在实验室。彼得平静地将自己在哈佛的境遇告诉了他，然后问他："我还有可能回麻省理工学院来读 16 号①的硕士或博士吗？"

他想要离开哈佛，参与航空航天项目，暂时不考虑学医的去向问题。扬博士告诉他，他自己得先提出录取的申请，不过可以帮他加快申请进度。他也看到了彼得在实验室里的那股子劲儿，就想知道他准备什么时候从医学科学转到空间科学上来。

拉里·扬对太空的兴趣始于 1957 年 10 月 4 日，那是沙滩球般大小的人类第一颗人造卫星伴侣号进入地球轨道的日子。他当时拿到了富布赖特奖学金，准备去索邦大学学习应用数学。那一天，他正在去往法国的船上。他到达法国的那天晚上，发现所有的人都望着天空，听着小收音机。那一刻，扬决定要从事太空研究。有人问他为什么会突然选择搞太空研究，他回答说："这有点像堕入爱河一样。你自己也说不清楚，但心里却很清楚。"他的车牌号就是"2mars"②。他的学生拜伦·利希滕贝格已经成为美国首位专家宇航员。人车实验室开发的很多实验也已经运用到航天飞机上。扬觉得彼得很聪明，满腔热忱，点子也是一个接一个。彼得眼中流露出的兴奋，是在一般人眼中见不到的。

如果说读哈佛还算有趣，那么重返麻省理工学院则让彼得感到满心的喜悦。

现在，彼得正是在做着他最想做的事情：航天工程。

他向父母保证，自己只不过是多拿一个学位，以后还是会回到医学院的。无论在实验室，还是教室，他的身旁都是些涡轮机、飞行模拟器、

---

① 16 号为课程编号，课程名称为"航天工程与设计导论"。

② 2mars 意为 "to mars"（到火星）。——译者注

飞机模型，以及飞机和火箭的照片。甚至连非常要命的一门课——二年级两学期的"统合工程学"，在彼得眼中也成了乐于接受的挑战。

彼得比班里的同学大了4岁，但每次上课都坐在第一排，认真地学着基础的数学方程式和相关原理。这些方程和原理所支撑的，就是固体力学与材料、流体力学、热力学，以及推进力方面的相关研究。由于这门学科属于交叉学科，老师要求学生们相互合作完成作业。彼得又重返故地——西塔·德尔塔·驰联谊会，在那里又找到一帮兄弟一起学习。晚上有时也会有些娱乐活动：可以看电影，放的是詹姆斯·邦德的最新影片《雷霆杀机》；也可以参加舞会，学生们都是伴着Go-Go's乐队的曲子，一直跳到深夜。有时，彼得也渴望能交到一个女朋友；有时，他也意识到，爱情必须禁得起等待。

返回麻省理工学院之后不久，彼得就去见了扬博士，和他谈了自己的硕士研究项目。彼得的兴趣是构建人造重力，以缓解失重状态下的肌肉萎缩、骨骼钙质流失及其他一些症状。他告诉扬博士，自己在构想一种小幅旋转的床，可以在宇航员睡觉的时候制造重力。

为了应对长时间的太空生活，人们必须设法制造重力，或者进行大量的体育锻炼。太空实验室于1973—1979年环地球轨道运行，曾在上面工作过的宇航员返回地球后，身体状况都不如出发之前。欧文·加里奥特和威廉·波格曾是在太空中逗留时间最长的宇航员，当他们返回地球后，航空医师对他们进行了全面的体检，并在出具的报告中写道："进行一年半至三年长时间的太空飞行，肌肉骨骼的功能将受到损伤，除非有保护性措施。"

除了肌肉萎缩和骨密度降低，宇航员还会出现平衡感紊乱的现象。他们中的一些人在黑暗的环境中会摔倒，在视觉上对道路的平整性方面缺乏判断。一些人还总喜欢把东西往天上扔，好让它们飘起来，就像以往在空间站那样。

康斯坦丁·齐奥尔科夫斯基和沃纳·冯·布劳恩都曾设想过一个巨大的环形空间站，这样的空间站可以转动，从而产生人造重力。太空实验室项目结束的当年，美国国家航空航天局埃姆斯研究中心便启动了一项相关研究。这项研究也构想了一个形状如同车轮一般的空间站，轮子的边缘就是宇航员的生活舱。该空间站将以每分钟一圈的速度旋转，其边缘处的离心力恰好与地球重力相当。在电影《2001太空漫游》中，发现者1号飞船的宇航员舱内，就有一台大型的旋转离心机。

扬博士很喜欢彼得的这个课题，但他需要彼得提供更多的细节，同时，他担心这对宇航员的内耳会造成一定影响。幸运的是，彼得获得了灵感。一天，彼得的父母和妹妹来麻省理工学院探望他，他陪他们在外面散步。当他们走到一个游乐场的时候，彼得心里突然有了答案。玛塞勒现在一见到哥哥，总喜欢问他有没有遇到漂亮的希腊女孩。她发现哥哥正愣愣地盯着操场上的一群小孩子，觉得他真有意思。但是，让彼得停下脚步的，却不是那群小孩子。他看着游乐场的旋转平台——一个装有扶手的圆形平面，可以像旋转木马一样转动。而他的大脑，此时也在飞速地转动着：旋转产生的离心力，是速度的平方与旋转半径的函数。在旋转中心，加速度为零。如果将宇航员的头部，尤其是他的耳前庭系统置于旋转的中心，就消除了轴向加速度对内耳的影响。彼得抓住妹妹的手，跑向了游乐设施。他设法把旋转平台的孩子全部叫了出去，让他们休息一会儿，然后让妹妹在里面躺下，头搁在旋转的中心位置。妹妹表示抗议，但抗议无效，而她却在心里笑着。这就是彼得，一个时常心不在焉、思绪在别处的男孩。先是妹妹在上面转着，她紧闭着双眼，随后换成了彼得，他一直待在旋转平台上，直到有几个孩子的妈妈站在旁边，向他投来不满的眼光。晚上回到学校，他勾勒出了心里的想法。他想制造一个缩小版的旋转平台，以便安装在航天飞机上，以后再安装在国际空间站上。一年前里根总统提出了国际空间站的构想，现在正在进行分段建设，据说很快就会发射了。

彼得在日记中写道："如果在睡觉时能够服用一剂重力，就像服药那样，那就好了。"第二周周四，彼得在人车实验室和扬博士谈了自己计划的具体内容。他画了三张草图：一张是在地面上旋转的板材；一张是另一块板材，位于飞船边缘的储存区；还有一张是可定位的横梁。他把这个设计称为"人造重力卧铺"，缩写为"AGS"。

"如果将人放到离心机上，他们什么事都没法做。"彼得兴奋地说，"不过，在他们睡觉的时候使用离心机，不仅可以使心血管系统得到锻炼，还可以刺激免疫系统。"

扬博士看着图纸说："这是个不错的想法。"不过他还是怀疑，人处于旋转状态还能睡着吗？彼得告诉他，自己在游乐场试过，转着转着就睡着了。彼得分析说，如果一个人能够在重力场中睡着，那么重力就可以看作一种药物，其剂量可以是 4 小时，可以是 6 小时，还可以更长。在太空中，这张床的离心力可以替代地球的引力，让人体在失重环境下也能处于一种紧张的状态。宇航员的头部位于旋转的中心，不会受到离心力的影响，就像唱片的中心那样。

彼得可以从航天基金会、美国国家航空航天局、国立卫生研究院、美国心脏协会，以及麻省理工学院航空航天系获得总共 5 万美元的资金。于是，他便一门心思地研究他的电动旋转太空床。他自己画图纸，做计算，一台半径两米的离心机也是他亲手制作的。根据设计，这张床每分钟的转数为 40 转，可提供 3g 的重力加速度。床体为蜂巢状铝结构，利用配重以及通过镀金滑环的遥测信号对旋转人员进行监测。床的下方，用密封的滚珠轴承连着直径为 6 英寸及 8 英寸的同心钢管。彼得提出，如果麻省理工学院的哪个同学能够在上面转着睡上一晚，他愿意付给他30 美元。

他的朋友，同为 SEDS 领袖人物的托德·霍利成为第一个，也是最好的一个志愿者。他在这张床上连续睡了9个晚上。彼得在他的观察日志中写道："这张床还真管用，这让我很是惊讶！事实上，托德在这张床上睡得很好。托德的合作非常出色，他一点抱怨都没有。"通过观察和数据分析，彼得对睡眠的状况进行了评估。一天，扬博士从这儿经过，也想体验一下这个新玩意儿。他在上面躺了好几分钟才下来，觉得这个设计很了不起。接下来，彼得将床通上电，没想到钢管从法兰上脱落下来，整张床一下子垮掉了。彼得见状羞愧不已，如果"欧比旺·肯诺比"还在上面，这样岂不是要了他的命？他设法解决了这个问题，然后继续他的实验。他还把这张床改造成了一套健身器材。在上面加了一个脚踏车测力计，安上踏板，就可以供宇航员躺着使用。彼得对自己的设计很是满意。他小时候就喜欢建造埃斯蒂斯公司的玩具火箭，还装上些化学燃料进行实验。不过现在不同了，他的设计能够真真切切地在人类的太空生活中起到作用。

1987年4月，彼得、托德·霍利和鲍勃·理查兹又举办了一次会议，他们想把一个更大的梦想变为现实：创立一所宇航大学，集各个学科之力进行太空研究。彼得、鲍勃和托德三人为了创立这所研究生层面的大学，着实奔忙了好几年。他们的目标，就是要建立一所非营利、非政府性质的，致力于太空研究的大学。他们现在能依靠的，一是他们的SEDS，二是在国内还颇受欢迎的太空展会。他们想以此赢得信誉，并扩大交流。终于，他们的努力有了成果：在彼得、鲍勃和托德的主持下，数百人来到SEDS的诞生地——麻省理工学院斯特拉顿学生中心，参加了一场为期三天的大会。彼得不到10个月就拿到了硕士学位，不到一年就拿到了医学博士学位。现在，他又得到了麻省理工学院院长保罗·格雷的大力支持。苏联、加拿大、日本、中国、欧洲航天局和美国国家航空航天局都派出了代表和高层领导参加这次会议。

参加开幕仪式的人超过 500 个。彼得对此次国际宇航大学成立大会的与会者表示热烈欢迎，同时，就美国空间项目的现状发表了一番热情洋溢的讲话。他说，阿波罗 11 号登月成功之后，美国国家航空航天局曾指派一个工作小组，就阿波罗登月计划之后的工作绘制了快、中、慢三条路径。

"最快的一条路径正如我们在科幻小说中读到的，"彼得说，"而最慢的一条路径如下。"根据完成的日期，有以下几个时间节点：

- 空间站及航天飞机：1977 年
- 航天拖航器：1981 年
- 月球轨道空间站：1981 年
- 月球表面基地：1983 年
- 50 人的空间站：1984 年
- 登陆火星：1986 年
- 100 人的空间站：1989 年

彼得问与会者："时间过去了 18 年，我们到底完成了多少呢？……要将人类送上太空，现在该是重新扩展视野、重新启动引擎的时候了。而我们这项宏伟事业的引擎，正是在座的各位以及全世界的莘莘学子。这便是国际宇航大学将担负的重大历史使命。"

会议的闭幕式由几位知名人士主持，包括拜伦·利希滕贝格、美国空军前部长约翰·麦克卢卡斯，以及政府间的全球性商业通信卫星财团——国际通信卫星组织董事乔·佩尔顿。在本次大会中，国际宇航大学的使命和章程，以及拟开设的课程等都得到了商议和讨论。从一开始，托德就坚持认为，这样一所大学必须走真正国际化的道路。

彼得、托德和鲍勃三人坐在桌子的一端，身边围着身份显赫的高

官、教授，以及专心致志听讲的学生。按计划，国际宇航大学将于次年
（1988 年）夏季开班，首期为期八周。开课地点将暂时借用大学的场地，
并从各高校聘请教师。他们的目标是要拥有独立的永久性校址，梦想则
是将大学设在太空中。值得一提的是，他们聘请的校长，正是他们的亚
瑟叔叔——亚瑟·克拉克。

彼得又一次走出学生中心，坚信自己正迈入一项宏伟的事业。一步
一步地，所有的努力都将取得丰硕的成果。

心怀太空梦想的一代将被唤起，将为此而欢欣鼓舞。一年前，彼得
也在人车实验室通过闭路电视观看了挑战者号的发射。然而，由于航天
飞机的失事，人们所津津乐道的冒险一下子变成心中的痛。发射失败并
不是一道魔咒，但一年的时间过去了，美国国家航空航天局却没有任何
发射任务，航天飞机的计划就这样搁浅了。留下的有称颂、有指责、有
争论，然后便是成立调查委员会、撰写报告、召开会议。恐惧战胜了
勇气。

三天的会议结束了。那天晚上，彼得又拿起他刚读完的《阿特拉斯
耸耸肩》。这本书是托德给他的，感觉几乎就是一部电影的剧本。当思想
者们——社会最具生产力的群体，也是创造活动的引擎，不再思考，整
个世界将会怎样？彼得被这个故事深深地触动。当一小群思想家和建筑
家构筑了自己的愿景，而政府却让他们感到失望，那将会怎样？彼得陷
入了沉思。

他随意地翻看着这本小说，书页已经出现卷角，里面写满各种各样
的标注。突然，他想到自己前几天在开幕式上还说过："现在是该重启引
擎的时候了……你们就是引擎。"书中有一段引文，他在上面标注了下
划线。

这是书中的人物汉克·里尔登的一段话，他被看作一个不屈不挠的实

业家，曾花费 10 年的时间研制出一种合金，他在整个过程中也经历了巨大的波折与转变。彼得大声地读着里尔登的这段话：

> 疯狂和愚蠢都是暂时的，不会长久。它能使人癫狂，因此也将自取灭亡。你我需要做的，只是再多努一把力。

彼得也需要再多努一把力，从而走上真正属于自己的人生道路。他的梦想永远都属于太空，而父母对他的期待永远都是学医。他既想继承家族的传统，又想做真正的自己。

与此同时，在美国西部白雪皑皑的高山上，另一个为自己的身份而拼搏的故事也在上演着。故事的主人公比彼得小几岁，也在寻求真正的自我，但自己家族那个响亮的名字，却让他倍感压力。

彼得不知道的是，这个人，以及他所传承的一切，将会改变自己的人生。

第六章 / 厄运难免降临

埃里克·林德伯格夜里 2 点就醒了，透过帐篷凝视着雷尼尔山间那白雪皑皑的山坡。漆黑的夜空被点点繁星染成一片乳白色。星光是那样璀璨夺目，却又是那样柔和，似云朵，又仿若一张缥缈的飞毯。那些星星彼此相连，便聚成一个又一个的星座。万籁俱寂，山峰也在沉睡。21 岁的他闭上了双眼，呼吸着寒冷的空气，知道接下来的事情绝不会那么简单。

这是 1986 年 8 月的一个清晨，埃里克这一天的目标就是要登顶雷尼尔山这座海拔 14 411 英尺的山峰，这也是喀斯喀特山脉的最高峰。他的祖父查尔斯·林德伯格曾于 1927 年驾驶飞机横越大西洋到达巴黎，这使得查尔斯成为一名英雄，而且可以说是当时全世界最有名的一个人。和自己的祖父相比，征服雷尼尔山算不上什么历史性事件，但在埃里克的眼中，这座山峰就是自己的"巴黎"，属于自己的里程碑。他不想生活在林德伯格家族的光环之中。埃里克的朋友劝他考取飞行员驾照，但他觉得那太过招摇了。家人都学过飞机驾驶，但没有一个人成为真正的飞行员。而埃里克唯一的飞行计划，就是在他最喜欢的适合滑雪的山区，从雪山飞檐边上一跃而下。

埃里克开始打包自己的装备。他驻扎在位于雷尼尔山东部海拔9 440英尺的舒尔曼营。雷尼尔山是一座冰雪覆盖的活火山，位于华盛顿州西雅图东南部，距此大约有一个小时的行程。他将在凌晨3点之前出发，以便能够在日出前就离开那片冰雪覆盖的区域，否则，阳光会使冰雪融化，从而增加雪崩的危险。

雷尼尔山风景如画，冰河从山顶延伸到山谷，谷底遍布着野花、湖泊和原始森林。但山顶上一年四季都危险重重——沟壑纵横、危岩耸立、天气突变，冰川也总是在不停地移动。五年前，这里发生了美国有史以来最严重的一次登山事故。山顶覆盖的冰雪像炸药一般崩裂开来，全部压在了登山者的身上。有11名登山者在这次事故中遇难，连遗体都未能找到。

匆匆吃了点燕麦早餐之后，埃里克和他的哥哥列夫（比他大4岁，登山经验更丰富），以及他的堂弟克雷格·沃格尔一起出发了。他们背着50磅的行李，在黑暗中前行。列夫带路，埃里克背着他绿色的老式尼龙背包，外面有个支架。他还给背包取了一个绰号叫"运肉车"。在埃里克只有十几岁的时候，就背着这只背包和家人一起外出猎鹿。他和他的兄弟姐妹以及父亲一起，爬过北喀斯喀特山陡峭的小道；回来的时候，背包里装满了用粗棉布包好的鹿肉。如今，背包已有些破旧了，上面全是斑斑点点的污渍。

但在这个寒冷的早晨，埃里克有一个更大的愿望：他要努力登上峰顶。这三个林德伯格家族的人用绳子将彼此系在一起，并戴上了电池供电的头灯，一步一步地顺着埃蒙斯冰川的小道前进，希望在八小时后能够到达目的地。到达顶峰后，他们仍将徒步返回舒尔曼营，以取回留在这里的其余装备，然后继续返回至海拔 4 400 英尺的怀特河营地登山口。

埃里克此前曾两次尝试登顶，但都以失败告终。他犯了一个初学者常犯的错误：带了太多的装备，包括他父亲的铸铁鞋底钉、滑雪板，还有备用靴子。而且他走错了路线，走到了高出舒尔曼营地垂直距离 1 000 英尺的地方。这样，他夜里 2 点才到达营地，而其他登山者此时都准备开始登山了。

埃里克身形瘦长，具有运动员一样的体格，在各类体育项目中都具有优势。他 12 岁时就获得了华盛顿州的体操冠军。他最擅长的项目是自由体操，而获得的却是体操全能冠军。在他卧室的书架上摆满了水上运动的奖杯。在体育课上，他不用脚就可以顺着绳子向上攀爬。同时，他还是他所在中学引体向上纪录的保持者。他还学习了跆拳道，可以对头部进行跳跃侧踢。

他就读的中学位于一个小岛上，从西雅图坐渡船一会儿就到了。当还是个中学生的时候，他就非常迷恋滑雪，曾在距雷尼尔山不远的水晶山度假村工作，负责洗碗和铲雪。他也曾经在爱达荷州的太阳谷度过了一个滑雪季。现在，他居住在华盛顿州的奥林匹亚，就读于长青州立大学，专业是政治生态学。和在中学时一样，他并没有在学习上花太多心思。他的理想是在自己偏僻的老家开一家上档次的滑雪公司。他更喜欢体力劳动而不是脑力劳动，喜欢行动而不是推理。

埃里克和他的兄弟姐妹从小就学会对自己家族的历史秘而不宣。当自己还是个小孩子的时候，他对自己姓氏的意义知之甚少，直到有一天，他的同学告诉他，自己在读他祖父写的《圣路易斯精神号》（该书曾获得普利策大奖）。埃里克只知道查尔斯·林德伯格是自己的祖父，并不知道他是闻名世界的飞行家。祖父身材高大，头发已经掉光了。如果埃里克能够让自己的耳朵摆动，祖父就会给埃里克 50 美分，还会给埃里克买西

科斯基直升机的玩具模型。①相比起与成年人打交道，祖父似乎更喜欢与
小孩子相处。

在孩子们的眼中，查尔斯是一个完美主义者，事事喜欢罗列清单，
喜欢说教，但在公众视线以外的他也是富有深情的。林德伯格家族中有
一个心照不宣的秘密，那就是不要问祖父关于1927年那次飞行的事情。
埃里克的叔叔兰德·林德伯格（查尔斯的第三个孩子）和他的妻子安妮问
过这个问题，结果查尔斯让他们去书中寻找答案。

在读中学的时候，有人知道了埃里克的家族背景，于是对他另眼相
看，这让他很受触动。人们会抓住埃里克的手臂，紧紧地靠着他，向他
讲述这个令他们崇拜的男人的故事，说他祖父是一个愿意为了自己的梦
想而付出一切的男人，他刺激了商业航空旅行，甚至通过自己对未知世
界的冒险之旅，激发了美国第一代宇航员的斗志。当然，埃里克的祖父
也有颇受争议的一面。第二次世界大战时期，他被纳粹德国的军事实力
震撼，奉行孤立主义的政策，并发表了反犹太人的言论。有时，崇拜的
目光也会落在埃里克的祖母安妮·莫罗·林德伯格身上，她也是一名具有
开拓精神的飞行员（美国第一位获得滑翔机驾驶许可的女飞行员），同时
也是一名备受称道的作家。他祖母留给后人的印记不及他祖父那么深刻，
她要温和优雅得多。查尔斯身材高大、强壮有力，喜欢自由自在，而安
妮则身材娇小，做事踏实，喜欢沉思。

埃里克的父亲——乔恩·林德伯格是查尔斯和安妮的第二个孩子。他

---

① 埃里克很久以后才知道，他祖父曾与伊戈尔·西科斯基共事过。西科斯基来自俄罗
斯，是世界上第一架直升机的发明者，后来成为林德伯格家族亲密的朋友。第一架
直升机可谓是天才设计，具有周期变距杆（为一操纵杆，通过控制主旋翼桨叶来控
制直升机的桨距）、尾桨（防止直升机与主旋翼一起旋转），以及起落滑橇（可有效
分配垂直降落的负重）。当代的直升机飞行员对直升机有了全面的认识，驾驶起来也
相当简便。

们的大儿子小查尔斯像个可爱的小天使，一头鬈发。但是，就在 1932 年，当他才 20 个月大、还在蹒跚学步的时候，就被人从家里绑架并勒索赎金，最终遭到撕票。小查尔斯当时是被人从二楼的婴儿室抱走的，尸体被发现在离家不远的树林中，明显因头部遭到重击而死亡。

1927 年那次跨越大西洋的飞行，让林德伯格收获了巨大的名誉——抛撒彩纸的人群、索要签名的粉丝，以及摄影师将他团团围住，但与此同时，也让这个家庭的一举一动都进入了公众的视线。媒体对发生在这个家庭的绑架事件高度关注，还有一些骗子趁此提出一些不实的控诉。林德伯格一家被迫移居英国，还不得不使用假名字。这件事情给后世传递了这样一个信息：出名是需要付出代价的。

在通向埃蒙斯冰川的路上，黎明的曙光将黑色的天空点亮，让天空带上些许浅蓝色，又给地平线镶上了一道橙色的金边。不久，太阳便从云层中探出了头，给白色的山峰抹上了一层粉红色和淡紫色。埃里克研究过脚下的这座大山，但是现在，他们却无心欣赏这如此壮美的景色，因为脚下的道路是如此崎岖不平而又看不到尽头，这让他们感到有些痛苦。他和哥哥处在一个坡度不大的区域，脚下的雪嘎吱作响，身旁的落石也持续不断。列夫很会讲故事，而且总是幽默中带着讽刺，但他今天却很安静。随着空气变得稀薄，呼吸也越发困难。兄弟三人顺着蜿蜒的冰川向上攀爬，他们的目标是每迈一步呼吸两次。

当埃里克停下来休息的时候，他回头朝山下看了看，发现舒尔曼营的登山者们正三三两两聚在一起望着他们。他们已经爬了 10 个小时了，本来不应该超过 9 个小时的。他们穿过一座座令人瞠目的冰塔，以及一根根交错而生的巨大冰柱，这些冰柱随时可能会毫无预兆地倒塌下来。他们脚下的道路拐来拐去，着实令人恼火；而最后的一段路程，几乎要把人压垮。不知怎么的，埃里克从一开始就行动迟缓，爬得越高，他越觉得自己不对劲儿。他感觉背包很沉，双脚异常疲劳，于是不禁揉了揉自己的手臂和手腕。雷尼尔山的顶峰——哥伦比亚峰已经进入他们的视野。埃里克为这最后的一搏鼓足了全身的力气。

埃里克、列夫和克雷格三人背着沉重的装备，喘着粗气，在几乎没有休息的情况下，终于登上了雷尼尔山的顶峰。列夫想在上面多待一会儿，以便好好地研究研究，因为上面有360度的视野，还有洞穴、虚顶峰（false summits），以及塌陷的火山口。这番景象犹如月球表面一般，是埃里克此前从未见过的。他们所见之处险象环生、沟壑遍布，青绿色的峡谷深达数百英尺，很多地方人类从未涉足过。

20分钟后，三个男人开始了他们艰难的下山旅程。他们锁定了一条更加直接的路线。走了不到10分钟，此前感到精疲力竭的埃里克呼吸顺畅了不少，不过他流了很多鼻血，感到鼻孔也被晒伤了。他的脚不停地抖动，手腕也酸痛肿胀。疼痛的感觉是一时半会儿恢复不了的。

埃里克最终返回了舒尔曼营。他和列夫收拾了自己的装备，背包里又增加了10磅的重量。他的双脚和肩膀都疼得厉害，头也受了点伤。他平时总不让自己的身体待在舒适区，但这次情况似乎不太一样，身体确实有些吃不消了。

当下到8 000英尺的高度时，他们曾离开冰面走过一段岩石地带，也不需要用绳子将彼此系在一起。他们看见，健硕的加拿大雁排成箭头的形状飞过头顶，敏捷的黑尾鹿从树林中穿过，谷底长满了紫色和黄色的野花，融雪汇成的河流在斜阳的照耀下熠熠生辉。埃里克学的是生态学，他很担心人类会失去这样一些原始的地方。大自然就是他的宗教信仰，他能从中寻求到平静、灵感和真谛，而有组织的宗教反倒让他排斥。当他还是个小孩子的时候，他就喜欢看老鹰和苍鹭俯冲与狩猎的过程，一看就是几个小时。他也会修建很多沙堡，会对普吉特海湾的海洋生物感到惊叹不已。他收集了很多奇形怪状的浮木，觉得这些浮木非常漂亮。

他们兄妹五人常常睡在楼上的阳台上，看着夜空中划过的流星。

埃里克的祖父对自然也非常热爱。据说，查尔斯·林德伯格有一颗"不安分的心"。第二次世界大战结束后，他遍游世界，对自然环境的痴迷程度不亚于那次创造历史的飞行。他积极支持环保事业，是环保事业的开拓者，同时也是世界野生动物基金会董事之一。他为保护稀树草原和濒危物种进行着不懈的努力，保护的对象包括巴哈半岛的灰鲸以及在菲律宾被称为"民都洛"（tamaraw）的小水牛。他和菲律宾、巴西以及非洲的土著人一起居住，吃炖的猴子肉，睡在棕榈叶盖的棚屋里面。他在夏威夷和当地人一起，建立了哈雷阿卡拉国家公园。他似乎对菲律宾偏爱有加，还曾在那里努力挽救过濒临灭绝的，也是世界上最大的鹰类——食猴鹰。

对于人与环境的相互关系问题，埃里克的祖母同样很感兴趣。1969年2月，她就为《生活》杂志写了一则封面故事，关注美国新建的航天发射场——卡纳维拉尔角的自然环境。数十年前，她曾与丈夫，还有孩子们在那里露营。她想知道，随着太空技术的日新月异，周边的自然风光是否遭到了破坏，种类繁多的野生动植物是否还能继续生存下去。

她的故事的题目叫作《苍鹭与宇航员》，发表的那一周恰逢阿波罗9号执行任务。故事的结尾是这样的："若没有沼泽，就没有苍鹭；若没有旷野、森林、树木、田地，地球上就没有呼吸，没有庄稼，没有食物，没有生命，没有兄弟情谊，没有和平，也就没有苍鹭和宇航员。地球上的苍鹭和宇航员靠一条不可分割的生物链维系在一起。"故事附有当地野生动物的图片，如白鹭、林鹳、鹈鹕、鳄鱼、犰狳和响尾蛇。她在故事的最后写道："这才是地球上最宝贵的本质所在。如今有宇航员的双眼，我们应该比过去任何时候都看得更清楚。也许可以借用太空术语中的一个新词语，称之为'地球反照'（Earth shine）。"①

现在又接近登山口了，他们艰难的登顶也是从这里开始的。埃里克休息了片刻。他看到一只旱獭用它毛茸茸的头戳着上方的岩石。阳光照射到冷杉、松树和雪松上，一片氤氲之气。埃里克如果不是林德伯格家族的一员，他可能会去从事伐木工作，因为伐木是户外作业，需要的是良好的体力。不过，他也非常认同祖父60多岁时在《生活》杂志上说过的一句话："人类的未来，取决于我们如何将科学知识和无穷的智慧结合在一起。"查尔斯于1974年逝世，二年后林德伯格基金成立，该基金关注的是科学技术和环境保护的交叉领域。

埃里克回到雷尼尔山登山口附近停车场的时候，已经快晚上8点了。他把背包放在了一块岩石上。当他想要重新拿起背包时，手竟然动弹不得。

"手腕扭伤了吗？"他不敢往坏处想，只是觉得登山不是他的强项。不过，他确实感觉到有些不对劲儿。

在登顶雷尼尔山几个月后，埃里克被迫去看了自己的家庭医生。他可能连续几周都好好的，但疼痛在不经意间又会突然发作。在参加完一场滑水比赛后，他的双膝也出现了疼痛和肿胀的症状，而且疼得非常厉害，和他之前手腕的疼痛差不多。医生为他做了一些检查和测试，仍然不能确定埃里克只是由于运动过度，还是有其他更为严重的疾病。

医生告诉埃里克，说他有可能患上了一种退行性疾病。医生说得很犹豫，说只是有可能，埃里克患上的是类风湿性关节炎。这种慢性疾病

---

① 安妮·莫罗·林德伯格在文中记述了她和丈夫与一群宇航员用餐时愉快交谈的情景。查尔斯对于阿波罗登月计划中每次飞行所消耗的燃料感到惊讶。"他马上就计算出来，消耗的燃料是他驾驶圣路易斯精神号从纽约飞到巴黎所用燃料的10倍。"查尔斯帮安妮将故事在电脑上打出来，打的时候总是同时用两个食指敲击键盘。

的症状之一就是身体会出现镜像疼痛，疼痛部位包括双膝、双腕、双脚以及两个踝关节。医生表示，各种形式的剧烈运动和生理变化，比如跑一场马拉松，或经历一场痛苦的分娩，都可能引发类风湿性关节炎。医生说，这种疾病会损伤关节并使关节状况恶化。不过，他不想对埃里克做最糟糕的打算，需要先观察一段时间。

埃里克走出诊所时，身体不由得在颤抖。他对自己说，自己不可能患上类风湿性关节炎，或者其他什么关节炎。这种病是折磨老年人的，而不是折磨一个才 21 岁，而且成绩优异的运动员的。埃里克的妈妈芭芭拉·罗宾斯听到这个消息时沉默不语，她已经和埃里克的爸爸离婚。有时她觉得，林德伯格姓氏就是一个诅咒：她的公公和婆婆失去了他们可爱的孩子小查尔斯；埃里克的小姑丽芙（查尔斯和安妮最小的孩子）失去了她的第一个儿子乔纳森，当时乔纳森也只是个蹒跚学步的孩子。当乔纳森因癫痫发作而死亡的那晚，丽芙一直待在她父母位于康涅狄格州的新家里。

对芭芭拉来说，和埃里克的爸爸乔恩的生活也跌宕起伏。他俩是在斯坦福大学读书时相识的。他们结婚的时候，一切事宜都没有对外公开。待这对新婚夫妇出城之后，他们听到很多关于他们婚礼如何如何，又收到多少礼物之类的传闻。八卦专栏作家沃尔特·温切尔在多家报刊上发表了一篇关于查尔斯·林德伯格送给他儿子和儿媳新婚礼物的文章，文章称他送给他俩一辆崭新的跑车。事实上，他俩开的是一辆旧的蓝色福特货车，车身在阳光的照射下会泛出紫色的光。流行刊物《红皮书》声称对他们进行了采访，但事实上，他们从来没接受过《红皮书》的采访。

乔恩是一名海军"蛙人"（海豹突击队的前身），专门从事水下作战和爆破任务。结束海军生涯后，他开始为输气管道和石油钻塔从事潜水作业，并且达到过前所未有的深度；为了减轻潜水的压力，还尝试过吸入混合气体。哪里出现了火灾，他都会主动参与救火。他还是世界上首批潜水员，曾在水下待了超过 24 小时。

芭芭拉现在很担心儿子的未来，生怕他患上了这种退行性疾病。芭芭拉过去只看到过一个类风湿性关节炎患者：一个在摇椅上度日的年轻人。

埃里克算是她六个孩子中抚养起来最不费力的一个。当埃里克还是个婴儿的时候，他就面带微笑地坐着，开心地踢自己的小腿。埃里克看上去很像芭芭拉的父亲吉姆·罗宾斯。吉姆是一个瑞典人，有一双蓝色的眼睛和一张棱角分明的脸。但芭芭拉知道，埃里克终究是林德伯格家族的一员，也将会像他的父亲和祖父一样，用身体的能力来证明自己的身份。她儿子的人生道路还很漫长，她担心他会在今后的生活中去寻求冒险，而这种冒险精神正是林德伯格家族基因的一部分。

第七章 / 世事难两全

　　彼得和朋友约翰·基兰来到豪斯餐厅入座时，已经是下半夜了。这家餐厅位于肯莫尔广场，隔着查尔斯河与麻省理工学院相望。约翰喜欢那里的鸡肝、犹太面球汤，以及奶酪薄饼卷，而彼得喜欢那里的大号熏牛肉三明治、汉堡和芝士蛋糕。他俩喝着咖啡，听着音乐，看着街上人来人往，流光溢彩。如今已经到了 20 世纪 80 年代末期，街上依然能看到朋克摇滚歌手，这让他们很是惊讶。他们今晚谈论的话题和经常谈论的一样——不是音乐，不是时尚，也不是美食，而是科学真理与信仰真理的联系。

　　约翰比彼得大 10 岁，是彼得的朋友、导师和参谋。他钦佩彼得对太空的热情，不过自己对此倒不大感兴趣。约翰和彼得一样，是希腊裔美国人。他是毕业于哈佛大学的心理学家和教授，同时还拿了神学方向的第二个博士学位。他致力于理解并推动精神性方面的研究。他花了近 20 年的时间采访大名鼎鼎的行为主义学家伯尔赫斯·弗雷德里克·斯金纳，讨论自由意志与宿命论等相关话题，以及精神性是否可能是理性的。尽管约翰认为感情可以不受行为调节的支配，但斯金纳否认灵魂的存在，认为这是愚蠢的，是科学出现之前的想法。

彼得是通过教区牧师与约翰相识的。这个热爱太空的大学生对浸淫自己青春的希腊东正教传统提出了质疑。尽管彼得在家时仍然会和家人一起去教堂做礼拜，但他很少一个人去。他告诉约翰，自己并没有强烈的宗教信仰，却觉得焚香的味道让人很舒适，这让他心里感到怪怪的。同样，自己学医更多的是出于责任而不是热情，去教堂也只是一个传统，是家人在安息日都会做的事情。

不过，科学是彼得的信仰。他想知道的是物理现象以外还存在着什么。

彼得啜了一口黑咖啡，问道："我应不应该相信有精神性的存在呢？我应不应该相信有超越物质的能量存在呢？推动生命的能量来自哪里呢？"他看了看约翰，又问道："地球上的生命是起源于外星人吗？"

约翰笑了笑，知道彼得是认真的。彼得对生命能量的看法更接近于电影《星球大战》中的"原力"，而不像他在教堂中所听到的那样。约翰发现，彼得来自一个充满爱的伟大家庭，他有能力在学习中发挥出最好的水平并成为行业的佼佼者。彼得是一个追求真理的人，这是最让约翰喜欢的。彼得也在热情地传播着自己的教义，只不过他的上帝是戈达德和冯·布劳恩，而他的圣经则是《阿特拉斯耸耸肩》以及《高边疆》。约翰相信上帝可以改造生命，他曾对斯金纳明确表达过这一观点。因为自身成长环境的原因，斯金纳对宗教怀着深深的鄙夷。他成年后的研究便是基于这样一个理念：人类没有选择和自由的权利，所有的行为都因环境的调节而形成，从而否定了上帝的作用。约翰告诉彼得，斯金纳把科学当成了自己的宗教。印度加尔各答修道院院长特蕾莎修女曾到访哈佛大学，约翰邀请斯金纳和他一起去听特蕾莎修女的讲座，但斯金纳拒绝了，说他觉得特蕾莎修女"很自恋"。约翰说到这里，不禁哑然失笑。约翰和斯金纳的争论，以及约翰和彼得的争论，归根结底都是关于真理的问题：存在的本质是什么？有那么多的未知，或许是根本不可能知道的事物，人应该怎样活下去？和彼得讨论这些问题时，约翰会引用阿尔伯特·爱因斯坦的格言："科学离开了宗教行而不远，宗教离开了科学便失去了方向。"

彼得读中学时一直在教堂做祭坛侍者，亚历克斯神父曾让他周日来做布道。神父经常邀请教区居民来发言。那天，彼得站在大约 200 名会众面前发言。他讲了好一阵子，却一直未提及"上帝"。他讲的是"元智力"（meta intelligence），一种超越语言的动力。彼得认为，这种"元智力"超出了人类理解的范围，也无法用语言言说。他说，只有通过对太空的探索，才能理解它的意义。他又说："我们可能不是这个宇宙中唯一的生命，我们可能也不是最聪明的物种。"亚历克斯神父听得饶有兴致，他相信彼得在用非常规的语言描述他与上帝的关系。他将彼得所说的"元智力"比作亚里士多德宇宙论中的"第一因"，上帝在亚里士多德眼中便是"无因之因"。尽管亚历克斯神父看到了教区居民满脸的困惑，但他还是笑了。

彼得总是被科学提出的深层次哲学问题吸引，他曾写过一篇论证克隆人合理性的文章。在医学院时，他努力地理解什么是让生命充满活力的物质，以及当生命力削弱时会怎样。现在是 1988 年的早春，彼得走到了人生的十字路口。他获得了麻省理工学院航天工程的硕士学位，拉里·扬博士在彼得的硕士论文上签了字。美国国家航空航天局已经连续三年对他的"人造重力卧铺"提供资助。

彼得坐在豪斯餐厅中，拨弄了一下自己的奶酪蛋糕。尽管已经过了夜里 2 点，他和约翰仍在谈论有关信仰和寻求真理的话题。约翰指出，许多伟大的科学家和工程师，包括爱因斯坦和尼古拉·特斯拉都认识到

"不同类型的真理和不断变化的意识水平"。著名的科学创始人都有基督教信仰，包括布莱斯·帕斯卡（一名詹森主义者）、伽利略，以及开普勒。约翰提到，爱因斯坦说过："你能否对一个事物进行观察，取决于你使用的理论。正是你的理论决定了哪些事物能被你观察到。"约翰继续说道，特斯拉写过一篇关于物质与能量关系的文章，文章指出："如果你想发现宇宙的秘密，想一想能量、频率和振动吧。里面有些东西被一些人称为上帝，而被另一些人称为物理定律。"

彼得告诉约翰，他最近半年每天都在读《圣经》。"我试着思考其中的意义，"彼得说，"我是在为自己研读，而不是礼拜天在教堂阅读指定的福音。"如果在他读中学时有人问他是否信上帝，他会说"是的"。"现在呢？我是一名不可知论者，我正在探索。"但他也承认："当我遇到麻烦时，比如在汉密尔顿学院偷了一头胎猪，当时我以为自己要被开除了，还是会祈祷的。"

他们两个起身准备离开的时候，彼得抛出了康斯坦丁·齐奥尔科夫斯基的名言。"你知道我相信什么吗？"彼得问道，"齐奥尔科夫斯基说过，'地球是人类的摇篮，但人不能永远只待在摇篮里'。"彼得还有不到两个月就满27岁了。在把全部时间放在将人类送出摇篮前，他还有一个巨大的障碍需要克服——完成哈佛医学院的学业。要么顺利毕业，要么优雅地退学。而且他有一个雄心勃勃的附带项目，一个吸引全世界目光的项目。

国际宇航大学的国际总部是一间不大的办公室，位于灯塔街百吉饼店楼上。彼得和托德·霍利对申请书上各式各样的邮戳感到惊讶：申请者来自世界各地，包括当时的苏联、中国、日本、肯尼亚、瑞士、德国、法国、波兰、印度和沙特阿拉伯。还有几个月，来自37个国家的350多位申请者将对国际宇航大学首个暑期班的100个名额展开争夺。

彼得和托德几乎每天都会仔细阅读这些申请信和简历，从中寻找最有潜力的学生并帮助他们走向太空。他们寻找的学生需要具备领导才能，要拥有工程技术和创造力，并愿意抛开政治与国家之间的差异。彼得和托德列出了一大串赫赫有名的赞助商和客座教授，并找到参议员爱德华·肯尼迪和约翰·格伦，以及美国交通运输部前部长伊丽莎白·多尔做他们的代言人。

彼得和托德得到了宇航员和科学家们的广泛支持，包括拜伦·利希滕贝格、拉斯蒂·施韦卡特、火箭先驱者赫尔曼·奥伯特，以及《高边疆》的作者格里·奥尼尔。暑期班的开幕式将在麻省理工学院举行，课程涉及八个领域：太空建筑、商业管理、航天工程、太空生命科学、空间科学、政策法规、资源及制造业，以及卫星应用。第一次讲座将于6月27日举行，主题是太空资源与制造业，由麦道航空公司的查理·沃克主讲。总结讨论将于8月16日进行，由来自欧洲航天局的负责人罗杰·邦尼特主持。总共100多位专业人士口头答应了会来做相关讲座。彼得和托德从成百上千的申请者中挑选出了104名学生，并努力帮助所有的国际学生办理签证。同时，他们还获得了超过100万美元的资助，资金来源包括基金会、个人、企业以及政府机构。暑期班的学费定为1万美元。

彼得和托德开始一起在派珀·切诺基公司学习飞行课程。这段时间，他们画了无数张草图，想出了一大堆点子。他们一起去滑雪时得出结论：滑雪场设计低效，乘坐滑雪缆车花了太多的时间，而滑雪的时间却非常少。他们画了一张新的缆车和斜坡的设计草图，其中包括一个180度转弯的倾斜隧道通往大山里面，尽头有一架升降电梯，它会将滑雪者直接带到山顶。

和彼得一样，托德每天也写日记，但他不是按某年某月某日的方式写，而是记录下自己活过的天数：到目前为止已经超过9 000天。不久，彼得也接受了托德的"生命时钟"这一创意，他俩构想着一种可以拿去销售的时钟，这种时钟"可记录你已经活了多少天/多少小时/多少分钟"。根据这一概念，彼得活了9 791天，托德活了9 828天。有一天，他俩在波士顿纽伯里街的三叉戟咖啡馆吃午饭，一位女服务员跌倒了，托盘中的食物掉在了地上。这时，又一个创意浮现了出来。彼得提议设计一个装有内置旋转磁盘的食物托盘。他写下了自己的想法："该装置为一个陀螺仪，用来对托盘起稳定作用。该装置的独特之处就在于它不需要马达和电池就能运转。当托盘放在柜台上装食物的时候，磁盘便会自动旋转。"他俩还一起创造了属于他们自己的文字，并称之为"阿尔方"（ALFON），其灵感来自UNIFON音位字母表，该字母表用符号来代表人类语言中最重要的发音。

尽管他俩创造力十足，对太空都充满激情，但还是不免会出现争吵和意见不合。这个时候，鲍勃·理查兹不得不介入并充当调解人。托德是倔强的理想主义者，彼得则是积极的实用主义者，他有时会觉得托德的安静让人无法理解。不过性格上的差异终归是次要的，毕竟，他们在一起有共同的志向和事业。

几个月后，在1988年6月24日星期五晚上，来自21个国家的104名研究生聚集在麻省理工学院，参加了国际宇航大学的开学典礼。来自苏联的学生与美国的学生站在了一起，来自中国的学生与来自沙特阿拉伯的学生同住一间宿舍。

周末，学员们安顿好住处，彼此有了认识和了解。周一一大早，课程和讲座便正式开始。学生组成若干个小组，对暑期班给定的项目进行讨论和设计，即提出一套可行的月球基地建设方案。他们将要解决的问题包括交通运输、月球表面操作、人类行为、环境影响，以及怎样在月球上对机器设备进行实时控制。

彼得、鲍勃和托德在各门课程与讲座之间穿梭奔忙着，同时检查各小组月球基地建设方案的制订情况。他们既要举办聚会，还要安排管理和教职人员，也要处理寝室纠纷一类的问题。第一周问题不断，他们几乎都没怎么睡觉。如今，他们疯狂的梦想已经变成现实。而且，彼得还结识了两位新朋友——哈里·克鲁尔和雷·克洛尼斯。他相信他们之间的友谊会永远持续下去。

哈里同时拿到了物理学和化学的学士学位，并打算继续深造，争取拿到这两个学科的博士学位。雷是马歇尔太空飞行中心的科学家，在美国国家航空航天局的零重力飞机上工作过无数个小时。这两人给彼得留下的另一个深刻的印象是，他们身边总是围着漂亮的女人。八周之后，国际宇航大学的首个暑期班课程结束。8 月 20 日星期六，1988 届学生举行了毕业典礼。典礼在克莱斯格礼堂举行，从早上 10 点一直开到中午。口才极佳的戴维·韦伯为毕业典礼致开幕词，他也是 SEDS 及国际宇航大学的托管人和早期的资助者。他说："暑期班绝不仅仅是一段学习经历，更是一段创造经历。你们在创造自己的未来，而你们的未来就是人类的未来。"

国际通信卫星组织还专门利用通信卫星，转播了国际宇航大学校长亚瑟·克拉克从他远在斯里兰卡的家中发来的贺词。亚瑟叔叔对毕业生表达了衷心的祝贺，同时也高度评价了被称为"彼得鲍勃托德"的三人组合。

克拉克用洪亮的声音表示，他希望同学们继续合作下去，打造"永恒的纽带，以促进国家间的友好关系"。他叮嘱毕业生要不断地探索，"要让不懈的努力结出丰硕的成果，要为新的发展甚至是全新的领域打下坚实的基础"。克拉克指出，正是教育，正是世界上的第一批大学，让人类走出黑暗时代，走入了文艺复兴。最后，克拉克引用了一句中国谚语作为总结："一年之计，莫如树谷；十年之计，莫如树木；终身之计，莫如树人。"彼得聆听着亚瑟叔叔的讲话，脸上露出了微笑。正是亚瑟叔叔为国际宇航大学播下了种子。从他们第一次在维也纳见面开始，克拉克就谈到，在大家共同的太空梦想之下，政治和文化差异便不复存在了。

最后，身体疲惫却满怀激情的彼得走上了讲台。他说，过去的八周是他一生中最紧张，也最具挑战性的一段时光。

"毫无疑问，也是收获最大、最令人激动的一段时光。"彼得说，"这段经历使我的人生有了根本性的改变。我不再把在场学员的诸多国家看成'外国'。从现在起，在我眼中，这些国家都是我朋友们的家园。"他继续说道："你们一共上了 240 多个学时的课程，这比麻省理工学院一学期的课程还要多。此外，你们还化了大约 280 个小时从事月球项目的设计。还有，你们在跨文化交流方面的训练至少也有 300 个小时，通俗一点说就是聚会。"说到这里，毕业生们欢呼了起来。

彼得回到哈佛大学医学院，但他还得兼顾着处理国际宇航大学源源不断的申请。下一届暑期班正在筹备中，按计划将在法国斯特拉斯堡举行。他现在终于完成了神经科的轮转。那段时间，他每天都是从早上 7 点工作到晚上 7 点，而且每隔三天就要去麻省总医院值一晚夜班，这让他感到痛苦不堪。他在笔记本中写道："在我的面前有那么丰富多彩的生活，有那么多的理由让我放弃从事临床工作。这个职业劳动强度大，缺乏创造性，资金回报率低，而且成功概率小。无论如何，这都不可能成为我全身心投入的工作。"

1988 年 9 月下旬，他完成了妇产科的轮转。这段时间，他参与了 22 个男婴和 14 个女婴的接生工作。11 月和 12 月，他会到外科进行轮转，到时他需要把闹钟设置为每天早上 4 点半。他的妹妹玛塞勒在那年的早些时候已经结婚，现在做外科住院医师，已经是第二个年头了。她让彼得放心，肯定能适应这样的时间节奏。不过彼得真的不相信自己会养成早上 4 点半起床的习惯，另外，他也不敢相信，自己的妹妹已经结婚了。

他几乎没有时间出去约会。玛塞勒似乎也老跟他过不去，说他在哈佛念书，知道的专业知识还那么少，却又侥幸收获了那么多东西。奥尔巴尼医学院严谨的学风给彼得留下了深刻的印象，也许他会说："感谢上帝，幸好我读的是哈佛。进哈佛很难，但从哈佛退学更难。"

与彼得不同的是，妹妹并没有另外花时间去经营一所大学。不过彼得又满怀热情地投入了另一项工作：他正在与别人合伙创立自己的第一家营利性公司——国际微空间公司。公司打算做过去只有政府或者大型机构才能做的事情——将人造卫星发射至地球轨道。来自美国国家航空航天局的工程师鲍勃·诺特布姆被聘为公司的首席工程师，他手上有一枚独特的低成本多级运载火箭。资金则是来自一位太空爱好者，同时也是通信行业的企业家，名叫沃尔特·安德森。他在读大学期间辍学，现在已经是千万富翁了。有时，他喜欢直接拿金条给员工发工资。安德森像托德·霍利一样，是一个梦想家，同时作为艾茵·兰德①的粉丝，也是一名极端的自由论者。在国际宇航大学建立早期，他也曾给予了资金上的援助。新成立的公司位于约翰逊航天中心所在的休斯敦，现在已经开始对火箭发动机进行测试。时间一天天地过去，而彼得要做的事情越来越多。

彼得在国际宇航大学的任务之一就是主持课程委员会，每年召开两次会议更新暑期班的教学内容。彼得在波士顿后湾区豪华的哈佛俱乐部预订了一个房间，用于举办即将到来的课程设置会议，为1989年在斯特拉斯堡举办的暑期班做准备。他要聘请的各机构负责人都已经确定，其中包括哈佛大学医学院的苏珊娜·丘吉尔教授（担任国际宇航大学生命科学系主任），哈佛-史密森尼天体物理学中心的主任乔瓦尼·法齐奥，以及

① 艾茵·兰德是美籍俄裔哲学家、小说家、《阿特拉斯耸耸肩》的作者。由于她的哲学理论和一系列小说，她成为客观主义哲学运动的开创者。她的哲学和小说里强调个人主义、理性的利己主义，以及彻底自由的市场经济。——译者注

麻省理工学院的拉里·扬博士。在那个特殊的周六，彼得可以暂时将医学院的工作放一放。他期盼着会议的召开。在这种会议上，各机构常常为了争得更多的讲座机会而展开激烈的竞争。

眼看还有几天就要开会了，彼得却收到了一条坏消息：他被告知在会议当天要参加精神科的轮转。他的日程安排由医学院决定，而且临床轮转又是必须的。他需要下到各个医院的精神科病房，还得和病人及医生会面。

他不能错过轮转，但也不能取消国际宇航大学课程设置会议，这真是个两难的困境。他仔细地考虑了一下，坐下来画了张示意图，图上标注了位于联邦大道的哈佛俱乐部到各家地区医院的距离。从俱乐部到麻省总医院只有 1.7 英里，但走路要 20 分钟，坐公交车要 17 分钟，坐出租车不超过 10 分钟。他认真计算了自己要轮转的医院到俱乐部的距离以及所需的时间。

会议当天早上，彼得把他的白大褂、外科手术服、医学笔记和医疗器具塞进他的背包。到达哈佛俱乐部后，他把背包藏在卫生间里面。他和教授们一起办理登记手续，并在会场上概述当天的议程。会议开始之后，在大家讨论如何开展讲座的时候，彼得就偷偷溜出会场，并以最快的速度来到卫生间。他脱掉西装，把它藏在一个角落里，然后穿上白大褂，跑出大楼。他叫了一辆出租车，前往那天要去的首个精神科病房。一旦确定自己的住院医师或者主治医师注意到他来过了，他就立刻闪人前往下一家医院。如果没有打到出租车，他就跑着过去，所以到达下一个目的地时经常是全身都湿透了。就这样一直到了接近中午的时间，此时他需要回到哈佛俱乐部。午饭后，他又换上白大褂，又开始拦出租车，彼得感觉自己像克拉克·肯特变身超人一样，只是自己这个超人不具备现在急需的飞行能力。

在哈佛俱乐部会场中，苏珊娜·丘吉尔教授对彼得·戴曼迪斯的忽隐忽现并没有感到疑惑。她对他很了解，知道他坐不住。她一直记得，那晚在家接到彼得打来的电话，说他想建立一所研究生水平的国际宇航大学。她知道彼得是哈佛大学医学院的学生，并且亲眼见证了他对太空的强烈兴趣。他俩还谈论过，说由苏珊娜研发一款装着各种仪表的灵长类动物模型，来模拟微重力对心血管系统的影响。那晚，苏珊娜是站在厨房同彼得通的电话，她在电话中听着彼得谈论他和伙伴们对国际宇航大学的美好展望——他们都是只有 20 多岁的年轻人。

当彼得询问她是否愿意担任国际宇航大学生命科学系主任的时候，她的第一反应是："你疯了吗？"不过通话快要结束时，她还是答应了。她发现，第一期暑期班确实是她一生中思维最开阔的一段时间。她还看到一群来自苏联的学生，身旁还紧紧地跟着克格勃的人。当时，柏林墙尚未拆除，美国和另一个航天大国——苏联之间是没有这方面往来的。不过，彼得及其团队还是将苏联首位医生兼宇航员奥列格·阿特科夫请到了学校（当然，也有克格勃陪同），这让苏珊娜感到由衷敬佩。一天快要结束了，医院的轮转和会议都结束了，太空与医学间的奔忙也结束了。彼得独自一人坐在哈佛俱乐部里。他精疲力竭，不相信自己做到了这一切。他想起在他轮转的一个精神科病房，医生们看着他，感觉他才是那个需要治疗的病人。

几周过后，彼得的学生信箱里出现了一封来自院长办公室的信。彼得撕开信封时，心跳忽然加速。他脑海里出现了这样一个场景：在最近一次外科轮转时，他突然拿起砖头般大小的摩托罗拉手机，走出房间接听电话。国际微空间公司的首席工程师鲍勃·诺特布姆不停地从休斯敦打电话给他，汇报公司火箭发动机测试的最新情况。哈佛大学医学院的院长丹·托斯特森让彼得到他办公室去一趟。彼得对院长很是敬重。院长总是会邀请新生到他家做客，并举行烧烤宴会来欢迎新生，而他本人也是一位非常优秀的科学家。但彼得知道，这次温和的召见可不是什么好事。

来到办公室，彼得与托斯特森院长面对面地坐着。他们互相寒暄之后，院长转入了正题，说："听着，和你一起的实习生以及住院医师告诉我，你没有拿出应有的态度对待实习。我得到的消息是你要么迟到，要么干脆不来，而且总是在不停地接电话。"

彼得知道自己已经面无血色。

院长对彼得说，自己很关心他，并想知道他的生活状况到底怎样。是经济方面的原因？还是家庭危机？或者遇到了别的什么麻烦？

彼得突然感觉自己仿佛又回到了汉密尔顿学院，当时因为将一头胎猪带回寝室而差点被开除，这件事情让他感觉自己快要完蛋了。而如今，为期四年的医学学习已经读了三年多，眼看毕业在即，他怎么能在关键时刻掉链子呢？如果不能顺利毕业，他将永远没脸面对自己的父母。

彼得深深呼了一口气，然后把一切都告诉了院长。他说："我现在管理着一所国际宇航大学，还是休斯敦一家火箭公司的首席执行官（CEO），已经吸引数百万美元投资，我得让一切运作起来。但是，我也不得不努力完成医学学业，否则对我的家庭将是巨大的打击。"

院长摇了摇头，一丝微笑中带着惊讶与困惑。他问："就是在读我们这个健康科学与技术的博士期间，你还在管理一所大学，经营一家火箭公司，同时，还想完成医学学业？"彼得点了点头。

"你到底想要做什么呢？"院长问道。

"我对医学还是有兴趣的，但我最大的兴趣是把人类送往太空。"彼得回答道，"我认为拿到医学学位会让父母开心，而且这也可能是我投身太空的途径。"

院长问道："你想进入临床实习吗？"

"不想，"彼得既真诚又有些胆怯地回答道，"但是我想要完成学业并拿到学位。"

院长思索了片刻。"好吧，我同你做个约定，"托斯特森说道，"只要你完成轮转，并通过第二阶段的考试，我就让你毕业。"

当彼得站起身来准备离开的时候，托斯特森直视着彼得，补充道："彼得，你必须向我保证一件事情。"

彼得点了点头，说："什么都行。"

"你要向我保证，你永远不会去行医。"

彼得读本科和研究生已经花了九年的时间，终点就在眼前了，却让人难以捉摸。他在自己的日记中写道："尽管我在医院学习医术，但我的心却在天上。我知道我是不会当医生的。尽管这样的结果看上去很可笑，尤其是我学医花了这么长时间。但我真的希望自己能够坚定意志，最后顺利地拿到学位。"为了通过考试，他整整三个星期都在夜以继日地学习，国际宇航大学和国际微空间公司也疏于打理，这让他感到很是惋惜。

在考试结束后的几周里，彼得会不时地跑到贴着黄铜铭牌的邮箱前面，查看考试结果寄来了没有。他觉也睡不好，总担心自己过不了。还有一件事情让他放不下：托德·霍利这段时间行为有些反常，经常不去国际宇航大学的办公室，有时神情恍惚地走到办公室，但已经迟到了。彼得知道，没有托德，国际宇航大学无法正常运转，但他不知道问题出在哪里，而托德也闭口不言。

终于，彼得打开了邮箱，看到了期盼已久的那封邮件，是从美国医学考试委员会寄来的，时间是 1989 年 9 月。他小心翼翼地拆开信封，眼睛直接盯上考试结果那一页上面右边的那一栏，那里只有一个词——通过。

他盯着那张纸看了好久，泪水夺眶而出。他要从哈佛大学医学院毕业了，他的医学学业结束了。考试的及格分数为 290，他得了 360 分，其中精神病学和妇产科得分最高。他露出了微笑，心里想着："这是给你的礼物，爸爸。"

1989 年 11 月 21 日，彼得被授予医学博士学位。当院长在台上把毕业证书颁发给他时，他脸上的表情似乎在问："这是真的吗？不是开玩笑吧？"

当庆典结束后，已经在地球上度过了一万多天的彼得爬到了床上。他在日记中写道："今天，是我余下生命的开始。我自由了，终于不用再牵挂医学上的什么事情了，不管在心智上，还是情感上。今后，我将把全部精力和思想放在对太空的探索上。"

第八章 / 不走寻常路

1991 年秋季一个美丽的早晨，彼得和他的好友兼商业伙伴格雷格·马里尼亚克一同到新泽西州的霍普维尔制造机器人。格雷格是国际微空间公司的董事以及国际宇航大学的管理人员，同时还是彼得的"大哥"。彼得认识格雷格快十年了。第一次和格雷格见面是在 1982 年，当时，他应托德·霍利的邀请，参加了乔治·华盛顿大学举办的 SEDS 大会并发表了讲话。最近一个时期，他俩出于兴趣，常聚在一起设计并制造一些东西。在格雷格地下工场里，那些充满创意色彩的时光会让他们暂时忘掉卫星发射公司（国际微空间公司）的那些麻烦事。

这一天是 10 月 19 日，星期六，天气格外晴朗，外面也非常暖和，这秋日犹如一张色彩艳丽的调色板，让待在室内的彼得和格雷格难以抗拒。于是，他们来到大约有 15 分钟车程的普林斯顿机场，租了架旧式塞斯纳 172 飞机，注册号为 N65827。彼得坐在右边副驾驶的位置。这是一架单引擎的四座高翼飞机，天气也正是飞行员梦寐以求的。"天气晴朗，能见度极高。"格雷格说道。他说话的时候，用了"CAVU"这一表示晴朗和能见度极高的航空术语。

格雷格驾驶着塞斯纳飞机，飞行高度约为 2 500 英尺，从普林斯顿向东北方向飞去，一直飞到力登湾口，然后再折向东面。他们的北面是斯塔顿岛，右边是泽西海岸。格雷格又朝左转向，飞过了韦拉扎诺海峡大桥，接着飞过了哈得孙河走廊。地面上大片大片的全是橙色、红色、紫红色，还有绿色，一座座小镇就这样被五彩缤纷的植被覆盖着。曼哈顿的天际线泛着灰色的微光，那里高楼林立，展露着它的美丽与气势。那尊披着绿色大衣的自由女神像矗立在他们左边，而曼哈顿则在他们的右边。他们的飞行高度比世贸中心双子塔还要低。

这是彼得几个月来最开心的一段时光。他一直担心着国际微空间公司的经营状况——公司负债30万美元，而且没有直接的现金来源。一些员工"被建议去寻找其他工作"，董事会也提出了申请破产的可能性。彼得相信，自己的卫星公司正处在最不景气的时期。这段时间，他还在试图说服一位投资人为公司投入 5 万~10 万美元，这笔资金刚好可以帮公司渡过难关。可是又能坚持多久呢？

现在没有了医学院学业的负担，彼得期待着国际微空间公司能够快速成长起来，就像以前创办国际宇航大学和SEDS那样。在他看来，卫星公司的经营目标非常明确：降低空间探索成本；打破政府的独家垄断；以低地球轨道为跳板，对其他星球展开探索。然而，经营过程中的一切都没有那么简单，可以说每件事情都纷扰不断，很让人伤神。由于公司刚刚起步，资金的筹集比创办国际宇航大学和SEDS两件事情合在一起都要困难。在麻省理工学院时，彼得对太空的言辞和论述是何等慷慨激昂、天马行空；而现在，他面对的则是法律上的义务、合同、授权合作伙伴、战略合作伙伴、供应商、客户、金融、政府法规和资产评估。理想与现实形成了鲜明的对比。

彼得试着激励自己。他将自己比作蝙蝠侠，把格雷格比作罗宾。他说："蝙蝠侠落入了敌人给他设置的陷阱而无法逃脱……蝙蝠侠和罗宾有机会脱离这一棘手的困境吗？或者就此终结？"他告诉格雷格，说自己相信很快就会筹到资金。"我现在处境危险，但这次必须成功。"

彼得和格雷格驾驶着塞斯纳飞机在拉瓜迪亚上空兜了一圈，他俩决定在回到哈得孙河走廊前再绕个弯，打算飞过彼得在大颈的家。彼得用手指了指自己的家，看着那宽阔的草坪、长长的车道和家附近的网球场，他有些想家了。不知怎么的，房子看上去有些不同了，那种感觉就像成年人重回他读过的小学那样。

沉浸在青春的记忆中，这让彼得很是享受，但是，现实的处境仍然是无法逃脱的。他已经失去校园的保护，他在这个保护层里一直待到快30岁。尽管他对外一直宣称公司状况良好，但他问自己："是什么驱使我不断设定能力范围以外的目标？我有完成目标所需要的能力吗？"他还在父母的期望中挣扎，只是现在形式不同罢了。从哈佛大学毕业后决定不去从事医生这一回报丰厚的职业，他走的是一条不同寻常的道路。在航天领域取得成就之前，哈佛大学出身和"本应该如何"的念头一直笼罩在他的心头。他似乎听到了妈妈在他旁边耳语："当医生有保障，航天还只是处在试验阶段。"

他们飞了差不多两个小时，然后返回了普林斯顿机场。这次飞行让彼得觉得很愉快。他告诉格雷格，自己一定会拿到飞行员执照。格雷格现在37岁，他在17岁时就拿到了飞行员执照。他很多朋友在和他一起飞行后也都成为飞行员。为了帮助自己热爱太空的朋友飞向太空，他愿意做任何事情。

1982年，托德·霍利给格雷格打电话，给他介绍了一个新的学生太空社团，即SEDS。在此之前，格雷格一直在管理芝加哥太空移民社团。

那时，格雷格才回到位于伊利诺伊州橡树园的家中，刚把公文包放下。他发现，给自己打电话的陌生人充满了热情。那就是托德，魅力无限而又激情四射。两人一聊便是两个小时。当时，格雷格在做一名辩护律师，但他的热情一直都在太空领域。通过托德，格雷格遇到了眼前这位志趣相投的人，这位鼓励他放弃笔头工作，投身自己所热爱的事业的太空极客。

格雷格答应做SEDS的高级顾问，而且很快就和彼得、托德，以及鲍勃结下了深厚的友谊。三年过去了，时间到了1985年，过去从事过轨道力学的教学工作，并在空闲时间对空间科学有所涉猎的格雷格，正式完成了从法律到航空航天的大转变。他和科学家兼作家格里·奥尼尔一起工作，管理普林斯顿的太空研究学会。格雷格的妻子莫林开玩笑说，奥尼尔曾保证过："你可以和某些诗人挣的一样多。"格雷格还参与了国际宇航大学的创建工作，现在和彼得、托德，以及沃尔特·安德森一样，都是国际微空间公司的董事。

格雷格对太空的看法受到三本书的影响：《增长的极限》、《人口爆炸》和奥尼尔的《高边疆》。前两本书就难以持续发展和爆炸式的人口增长对有限资源的压力等问题做出了一系列可怕的预测，认为这些将会导致大规模饥荒和社会动荡。奥尼尔在《高边疆》一书中，认同了地球资源有限而人口激增不可避免这一观点。他在书中提出了解决这一问题的方案，并且为可持续发展指明了道路。奥尼尔在成为作家之前是一位著名的物理学家。他在1977年出版的这本书中，详细阐述了即将到来的太空移民时代以及太空中无限的宝贵资源。奥尼尔写道："太空殖民这一概念的存在有其固有的优势，禁得起数据的验证和逻辑的推敲。要支持这一概念，不需要什么信仰，只要你愿意用开放的思维研究一些不寻常的想法就足够了。"该书第一次详细阐述了不通过政府帮助，而依靠民间和私人机构探索太空的途径。对格雷格而言，《高边疆》这本书唤醒了他。该书中体现的积极精神、实用主义和平等主义是应对世界末日的良方。之前做辩护律师，就是帮助人们如何从一块有限的"馅饼"中分得属于自己的那一份。在格雷格看来，奥尼尔是在努力打开人们的思路，扩展可以利用的资源，他想要制作更多的"馅饼"。

格雷格相信人类有能力应对太空挑战。普林斯顿大学的非营利性机构——太空研究学会成立的目的，就是要实现《高边疆》一书中提到的愿景和概念。太空研究学会举办了多场太空制造业大会，鼓励学生自己制造太空设备，包括为实现太空移民而将材料从月球上运走的质量投射器。质量投射器的原型配有电磁驱动线圈和一个负载容器，是由普林斯顿大学和麻省理工学院共同研发制造的。[①]

时间到了 1991 年底，前一年的夏天，伊拉克入侵科威特，导致经济衰退、油价上涨。格雷格和彼得几乎每天都要谈论国际微空间的财务问题。公司已经从休斯敦迁到华盛顿特区。休斯敦是美国国家航空航天局人类发射系统的基地，而华盛顿特区则是卫星公司寻求资助的地方。

格雷格比任何人都清楚彼得在解决公司财务问题方面所做的努力。他感觉自己在公司就是起一个稳定支撑的作用。如果将国际微空间公司比作"企业号"星舰，彼得就是柯克船长，而格雷格就是斯波克先生。[②]格雷格越来越忧心年龄比自己小的彼得。彼得给了自己太大的压力，他将面对一些非常艰难的决定。

彼得准备在马里兰州罗克维尔市的家中举办一场私人社交聚会。在他的构想中，拯救公司将是这样一场聚会的重要使命。这个想法经常萦绕在自己的心头，他也没有别的办法了，这关系到公司的生死存亡。

---

① 奥尼尔发明了粒子对撞机储存环技术，斯坦福线性加速器中心正是为这一技术而设立的。他还发明了一种质量投射器，可将从月球上开采的物质送入地球轨道。

② 此处"企业号"星舰、柯克船长，以及斯波克先生均出自美国电影《星际迷航》。——译者注

彼得和全世界很多的潜在投资者都取得了联系。他甚至找过父母和12位好朋友，他把他们亲切地称为"希腊黑手党"。到现在，自己卫星发射公司的火箭点火测试已经经历好几次失败。目前正在建造的是一款全新的小型发射器，可将100磅的设备送入近地轨道，为客户提供实验、信号传输、成像以及其他服务。

彼得将公司的发展轨迹比作一枚多级火箭：公司已经抛掉最初不必要的负重并点燃了新的发动机。公司有了新的设计、新的管理模式以及新的董事会成员，其中包括最后一个登上月球的人——尤金·塞尔南，以及美国国家航空航天局运载火箭前主任、负责空间站的前副行政官安迪·斯托芬。彼得吸引到了1 000万美元的资金。就连火箭的名字也从高尔特飞行器——以《阿特拉斯耸耸肩》中的约翰·高尔特命名——改为轨道快车。

但是，国际微空间公司并未能借此一扫颓势，仍然在工资支付问题上苦苦挣扎。导致这一局面的主要原因是投资者沃尔特·安德森是一位激进的自由主义者，他反对政府，把自己描述成一位"狂放不羁的和平主义者"。沃尔特为国际宇航大学提供了大约8万美元的资金，为国际微空间公司的成立提供了10万美元的资助。为了赢得沃尔特早期的资助，彼得也不能够再找那些与政府有联系的投资者，而这一决定严重阻碍了公司的发展，因为现在为数不多的制造小型发射器的私人企业，都是政府机构的一部分或者依靠政府的合同而生存。

在私人火箭发射领域，轨道科学公司算是做得最成功的。该公司由麻省理工学院和哈佛大学商学院的毕业生创办。他们的"飞马座"火箭的设计者为麻省理工学院前教授安东尼奥·伊莱亚斯。安东尼奥教授在西班牙长大，当他还是个小男孩的时候，他最喜欢的事莫过于仰望天空，寻找飞机的踪迹。他们这枚可将重达1 000磅的载荷运送至近地轨道的"飞马座"火箭是仿照X系列飞机以及麦道航空公司的F-15鹰式喷气战斗机建成的。该火箭由美国国家航空航天局的 B-52 飞机搭载至 4 万英尺的高空，然后再点燃发动机发射出去。作为首款私人研发的全新航空运载火箭，"飞马座"火箭在 1990 年 4 月 5 日创造了历史，迎来了来自美国国防部高级研究计划局（DARPA）的首批客户。该火箭的三角翼、舵及机翼-机身整流罩都是由伯特·鲁坦设计的，他因在莫哈韦沙漠中设计了旅行者号而闻名。鲁坦在几十年前曾花了好几个月的时间研发 F-15 鹰式战斗机，机上的空中发射系统给他留下了深刻的印象。他也看到了如何才能既省钱又灵活地将载荷送至太空边缘。

现在是 1991 年，彼得也希望公司能从政府大量的预算支出中获得一些资金。他和一位先生约好了会面，他将这人当作朋友，不过沃尔特·安德森本人肯定会将他视为恶魔。这个人叫皮特·沃顿，是新上任的战略防御计划的技术主管，战略防御计划也被称为"星球大战计划"，是美国总统里根在 1983 年为了打造一套新的导弹防御系统而建立的项目。

沃顿是一位天体物理学家，也是一位个性直率的空军上校。尽管他也批评过美国国家航空航天局，将其形容为一个"舔着冰激凌甜筒"的机构，并且把美国国家航空航天局的缩写"NASA"解释成"从未有过直接答案"（Never A Straight Answer），但因为他有很大的影响力，美国国家航空航天局还是聘用了他。沃顿和彼得在 80 年代后期曾见过面。当时彼得在管理国际宇航大学，而沃顿在白宫下面的国家宇宙空间委员会担任新提案的主任。当时见面的时候，沃顿无法提供资金，只能提供一些人脉。不过现在，沃顿对数十亿美元的预算有着自由裁量权，而且他很看好小型、低成本卫星的发展。

沃顿来到彼得的家中，两人就人类探索太空进行了一番长时间且复杂的讨论。沃顿不再热衷于航天飞机，他表示航天飞机是"一次有趣但不奏效的尝试"。它无法让人类重返月球或登上火星，而且它连最主要的任务——常态化的、以人们能够承受的花费将人类送上太空——都没能够实现。

不久，沃顿和彼得觉得有必要就国际微空间公司再次会面。于是，两人又面对面地坐在了沃顿位于华盛顿的办公室里，讨论的话题从航天飞机到"智能卵石"方案。该方案目前还处在设计阶段。根据该方案，将发送许多小型智能卫星进入地球轨道，充当导弹防御力量。谈话结束时，彼得和沃顿都认为双方需要的是一个涉及政府业务，而又充满活力的私人企业。"你建造设备，负责外面的工作，我来负责政府内部的工作。"沃顿告诉彼得。会面结束的时候，沃顿明确表示，如果国际微空间公司能制造出可行的火箭，而且又比"飞马座"火箭稍微便宜一些，那么"政府就有充分的理由支持新的供应商"。当彼得走出办公室的时候，他相信自己一定能谈成这笔交易。这是多么振奋人心的消息啊，这将拯救整个公司。但是，这样是不是把自己卖给政府了呢？

然而，当担任董事会主席的沃尔特获悉彼得与沃顿即将达成交易时，他大发雷霆，并宣布想要退出。这是预料之中的事。他告诉彼得及董事会其他成员，他要将股权以半价出售，即从 10 万美元的投资中拿回 5 万美元。他说他再也不想让自己的名字与这家公司有任何关联，不想和彼得·戴曼迪斯有任何瓜葛。彼得再也不是他赏识的那个富于幻想的年轻人。他给彼得贴上了"骗子"甚至更恶劣的标签。另一个理想主义者托德·霍利也同样感到愤懑，但他的不满主要是个人情绪上的表达。

托德给彼得手写了一封长达六页的信，信的开头写道："我对自己在公司的角色，对于你为了获得成功不惜任何代价所表现出来的急功近利而感到痛苦。我担心你现在准备建立的，是一家与其他公司没什么两样的获利机构。目前，公司规划和方针很像一个保守主义者，其本质就是现在政府垄断寡头的小兄弟，而彻底的革新还遥遥无期。"

尽管托德承认彼得引领公司走向一个"可获利的领域"，但做得再好，最终产品已经变味了。"有持之以恒的动力、有远见、有梦想的人绝不会碰触自己的底线。我觉得你已经抛弃我们既定的非营利性的宗旨。"这封信最后的署名是"真诚的托德"。

信中的这番话和最后的署名刺痛了彼得。他的朋友的意思是感觉他已经出卖自己的灵魂。创始人的最初愿景，那个喝着咖啡，揣着兴奋，熬过无数个不眠之夜酝酿出来的美好愿景，现在似乎已经变味儿，彼得对此并不是无动于衷。他们的梦想是要激起公众对于太空探索的热潮，向太空发射出成百上千颗私人制造的卫星。但是，彼得毕竟要对股东们负责。和沃顿的这笔交易能让公司得到快速发展，没有这笔交易，他们将一无所有。彼得知道，这个决定是出于实用主义而非激情，是选择哈佛大学医学院而不是麻省理工学院，是基于现实世界而不是学术界。

彼得有好几次都想坐下来给托德回一封信，但最终花了一个多月的时间才理清思绪。他写道："从1982年1月6日我们第一次见面起，到现在已经过了差不多九年零两个月了（3 344天）。我们分享彼此的心情，分享胜利的喜悦，分享各自的经历；一起冒险，一起应对挑战，这是我与其他人从未有过的。可以说，我们肩并肩一起度过了生命中最美好的时光。作为兄弟，我爱你；作为同事，我尊敬你，我们一起取得了许多辉煌的成绩。从我们相遇的那一刻开始，我就知道我们的巨大力量和开阔的眼界一定能够推动航天事业的发展。对于我们友谊的疏远，我感到无比痛心。我这里说的是友谊，而不是商业关系或者工作关系。托德，你可以不赞同我，可以保留自己不同的意见，可以相互学习。我愿意将时间和精力投入对我而言无比珍贵的事情上，那就是我们的友谊。你的兄弟，爱你的彼得。"

格雷格对双方的情况都非常了解，但他最终还是站在了彼得这边。为了让公司发展壮大，彼得竭尽全力从家人、朋友、以前的教授、同事、联谊会的弟兄，以及宇航员那里寻求资助。为了游说有意向的投资者，他的足迹踏遍了全球。在受到阿拉斯加州州长的拉拢后，他差一点就把公司搬到了位于阿拉斯加州的费尔班克斯北部的波克尔平原。格雷格引用了古希腊讲述友谊的故事，把彼得和托德视为"太空中的达蒙和皮西厄斯"，故事中的两个人都愿意冒着失去自己生命的危险挽救对方的生命。有时，彼得和托德起了争执，或者相互都不搭理对方，格雷格就会对他们说："你们两个别闹了！你俩的友情是我见过的最深厚的。"

然而，几个月过去了，甚至在彼得回信之后，托德还是保持沉默。

让彼得感到高兴的是，沉默最终还是结束了。托德想约彼得在麻省理工学院附近的豪斯餐厅见面。那天下午，两人在餐厅找了个座位坐下来。彼得见到了自己的朋友，感觉如释重负。但托德却有些忧郁，说他有些话要跟彼得讲。彼得以为是公司的事情，他自己已经想好该怎么说。然而，当彼得坐下啜着咖啡时，他察觉到有些不对劲儿，托德扭头看着别处，回避着自己的目光。他挪了挪自己的盘子，拿起镀银的餐具又放了回去。托德看了看彼得，眉头紧蹙，然后说道："我被诊断出感染了艾滋病。"

彼得听了，身体不由得往后一震，贴到了椅背上。他直直地盯着托德看了好一会儿，一句话也没说，然后闭上了眼睛。彼得知道托德是同性恋已经有一段时间了，尽管在此之前的几年托德一直没公开自己的同性恋身份，还带着自己的"女朋友"玛丽安参加各种活动并四处旅游。当托德第一次告诉彼得自己是同性恋的时候，彼得表现得很消极。他不知道如何处理这一状况，而且彼得也很惧怕同性恋。他和托德此前总是要么到你家睡，要么到我家睡。得知托德是同性恋之后，彼得将他拒之门外。几个月后，彼得意识到自己的行为很愚蠢，他给托德打了电话并告诉托德自己无条件地爱他。此时此刻，豪斯餐厅内播放着嘈杂的音乐，餐盘和镀银餐具发出咔嗒咔嗒的声音，彼得强忍着泪水。他在麻省总医院治疗过艾滋病患者，患上艾滋病无异于被判了死刑。自从80年代起，大约有成百上千的美国人，通常是 25~45 岁的年轻人，被艾滋病夺去了生命。NBA 球星"魔术师"约翰逊也刚刚公开承认自己患有艾滋病。在美国，确诊感染艾滋病的患者达到了 100 万。这些患者骨瘦如柴，脸上留有痘印，还会受到不公平的排挤。而托德聪明、英俊，还充满了活力。

彼得打起精神，向托德保证要为他找到最好的治疗方案。他小时候的朋友、曾一起制造火箭的伙伴比利·格林伯格现在是一名医生，他参与了一项艾滋病试验性治疗方案的研究，彼得要和他联系一下。现在，抗 HIV（人类免疫缺陷病毒）的药物叠氮胸苷（AZT）已经上市。托德听着彼得的建议，微微笑了下。渐渐地，他俩和往常一样开始欢笑起来，回忆起他们一起举办的一次又一次会议：尽管两人当时诚惶诚恐，但他们还是表现得镇定自若。能够说服那么多杰出的教授为他们工作，还把全世界志同道合的人聚集到了一起，他们自己都感到不可思议。要知道，当时个人电脑尚未问世，也没有电子邮件这一概念。

通过托德坚持不懈的努力，他们在冷战结束前成功地录取了美国假想的敌人——苏联的学生。这正如彼得所说的那样，我们不能因为美国人对苏联人怀有恐惧，就把地球上另一半从事航天事业的力量排除在外。托德问彼得是否还记得那天接到开户行电话时的情形，他俩都确信是账户透支的通知。托德极不情愿地接起了电话。银行工作人员在电话中说道："霍利先生，我想通知你，你期待的国际电汇已经打入你的账户。"托德顿觉精神抖擞，询问资金是来自西班牙还是瑞典。打电话的人回复道："是来自苏联教育部的，金额为 12 万美元。"托德听罢几乎要从椅子上摔下来。苏联政府将他们 12 名参加国际宇航大学首批暑期班学员的学费打过来了。是来自"冷战恶人"的现金挽救了国际宇航大学！

在豪斯餐厅待了几个小时后，彼得和托德拥抱告别。彼得承诺他将竭尽全力帮助托德，告诉托德自己爱他："你很坚强，你能挺过来的。"

那晚，彼得在日记中写道："这个消息像超导磁铁一样把我们重新联系在了一起。"

那是 1993 年一个美丽的秋日，格雷格到了宾夕法尼亚州的新希望镇。在普林斯顿西边的特拉华河上，格雷格和家人在这儿放松心情，之后他们闲逛着进了一家书店。过滤后的光线和安静的环境让格雷格平静了下来，感觉就像是工作日的下午坐在教堂的靠背长椅上。他在书店内慢慢走着，突然不小心踢到一本落在地上的书。他停下脚步，把书捡了起来，拍了拍上面的灰尘。这本书是查尔斯·林德伯格写的《圣路易斯精神号》。对格雷格来说，看到这本书就像看到老友一般。格雷格在 14 岁的时候便读过林德伯格从纽约到巴黎这段改变历史的冒险之旅。

格雷格翻开了书，翻到有标记的一页。当他读到这样一段话时，他不禁笑了起来——"假如我能够熬夜飞行；假如汽油没那么重，我就可以在油箱里面储备足够多的汽油，可以用上好几天；假如我是魔毯上的那个人，就可以到处飞行，飞到世界上任何一个地方。"几页过后，林德伯格写到他是如何想到要去完成跨越大西洋这一壮举的。"为什么我不从纽约飞到巴黎呢？我快 25 岁了。我有着 4 年多的航空经验，在空中飞了接近 2 000 小时。"几段过后，这位飞行家写道："关键是要做起来，要设定计划，然后一步一步地按计划执行，不管每一步看上去有多么大或者多么小。"林德伯格知道他没有足够的资金为此次飞行购买合适的飞机，他想到了筹集资金。他在书中提到一项诱人的大奖，奖给第一个完成这段冒险旅程的人："从纽约直飞巴黎的飞行员将获得价值 25 000 美元的奥泰格奖，奖金用于支付一架飞机和其他所有费用绰绰有余。纽约直飞巴黎！如果能完成此次飞行，那么航空业的未来将不可限量。"格雷格觉得林德伯格是对的。他改变了全世界的人对航空旅行的看法，预见了别人未曾预见的未来。在林德伯格此次飞行之前，美国人害怕坐飞机。当他成功降落巴黎后，全世界的人都想尝试着坐飞机。在 1929 年，有大约 17

万名乘客花钱登上了美国的客机，这个数字几乎是前一年（6万人）的3倍。

在书店收银处，格雷格的女儿问他为什么要买一本已经有的书。"这是给你彼得叔叔买的。"他说。格雷格希望这本书能激励彼得最终拿到自己的飞行员执照。更重要的是，他更希望这本书能提醒彼得，怀有不可能实现的梦想是多么重要。

第九章 / 对的人很重要

彼得透过舷窗放眼望去，地面上道路纵横交错，却看不到车辆。这些道路是为将来的发展而修建的，但这里却一直没得到发展，一大片一大片全是地势平坦的沙地。他的目光顺着一条铁路线向前延伸。这条空旷的铁路线贯穿整个沙漠，道路两旁零零星星地长着一些毫无生机的树木。还有一个充满断层裂隙的大坑，那是帕斯山的稀土矿场。彼得的飞机降落到莫哈韦机场30号跑道上。在他的左手边，是一个个泛着白色的飞机库；他的右手边看上去像是一片飞机坟场。莫哈韦沙漠是飞机诞生的地方。彼得不知道，这里也是一些衰老的鸟儿选择死去的地方。

飞机滑行了一段距离后稳稳地停住了，彼得走下机舱，看了看周围的环境。西边和南边的山峰以及斜坡给湛蓝的天空画上了锯齿一样的边界线。一阵阵热浪从跑道上涌来。这里可不是约翰·菲茨杰拉德·肯尼迪国际机场。几只乌鸦在航海家餐厅屋顶上安了家；一只脑袋缩进了龟壳的乌龟，还用岩石和洞穴的杂草把自己遮住——这便是这里仅有的生命迹象。此时，彼得想象着加里·库珀警长会突然出现，只身对付四名杀手，上演一场莫哈韦版的《正午》。"我们现处在一个荒无人烟的地方。"彼得心想。

现在，彼得不顾一切地想摆脱国际微空间公司给他带来的困扰。他在 1993 年和他人一起创立了另一家新企业，名叫天使科技公司。公司力图赶上正蓬勃兴起的商业互联网浪潮。商业化互联网几年前刚通过学术界和科学界的阿帕网对公共领域开放。彼得和天使科技公司的商业伙伴马克·阿诺德想为发达国家和发展中国家提供低成本、高速度的互联网服务。与埋在水下、道路下或者在电线杆上架设的电缆不同，他们寻求的是一种更快捷、更廉价的替代方案——从大气平流层之上传送宽带信号。

戴维·瓦恩是彼得和马克的共同好友，他将彼得介绍给了马克。作为国际宇航大学的赞助者，戴维对国际微空间公司也进行过投资。1991 年，马克将一家医疗服务公司出售给美邦公司，获得了一笔资金。公司出售之后，他开始参与滑翔运动，还购买了一架德国斯泰默公司的滑翔机，之后便成为斯泰默滑翔机在北美地区的经销商。他对滑翔运动的热爱也激发了他对航空项目的兴趣。

彼得和马克的天使科技遭遇了竞争对手。有线电视运营商、软件公司，还有一些初创企业都在寻求各种各样的宽带传输方式，如发射上百颗卫星，或者使用低电压的电力网络等手段。前国务卿亚历山大·黑格经营的一家名为国际天空站的公司提出这样一个构想：利用盘旋在空中的，如足球场一般大小的气球来为各个城市提供互联网服务。而马克和彼得的计划是利用高空太阳能飞机，让飞机在居民区上空盘旋，在 61 000 英尺的高空为人们提供新闻、娱乐和各类信息。飞机的名字叫"光环"（HALO），是"高空，长时间续航"（high altitude，long operation）的英文首字母缩写；同时，当用户抬头仰视时，会发现飞机在空中盘旋，留下光环状的水蒸气凝迹，这样一个名字也容易唤起他们正面的情绪。

马克和彼得想要公司走得更远，就需要这样一架能够在高空进行常规作业的飞机。他们还需要一位世界级的工程师，一位极具创新性的思想家和梦想家。适合这一项工作的人只有一个，那就是伯特·鲁坦。

鲁坦满面笑容地从办公室走出来，看上去和仙人掌差不多高。他穿着牛仔裤，两侧的连鬓胡子形状和爱达荷州颇有几分相似。他身高 6.4 英尺，让 5.5 英尺高的彼得感觉自己很矮小。在跑道上寒暄几句之后，三人又说到了马克的这架飞机。这架塞斯纳 421"征服"型飞机是一架双引擎涡轮螺旋桨飞机。旁边停着几架派珀飞机，还有比奇飞机，以及另一架塞斯纳飞机。对面的飞机坟场显然是停放退役飞机，对飞机进行拆卸和回收的地方。这些飞机看上去就像从四面八方被推到沙滩上而搁浅的巨鲸。当地人有时会在大清早听到从飞机坟场传来的爆炸声和炮火声，那是军方在利用那些飞机进行营救人质的演习。

三人走进了缩尺复合体公司，公司的房屋和机库都正对着跑道，经过了不同程度的改造和升级。正门入口处是伯特制造的一些飞机的照片，以及他获得的多项奖励。飞机的种类之多，让彼得惊叹不已——有自制飞机，有根据罗伯特·琼斯的构想设计的机翼可转动的 AD-1，还有用于露营和草地上降落的"灰熊"，以及能自行起飞的"隐士"滑翔机。倒挂在横梁上的是猫鹊飞机，于 1988 年完成首飞。最近，伯特的哥哥迪克以 246 英里每小时的速度飞行了 1 243 英里，打破了轻型航天器飞行速度的世界纪录。工场里有些地方拉着帘子，所以来访者看不到正在开发的项目。不远处正在制造的，是轨道科学公司"飞马座"火箭的三角翼。说到这些机翼的开发，彼得能够谈上好几个小时。

作为一位航空界的概念设计师，伯特有着良好的声誉，而对于稀薄空气中的飞行设计，他也逐渐成为一位创新者。彼得此前就国际微空间公司潜在的发射项目同伯特通过一次电话。他了解旅行者号的卓越设计，同时也在关注DC-X"三角快帆"试验的进展情况。DC-X"三角快帆"是一个垂直起降并且可重复利用的载人火箭项目，由皮特·沃顿负责，国防部提供资助。伯特的缩尺复合体公司为该项目制造了减速伞。

参观完伯特的飞机后，三人走进了一间会议室。在介绍天使科技公司的情况之前，彼得说，进入太空是自己一生的目标。伯特听了心想："这家伙真是个太空极客。"

"戴曼迪斯，"伯特突然发问了，"既然你对太空如此狂热，告诉我，最早用于载人航天项目的火箭是哪四个？"

伯特开玩笑的语气一下子带上了几分挑衅的味道，变得比跑道上飞扬的尘土还要快。只听彼得一项项地罗列着："水星号，双子星号，阿波罗号……"

"不，不！你答错了！"伯特打断了他。他似乎对彼得的错误回答感到很高兴。"加加林是第一个进入太空的人，火箭是东方号。"彼得当然知道，但他认为伯特问的是美国的航天计划。伯特接着问道："还有呢？""水星号。"彼得回答道。

伯特摇了摇头，几乎是一副耀武扬威的样子。屋子里的气氛变得凝重起来。

"红石！红石3才是第二个，"伯特大声说道，"我说的不是飞船！我说的是火箭！第三个是哪个？"

从汉密尔顿学院转到麻省理工学院以来，彼得还从没有这么心虚过。

"双子星号。"彼得答道。

"不对，第三个是宇宙神，约翰·格伦那次！"

彼得看了看一言不发的马克。伯特显然很享受这种感觉。彼得对这个太空项目的熟悉程度不亚于任何人，但是伯特要的是他自己的答案。

"如果我和一群所谓的美国国家航空航天局历史学家在一起，他们没人能回答出来。"伯特说，"第四个是哪个？"

彼得犹豫着要不要继续回答下去。

伯特替他答道："第四个是 X-15，第五个是双子星计划的泰坦 2 号，第六个是俄罗斯的联盟号，第七个是土星 1B（阿波罗 7 号），第八个是土星 5 号。"这场难熬的即兴考试终于结束了，接下来他们三人要面对一道难题：将一架太阳能无人机送上平流层。

彼得和马克感觉自己像是福音的传播者一样，做着一项潜在的伟大事业。这项事业可以让信息获取完成大众化，甚至还可以引领一个产业，教这个产业如何发展得更好。马克首先通过幻灯片介绍了天使科技公司的情况。马克逐条列举对这样一架高空飞机的要求：该飞机需要能够承载 1 800 磅的重量；具有一个朝向下方、直径为 18 英尺的天线吊舱；搭载一根天线，当飞机倾斜角为 17 度时天线处于水平位置；需要液体冷却系统。按照马克和彼得的计划，这种太阳能飞机将通过用户屋顶上的圆锥形天线，为用户提供高速互联网服务——传送电话、视频和其他各类信息，建立起他们所谓的"圆锥业务"。

彼得一边听马克的陈述，一边注视着伯特。伯特要么涂涂画画，要么就是记笔记，彼得也不清楚他到底在记些什么。接下来，三人又讨论了无人飞行和太阳能飞行的各种问题，然后又说到了工程师保罗·麦卡克莱迪。保罗被誉为太阳能飞行之父，此前因其在人力飞行上的创新而多次获得克雷默奖①。保罗获奖的飞机包括：轻型"游丝神鹰"飞机，世界上首架在封闭航线内完成"8"字飞行的人力飞机；"游丝信天翁"飞机，依靠人力从英国飞到了法国；"仿生蝙蝠"飞机，创造了人力飞行速度的世界纪录。保罗早期能够在人力飞行方面取得突破，部分原因是他出于爱好，研究过鸟类在飞行时的低能力学问题，并且对时间、倾斜角度以

① 以英国工业家亨利·克雷默命名的奖项，他促进了建筑材料（胶合板、刨花板和玻璃纤维）的商业化发展。

及转弯半径进行过测量。伯特和保罗关系不错，一起参加过很多会议，却从来没有在什么项目上有过正式合作。保罗也构想了一架飞机，想着如果旅行者号飞行失败，就把自己这架飞机搞出来创造环球飞行的纪录。他曾寄出过一张自己没有头发的照片，照片上写着："如果鲁坦成功环游地球，我就剃光头发！"①

旅行者号飞行成功之后，保罗把他自己的设计也拿给伯特看过。他说，既然环球飞行这一里程碑已经实现，就没有必要再建造这种飞机了。于是，保罗的航空环境公司便全力打造远程控制的太阳能飞机——探路者号，该飞机的设计飞行高度可达到5万英尺；同时，公司还在为美国国家航空航天局设计制造翼展达247英尺的太阳神号太阳能飞机。彼得和马克希望类似的太阳能技术能够对他们的项目有所帮助。

会议室里，伯特对高空宽带这个想法感到兴奋，尽管他不敢确定太阳能飞机对于宽带信号传送到底能起到多大作用。他当时并没有把一些不太确定的考虑讲出来，只是告诉彼得和马克，自己会着手进行设计。

话题又转到了伯特在美国空军科技咨询委员会服役期间的经历，这位莫哈韦沙漠中的私人飞机制造者曾在那里有过短期任职。在任职期间，他获得了五角大楼颁发的奖章；同时，军方就"东方快车"项目取消之后的计划也向他咨询过。里根总统在他1986年的国情咨文演讲中承诺，将建立"新东方快车"项目——让X-30太空飞机以每小时17 000英里的速度飞入近地轨道，但该项目因技术上的原因而搁浅。由于对政府的航空项目非常失望，作为回应，伯特提出一个他自己称为"逻辑变疯狂"的建议，主要内容是："好吧，既然你们没有勇气完成'东方快车'项目，那么我建议，在接下来的10~12年，美国国家航空航天局应该将其预算减半，并把余下的一半——70亿美元用来设立一个奖项。如果有谁能够

---

① 照片中保罗面带微笑，头发稀少，不过这是接受化疗导致的。

设计、建造并驾驶一艘具有'东方快车'功能的宇宙飞船,那他便可获得这一奖励。"伯特解释说:"我是这样想的,如果这真是个不可能完成的任务,那么政府也不用掏一分钱;如果它是可行的,那么会是个双赢的局面。"

彼得很喜欢这个故事。他也向伯特简述了自己从热爱美国国家航空航天局到抛弃美国国家航空航天局的故事。彼得说,当他意识到美国国家航空航天局不可能将自己送入太空时,他换了个角度思考自己的医学背景。他想对人类寿命的问题有更多了解。他相信,有必要在延长寿命方面再搞出点新东西,从而让人的寿命突破122岁这一已知的极限。他希望在哈佛医学院学习的背景能够为自己带来一定的优势,帮助自己搞清楚怎样才能活得更长久,以便在有生之年能进入太空。

彼得和马克离开后,伯特挠了挠头。"这个太空极客在麻省理工学院拿了两个学位,并且从哈佛医学院毕业,却不打算行医?"伯特感到不可思议,"谁会在经历了魔鬼般的医学学习之后,却选择不当医生呢?"

在回去的飞机上,马克和彼得忍不住谈论起魅力四射且高深莫测的伯特·鲁坦。他俩甚至怀疑伯特到底有没有听他们的发言。彼得感觉伯特是一位不折不扣的艺术家,是当代的达·芬奇。伯特是这样一个人:如果他发现一个项目具有挑战性,如果能够尝试一些全新的东西,他肯定会答应的。马克和彼得都很想知道,当他们再次回到莫哈韦的时候,他们看到的会是怎样的一个设计。

马克和彼得也谈到了克雷默奖。他们不知道,保罗追逐该奖项是出于很现实的原因:他为一个亲戚做贷款担保人,亲戚的生意失败了,他为此欠了银行10万美元。伯特说,保罗突然意识到克雷默奖的奖金为5万英镑,差不多刚好10万美元。虽然赢得这一奖项对保罗很重要,让他还清了自己的债务,但更具意义的是由此产生的一系列创新。

马克告诉彼得，自己和一个朋友已经出资 25 万美元角逐纳米技术领域的费曼奖。该奖项由前瞻研究所设立，用于奖励给第一个设计并制造出两个纳米设备的人：一支纳米机器人手臂，一个计算设备（该设备需为纳米技术计算机的制造提供可行性依据）。马克说，自己追逐该奖项的动力来自埃里克·德雷克斯勒写的一本书，名叫《创造的发动机：即将到来的纳米技术时代》。

彼得的头脑里涌上各种各样的想法、印象和记忆。当马克谈到《创造的发动机》时，彼得记起在 1980 年启动 SEDS 时，德雷克斯勒正是坐在后排举手发言的人。德雷克斯勒那时主张 SEDS 不应该成为 L5 太空组织的一部分，彼得一直希望有机会能当面向德雷克斯勒表示感谢。

他们驾驶着飞机向东返航。彼得谈到了逝世的格里·奥尼尔。他在 1985 年被诊断患有白血病，于 1992 年 4 月 27 日与世长辞，享年 65 岁。作为格里·奥尼尔的追随者，彼得和格雷格·马里尼亚克，以及格里·奥尼尔家族的成员一起参加了在 5 月 26 日举行的葬礼。彼得将奥尼尔的一生看成一个既鼓舞人心又警醒世人的故事。在这个故事里面，奥尼尔取得了难以置信的成就，这让很多人深受鼓舞；但他的梦想中，还有很多革命性的研究项目，他再也无法亲自去实现了。

彼得现在怀着远大的志向，经营着两家公司：国际微空间公司和天使科技公司。第三家公司——零重力公司也正在规划中。他在和拜伦·利希滕贝格，以及国际宇航大学的校友雷·克洛尼斯一起合作，计划用改装过的波音 727-200 飞机让平民大众体验失重状态。彼得一直缺乏睡眠，工作也总是做不完，这让他感觉日益烦躁。他和自己定下了一份两页纸的约定。在约定中，他列出了自己的优势、缺点和目标；还列出了有待提高的几个方面：加大创业力度，强化飞行技能，改掉咬指甲的毛病，养成定期锻炼的习惯，还有就是要找到自己的另一半。他已经 32 岁了，他的生命时钟正在嘀嗒作响。

第十章 / 了不起的灵感

圣诞节期间，彼得去看望了已经退休，现居住在佛罗里达州博卡拉顿的父母，也抽了些时间坐下来阅读那本卷了角的《圣路易斯精神号》。这本书是格雷格·马里尼亚克一年前送给他的，书中爆出了许多不为人知的故事。彼得一直想当然地认为，查尔斯·林德伯格是把那次跨越大西洋的飞行当作一次绝技表演，或者是一种冒险。他先前并不知道，林德伯格完成人类首次从纽约到巴黎的飞行是为了获奖。

原来，林德伯格是角逐奥泰格奖的 9 名飞行员之一。奥泰格奖的奖金为 25 000 美元，以出资者雷蒙德·奥泰格命名。这场竞争充满了传奇色彩，也付出了惨重的代价，一些世界顶尖的飞行员和最新的飞机葬身于广阔而冰冷的北大西洋海底。《纽约时报》称之为"当代最伟大的比赛"，公众也普遍认为这是"世界上最伟大的空中德比之战"。其中的障碍包括了心理和技术两个层面：纽约到巴黎 3 600 英里的距离，这几乎是此前单程航线距离的两倍。

这次成功的飞行不仅让飞行员查尔斯·林德伯格一举成名,也在世界范围内形成了一种认识:飞行是安全的,也是适合大众的。要知道,林德伯格的故事犹如普通人变身超人一般:为了追求自己的飞行梦想,他从大学辍学;然后,他运用自己的工程技术,让飞机飞向了蓝天。他给我们展示了这样一个信念:冒险对于人类文明的发展必不可少,有风险就有回报。

在父母家享受希腊美食的间隙,彼得给书中的一些段落标注了下划线,并在空白处做了不少笔记。雷蒙德·奥泰格来自法国卢维耶-瑞宗,小时候在比利牛斯山的山坡上牧羊,青少年时移民到了美国,在曼哈顿中城的马丁酒店当杂工。不到 10 年,他便成为咖啡店经理,后来又成为酒店经理。最后,他用自己攒下的钱买下了这家酒店,后来又买下了另一家酒店。几年之后,第一次世界大战爆发了,法国飞行员经常入住奥泰格的酒店。他很喜欢听空战故事,渐渐地便对飞行产生了浓厚的兴趣,同时也对飞行员怀着深深的敬意。1919 年 5 月 22 日,奥泰格给位于纽约的美国飞行俱乐部主席艾伦·霍利写了一封信:

> 尊敬的先生们,为了激励勇敢的飞行员,在美国飞行俱乐部的支持下,并根据俱乐部的条例,我愿意为第一位完成横跨大西洋飞行的协约国飞行员,即完成从巴黎到纽约或者纽约到巴黎之单程飞行的飞行员提供 25 000 美元的奖励。其他细节由你们决定。

该奖项有效期为 5 年,其间没有人能拿走这笔奖金。奥泰格并不担心,把奖项又延长了 5 年。彼得算了一下,9 个团队角逐 25 000 美元的大奖,总共花费了大约 40 万美元,是这笔奖金的 16 倍。"奥泰格没有给这些失败团队一分钱的资助。"惊讶之余,彼得在书的空白处写道:"通过激励手段,最后的赢家自然而然地获得了他的支持……这就是对他付出的回报，总的花费达到了奖励金额的 16 倍。"

1993 年 12 月，彼得看完了这本书，他感觉在自己的面前，有什么东西一直在凝视着他。对了！那是一项太空大奖。

彼得对于奖励和竞争并不陌生。他和格雷格·马里尼亚克，还有皮特·沃顿一起讨论过奖励可能产生的巨大影响；同时，他对其他激励性奖项的竞争情况也进行过研究。他知道 1714 年的"经度奖"，当时英国议会提供了 2 万英镑，为寻求船舶经度定位的方法给予奖励。大约过了一个世纪，拿破仑和他的大臣们为了寻找一种终结维生素 C 缺乏病（俗称坏血病），同时解决军队给养问题的方法，提供了 12 000 法郎的奖金，奖励给食物贮藏方面的发明技术。除奥泰格奖外，早期还有很多其他的航空奖项，获奖条件各不相同，有的是要求在空中悬停 15 分钟，有的是要求首先穿越英吉利海峡。

尽管彼得的心里已经有了一些想法：要设立一项太空大奖，但他并不知道这样的奖项应该长成什么样子，也不知道奖金应该是多少。不过他觉得，这项角逐的目标应该是亚轨道，而不是轨道，因为进入地球亚轨道比进入轨道要难得多。迈出第一步将是很重要的一步。

从丹佛的斯特普尔顿机场飞往蒙特罗斯的途中，小型涡轮螺旋桨飞机机身出现了颠簸，并发出咯咯的声响，彼得在座位上系好了安全带。全程大约需要一个小时。突起的狂风风速达到 35 英里每小时，能见度低于 5 英里。黑暗中的雪花夹杂着雾气，在寒冷的空气中翻滚着，猛烈地拍打着飞机另一侧的舷窗。1994 年 2 月，在蒙特罗斯一位朋友的家中，彼得为火箭科学家和太空爱好者组织了一场为期四天三夜，主题为"建造火箭"的头脑风暴静修。他们聚集的"小木屋"足有 16 000 平方英尺，拥有八间卧室、七个半浴室、一个室内游泳池；会议室都是挑高的天花板，拱形木梁，配有枝形大吊灯和石头砌成的大型壁炉。该住宅离特柳赖德不远，更重要的是，离科罗拉多州的乌雷县很近，后者又被称为"高尔特峡谷"，即《阿特拉斯耸耸肩》一书中提到的神秘而又隐蔽的山谷，约翰·高尔特和"思想者"们在这里举行罢工，以此保护自身合理的利益。

蒙特罗斯聚会的目的，是想看看十几个男男女女聚在一起，能否勾勒出一款新型火箭的雏形。那些大公司看似不大可能的初创阶段，给予了他们极大的启发和鼓舞：哈雷-戴维森、迪士尼、惠普、苹果，还有微软，这些公司都是在车库或者棚屋里构想出来的。同样，开启航空业的是工程师，是飞行员，而不是政府。据说，一位叫杰夫·贝佐斯的太空爱好者，在校读书期间是SEDS普林斯顿大学分会主席，现正站在互联网的潮头，在自己家中创办了一家互联网图书公司。

戴维和迈拉·瓦恩是蒙特罗斯树林中木屋的主人。他们希望，无论设计出怎样的原型，都能在他们的后院进行建造。戴维和迈拉是1969年在代托纳比奇市相遇的，当时正值阿波罗登月计划。迈拉在做美国国家航空航天局的一个项目，而戴维是吉奥之星公司的创始人，这是一家基于格里·奥尼尔发明专利的卫星公司。在戴维正准备发射三颗名为"吉奥之星"的人造卫星时，挑战者号出事了。于是，所有的发射计划暂时搁浅下来。不过，戴维和迈拉对他们的朋友说："我们都是想入非非的怪人。"

当摇晃的涡轮螺旋桨飞机降落在了蒙特罗斯，彼得努力让自己忘掉旅途的颠簸，而专注于即将举行的会议。他这个周末的目标，就是要提出一个新的火箭设计方案，将付费的乘客送入太空。但他还有另外一个想法，一个一直在心底酝酿的想法。

第一天，在吃完迈拉准备的丰盛早餐、分享了各自的颠簸历程之后，成员聚集在会议室。穿着黑色西裤和黑色高领厚毛衣的彼得在白板上用大写字母写下这样一句话："小团队能干大事情。"

彼得比任何时候都更相信这句话的力量。他自己就像一枚改变了轨迹的火箭，踏入了自己并不熟悉的领域。他已经把陷入困境的国际微空间公司卖给了位于马里兰州罗克维尔市的CTA公司。该公司设计并制造人造卫星，同时为陆基和天基发射系统生产软件与硬件。CTA公司之所以收购国际微空间公司，是由于彼得和皮特·沃顿达成的那笔交易。尽管与国防部的这笔交易价值达1亿美元，有10次发射任务，但国防部并没有预付什么费用，而必须等到卫星发射准备就绪才能付款，这让事情越来越难办了。彼得也曾努力让公司不走向破产，但现在却发现自己做着从来都没有想过的事情——成为CTA公司的中层主管。他快33岁了，却干着不属于自己的工作。他需要做回斗志昂扬的自己，做回那个成立了SEDS，成立了国际宇航大学，那个在人车实验室中精力充沛地搞设计、忙制造，一次又一次进行反重力测试的彼得。

蒙特罗斯的参会人员开始讨论如何为太空旅行建造新型火箭。彼得的朋友拜伦·利希滕贝格是一名宇航员，他认为现在应该"证明这项工作不光美国国家航空航天局能做，其他人也能做"。一年前，他和彼得以及雷·克洛尼斯一起启动了零重力项目。该项目有一个大胆的目标：利用改装过的波音飞机让乘客体验抛物线失重飞行。他们从两名风险投资者那里筹到了几十万美元。这两人一个是迈克·麦克道威尔，曾经营过南北两极的旅游业务；另一个是理查德·加里奥特，在电子游戏界被称为"英国勋爵"，他的父亲欧文·加里奥特曾是太空实验室和航天飞机宇航员。如果通过联邦航空管理局的批准，零重力将成为第一家为非宇航员提供失重体验的私人企业。

彼得在介绍与会者时特别提及，拜伦已经绕地球轨道飞行超过300圈，在太空待了468个小时，差不多是20天。坐在不远处的柯莱特·毕维斯负责社团旅游公司的营销工作，该公司目前打算在商业化太空旅行方面有所突破。桌子对面的是加里·哈德森，大学辍学，从1969年19岁起就一直致力于私人航天业的发展；他曾在斯坦福大学教授运载火箭设计，目前创办了自己的企业；他的目标是建造并乘坐一艘可重复使用的载人飞船，最好能够垂直起飞和垂直降落。戴维·瓦恩在国际宇航大学创办初期就认识了彼得，他也是国际微空间公司的投资者之一。瓦恩和伯特·鲁坦就缩尺复合体公司从莫哈韦搬到蒙特罗斯的设想谈论过好几次。工程师丹·德隆在波音公司做全职工作，同时也做过美国国家航空航天局项目的分包人，负责空间站的空气与水循环系统。当他造出自己的第一艘潜水艇、第一辆电动自行车，并用第一代电脑制成磁带录音机时，他还只是个中学生。打那时起，他的职业目标就不是寻求高薪，而是加入实验性的太空项目和团队。他对美国国家航空航天局不满的是：美国国家航空航天局一年投入了 170 亿美元，"却没有做出多少成绩来"。

1986 年 1 月，挑战者号失事，当时他正在完成美国国家航空航天局的一项合同。失事后不到一小时，他就知道问题出在了哪里，因为他曾设计过成千上万的 O 型环和密封装置。他得知，在发射的前一晚及发射当天的一大早，工程师们曾力劝美国国家航空航天局不要在温度低于 53 华氏度的情况下发射，却遭到了拒绝。"10 个优秀的工程师要强于 100 个普通的工程师"，德隆相信了这一点。他确定，私人航天业的发展，可以降低美国国家航空航天局每 100 次飞行会出现一次灾难性事故的概率。[①]德隆环顾了一下四周，然后轻声地笑了。周围的人和自己都是同类，用不太恰当的词语来形容的话，那就是"顽固的理想主义者"。

参会者纷纷就火箭的设计提出了自己的想法，有的建议用利尔喷气式飞机进行改造，有的建议用多级火箭。加里·哈德森还画了单级入轨运载器的草图，这也是进行亚轨道飞行的一只"圣杯"。会上，人们又谈到了推进力的问题，这被视为太空探索的关键。在白色书写板上，潦草地

---

① 理查德·费曼在罗杰斯委员会调查报告中写道："人们对飞机失事而导致机毁人亡的概率存在巨大的分歧，估计的概率值范围为 1/100~1/100 000。较高的概率来自工程师，而低概率则来自管理层。"

书写着齐奥尔科夫斯基的火箭方程（也称"理想火箭方程"），根据该方程，可以计算出火箭发动机能够产生多大的速度：

$$\Delta V = V_e \ln(m_0/m_1)$$

会上还提到了麦克斯韦·亨特的一些教学内容。作为加里·哈德森的导师，亨特在冷战时期设计了"奈克""雷神"以及其他一些类型的导弹，还是《直刺太空》一书的作者。接着，与会者又针对速度，以及怎样达到一定的速度等问题进行了热烈的讨论。前一年，也就是1993年，美国短跑选手迈克尔·约翰逊在400米短跑中创造了新的世界纪录，成绩为43.18秒，其速度达到惊人的30英尺每秒。弓射出的箭可以达到350英尺每秒，子弹的平均速度为2 500英尺每秒，要到达62.5英里高的太空起点，则需要大约5 800英尺每秒的速度，也就是4 000英里每小时。如果要到达地球轨道，速度应达到30 000英尺每秒，也就是超过20 000英里每小时。

"亚轨道飞行比真正进入地球轨道要容易得多，而且亚轨道飞行有很好的市场前景。"拜伦说，"在离开大气层的7~8分钟内，可以做很多科学研究。"

讨论的话题随后转到了液体燃料发动机、混合燃料发动机，以及固体燃料发动机。彼得站在白板前，在"推进力选项"下写道：

•液态空气/喷气式发动机

•混合燃料火箭

•液氧/煤油——RL-10发动机

•过氧化氢/煤油

彼得在白板上写了十几个方程式，并分享了自己设计的小型太空飞机的草图。这架飞机具有弹头形状的机身，乘客坐在飞机前端，机翼上带有缝翼、副翼以及襟翼，飞机水平安定面呈三角形。

工程师贝文·麦金尼曾制造过一枚用于商业卫星发射的原型火箭，名叫"海豚"（该火箭安装有混合燃料发动机，于1984年从海上发射）。他相信会上讨论的所有事情都是可行的，而资金才是最大的问题。正如在电影《太空先锋》中戈登·库珀对格斯·格里森所说："你们这些家伙知道是什么让火箭飞上天的吗？是钱！"格里森回应说："他说的有道理。没有钱，就没有巴克·罗杰斯。"约翰·克拉克1972年出版的《点火！》一书中写到过一名技术人员，他在进行火箭发动机测试时，使用的是独特而又昂贵的硼基推进剂。他说，每次一按下"启动"按键，就会感到又一辆凯迪拉克没有了。

麦金尼的两家私人火箭公司都取得过突破性成就，但还是被政府支持的竞争对手挤出了市场。麦金尼的"美国火箭公司"花了数年时间研发自己的混合燃料火箭发动机，不料美国国家航空航天局却资助一个竞争对手复制了该项技术。加里·哈德森研发的"美国太平洋发射系统"也被国防部资助的一个项目击败。

星期日下午，还有不到一天的时间，这次蒙特罗斯集会就要结束了。彼得决定和与会人员分享藏在自己心里的想法：设立太空大奖。站在白板前，彼得又用大写字母写下几个字："奖励起作用。"

"奖励可以帮助我们集中精力，"彼得一边想一边说，"奖励带来的竞争为人类历史的发展起到巨大的推动作用。"他越讲越有激情。"航天业也需要有奖励。航天业的发展，需要确立若干明确的小目标，这些目标要能够吸引大众的参与，并激起他们的兴趣。"

彼得将草拟的题为《太空飞行奖励策略》的文章分发给大家，上面印有"专有信息、严格保密"的字样。文章部分内容如下：

人类凭借强大的技术，完成了诸多艰巨的，甚至是看似不可能的壮举。技术是帮助人类将所有智慧应用于确切目标的一个强制函数……这一概念、这个强制函数，或者说技术，其实就是竞争性"奖励"。这不是拼字比赛的奖励，也不是终身成就的奖励，而是设定一个看似不可能的目标吸引人们参加，从而让整个人类大步向前迈进的奖励。比如航空领域在速度、距离、持久力等方面的奖励；比如让一大批冒险家、梦想家和实干家涌现出来的奖励；比如奖金为 25 000 美元的奥泰格奖。没有政府出面，也没有直接的经济利益，但奥泰格奖却激励着人们不断进行冒险和尝试。该奖项的奖金为 25 000 美元，但带动的投入却接近 40 万美元——这就是奖励的力量。

彼得想为宇航事业所做的，就像奥泰格通过林德伯格为航空业所做的一样。他现在已经引起所有人的关注。

彼得还给大家分享了一个理查德·费曼的故事，这个故事颇具警示意义。有一次，费曼在加州理工学院为美国物理学会做了题为"底层存在巨大空间"的讲座。在讲座中，他提到建造分子或原子大小的机械装置。为了推动这一想法，费曼提出，对制造出每条边不超过 1/64 英寸的电动马达的第一个人，将给予 1 000 美元的奖励。根据他的设想，要获得这笔奖励，必定要研发对单个原子进行操控的新技术。一个月之后，费曼的一名研究生请他走近显微镜看看。这名学生的双手灵巧而稳健，还使用了珠宝商所用的非常精细的镊子。凭着足够的耐心和一定的放大倍率，他制造了一台只能用显微镜观察的传统电动马达，但确实符合获奖标准。费曼看了很吃惊，但最后还是给了获奖者 1 000 美元。后来，费曼告诉彼得的一个朋友说："这种激励性奖项最怕遇到自作聪明的研究生，他们符合获奖条件，却没有获奖所需的突破性精神。"

考虑到这一点，彼得强调获奖规则必须清晰明确、逻辑缜密：奖励必须体现人类卓绝的技艺和才能，而且是带有一定的危险性和不确定性，这样才能引起公众的兴趣。奖励所涉及的成就应该让公众有所期待，他们能够想象自己有朝一日也能从中受益。奖励应该形成竞争者争分夺秒、彼此间你追我赶的局面。此外，为了吸引众多参赛选手，奖金必须足够丰厚，而且必须做好相关的宣传工作。

听完彼得的讲述，与会者很快就提出一大堆问题：奖励是否应规定飞行器飞行次数要超过一次呢？考虑到目标是向市场引入一种可重复使用的私人航天器，那么周转时间是多长？航天器里面能容纳几个人？最大速度是多少？空中发射还是地面发射？能使用混合燃料的火箭完成任务吗？

彼得对自己的计划做过极为详细的考虑，所以针对这些问题，他很快给出了答案：太空飞船必须由私人出资建造，而建造的方法应当是可以复制的。太空飞船必须能够重复使用。全体成员和飞船必须安全返回地球。参加角逐的团队必须证明：在飞行之后 7 天内，能够完成对太空飞船的整修并再次飞行，并且不能使用任何政府项目中剩余的航天器参与角逐。

随后，讨论转到一个关键指标的认定问题：太空边界的定义。美国人认为 50 英里的高空就可以称作"太空"，而欧洲人将这个高度定为 62.5 英里。美国军方和美国国家航空航天局对飞到 50 英里以上的飞行员都授予了宇航员翼章。[1]

丹·德隆认为目标应当设定为卡门线，即 62.5 英里。"许多国际组织和机构都接受这样一个定义，将其作为外太空的起点。"他说，"这应该是一场国际性的竞争。"还有一个原因，这个高度将是你能够到达的最高

---

[1]　苏联宇航员尤里·加加林于 1961 年 4 月第一个到达太空。第一个到达太空的美国人是艾伦·谢泼德，他乘坐的是水星 7 号，到达时间为 1961 年 5 月。

点。接下来，负有一定载荷量的飞行器将由垂直变为水平，再俯冲进入大气。

接下来就是奖金问题：奖金设为多少呢？彼得用一种太空极客独有的方式回答道："如果我们使用 67 年前奥泰格奖（25 000 美元）的标准，考虑每年 6% 的通货膨胀率，奖金应该达到 124 万美元（1994 年标准）。"他继续说道："这个金额可能是我们亚轨道飞行奖金的最低值了。如果将奖金额度设在 150 万~1 000 万美元，应该能吸引大量的选手参赛。由此，依靠重复使用的飞船将人类送入太空的总投资将达到 3 000 万~6 000 万美元。"

奖金将主要有两个来源，彼得说。第一个来源是一些个人，他们可以借此树立起一座标志性的丰碑，以表达对他人的景仰和敬意。我们的大奖将会变成一道"耀眼的光芒，吸引人们的目光，将引导所有怀着梦想的人立下志向，进行思考，追求伟大与卓越"。第二个来源是"一些太空事业支持者的捐赠"，可以通过打电话和邮件方式让他们了解相关情况。

随后，大家对彼得的计划展开了讨论，彼得借这个时机出了房间。他一次迈两级台阶，很快回到自己的房间。坐在桌旁朝南望去，便可以看到积雪盖顶的乌雷山。他开始敲击键盘：

章　程

"约翰·高尔特"

不同的世界都会遭遇来自空间的巨大挑战，如果我们不能应对挑战，那么人类的故事将会终结。

亚瑟·克拉克

在人的一生中，追求卓越与伟大的机会是很少的。当这样的机会降临时，最难的就是要看到这样的一个机会，其次是敢于冒风险并付诸行动。本章程所描述的，正是这样一个机会。你不能无视它的存在，必须牢牢地将它抓住。所有加入约翰·高尔特团队，并在本文件末尾签字的代表都将视作对本次挑战、参与挑战的风险与付出、挑战的竞争性，以及将要实现的目标有清楚的认识。

纵观人类历史，人类最伟大的成就都是由个人或者小团体发起并取得的。大众从来不会带来任何创新。查尔斯·林德伯格，以及鲁坦和耶格尔的旅行者号组合取得了伟大成就，就是为我们指路的明灯。从阿波罗计划开始，美国国家航空航天局的每一项计划都为我们改变世界带来了动力。

彼得对大奖和火箭同时寄予了期望。火箭取名为"约翰·高尔特"，将在蒙特罗斯建造。火箭建造起来之后要么参与大奖角逐，要么用作独立的太空出租车。至此，他完成了项目的陈述，并进行了充分的说明，还设定了时间表。为了让大家对人类过去类似的成就有更深刻的了解和认识，彼得在签名栏上方列出了必读的书目，其中包括《阿特拉斯耸耸肩》、《圣路易斯精神号》、迪克·鲁坦和珍娜·耶格尔写的《旅行者号》，以及罗伯特·海因莱因写的《卖月亮的人》。

几个小时之后，与会成员们看到了这份章程。章程对外保密，目前只有该团队成员知道。与会者挨个儿在章程上签了名。

丹·德隆已经在纸上画出飞船的草图，他相信自己能够获奖。加里·哈德森在脑海中也有了飞行器的模型。戴维·瓦恩说需要让伯特·鲁坦也参与进来。拜伦·利希滕贝格则认为有必要像查尔斯·林德伯格那样，找到一批实力雄厚的支持者。林德伯格曾写道："我最大的优势，就在于圣路易斯的伙伴们对我的支持。"

回到房间，彼得急切地翻开了皮面装订的日记本。他在日记本中写道："这是人与机器的故事，是梦想与现实生活交织在一起的故事。或许，它还是人类最古老的传说——为到达天堂而努力。"

从孩提时代起，彼得对太空就有一种执着的热爱，这和塞尚一直画苹果是一个道理。他现在这个绝妙的想法，是迄今在自己的太空图景上所描绘的最具抱负的目标。离开蒙特罗斯时，彼得感觉很踏实，心中充满了希望，和小时候观看阿波罗 11 号登月时的心情是一样的。

自己选的路，跪着也要走完

第十一章 / 适当地寻求帮助

　　此刻，彼得站在史密森尼国家航空航天博物馆中。他的一边是友谊7号，这架全身覆盖着金属钛的飞船曾将美国首位宇航员小约翰·格伦送入地球轨道。他的另一边是据说有着40亿年高龄的月岩样本。在他的不远处，摆放着诞生于1903年的莱特飞机和旅行者号。1986年，迪克·鲁坦驾驶着机翼细长的旅行者号，在中途不着陆、不加油的条件下进行了不间断的环球飞行。彼得身旁是阿波罗11号独一无二的指挥舱——哥伦比亚号；正上方是全世界第一架超音速飞机——橙色的贝尔X-1。在这架飞机的旁边，挂着查尔斯·林德伯格的圣路易斯精神号，这是一架单引擎单座的单翼机，机身外层是处理过的棉纤维，铝制的机头已有些斑驳。林德伯格曾将藤椅安装在这架飞机上，并用一根绳子在巨大的地球仪上设计路线，规划行程。那一年，他25岁。

　　彼得此前曾多次到过这里，总喜欢坐在飞行里程碑展厅中思考、观看和聆听。那一件件展品背后所展露的才华、想象力和坚韧不拔的毅力都让他钦佩不已，而且深受启发。这里就是他心中的芬威球场^①，他心中的恒河，也是他心中的乞力马扎罗山。

时间回溯到 1994 年 5 月 25 日晚，彼得来到这里的目的，不是为了寻求里程碑，而是希望能寻求到一些关系。他身着燕尾服，手里端着红酒，做着很多商业顾问都有所提防的事情——悄悄进入晚会现场，挤到主人身边，向他阐述自己的观点。今晚晚会的东道主是丽芙·林德伯格。她是查尔斯和安妮·莫罗·林德伯格的第二个女儿，也是林德伯格夫妇最小的孩子。这场晚会是林德伯格颁奖晚会，彼得也希望借此机会，得到林德伯格家族的支持，以实现他设置航天大奖的梦想。

将晚会流程扫过一遍之后，彼得发现，丽芙是林德伯格基金会的负责人。林德伯格奖设立于 1978 年，用于奖励那些引领科技但又注重环保的人士。今年获得此奖的是小塞缪尔·约翰逊，他曾经被称为"美国企业的环保领袖"。

彼得寻遍整个房间，终于发现了丽芙。丽芙有着一头浅黄色的头发，戴着一副金丝眼镜，脸上挂着迷人的笑容。在走近她的时候，彼得不断在心里演练着想对她说的话，希望自己不会把事情搞得一团糟。他等待着丽芙先开口，然后做了自我介绍，并阐述了自己的想法。彼得说，自己想模仿奥泰格奖设置一个新的奖项。正是由于奥泰格奖的激励，丽芙的父亲才完成了历史性的飞行。彼得向丽芙描绘了这样一个场景：众多的火箭爱好者和工程师在后院里、在车库里、在沙漠中、在工场里建造飞船，做着只有少数国家以政府的力量才能完成的事情。最后，彼得还提到几位支持这一奖项的宇航员。他说，这一奖项将颁给第一个到达 100 千米高度、进入地球亚轨道的团队，这个团队将改变整个世界，就像丽

---

① 美国棒球比赛的球场，位于马萨诸塞州首府波士顿。此球场建于 1912 年，为现今大联盟所使用的最古老的球场，目前是美国职棒大联盟波士顿红袜队的主场。——译者注

芙的父亲 1927 年那样。

　　丽芙被彼得的热情打动，但是她并不了解彼得到底在讲什么，只知道他想要做点推陈出新的事情，比如像数十年前深深吸引她父亲的那样。丽芙是一位儿童书籍作家，早已习惯别人把她的父母当作一个神话，丽芙的母亲毕业于史密斯学院。

　　安妮·莫罗·林德伯格的母亲是一位作家兼诗人，曾经担任过史密斯学院的院长。安妮的父亲是一名国会参议员，曾任美国驻墨西哥大使，也是约翰·皮尔庞特·摩根的合伙人。1927 年，在这位著名飞行员进行友好访问期间，安妮与他相识了。结婚之后，安妮走进了丈夫的生活。此前她最爱做的事情就是看书，后来，她也学会了开飞机和使用莫尔斯电码，和她亲爱的丈夫一起进行环球飞行，并创造了多项纪录。她还是美国第一位获得滑翔机驾驶许可的女性。外界对于林德伯格家族或褒或贬，在丽芙这一代孩子身上，丽芙是最能泰然处之的。对于丽芙和她的兄弟姐妹们来说，家族的很多境遇，单单用一个故事是讲不完的：他们的长兄在还是一个婴儿时就被绑架了，尽管付了赎金，但后来还是惨遭杀害。因此，丽芙和兄弟姐妹们都是在一个安静而平和的环境下长大的：他们使用二手车，不把电话号码或者地址告诉陌生人，以避免那些坏人打他们的主意。就是在这么一个与世隔绝的家族中，丽芙于 1945 年出生了。这位曾经的二年级老师如今正在写一部关于自己第二次世界大战后在康涅狄格州成长的回忆录，讲述她亲爱的、追求完美、条理清晰的父亲，以及将写作视为生命的母亲。所以，丽芙热爱写作也是理所当然的。她的母亲文采斐然，她的父亲也曾因其创作的《圣路易斯精神号》而获得普利策奖。所以，丽芙正用自己的方式书写自己的回忆录，用自己的方式处理家族中被称为"林德伯格恐惧症"的问题。

　　起初，丽芙对社交感到非常头疼。慢慢地，她学会了倾听、点头和微笑，让别人畅所欲言。当那些人知道丽芙的真实身份后，丽芙能看到他们眼中放出的光彩。但是，眼前这个充满激情的人，和那些胸前别着名牌的人不同，他谈到的是设立一项飞往太空的"奥泰格奖"。他说，开拓太空疆域是自己的"使命和精神追求"。

彼得意识到交谈的时间差不多已经到了，于是就问："您是否愿意考虑加入我们的顾问委员会呢？"

丽芙考虑了片刻，然后回答说："你应该和我们家的埃里克谈谈，他是林德伯格家的飞行员。"

彼得找到飞行员林德伯格的时候，已经是好几个月之后的事了，安排见面又花了几个月。彼得和拜伦·利希滕贝格在西雅图附近的一家餐馆等待着，最后看见一位灰色长发、面色苍白的男子拄着一根手杖向他们走来。当他介绍自己就是埃里克·林德伯格的时候，彼得简直无法掩盖内心的诧异。论起年龄来，埃里克比彼得还年轻4岁，但他看上去却明显老得多。埃里克住在临近西雅图的小岛上，一座占地10英亩的生态牧场的帐篷里。他和彼得想象中的飞行员和冒险家大相径庭，也不像是要来帮助彼得设立航空奖的，倒更像是一名放荡不羁的艺术家。

这是位于华盛顿湖上柯克兰的菁草海湾烧烤店，彼得、拜伦和埃里克三人就座后，拜伦首先拿出那些有宇航员签名的照片和大事记。

很快，埃里克就对拜伦产生了好感，但觉得彼得难以捉摸。彼得不说话时喜欢咬着手指甲，四处张望，似乎还在等其他什么人。埃里克看到彼得就想起耐不住性子的小孩，但是彼得的简历却非常完美。埃里克了解到，彼得在麻省理工学院的医学院毕业之前，就已经拿到两个学位；也是在麻省理工学院，彼得认识了拜伦。彼得建立了一个全国性的学生太空组织，创建了一所国际性宇航大学，还创办了一家卫星发射公司。如今，他想组织一场国际性的竞赛，让火箭爱好者建造自己的飞船，从而将普通人送上太空。埃里克笑了，难怪初看彼得会觉得有些古怪，但这并不意味着埃里克以后也会这样认为。

　　拜伦讲述了他加入宇航员队伍的过程。他小的时候就是科幻小说俱乐部的成员，如饥似渴地读完了艾萨克·阿西莫夫、罗伯特·海因莱因和阿尔弗雷德·埃尔登·范·沃格特的所有作品。当他听到约翰·肯尼迪将国家的航天任务说成是"人类历史上最困难、最危险的冒险经历"时，他才13岁。第二次世界大战中，拜伦的父亲在军队工作，退役之后当了一名乳品加工设备的销售员。拜伦的母亲在宾夕法尼亚州斯特劳兹堡小镇上开着一家女装店。拜伦知道，水星7号上所有的宇航员，也是美国第一批宇航员，都是军方的试飞员。于是，他也当了战斗机飞行员。为了获得更多的机会，他还拿了一个生物医学工程的博士学位。一切的付出都得到了回报：他入选美国国家航空航天局资助的"太空旅行者新人"名单。在这里，与其说自己是职业宇航员，还不如说是科学家。他体验过美国国家航空航天局的神奇之处，还差一点被淘汰，也经历过各种悲惨的遭遇。

　　拜伦给埃里克讲述了1986年1月28日经历的事情。那一天，航天飞机挑战者号在升空73秒之后爆炸。当天上午，他还给康涅狄格州东部的600多名中学生做了三场演讲。这次航行，也是首次准备将一名教师送入太空。她的名字叫克里斯塔·麦考利夫，她还打算从太空回来后给大家讲述在太空的所见所闻。拜伦那时正开着车从机场回来，他打开广播，便听到了这样一个噩耗。顷刻间，他的眼里充满了泪水。他不得不驶出91号州际公路，停下了车。在路边，他忍不住大哭起来，因为牺牲的宇航员都是他的朋友。紧接着，他想到的是那些对太空飞行如此着迷的学生。他能想象，当时全国有上百万的学生都在观看这次发射直播。因为自己7个月之后也有飞行任务，所以他很想知道航天飞机的发射到底出了什么问题。但是他告诉埃里克，到执行下一次任务的时候，自己已经有6年没上过天了。

当话题转到他的太空经历时，拜伦又变得非常兴奋。他讲到在临近发射前的一个星期，他对每次咳嗽、痉挛和头疼都非常警惕。慢跑或其他锻炼之前，他都会提醒自己放轻松，每一步都要小心。起飞前，所有的宇航员都进入"霍华德·休斯状态"，颇有点儿一触即发的感觉。"当自己最终固定在飞行舱里的时候，心里会想着'天哪！我为此训练了整整五年，如今终于梦想成真了。出发吧'。"

但遗憾的是，人们进入太空的机会非常有限。拜伦说："美国国家航空航天局每年都会收到成千上万封申请信，但只有很少一部分人能够加入宇航员队伍，而最后进入太空的更是寥寥无几。"他还认为，美国国家航空航天局今后应该通过商业渠道搞一些低轨道飞行的项目，在这样一些探索项目上也投入一定的研究经费。

彼得点头表示赞同："政府是不会把我们带到那里去的，他们没有必要冒那个风险。"接着，他们三人又聊起了埃里克祖父的飞行，聊到他在从圣路易斯到芝加哥的航线中作为首席飞行员所要承担的风险。在1926年下半年的两次飞行中，也就是横跨大西洋飞行的前一年，查尔斯的飞机发动机坏了，他被迫跳伞才死里逃生。在与他共事的40名飞行员中，有31名死于空难。

彼得指出，沃纳·冯·布劳恩曾比对过圣路易斯精神号和阿波罗的相似之处，那就是：两者都希望能够满足大众的遐想，向大家证明无论什么梦想都是可达成的。冯·布劳恩曾说过："我想人们都相信，查尔斯·林德伯格的目标，不仅仅是到达巴黎。阿波罗计划中的月亮就是我们的巴黎。"对于彼得而言，巴黎则是一个起点，一个依靠民间的力量建造飞船的起点。他把之前对丽芙说过的想法又对埃里克讲了一遍：因为受到圣路易斯精神号的启发，以及奥泰格奖的影响，他要设立一个叫作X大奖的奖项。X处可以填上赞助者的名字，而且X既代表罗马数字10，也代表了"实验"。如果哪个非政府组织能够率先建造一枚可搭载三人，并且能够在两周之内往返太空边缘两次的火箭，那么他们可获得 1 000 万美元的奖金。

彼得和拜伦将 X 大奖的更多细则告诉了埃里克：参赛者需要贴出为期 60 天的公告，以示飞行决心；飞行途中需有一名飞行员和类似于两位乘客体重的 396 磅压舱物；飞船需在两周内两次飞到 100 千米的高空；飞行结束 7 天后飞行员依然健在。

埃里克挪了挪身子，以便让自己坐得更舒服点。他脑海里能想到的是："地球上的问题都已经很多了，为什么还要再花 1 000 万美元去太空？"他小的时候也玩过埃斯蒂斯公司的玩具火箭，也梦想有朝一日能够遨游太空。他曾经在家里听说过关于太空的一些事情，也知道自己的祖父作为火箭先驱罗伯特·戈达德的拥护者，一直坚信戈达德的努力总有一天会将人类送上月球。自己的祖父甚至游说过慈善家丹尼尔·古根海姆，请他为戈达德提供 10 万美元的资助，以便让他将研究继续下去。当阿波罗 8 号于 1968 年第一次载人进入月球轨道的时候，祖父查尔斯·林德伯格给宇航员发了一条信息："你们将罗伯特·戈达德的梦想变成了现实。"

埃里克此前一直是一个梦想家和冒险家。在他登上雷尼尔山的顶峰之后，身体的镜像疼痛与肿胀总是反反复复地发作，也搞不清楚原因，这让他很是苦恼。但他还是相信，一切都会好起来的。就这样过了好几个月，情况依然没有好转，而且他感觉越来越严重，这让他不免有些忧虑。于是，他不得不再次求救于家庭医生。此前就是家庭医生诊断出埃里克患有类风湿性关节炎。这种病非常折磨人，患者的免疫系统会因此发生紊乱，身体会出现疼痛、肿胀以及关节退化。如果组织萎缩，还会引起骨骼结构的变化，导致手指和手腕变形，到最后就像冬天的树枝一样扭曲而粗糙。他曾经有一副强健的体魄，可以登山、滑雪、在体操垫上做花式空翻，但如今，埃里克觉得自己最好的朋友——身体已经背叛了自己。没有哪个医生能够预测他的身体会变得怎样。由于情况越来越糟，埃里克也尝试了许多方法，从泼尼松到甲氨蝶呤，再到顺势疗法，但依然毫无起色。

甲氨蝶呤使他口干舌燥，还让他带上一股金属味。他还尝试过经伏特加酒浸泡过的白葡萄干，以及很多不可思议的食物。后来，他听说养蜂人几乎都不会患风湿，于是又想办法找蜜蜂来蜇自己。经过一番努力，他最后在一位医生那里求得了蜂毒注射器，便每日进行皮下注射。由于风湿和蜂毒的共同作用，身体还是继续肿胀。他积极锻炼四肢，特别注意不让自己的手指卷曲。他唯一没有尝试的就是他的底线——注射金盐。这种疗法已有数十年的历史，据说可以让皮肤重新变得富有光泽。根本不曾会为了什么事情感到苦恼的埃里克，如今却深陷痛苦之中。有时，连续站上 5 分钟都非常困难，坐着也疼痛不堪，就算聊天也不能缓解。但是有时病痛会毫无预兆地消失几天，此时他才能得到些许安宁。

在朋友的不断鼓励下，埃里克终于获得了飞行员许可证。以前他对飞行避而不谈，现在却成了他最持久的爱好。他很快就爱上了飞行的每一个环节：起飞、降落、应对横风。但他同时也发现，要牢记规程和进行计算却不是件容易的事情。他读中学时非常厌学，平均成绩一直都是 C-；而如今，在飞行学校却拿到了 4.0 的成绩。他第一次单独飞行是在 1989 年 10 月 31 日；第二年春，他获得了私人飞行的许可证；1991 年 7 月，获得商业飞行员许可证；1991 年 9 月，被评定为飞行教员。他的第一份工作是在华盛顿州的布雷默顿机场，后来又去了汤森港的勒德洛航空公司工作。埃里克竭力不让别人知道自己的姓氏。有地方报纸曾登载过一个姓氏很有来头的飞行教官的小故事，这让埃里克非常紧张，而他的老板却很开心。埃里克的工资是每小时 12 美元，但只有在飞机运行时才算。

在他刚驾驶飞机的头几年，他如饥似渴地阅读欧内斯特·甘恩的书，如《诸神的黄昏》《空难追踪案》，以及《江湖客》。甘恩在书中写道："飞行是一件让人着迷的事，所有的飞行员都是受了魔咒而自愿受害的人。"甘恩的话让埃里克产生了共鸣："如果诸事顺利，那么你就需要变得有所警惕。你会觉得想飞多快就能飞多快，整个世界都在你的掌握之中；你对莱特兄弟的祈祷做出了回应；你对自己说，一切都会很顺利……所有的罪过都可以得到宽恕。但是，你最好不要过于自信。"这跟查尔斯·林德伯格给孩子的警示有着异曲同工之妙："那是不可预见的，永远都不可预见。"

埃里克有时也做点木工活儿挣钱，但还是过得捉襟见肘。他于 1998 年结婚，妻子马拉是一位按摩师。他们租住在朋友农场的一顶毡房里，每个月租金 50 美元。

最后，埃里克看着彼得和拜伦，说出了自己内心的想法："如果将 1 000 万美元用在地球上，我倒是有好多方法。"

拜伦点了点头，他明白埃里克有自己的难处。他告诉埃里克："在太空中，你将获得新生。"他继续说："在一个半小时的时间内环绕地球轨道飞行，你会将地球上的文明尽收眼底。你可以俯瞰整个美丽的地球，也可以遥望黑幕般苍茫的宇宙，点点星光散落其间，让人不由得心生敬畏。那时你就会意识到，地球是我们共同的家园。在太空中，地球的大气层看上去就像一条一英寸厚的线，你会想，'就是那条线让我们得以生存'。"拜伦知道，没有哪个宇航员不为那样壮观的景象所心动；而远观之后，都会想着要更好地呵护我们的地球。"亲眼所见，才会明白和图片上的并不相同。我曾有幸两次进入太空。"

接着，他们谈起了"地出"。那是由阿波罗 8 号的宇航员威廉·安德斯、弗兰克·博尔曼以及吉姆·洛弗尔于 1968 年平安夜在月球轨道上分享给大家的照片，让人们第一次从太空上看到自己的家园。在这张照片中，蓝白相间的球体浮在黑色的天幕中，人们称它为"改变世界的图片"。当时，宇航员们在宇宙飞船上读着《创世记》，洛弗尔用了这样一句话来描述他所看到的景象："这广阔无垠的孤寂让人心生敬畏，让你意识到在地球上你所拥有的一切。"这张照片，为像保罗·埃尔利希一类人所宣传的末世论起到了推波助澜的作用，也让《增长的极限》一书的读者们备感凄凉。这样一张照片，也促成了当代环保运动的发展。

拜伦所讲的一切触动了埃里克，让他也明白了最重要的一点：X大奖旨在让更多的人有机会目睹地球的真容。他理解到无论是X大奖，还是林德伯格基金，它们都希望通过科技提高生活质量，保护环境。埃里克听着听着，暂时也忘记了自己久坐的疼痛。受病痛折磨这么长一段时间，与拜伦和彼得的碰面让他如获新生，对生活又充满了希望。拜伦看上去有些像科学家，又有些像哲学家；彼得看上去则像是个工程师，希望把这个疯狂的想法变成现实。晚饭结束前，拜伦给大家分享了他最爱的一段话，出自卡尔文·库利奇："世界上任何东西都替代不了毅力……受过良好教育却难成大器者随处可见。只有毅力和决心是无所不能的。人们靠着勇往直前，已经解决很多难题，而今后的难题，靠的依然是勇往直前。"拜伦说，这很好地阐释了X大奖的愿景。埃里克则认为，这恰好说到了他的现状——他需要勇往直前，创造更好的生活。

三人起身准备离开，埃里克竭力想走得跟正常人一样。他还能坚持开车，虽然开手动挡很不方便，但又买不起新车。尽管有残障停车贴，但他不屑使用。出了餐厅，彼得和拜伦问埃里克是否愿意参加将在圣路易斯举办的仪式，因为他俩要在仪式上正式公布X大奖。彼得说，他们届时将重返墙球俱乐部，那里正是埃里克的祖父和赞助人就飞越大西洋签约的地方。而在公布X大将的仪式上，地方政府的领导人、宇航员、飞机设计师，以及火箭制造者会再次聚集于此。如果还能够得到林德伯格飞行世家的支持，那么整个计划将完美至极。

埃里克看着他俩，说自己要认真考虑一下。他从未去过圣路易斯，那座属于他祖父的城市。那里有林德伯格大道，有林德伯格博物馆，有林德伯格学区，机场还悬挂着圣路易斯精神号的复制品。回家途中，埃里克回想着当天晚上的事情。他明白，彼得和拜伦来拜访他，是因为他们希望能够与"林德伯格飞行世家"建立关系。但他现在走路都很困难，也很少开飞机。这次碰面，让他又想起祖父的粉丝们一直在追问他的问题："你打算如何面对自己的生活？"

　　在美国国家航空航天博物馆的里程碑展厅，彼得随着人群缓慢地挪动着脚步，去触摸展厅中的月球岩石。距上次与丽芙·林德伯格在此见面又过去了一年的时间，与埃里克在西雅图见面也有好几个月了。彼得、鲍勃·理查兹、格雷格·马里尼亚克，还有其他几个朋友都带着感伤的笑意，一点点地向前移动，然后触摸那块月岩，体味着这一天的意义。这一天是一场葬礼，让人们心中感到天空中一颗明星的陨落。他们的朋友、亲密的合作伙伴、团队主要领导者托德·霍利死于艾滋病，年仅34岁。

　　参加葬礼的人很多都身着正装，打着领带，但也有少数人穿着八年前国际宇航大学开班时穿过的T恤，翻领上有一颗薄薄的纽扣，上面印有托德的笑脸。出席葬礼的有托德的家人、大学的教授，以及国际宇航大学众多的拥趸。彼得此刻也穿着西装，打着领带。他摸着月岩，慢慢闭上了双眼。在托德去世前的几个月，彼得还见过他两次：一次是在4月宇航大学创办者的聚会上，他当时和鲍勃、托德一起在飞行里程碑展厅拍了最后一张合照；还有一次是在旧金山，当时托德和他的伴侣住在那里。创办者们4月12日的聚会，部分原因是为了确立一份由鲍勃、托德和彼得三人共同起草并签署的"国际宇航大学办学宗旨"。那一天，刚好是托德34岁生日的前一天，也是尤里·加加林108分钟绕地球轨道飞行的纪念日。更重要的是，这次聚会让他们这个"三人组合"——"彼得鲍勃托德"重新聚在了一起。

托德差不多有两年都没有联系彼得和鲍勃了。他脱离了所有与太空有关的社交圈子，直到 1995 年初才打破沉寂，说想要重见旧友，还想继续在一起工作。在华盛顿草拟宗旨的那段时间，让他们回想起创办国际宇航大学初期那段令人兴奋的日子。他们总是开玩笑说，他们三人是"牢固的三脚架"，三人组合永远是最强组合。他们的办学宗旨在口头上已经说过上百次，但从未以书面的形式正式确定下来，其中阐述了宇航大学的立校准则和目标。宗旨共一页，分为六段话，开篇的第一句："国际宇航大学这一机构的创立，着眼于和平、繁荣，且充满无限希望的未来。该机构通过对太空的研究、探索与开发，为全人类谋福祉。"结尾是："这就是国际宇航大学的宗旨。欢迎您加入国际宇航大学这个不断成长的大家庭。希望在这里的每一个人，无论来自企业、学界，还是政府，都能够齐心协力，实现我们共同的梦想。相信我们的眼界，加上我们的智慧与努力，一定能够发出耀眼的光芒。"

几乎在同一时间，托德得知自己获得了齐奥尔科夫斯基奖章，该奖章颁给那些为普及康斯坦丁·齐奥尔科夫斯基的思想而做出巨大贡献的组织和个人。这枚奖章让托德深受感动和鼓舞。

聚会后不久，托德因肺萎陷住进了医院。彼得最后一次见到这位亲密的兄弟，是在旧金山的市场街南区一带。虽然托德穿着厚厚的运动长裤，但还是看得出已经枯瘦如柴。两人一块儿在外面走了走，托德随身带着鼻管，拖着一个小型氧气筒，他到俄罗斯接受的试验性疗法也没有收到好的效果。彼得和托德年龄相差一个月，他们之间似乎有走不完的路、说不完的话，从太空管理架构谈到新经济体制发展。在旧金山这样一个雾蒙蒙的日子里，他们走得很慢。托德作为一个学习历史并且崇尚法国的学生，对彼得设立 X 大奖的想法非常赞同。

他们还谈到法国人雷蒙德·奥泰格和一些著名的探险家，包括梅里韦瑟·刘易斯、威廉·克拉克，以及费迪南·麦哲伦。他们自嘲地称自己的太空事业为"善意的谋划"，让世界更美好是他们共同的目标。但是，托德曾经大步前进的步伐已经变得沉重了。那个曾经总是喜欢抬起头、面带微笑地仰望天空的人，如今却只能看着脚下，希望能再多迈出一步。走过几个街区之后，两人掉头准备回去。为了不让托德发现自己眼中的泪水，彼得不止一次地别过脸去。走着走着，彼得不禁想起托德当年在自己的人造重力卧铺上连续睡了几晚，都不曾有一句怨言，从来都是微笑着面对，就如同已经身处太空一般。

现在排队触摸月岩的，是托德的伴侣瑞克·霍斯珀达。为了纪念托德对宇宙的无限热爱，瑞克在他去世前的最后几个月，将自己的名字改成了尤里·霍斯珀达，因为尤里·加加林的太空之旅，正是托德出生的前一天。尤里用他的"承诺之戒"触碰那块光滑的石头。鲍勃·理查兹也触摸着那块岩石，脑海里满满的全是托德永恒的正能量。在他去世的那天早上，鲍勃还和他谈过话，托德交代了他的临终遗言。他希望能够在国家航空航天博物馆为自己举行葬礼，希望将自己的骨灰放在国际宇航大学。鲍勃答应会完成他所有的心愿。听着托德艰难的呼吸，鲍勃心如刀绞。几个小时之后，尤里告诉鲍勃，说托德已经去世了。

走过月岩之后，大家被带到旁边的一个大厅。这里展示着托德从幼年到生命最后一刻的照片：小时候的托德有一头金色的头发、蓝色的大眼睛，戴着一副角质架的眼镜，和他的兄弟姐妹们，还有狗站在一起；托德扮演的牛仔和印第安人；成熟的托德穿着正装，戴着金丝边眼镜，正在国际宇航大学演讲；托德与彼得、鲍勃，以及亚瑟叔叔在维也纳。从小到大，他的笑容从未改变过。在视频采访中，托德谈到他的"人生使命"——他的梦想就是"让大家都可以到其他星球上定居"。悼念仪式结束前，他的妹妹还上台分享了关于哥哥的一些故事。她半开玩笑地说，哥哥做梦都想死在国家航空航天博物馆。

随后，参加葬礼的人移步到了博物馆的台阶前。拍完照片后，他们向托德的遗体挥手道别，并且异口同声地念道："再见了，托德。"

托德·霍利，生于 1961 年 4 月 13 日，卒于 1995 年 7 月 11 日。根据他自己的生命之钟，他在地球上一共活了 12 507 天。

第十二章 / 挑战自己的极限

　　1996 年 1 月，迈克·梅尔维尔和他的妻子萨利早上 8 点钟到达办公地点，打开门走了进去。他们穿过铺着地毯的接待区，来到迈克的办公室，窗外就是莫哈韦机场的跑道。他们的老板伯特·鲁坦正专注地看着自己的制图桌。他俩的到来让他猛地一惊，不禁抬起头来，眯着眼看着他俩，似乎有些看不大清楚。他又望向窗外，然后低头看了看手表，随即喃喃自语地说他老婆可能已经生气地"发疯了"，自己又熬了一个通宵。他倚着桌子站着，喝着不知道是第几杯的黑咖啡，还穿着前一天的那身衣服。

　　迈克和萨利相视不语，他们在伯特手下工作了将近 18 年，非常了解他。他们 5 点下班，而当第二天早上 8 点到达工作地点时，会发现伯特依然站在原处。伯特的聪明才智和怪癖，迈克夫妇知道得一清二楚。他曾带着他们去国外度假，可就在到达的第二天，又决定离开那儿，原因是他在洁白如天堂般的沙滩上没法进行思考。他曾站在他那辆 1966 年的道奇旅行车车顶进行风洞试验；他总是说自己下一次造出来的飞机会是最好的，他比世界上任何人都更了解飞机。

这些日子，伯特正专注于他的第 31 架飞机——普罗透斯。这是一架用于高空研究的飞机，根据希腊神话中一个可以改变自己外形的海神命名。普罗透斯是为天使科技公司制造的，目的是让飞机能够在平流层之上提供宽带服务。迈克最近和伯特一起参加了该项目的一个讨论会，与该公司的创始人彼得·戴曼迪斯、马克·阿诺德、戴维·瓦恩以及公司的首席技术官尼克·克莱拉见了面。

那段时间里，伯特每天都要找迈克谈好几次。他有时是招呼迈克到他那边去，有时带着自己的构思、设计的草图，或者是苏斯博士漫画中常见的怪念头，突然出现在制图桌前。伯特总是故意反向操作，要么将飞机的引擎后置，要么将机翼放到机身的前部，还采用了一些制造船只和冲浪板的材料。

作为伯特的飞机试飞员，迈克可谓身经百战。伯特的设计总是大胆而富有新意，但只要是伯特设计的飞机，迈克都会去驾驶。

其实，迈克也是 1969 年才开始学习驾驶飞机的，那年恰好是他的而立之年。他出生于南非，在爱上蓝天之前，曾有过很多冒险经历。他的体魄强壮而结实，是当地体操团队中的一颗明星，他在双杠上的动作灵敏而协调。而这也仅仅是他人生故事的开端。

迈克的父亲是一名世界顶尖的射击手，在各种比赛中总是毫无悬念地击败那些年轻的对手。他在赛场上的竞争意识，也在迈克身上得到完美展现。此外，迈克也是一名摩托车狂热者，他父亲在机车修理方面的技能也让他受益匪浅。然而，尽管迈克在制造和修理方面拥有高超的技能，但是他的功课却不是很好。他觉得很多课程都枯燥乏味，也没有自己动手的机会，反而让人的头脑变得麻木，这让他很是沮丧。读高中的时候，他的数学期末考试没有及格，后来便辍学了。

当迈克遇见萨利时，他觉得她就是自己的另一半。萨利是一个身材纤细但精力充沛的金发女孩，非常渴望探险。萨利的父母希望她读女子精修学校，然后嫁给一个家境殷实的蔗农。然而，萨利的眼中却只有迈克。她不愿听从家里为她做出的安排，坐上迈克的摩托，一起离开了德班。她父亲对此恼怒不已，对他们也是穷追不舍。后来，迈克和萨利去了英国，迈克成为木匠，随后两人在苏格兰结婚。1967年，他们移民到了美国，去投奔萨利的兄弟和父亲，她父亲那时已经同意两人的婚事。萨利的家人在印第安纳开了一家名为多韦制造厂的旋转模切加工厂，于是他俩就在此定居下来。萨利负责从客户那里接订单，迈克则负责操作那些机器设备。从一开始做这方面的工作时，他在机械方面的天赋就表现得淋漓尽致。他还自己制造了一些工具设备。当那些昂贵的机械出现故障，或者不知道该如何正确使用时，总是让他负责处理。

迈克每周都要乘坐一次飞机，花大量的时间拜访各家公司。后来，迈克觉得，公司需要有一个会开飞机的人，因为他很多的修理工作都是在一些小型机场附近。但萨利的兄弟们对开飞机都没什么兴趣，最终还是决定让迈克去学习驾驶飞机。不过，对于驾驶那种小飞机，迈克刚开始也很不感兴趣，完全没有自己搞机械时的那种感觉。每次进行飞行训练时，他都会吐得天昏地暗。好在他的教练迪克·达林顿经常安慰他说，每个初学飞行的人都会感到不适，慢慢就好了，这种不适最后会完全消失。事实证明，教练是正确的。后来，迈克获得了私人和商业飞行许可证，并且很快就如愿驾驶飞机到各个地方工作。哪里的机械出了故障，他就开着飞机去哪里进行修理。

飞翔让人觉得很自由，就像是用不同的方式看世界。正如阿梅莉亚·埃尔哈特所说的那样："如果你不曾从空中俯视一棵树的影子，那么你就从未真正地看过这棵树。"教练看出迈克非常热爱飞行，就建议他自己制造飞机，反正他有机械师的技术和工具。

但迈克对制造飞机毫无头绪，于是，达林顿就让他去威斯康星州的奥什科什参加全美实验飞机协会。该协会每年都会举办一次聚会，飞行员们会带着自制或改进的飞机参加。1974年的夏天，迈克携萨利参加了该协会的年度聚会。首先映入他们眼帘的是一架看上去就不可思议的飞机，它的尾翼在飞机的前端，而引擎却在后端。迈克好奇地问道："那是什么？"这架飞机叫作北欧龙，是由一个名叫伯特·鲁坦的人驾驶的，取名的灵感来自瑞典萨伯公司高度创新的"雷"式战斗机。北欧龙装有"前翼"，实质是将机身后部的机翼前置。迈克看着伯特搭载着乘客，短距起飞，短距着陆滑跑，并且在极小的范围内灵活地打转。他忍不住赞叹说："那才是真正的飞机。"伯特把飞机停在奥什科什跑道上，然后从飞机尾部取出一套套组装北欧龙的套件开始出售。伯特不相信银行，不收支票，于是迈克便递过去51美元的现金。他回到印第安纳之后，便开始研究起飞机来。他知道如何根据设计图来进行制造，然而，他从伯特手中买到的套件并没有配设计图，而是一些草图、照片，以及一本连环画风格的故事书。

眼前的困难并没有让迈克退却，他开始自己动手制造飞机。他往往是搞定了一部分，但接下来的一部分又让他不知所措。于是他便向位于莫哈韦沙漠的鲁坦飞机制造厂求助，伯特也帮助他解决问题。三年之后，一直都争强好胜的迈克，成为伯特的顾客中第一位将北欧龙组装成功的人。北欧龙造好之后不久，迈克和萨利就开着这架飞机，从印第安纳飞到加州进行商务谈判。

为了向伯特确认飞机组装是否正确，他俩开着飞机去了莫哈韦沙漠。伯特非常感动，邀请他们共进晚餐。他告诉迈克夫妇，他已经辞去位于堪萨斯州牛顿的贝德飞机公司研发中心主任一职，并且在1974年创建了自己的鲁坦飞机制造厂。他询问了迈克的工作情况，希望他们夫妇俩能到自己的厂里工作。他正致力于一些新型飞机的设计，需要人手。萨利可以过来做一些账目管理方面的工作，迈克则可以帮助他发展私人飞机制造业。他给梅尔维尔夫妇开出的起薪为每年 2.2 万美元。平均下来，他俩的收入比在印第安纳高出一倍。

1978 年 9 月，迈克夫妇放弃了他们在印第安纳中部安逸的生活——家族企业的铁饭碗、四季分明的气候、平平坦坦的地势——搬到了莫哈韦沙漠。沙漠中冬季干燥、夏季炎热，放眼望去，满目只有风滚草。当时，迈克的儿子格雷厄姆和基思，一个 15 岁，一个只有 12 岁。萨利整整哀求了一年，希望可以回到家人的身边，她很想念家里的亲人，但是迈克却执意要留在这里，他已经认定此处就是自己的归宿。他喜欢这种脱俗的生活，他与飞机刚刚开始的热恋，在这片沙漠中再次演绎着人与飞机的故事。在别人眼里，莫哈韦沙漠只有漫天黄沙，只有狂风阵阵，只有约书亚树，但在飞行员眼里，这片沙漠就是挑战高度和速度的乐土。这里的天空永远都是一片湛蓝，这里的飞机塔几乎每天只会传达"能见度高"的信号。莫哈韦沙漠里永远都有人在不停地飞进飞出，他们都会到鲁坦那里分享自己的故事。慢慢地，迈克和这些富有传奇色彩的飞行员成为朋友，其中最出名的是斯科蒂·克罗斯菲尔德和菲茨·富尔顿。斯科特·克罗斯菲尔德是首位以两倍音速飞行的飞行员，富尔顿所达到的飞行高度，曾在军队中创造纪录，并且他首次驾驶了改装后的波音 747，将航天飞机载出爱德华兹空军基地。

迈克待在鲁坦飞机制造厂里，什么事情都能帮上忙——无论是打扫清洁，还是帮助伯特设计和测试新型飞机，包括组装超轻型和加长超轻型飞机。他还对超轻型飞机套装的说明进行了修订。这款套装很快便以每套 54 美元的价格售出上千套，而加长超轻型飞机的套装则更是卖到了 250 美元，还供不应求。伯特告诉迈克，出售北欧龙套装的灵感，部分来自妻子卡罗琳在裁缝上的简约风格。他曾经看过妻子亲手做裙子——先把图案别在布料上面，然后再沿虚线进行裁剪。于是他自己就琢磨，为什么我不能将这个办法运用在我的飞机上呢？迈克觉得，大家都能在自己的机库里造飞机，然后驾驶自己造的飞机，这个点子真是太棒了。

到20世纪80年代初期，伯特说要逐步停止经营自制飞机的业务。因为虽然收入颇丰，但是造飞机的客户们也需要大量技术和人力支持，而且债务也很重。这时，美国空军正好有一款新型战斗机，正在寻求相应的教练机，于是伯特给他们提供了一个按比例缩小的飞机复制品。这个复制品可以提供相同的飞行测试数据。1982年，缩尺复合体公司正式成立。论工作，伯特无疑为大家树立了一根标杆，不过他还是强调，要学会寻找乐趣。他在开会的时候，开着开着突然停下来，然后问大家："我们是不是该放松一下？"员工们就会大声叫道："是呀，是呀！"伯特宁愿将公司年净收入的1%拿来给员工们平分，而不是搞什么圣诞聚会。连公司扫地的清洁工，分到的奖金都和伯特一样多。当时公司规模还不大，每逢星期五，伯特就会说："大家辛苦了！我们去享用蛤蜊浓汤吧！"话音一落，大家就会迫不及待地跳上飞机，飞到附近的加利福尼亚市，钻进他们最爱的大排档去享用美餐。

冲浪者无时无刻不在关注大海，等待着最完美的海浪——内心渴望着波光粼粼的海面，吹向海面的微风，还有海浪拍打着唇边溅起的飞沫。而伯特就像冲浪者痴恋大海一般深深地迷恋着天空。一天下午，伯特兴冲冲地找到迈克问道："你看外面了吗？"迈克不解地回答："看了，怎么啦？"伯特说："那些云！"

"哦，天上有云了啊。"

"我觉得我们需要飞翔！"

于是，迈克、伯特以及伯特的哥哥迪克抓起相机，挤进飞机，驶向了天空。他们驾驶着飞机，钻进了莫哈韦沙漠上空少有的云层。

为了让自己成为一名更加优秀的飞行员，迈克充分利用好每一个机会。他不断练习起飞和降落，直到非常熟练地掌握这些技术。伯特没有做过试飞员，但做过飞行测试工程师的他知道试飞就应当获得想要的数据，无论是关于方向稳定性，还是失速特性。伯特首先驾驶自己的双引擎飞机——公爵夫人进行试飞，然后让迈克再飞一次。迈克知道飞行试验必须要慢慢地、循序渐进地进行，他还学会了对一架从未飞过的飞机进行试驾。试驾时，必须先在跑道上滑行数圈，以确保飞机的制动、转向系统，以及冷却系统都正常工作。飞行结束后，飞机返回机库，工作人员将会询问飞行相关情况，采集数据，并听取迈克的分析。试驾会持续数日甚至数周，直到他们确认飞机适合飞行。而首次"飞行"的高度，离地面只有几英寸。

从迪克·鲁坦这样一个优秀的飞行员那里，迈克还接受了远程飞行和编队训练。鲁坦兄弟俩都认为迈克是一个不可多得的飞行员。渐渐地，伯特对迈克的飞行也越来越有信心，他甚至认为迈克可以驾驶飞机，尝试一些此前从未做过的挑战，比如失速和旋转，然后再把自己的宝贝飞机完好无损地送回来。

不过，还是有好几次，迈克在试飞前都坐在跑道上，看着自己即将驾驶的新型飞机，心里禁不住想："油门一推上去，我还能活多久呢？"很多时候，迈克确实是绝处逢生，比如1983年星舟原型机的试飞。在起飞前，机械师将一把扳手落在了机翼中，结果在飞行途中卡住了操控装置。迈克想尽一切办法都没有效果，最后只能拼命抓住操纵杆，把全身重量都压在上面。好在他非常幸运，那把扳手最后松动了。

萨利在缩尺复合体公司担任人力资源部门的主管。做一位试飞员的老婆一点也不轻松，每当别人问起她的感受时，她都只能无奈地指着自己的皱纹。但她自己也是飞行员，所以她也表示："迈克有责任对飞机的安全性提出质疑。"她和迈克都只能相信，伯特绝不会让迈克坐上不安全的飞机。

但是，伯特却一直不断地挑战着飞行的极限。1992 年，迈克和公司里的另一名飞行员道格·沙恩驾驶过一架飞机，道格称这段经历"绝无仅有且难以接受"，而迈克则觉得简直就是"悲剧"。伯特之前设计了一架新型无线电操控的无人驾驶飞机，按设计可以在 6.5 万英尺的高度飞行 48 小时。该无人机被命名为"猛禽号"（Raptor）[①]，翼展长 66 英尺，设计有效载荷为 150 磅，包括翼下的反导系统。该机机身狭窄，没有座舱。猛禽号为弹道导弹防御体系的一部分。这一防御体系是由尼克·克莱拉在劳伦斯·利弗莫尔国家实验室提出来的。

一天早晨，迈克去上班的时候，发现工人们在玩一个被扔在猛禽号旁边的马鞍，因为维修部经理还养着马。这些人一个个轮流坐到马鞍上。看到迈克，他们有些胆怯地问他是否也愿意坐坐这个马鞍，然后给他拍张照。迈克豪爽地骑了上去。正在此时，伯特出现了。每个人都沉默不语，害怕老板会大发雷霆。但出人意料的是，伯特看到这个情形之后，不但没有生气，反而大声喊道："就是这样！就是这样！这就是我需要的东西，我之前怎么就没想到呢？"此前，伯特一直担心无人原型机第一次试飞就会飞得不知所踪。那个早上，伯特又做出另一个令大家惊讶的举动——他让厂里做了一个配有靠背和肩部支撑的玻璃纤维马鞍，他要让飞行员骑上那架远程控制的飞机。他们就骑在飞机的机头。当然，为了以防万一，伯特还是给飞行员配备了降落伞。

终于，猛禽号迎来了试飞的日子。迈克小心翼翼地爬上那个玻璃纤维座位，戴上头盔，双脚放在马镫上。萨利当时躲在公司里，不敢出来面对自己一生的挚爱骑在飞机顶上。项目设计师戴夫·甘策尔远程控制着

---

① Raptor 代表"战区作战飞行应答计划"（Responsive Aircraft Program for Theater OpeRations）。这个有些离奇的想法具体内容是：无人驾驶飞机在战地边缘巡逻，可探测敌方弹道导弹的发射并做出应答，同时发射 TALON 超高速导弹进行拦截。"猛禽号"是"捕食者"和"收割者"的前身。

飞机的起飞和降落，而迈克分开双腿坐在机身上，看上去就像是在疯狂的电脑游戏中一个受到操控的角色。飞机着陆时尤其恐怖，猛禽号当时的速度接近100英里/小时，迈克就这样坐在飞机顶上，连一块挡风玻璃都没有，他拼尽全力不去碰那些操控装置。

又过了几天，迈克再次升空。他很快意识到方向舵失控。甘策尔和其他工作人员都在跑道上的一辆负责追踪的大篷车内，甘策尔也报告了这个问题。如果没有与跑道对齐，迈克驾驶的飞机根本无法着陆。迈克通过无线电告诉甘策尔，他将飞向罗萨蒙德的干湖床，并准备在那里着陆。他根本没法跳伞，因为他不能控制飞机的高度，想要飞高一英尺都不行。甘策尔火速地离开莫哈韦沙漠，循着猛禽号历险的路径飞奔而去。他乘坐的大篷车是揭掉了伯特那辆白色老式大篷车的顶篷后装上塑料圆顶重新组装的。甘策尔便站在塑料圆顶之下控制猛禽号的飞行。

由于下方就是干涸的湖床，迈克考虑放下一片机翼，从而让飞机降落。不过这样的话，飞机肯定会摔得四分五裂。甘策尔之前告诉过迈克，猛禽号存在"反向偏航"的问题。也就是说，当操作控制杆的时候，飞机会向相反的方向运动。如果将控制杆推向左边，飞机会偏航或者转向右边。迈克口中念叨着他的祷告词，将操纵杆一直推到了右边。飞机先是向左偏移，然后进入平飞状态。迈克抓住这个难得的时机，将飞机压到了地面，滑行，最后终于停了下来，一层厚厚的尘土顷刻间袭来。当甘策尔和其他人员跑过来的时候，迈克已经从死神的背上爬了下来。而当他们站到他的身边时，迈克的呼吸才基本恢复正常。甘策尔发现，控制方向舵的一个继电器已经锁死，于是他更换了继电器，让迈克仍然坐着这架无人机回莫哈韦。迈克的第一反应是："不可能！我已经死过一次了。"但是，随着时间的流逝，迈克意识到，要将猛禽号送回去，还是得靠他来驾驶。最后，他很不情愿地坐上了那个马鞍形的座位。

1996年1月上旬，迈克又为另一架新型飞机的试飞做好了准备。这架新型的五座双引擎飞机名叫"回旋镖",其设计完全抛弃了传统理念。回旋镖的外形不对称,让人怎么看都觉得不对劲儿。两侧的机翼不对称,右侧机翼比左侧机翼短57英寸;两个引擎,一个位于机身,另一个位于左侧的尾桁,右侧的引擎动力比左侧的大一些。水平安定面与双尾翼的垂直安定面相连,穿过了右侧垂直安定面,却未穿过左侧垂直安定面。飞行员和副驾驶需要通过挡风玻璃才能进入机舱。伯特旨在制造这样一架前掠翼飞机,以解决传统双引擎飞机因引擎失灵和"P效应"①下不对称推力所带来的危险与问题。这架飞机也因此而得名。伯特向迈克保证,这种不对称设计在飞行中,实际上"比对称飞机更对称",P效应会使对称飞机的速度减慢,需要方向舵进行调整。但是P效应却会让不对称飞机在低速时对称。当然,在高速时也会存在不对称,但飞行员一般不会察觉。

离开办公室之前,迈克又看了看普罗透斯的设计图。这架为天使科技公司制造的高空飞机,如今还依然停留在图纸上。这架飞机与《星际迷航》中的克林贡人的战舰有相似之处,也有些像螳螂和蜻蜓。按要求,普罗透斯在天空中可逗留14小时,并进行小范围的盘旋,可搭载不同尺寸和重量的载荷。伯特说:"开这架飞机的时候,你最好穿上宇航服。"迈克丝毫不怀疑伯特的这一说法,伯特说得很认真,不过他又笑着补充了一句:"这架飞机至少有座舱,不会再用马镫了"。迈克研究着设计图,意识到飞机经历温度的变化可能会非常剧烈:普罗透斯需要能够在莫哈韦

---

① P效应是由于螺旋桨叶以一定角度划过空气,从而造成不对称所引起的。旋转的螺旋桨就像圆盘,如果圆盘直接朝向运动的方向,那么桨叶就做完全对称的运动。如果圆盘出现倾斜,如飞机在爬升过程中,那么圆盘下沿则比上沿靠前,因此,向下旋转的桨叶则比向上的桨叶推得更快。这一效应会使推力的中心发生偏移。如果是单引擎飞机,推力方向的中心线与机身的中心线平行,而不是在一条线上,因此,机身会出现偏移,需要用方向舵进行补偿。伯特的不对称设计抵消了P效应。

沙漠夏天110华氏度的环境下起飞；而到了五六万英尺的高空中，所遭遇的气温将会是零下110华氏度，其温差达到220华氏度。

在他思考这个问题时，伯特桌面上另一张普罗透斯的草图又引起了迈克的注意。在这张草图上，普罗透斯的机身下方挂着一枚火箭。迈克凑近一看，火箭上还有一个座舱。他心想，这可能只是画着玩的。

伯特满怀期待地对着迈克微笑，这如梦般的微笑迈克也曾见过。他禁不住思量着："伯特接下来到底要造个什么玩意儿呢？"

第十三章 / 善用激励的力量

　　1996年5月18日，星期六。这天早上，彼得在圣路易斯的酒店门前来回踱步。他手里拿着名单，浏览着已经确定下来的到场嘉宾。今天，他将正式宣布启动奖金为1 000万美元的X大奖，同时还将邀请世界各地的团队参与角逐，他希望一切都能够顺利进行。此外，他还邀请了当地和全国的多家媒体。20多名宇航员也答应参加今天的仪式，其中就包括他童年时崇拜的英雄——巴兹·奥尔德林。美国国家航空航天局和联邦航空管理局的领导，以及像伯特·鲁坦这样的火箭设计师和航空大腕也应邀前往。这也是他第一次在圣路易斯与埃里克·林德伯格及他的哥哥摩根见面。当年，查尔斯·林德伯格就是在这座城市寻求到了飞行资助。

　　彼得喝完了杯中的黑咖啡，看着自己年轻时崇拜过的超级英雄——宇航员们陆续出现在大厅外。他们身着深色西服，戴着飞行员专用的墨镜，看上去像极了特工人员。应邀与会的人群排成了一列，准备坐车前往圣路易斯大拱门附近。彼得和拜伦·利希滕贝格将要做的后勤保障工作又梳理了一遍。他此前介绍了很多朋友参加这个项目。当彼得看完记录抬起头时，发现伯特正在和美国国家航空航天局的主管丹·戈尔丁交谈，但从他们的动作来看，似乎有些不太对劲。乘车的队伍向前移动着，那两人却面露敌意，停在那儿不走了。彼得便朝他们走了过去。

伯特像电影《洛奇》中的阿波罗·克里德逼近洛奇·巴尔博那样站在戈尔丁面前，指责美国国家航空航天局缺乏创新，说他们应该改名叫作"空谈局"。彼得显得有些担心。只听伯特又说："完全没有发展，没有活力，什么都没有。""为什么不是美国国家航空航天局来搞这样一个活动呢？"他质问道。紧接着他大手一挥，说道："因为如今的美国国家航空航天局根本就没有'冒险'这一说。"

戈尔丁是在纽约布朗克斯长大的，曾经参加过马拉松，也曾为了寻找乐趣而参加过100英里自行车赛。他不允许任何一个人攻击他的单位或者员工，所以立刻予以了反驳。伯特根本没有来自政府规定或者期望的压力，也不需要向总统、国会，或是美国民众做出答复。他可以在莫哈韦沙漠中，远离公众，尤其是远离狗仔队的视线，不受干扰地做好自己的事情。戈尔丁此前也受到过伯特的指责，但他个人还是很尊重伯特，认为他是一个很有头脑的人。戈尔丁说，美国国家航空航天局要处理方方面面的事情，但它绝不会躲避风险。

"'不能失败'只是在阿波罗13号登月时说的！"戈尔丁愤怒地说道，"说这话的是克兰兹，他并不是针对整个美国国家航空航天局。他说的是，'三名宇航员危在旦夕，我们不能失败，必须把他们带回来'。这句话后来被曲解了。"戈尔丁继续说，人们都希望美国国家航空航天局能够做到十全十美，而任务一旦失败，将立刻成为爆炸性新闻。戈尔丁是首位承认不想管理美国国家航空航天局的人，但是他却从老布什总统手中接到了这个"拥抱生命"的机会。接手这个职位后，他推行"更快、更好、更省"的路线。如今，他已经任职四年，成为美国国家航空航天局的一个满怀激情且无比忠实的捍卫者。他不允许任何领域的任何人把美国国家航空航天局说成是"平庸无能""逃避风险"，或者如伯特口中的"空谈局"。

彼得看到两位大腕如此针锋相对，心里非常担心这么重大的活动是否会因此而中断。他对伯特的无礼感到很生气，不过此前也见过伯特说着说着就发火的情景。最后，两人还是向前迈开了步子，不过依然像剑拔弩张的职业拳击手那样争执不休。彼得低声告诉一位助理，让他在车上把这两位分开。戈尔丁告诉伯特，他也希望美国国家航空航天局做各种不同的尝试。他大声地说："失败也是摆脱'平庸'的一种方式。"害怕失败，"会让美国停滞不前"。人们总是期待着尽善尽美，但这"对于美国国家航空航天局里优秀的团队而言很不公平"。

伯特摇了摇头。"航天局每年的预算是140亿美元。为什么你不把买咖啡的钱用在像设置X大奖这样的事情上呢？为什么不拿出预算的1%，甚至是0.5%来支持一下这样的工作呢？这绝对错不了。如果你这样做了，就会有人有所突破。这才是你管理美国国家航空航天局期间花得最值的钱。"

最终，戈尔丁还是让步了。他知道，伯特之所以批判航天局，是因为20世纪四五十年代的X系列飞机，以及60年代美国国家航空航天局的一系列太空项目给了他太多的激励。伯特之所以是伯特，在很大程度上是因为有查克·耶格尔、沃纳·冯·布劳恩、艾伦·谢泼德、尼尔·阿姆斯特朗，以及巴兹·奥尔德林等人的冒险经历一直激励着他。伯特想表达的是，他希望美国国家航空航天局能不断地推出振奋人心的举措。

"我今天不是来了吗？"戈尔丁回应道，"我还是非常乐于接受一些疯狂的举措的。"

在去圣路易斯大拱门的车上，戈尔丁和鲁坦之间那些嘲讽的话让埃里克·林德伯格和他的哥哥摩根听到了一些。埃里克被逗乐了，似乎还颇感兴趣，并对此印象深刻。他本以为美国国家航空航天局的管理者应该是一个和颜悦色的公务员，但是戈尔丁却恰好相反。两人身上所散发的热情都让埃里克很喜欢。他想，群英聚首，两雄相争在所难免。从林德伯格兄弟到达圣路易斯的那一刻起，整个圣路易斯之旅都是那么的令人难忘，虽然他们来这里还不到一天。

一下飞机，兄弟俩就受到明星般的待遇，四周全是祖父的粉丝。距当年祖父从圣路易斯出发赢得奥泰格奖过去快70年了，但在整座城市中，他的风采依旧。在这里，他找到了自己的支持者和追随者。而作为麦克唐纳·道格拉斯公司的总部，这座城市本身在航空航天史上的地位也是不可抹杀的。这家公司不仅制造了"水星系列"和"双子星系列"飞船，还制造了"太空实验室"空间站，以及新型的"三角快帆"试验火箭。

不幸的是，埃里克坐在车内狭小的空间中感到非常不适。他的类风湿性关节炎比一年前在柯克兰与彼得和拜伦见面时更加严重了。虽然对作为林德伯格家族的一员进入公众视线怀有顾虑，但想要参加X大奖的想法却越来越强烈。但摩根不这么想，他听说X大奖后，就立马产生了兴趣。他是乔恩和芭芭拉·林德伯格六个孩子中最年幼的一个，也经历了林德伯格遗产分割时的诸多挑战和问题。他曾一度脱离了整个林德伯格家族，但在读过查尔斯·林德伯格的自传后，又决定重新回到这个家族中来。那些与飞机相伴的岁月，曾让外祖父对浩瀚的宇宙产生过深邃的洞见，同时也思索过人类的生存。这一切都深深地打动了摩根。作为一个冥想的实践者，摩根正在寻找自己的顿悟。他读到外祖父曾坐在沙滩上，看着自己的手掌，仿佛经历了一场回到远古时代的时空之旅。摩根的思绪也飘到了阿波罗13号宇航员詹姆斯·洛弗尔的身上，想到他对地球那一经典的回望——将双手放在飞船的舷窗上，发现仅用一个大拇指就可以遮住整个地球。摩根相信，世界需要X大奖。人类通过对宇宙的探索，可以实现世界的和平，拓展人类的智慧。他也很希望能够上台去做一次演讲，激励有梦想的新一代。除了演讲之外，摩根还有另一个目的，他希望能够帮自己的哥哥重新找回激情。

圣路易斯大拱门下，已经聚集了大批媒体记者和近百位受邀前来的客人。彼得望了望四周，看到埃里克正拄着拐杖缓缓走向自己的座位。他还看到那些参与了阿波罗 7 号、阿波罗 10 号、阿波罗 11 号、双子星 6 号、双子星 9 号、双子星 12 号，以及太空实验室和航天飞机飞行任务的宇航员。让彼得松了一口气的是，伯特和戈尔丁安然无恙地到达现场，两人还互相开着玩笑，像是最好的朋友一般。

彼得的这一举措，获得了许多重要组织和机构的支持，包括美国航天基金会、美国国家太空协会、美国太空前沿基金会、实验飞行员协会和探险家俱乐部等。拜伦·利希滕贝格是 1985 年太空探险家协会的主要创立者，他也叫来了不少来自世界各地的飞行员和宇航员。同时，彼得还得到了美国联邦航空管理局负责商业太空运输的副主管佩蒂·格雷斯·史密斯，以及圣路易斯一些民间团体领导者的认可。

在圣路易斯植被茂密的西区中心，有一家历史悠久、外墙贴着红砖的墙球俱乐部。两个月前的 1996 年 3 月 4 日，筹备委员会的全体成员在这里集中。和林德伯格当年签署参与奥泰格奖的角逐一样，彼得和 X 大奖的支持者们如今也围坐在这张桌子前。林德伯格颇费了一番工夫，才得到这些人的支持。他的第一批支持者有保险公司高管厄尔·汤普森、罗伯逊飞机制造公司的弗兰克和比尔·罗伯逊，以及圣路易斯的首位飞行员、热气球爱好者艾伯特·邦德·兰伯特少校。此前他不知被拒了多少次，筹集资金时遇到的困难是他根本不曾预料的。他在《圣路易斯精神号》中写道："除了汤普森先生、罗伯逊和兰伯特少校，几乎没有人愿意为这次跨越大西洋的飞行投资。支持这个项目的人没钱投资，而有钱投资的人又认为这个项目风险太大。"林德伯格后来甚至想到靠公众投资的办法。"也许我能找到圣路易斯的 1 000 个居民,每个人出 10 美元,这个问题就解决了。"

后来,他遇到了圣路易斯飞行俱乐部主席哈里·奈特。在这之后,林德伯格的运气似乎逐渐转好。哈里·奈特把林德伯格介绍给其他人,比如圣路易斯商会主席哈罗德·比克斯比和《圣路易斯环球-民主党报》出版人兰辛·雷。林德伯格很快就筹集到飞行需要的资金。当比克斯比将一笔1.5 万美元的支票递给林德伯格时,他问道:"你觉得将这个计划取名叫'圣路易斯精神号'怎么样?"

而彼得 3 月 4 日的这次集会,圣路易斯的诸多名人也都到场参加。民间团体的领袖、福莱-希乐国际传播公司的资深合伙人,也可以说是彼得新的守护天使——阿尔·克尔斯邀请他们前来。应邀前来的人包括圣路易斯科学中心主管道格·金和圣路易斯商会会长迪克·弗莱明。克尔斯的想法是让圣路易斯的每 100 名居民资助 25 000 美元。之所以选择 25 000美元这个数字,是因为这是当年奥泰格奖的奖金数额。有 7 个人同意资助,他们也成为"新圣路易斯精神号"组织的第一批会员。筹到的资金已足够支持 X 大奖的启动和运行了。位于伊利诺伊州高地的科特有限公司主席拉尔夫·科特是首位开出支票的人。X 大奖其他的支持者还包括:华盛顿大学威廉·丹福思博士,企业号控股集团的安德鲁·泰勒以及他的父亲杰克·泰勒,海港集团的山姆·福克斯,密苏里州克莱顿前市长休·斯科特,当代制造公司的史蒂夫·赛恩克曼,麦克唐纳·道格拉斯公司的约翰·麦克唐纳,以及律师沃尔特·梅特卡夫。

彼得也得到了天使科技公司合作伙伴马克·阿诺德的帮助。马克·阿诺德将天使科技公司迁到了圣路易斯,与青年总裁组织的成员也有一定联系。当地很多人都认为 X 大奖是复兴整个城市的好时机,可以借此机会重新书写当年的盛世乐章。城市复兴的时刻到来了,数十亿美元的投入,就是为了重现圣路易斯当年的辉煌。在 3 月的这次集会快要落幕之际，彼得举起手中的杜松子酒，激动地敬向阿尔·克尔斯，克尔斯也举起了手中的苏格兰威士忌。克尔斯对于彼得而言，就是当年哈罗德·比克斯比和哈里·奈特的合体。当彼得提出 X 大奖的想法时，克尔斯毫不犹豫地就答应了，他差一点就从椅子上蹦起来。他激动地说道："我要参加，我要参加！我们一起来做吧！"事实证明，他就是一股坚定的力量。他设计了 X 大奖的标志，为"新圣路易斯精神号"成员制作了青铜徽章，还想到了在圣路易斯大拱门下开启这个奖项。

5 月 18 日，最后一位客人到达圣路易斯大拱门，彼得最后再次确认了一下名单。他希望这次盛会能给人留下不可磨灭的印象，成为大家眼中"信誉度超高的奖项"。彼得甚至希望这一盛况能引起全世界的关注。

今天，来自航空航天界、林德伯格家族，以及圣路易斯的新老精英巨子都汇集于此。巴兹·奥尔德林在上台签名的途中停了下来，他看到钢制的圣路易斯大拱门在阳光的照射下闪闪发光，全场座无虚席。

彼得身着西装，打着领带，他的父母也坐在前排为他加油，虽然他们并不完全了解设立这么一个亚轨道飞行奖项的重要意义。彼得说："圣路易斯精神号载着查尔斯·林德伯格，从纽约飞到巴黎，也飞进全世界人们的心中。今天，所有人再次把目光投向圣路易斯这座城市。"

为了推动气氛，他又说道："创立 X 大奖的主要目的，就是促进建造成本低廉，并且可以循环利用的飞船，从而推动太空产业的萌生与发展。"

格雷格·马里尼亚克和彼得一起筹划了这次盛会，他满怀自豪地听着彼得的发言。在格雷格看来，彼得是他所认识的最有毅力的人。彼得在台上谈到 20 世纪二三十年代里那些激励人心的奖项："正是那数百项的飞行奖项，在航空业刚刚兴起的时代，推动了飞行的速度、距离、持久性以及安全性的革新与发展。仅在 1926 年和 1927 年两年内，奖励给各项飞行挑战的金额就超过 1 亿美元（以 1996 年的美元折算）。如今，仅仅过去 70 年，航空业早已成为一项数十亿美元的全球性产业。"

"X 大奖是人类史上前所未有的太空飞行大奖。"彼得讲述了雷蒙德·奥泰格和奥泰格奖的故事，那次角逐也付出了生命的代价。1926 年夏，"勒内·丰可机长号"飞机上的两名成员——查尔斯·克拉维耶和雅各布·伊斯兰奥夫都在这次飞行中不幸遇难。勒内·丰可机长号飞机由伊戈尔·西科斯基设计，但是严重超载，从长岛罗斯福机场起飞之后不久便坠毁了，地面上到处散落着飞机残片。1927 年春，美国海军飞行员诺尔·戴维斯和斯坦顿·伍斯特在最后一次试飞任务中也不幸丧生。数周之后，在 1927 年 5 月 8 日，法国飞行员查尔斯·农格塞尔上尉和弗朗索瓦·科利上尉清晨在法国勒布尔热上空向西飞行的时候，飞机突然消失了，此后便不知所踪。虽然奥泰格也对这些牺牲的飞行员深感悲痛，但他奖励飞行挑战的决心并没有动摇。1927 年 5 月 20 日，查尔斯·林德伯格从罗斯福机场出发了。他的那架单引擎、单驾驶座的飞机连续飞行了 33 小时 30 分钟，最后到达巴黎外的勒布尔热机场。此前也有人曾飞越大西洋，但是林德伯格是第一个单人且不间断飞越那片海域的人，并且将两座城市连在一起。[1]

彼得表示，他非常希望此次全球 X 大奖角逐中所诞生的飞行器，能够"为停滞不前的航空航天业注入新的活力"。

彼得讲话结束后，埃里克·林德伯格走上了讲台。他刚开始说话的声音有些小，慢慢地就变得自信起来了。

"我找到祖父当时筹集飞越大西洋的资金时所做的一些笔记，"埃里克说，"这些笔记讲述了他想要进行这次飞行的原因，是要'让美国在

---

[1] 1919 年 6 月 15 日，为了角逐另一项由《每日邮报》提供的 1 万英镑的奖项，约翰·阿尔科克和亚瑟·布朗成为最早不间断飞越大西洋的飞行员。他们从纽芬兰的圣约翰出发，飞行了近 1 890 英里，越过了大西洋最狭窄的部分，降落在爱尔兰的一片沼泽地里。这次降落被人们称为"温柔的碰撞"。

航空领域处于领先地位，要展示并促进现代机械装置的完美构造与功能，还要将圣路易斯打造成一个飞行之都'。我觉得他说的那些话与今天的X大奖恰有契合之处。"埃里克相信，X大奖能够开启一项新的产业，聚集人心。"这就是X大奖最大的潜力所在。"

埃里克还提到他祖父的另一个洞见，这句话被迈克尔·柯林斯用作《带着激情》一书的序言。埃里克的祖父认为"意识"是随着科技的突破而产生的，无论环球飞行，还是走向太空。他写道："1928年，我独自一人坐在飞机中，飞越从纽约到洛杉矶的大陆航线。好几个小时，我一直在沉思。随着速度更快、机身更大、效率更高的飞机的出现，航空业的成功也将是必然的。但是，除了征服天空外，我们还要做些什么呢？未来会变成什么样子呢？除了太空，别无他选。人类发明了船只跨越水域，人类发明了车轮征服遥远的路程，人类还插上翅膀飞越天际，那么在将来，人类是否能利用火箭冲向太空呢？"

发言快要结束之时，埃里克说："我相信X大奖有这样一种魔力，能够激发世界的想象；也有这样一种魔力，将人们的视线从战争与冲突中转到一个充满挑战的目标上来。"

摩根·林德伯格也发表了一番热情洋溢的讲话，他侧重讲了X大奖在激励年轻人方面能够发挥的潜力和推动作用。66岁的巴兹·奥尔德林拿着麦克风回忆说，距阿波罗17号登上月球差不多有25年了。他说，他不想看到美国失去在太空探索方面的领先位置，所以一直在努力为太空旅行寻求新的资源。"美国人必须敢于梦想，"他说，"如今回想起当时在月亮上行走的奇迹，我内心仍然充满无比的敬畏之情。如果我们每个人心中都有创造奇迹的敬畏之心，那么未来的发展将获得源源不断的动力。"

仪式快要结束的时候，美国国家航空航天局的主管丹·戈尔丁也上台致辞，表达了自己对X大奖的支持。他衣服的左领上也佩戴着X大奖的徽章。他说："我们需要鼓励更多的人、更多的组织来参与这项宏伟的事业。我希望我两岁的孙子扎卡里，以后能够和他的孩子们一起到月亮上的酒店度假。"

格雷格·马里尼亚克全神贯注地听着来宾的讲话，没有漏掉任何一点信息。他坚信X大奖很快就会找到赞助者，而X也将很快被那位赞助者的名字取代。但另一方面，要吸引团队来参与角逐也会变得更加困难。格雷格望向林德伯格兄弟，看见埃里克正努力克制自己身体上的不适。不经意间，他的脸上还是会露出一丝痛苦。埃里克今天能够坐在这里，确实拿出了相当的毅力。

仪式结束了，人群渐渐散去，电视台的采访车也开走了。彼得回头望向那630英尺高的圣路易斯大拱门。这是为了纪念皮革商人和探险家们的开拓精神而建造的纪念碑。整座纪念碑呈一条抛物线，和彼得想象中的飞船飞过的轨道一模一样。总有一天，会有那么一架飞船，飞过这样一条轨迹，赢得那1 000万美元大奖。

拱门下的X大奖启动仪式结束几小时之后，彼得和X大奖团队稍做整理，穿着半正式的礼服出席了在圣路易斯科学中心举行的晚会。这场晚会由巴兹和埃里克共同主持，内容相当精彩：有烟雾机制造烟雾缭绕的环境，有美妙绝伦的激光秀表演，还有名家大腕的演说。晚会的门票是每人500美元。

晚宴时间到了，好莱坞制片人鲍勃·维斯在帐篷形的用餐区找到了自己的位置。鲍勃一年前与彼得碰过面。他发现今天整整一天都极富诗意——有大批的宇航员和大企业家，还有一个在69年前就等待着实现的梦想。鲍勃制作过包括《福禄双霸天》在内的多部电影，如今又在创作一部名为《旅行者》的科幻电视剧。他自称是一位太空怪才，曾多次参加太空会议。一些关于人类重返太空的消极预测让他感到很是不悦。他认为彼得的这个X大奖非常有创意：激励机制恰当，达尔文主义的力量也得到了体现，同时还鼓励了创新。这个点子按照明确的目的，对人性进行了恰如其分的引导。

就座之后，鲍勃很快就希望他自己能够来导演这样一场晚会。他非常开心能够坐在伯特·鲁坦的对面，也努力地听着他的同桌分享的东西。突然之间，烟雾机出场了，让一半桌子都消失在了烟雾之中。人们常说伯特的思维虚无缥缈、难以捉摸，而他现在整个人都如在云雾中一般。烟雾散尽，阿尔·克尔斯致欢迎辞，然后向大家展示了一部融合了很多历史性片段的叙事影片，里面有小鹰镇，林德伯格到达巴黎，尼尔·阿姆斯特朗和巴兹·奥尔德林在月球上行走，以及伯特·鲁坦在桌前构思旅行者号。彼得在录像里说："69年前，查尔斯·林德伯格和圣路易斯精神号改变了人们对飞机旅行的看法。如今，X大奖正试图改变人们对太空旅行的看法。"视频中还有一些滑稽的片段——扮演林德伯格的吉米·斯图尔特和扮演哈里·奈特的罗伯特·科斯威特在一起交谈。

奈特一脸严肃地对林德伯格说："斯利姆[1]，你得明白我们不是在投资一项自杀行动。"

林德伯格回答道："我脑海中从未有过自杀的想法。但我的目标不是水里，而是勒布尔热。"

"这真的会促进航空业的发展吗？"又有人问道，"我的意思是，就像一个人坐在油桶里穿越尼亚加拉瀑布，他会促进工业发展吗？"

"那是在表演特技吧，"林德伯格回答说，"我不是特技演员，我是飞行员。"

接下来的一段视频来自彼得一直以来的支持者亚瑟·克拉克："我在此向巴兹和彼得送上最诚挚的祝福。彼得能够来到这里，让我感到非常

---

[1] 斯利姆是查尔斯·林德伯格的绰号。——译者注

高兴。他对我说，诸位决意要开启私人太空旅行的新纪元。30年前，斯坦利·库布里克和我一起共同制作了《2001太空漫游》这部小电影。那时我们就预言，只要有充足的资金，任何人都可以进入地球轨道做一番旅行。这个愿景迟早会实现的。我希望X大奖可以促成这一天早点到来。只是我想我应该把预言的2001年改为2004年。"

克拉克笑了笑，然后继续说道："探索我们周围的世界，不断拓宽我们的疆域以作为未来的家园，这是人类亘古不变的本性。如今，太空正向我们招手。在宇航时代刚刚开启的那些年，苏联和美国之间的竞争让我们的宇航事业发展得如火如荼，从1961年尤里·加加林环游太空到我们首次登上月球，只用了8年时间。我坚信，X大奖可以为这种竞争关系再增添一些建设性的时尚元素。我也邀请了来自各国的设计团队提出他们的方案，以角逐这一大奖。祝最优秀的团队能够最终取得胜利。我是亚瑟·克拉克，在斯里兰卡录制了这段视频，希望在圣路易斯的诸位，能够因铺平通往太空的道路而被载入史册。"

轮到鲁坦上台致辞了，彼得心里有些不安。之前伯特告诉彼得，他打算说说那些奖项在航空史上的重要意义。现在彼得只希望伯特能够让人们振奋起来，而不是把他们给激怒了。

伯特站在台上，身着燕尾服，胸前挂着一块"新圣路易斯精神号"的纪念章。他一开始便说，他想和大家分享一下对于X大奖的"内心想法"。彼得听到后越发感到紧张了。

"想象一下那些没有发生，但本来可以发生的事情。"伯特开始了讲话，"时光回溯到飞机发展的黄金时代，回溯到人类产生想要离开地面到天空飞行这种幻想的时代，我们有各种各样的X大奖。在莱特兄弟制造出飞机之后不久，你就可以买票乘坐飞机去芝加哥，或者乘坐私人飞机去享受蓝天白云。但是让我们再想想……想一下……如果在当时，我们没有那些X大奖的帮助呢？没有资助飞越阿尔卑斯山的奖金，也没有资助飞越美国的奖金。如果从 1903 年到 1920 年，或到 1930 年，仅仅只有政府拥有、政府开发、政府操作的飞行项目，那么到底能有几个人能飞上天呢？你也许能够看到那种大型、超级昂贵的飞机，但你看到的只有政府的飞机，机上坐着 7 名飞行员，他们工作 15 年也只飞行过两次。那是完全有可能的。

"如果那样，作为一个美国公民，我感到的不仅仅是一种窘迫。在一个本应很自由的社会里，却有着种种人为的限制，让我们无法走向太空。说实话，我已经被逼疯了。

"我相信 X 大奖绝对可以突破这种限制。就我个人的经历来说，就是突然之间得到了设计的灵感。从我自己制造飞机以来，就一直梦想着能够设计一架宇宙飞船，那是从 1968 年开始制造"北欧龙"就萌生的想法。但是说实话，我从来没有像最近这几个月那样创造力十足，因为在我眼中只有这该死的 X 大奖。

"我不会告诉诸位，说我是因为想要赢得这个大奖，脑子里才闪现出了灵感，但我要告诉大家，准备发挥一下创造力的，可不只有我一个人。我还要告诉诸位，希望大家可以尝试着思考一些和你想象中的宇宙飞船完全不同的东西。那可不是只用一次的'宇宙神'，也不是航天飞机。以前，一些人搞短途飞行游览，他们会开一架詹妮飞机（20 世纪初期的双翼飞机）在空中兜一圈，然后停在空地上，人们乘坐一次就付两美元。那他们能够想象出波音 747、协和式飞机，还有环球航空公司的行李处理系统吗？（台下的听众笑了起来。）大家想一想，他们有那样的信息吗？他们能够想象出富豪飞机或者加长超轻型飞机吗？他们对此毫无概念。今晚我要告诉你们，对于航空业的发展，我也只是一知半解而已。

"我知道在场的也有一些精明的企业家，正在寻找像我这样疯狂的飞机设计师，以此寻求惊人的突破。但是，未来将会怎样，我们每个人都无法想象，但说不定很快就会发生。这就是一种像坐过山车一般的飞越。

我们将把人类送进地球轨道，还会去其他星球。我们能够实现这些，都要感谢一个人，那就是彼得·戴曼迪斯。"

伯特的讲话赢得了台下热烈的掌声。彼得因伯特这突如其来的称赞怔住了，也被伯特对 X 大奖的一番评价搞得有些愕然。这是他的肺腑之言吗？伯特刚刚是不是宣称他也会参加 X 大奖的角逐？

晚宴结束后，大部分出席者都散去了。彼得和几位密友以及家人还没有离开。现在已经是后半夜了，彼得讲到他八年前如何遇见巴兹·奥尔德林，而奥尔德林又是如何答应出席国际宇航大学夏季开班仪式的。巴兹在开班仪式上讲完话之后，彼得和他，以及一些学生和教职工共进晚餐。他们在麻省理工学院的教工俱乐部待了整整 5 个小时，巴兹的故事把他们深深地吸引住了。

彼得把疲倦的双腿放在桌上，问格雷格对今晚有什么感想。格雷格非常吃惊，说那些当初给予了肯定答复的人，今天全都出席了。他看了看自己的双手，几乎全是装信封时留下的划痕。格雷格说："和我们当年在 SEDS 的时候，夜里被信纸划破手指的情景一模一样。"在桌子上，还放着一堆他们书写的长达八页、色彩艳丽的邀请信。封面上是一个宇航员组成的团队，宇航员身后是朝着不同轨道发射的火箭。这些火箭都是取了名字的：约翰·高尔特、拜伦·利希滕贝格、道格·金。其中最大的一枚火箭留给了他们的朋友——托德·霍利。

看上去似乎永远精力充沛的彼得，如今终于疲惫不堪了。正当他整理好自己的物品，稍做休息的时候，他的爸爸妈妈端着一个插有蜡烛的蛋糕走了进来。蛋糕上写着彼得的名字，还有"X 大奖"几个字。彼得马上 35 岁了，而 X 大奖还是一个新生儿。许过愿之后，彼得吹灭了蜡烛。每个人都知道他心中许的是个什么愿望。

第十四章 / 与志同道合的人一起疯狂

奖金高达 1 000 万美元的 X 大奖一经发布，很快就传遍了全世界。初次听说这个奖项的时候，约翰·卡马克还瘦瘦弱弱的，喜欢穿僵尸 T 恤，对于制造火箭还处于"幼虫阶段"。

27 岁的卡马克一直深深迷恋着太空。初中的时候，他曾经拆改过埃斯蒂斯公司的玩具火箭。后来，他的兴趣又转移到电脑解码和游戏上。人们曾戏称这位亿万富翁的脑袋为"长着腿的大脑"，认为他是中什么巫术，才能设计出那么多火爆的电脑游戏，包括《指挥官基恩》《德军司令部》《雷神之锤》和《毁灭战士》。他在得克萨斯州的梅斯基特创建了 id 软件公司，并协助首创了第一人称射击类游戏，让玩家在游戏中有一种身临其境的体验。①

---

① 第一人称射击游戏致力于打造一种逼真的画面，比如惊悚的地下室。玩家们通过移动控制键，可以切换不同的画面，从而有一种在前进或后退的感觉。这类游戏的关键在于需要存储大量的材料和图片，以构成不断变换的场景。

卡马克上三年级的时候就已经开始设计游戏了。那时候，他闲暇时最爱做的就是看连环画和《指环王》，玩玩《龙与地下城》。他的家人总是批评他，说玩游戏浪费时间，教区学校也总是讲一些宗教"神话"。电脑则不一样，他喜欢电脑的逻辑性，电脑对他而言有着非凡的意义。电脑既没有魔法，也并不神秘。最初可能对它一窍不通，但是只要肯花时间，就可以解决一切看上去奇怪又难懂的问题。现在，他只要看一眼电脑，就可以知道它的操作系统、互联协议、程序编码、芯片组和外设硬件等。编程的乐趣在于，编程者知道电脑是可以被控制的，而具体的某一门编程语言其实并没有那么重要。学会了向电脑发出指令，卡马克觉得和世界也没有那么多矛盾了。

但是，在1997年卡马克发布《毁灭战士3》源代码的前后，他突然觉得自己在电子图像和电子游戏这一领域已经到达极限。他设计了多款竞速游戏，也购买了几辆跑车，像法拉利的特斯塔罗萨和法拉利328，还在上面加装过涡轮引擎。也就是从那时候起，他开始不断寻找下一辆可以改装的汽车。id软件公司一位名叫迈克·阿卜拉什的程序员送给卡马克一些罗伯特·海因莱因的书，包括《异乡异客》《月亮是位冷傲的情人》《卖月亮的人》，以及《"伽利略号"火箭船》。就这样，卡马克对火箭的热爱被重新点燃。卡马克非常喜欢海因莱因这样的英雄。海因莱因是一个狂热的个人主义者，总是用技术解决问题。他深信，创造才是建构这个世界最好的方式。

很快，卡马克就花钱购买了很多火箭方面的书籍，如乔治·萨顿的《火箭推进原理》，迪特尔·胡塞尔与戴维·黄合著的《液体推进剂火箭发动机设计的现代工程》。他的书架上，还有他的头脑中，全都是各种关于火箭的论著。卡马克甚至研究了六七十年代美国国家航空航天局出版的一些刊物，这些刊物对水星计划、双子星计划和阿波罗计划有过详细的叙述。哪些方面成功了，哪些方面失败了，这些都给卡马克留下了深刻的印象。美国国家航空航天局以前的叙述都非常详尽，甚至连焊接工艺的图表都是附在后面的。而现在，美国国家航空航天局的一些刊物就恰恰相反，整篇整篇都是模拟研究的定量综合分析。在卡马克研究火箭的初始阶段，他也在网上寻求帮助和指导，并在所有相关的社区论坛都注册过。

当卡马克觉得可以和一些业内人士进行深入交谈的时候，便开始参加一些太空方面的会议。起初，他就四处问问题，但没有人知道他是谁。在人们眼里，他就是另一个太空极客，向往着星星，但又像从未感受到太阳的温暖。很快，人们就开始传着消息，说他是高净值人士，进行风险投资也是一掷千金。一时间，向他寻求投资的人便纷至沓来。

也就在那时，卡马克知道了 X 大奖。同时，他也知道了 25 万美元奖金的 CATS 奖（廉价进入太空奖），这一奖项准备颁给第一个在 2000 年 11 月 8 日前，将 4.4 磅的物品发送至 124 英里或者更高空间的私人团队。卡马克还不太确定到底是资助两项比赛中的一项，还是两项都给予资助。但有些事情他是可以肯定的：他来这里不是为了钱，他现在所做的都不是为了钱。说实话，他喜欢挑战一个全新的领域，一个其他人比自己懂得更多的领域。当然，他对计算机的热爱并未减少，但他觉得该跳出屏幕，看看外面的世界了。

在罗马尼亚的首都布加勒斯特，杜米特鲁·波佩斯库刚刚坐在网咖中打开电脑，浏览一个名叫"空间百科"的网站。在网站上，他发现了一些关于 X 大奖的内容。这个 20 岁的航空航天专业的学生到咖啡店本来只是查找一些与飞毛腿导弹液体燃料相关的资料，但是现在，他的注意力完全被"1 000 万美元和亚轨道飞行"这几个字吸引了。仅仅看了几段话之后，他就放下了手中的咖啡，赶紧掏出手机给妻子打了个电话。

那时，他们还不能在家中收发电子邮件。他告诉妻子："你赶紧到咖啡馆来，我要给你看点东西。"他的妻子西蒙娜不到一个小时便赶来了。坐下之后，她也读了这个消息。还未等她开口，杜米特鲁就说道："让我们自己来做点什么吧。"

她看得出来丈夫并不是在开玩笑，便反对说："我们还是学生啊，我们没有钱。我们连参赛的 1 000 美元都拿不出来。"杜米特鲁摇了摇头："我们先试着造点什么东西出来吧，或许我们还可以找到赞助人。"

当天下午，杜米特鲁离开咖啡店后，就回到了布加勒斯特理工大学的航空航天工程学院。他正在这所学校读大二，他希望可以在这里和老师与同学讨论一下 X 大奖。然而，他得到的回答几乎都是"那对我们来说是遥不可及的"，"忘掉那回事儿吧"。但杜米特鲁根本就忘不掉。他的父亲是一名警察，母亲是一名会计，家庭生活非常单调乏味。他已经取得神学学位，但那不是他的意愿，而是父母的意愿。如今，他正在攻读航空航天学，这才是他真正的志向。他渴望能够自己建造太空飞船，却又担心罗马尼亚宇航局在这方面没有建树。

很快，杜米特鲁就说服了妻子来帮助他。他们还一起说服了西蒙娜的父亲，让他把布加勒斯特西边小镇上那幢房屋的后院腾出来，供他们制造火箭。

当听说 X 大奖的时候，32 岁的巴勃罗·德·利昂正和自己的朋友在布宜诺斯艾利斯说着全世界的宇航业都被大国政府垄断着，这让他觉得很可悲。但是，X 大奖却让他一下子兴奋起来，"这简直就是现实中的科幻"。在对 X 大奖进行一番研究之后，他向同事们坦言，说自己对这项活动有着极高的兴趣。他成立过非营利性的民间组织——阿根廷空间技术协会，但他的朋友告诉他说："巴勃罗，听着，不要想这件事。这根本就是不可能的。如果你非要这么做，到头来会让你名誉扫地。"

　　但是利昂的决心并没有动摇。当他得知伯特·鲁坦会是一个强劲的对手时，他对自己说："利昂，你得把这件事情做好。如果鲁坦也在考虑这件事情，就说明它确实值得一做。"他当时就已经知道，彼得·戴曼迪斯是国际宇航大学的创始人之一。多年来，利昂一直想去国际宇航大学，但他既付不起机票，也付不起学费。他申请了整整八年，终于拿到这所大学的全额奖学金。他相信，各路英豪的心如今都向着X大奖。

　　利昂从记事起就对太空非常着迷。1969年7月，他那时才5岁，他的父母在凌晨将他叫醒，一起观看阿波罗11号登月的壮举。他和父母、祖父母一起坐在阿根廷卡努耶拉斯的农场里，看着人类在月球上行走。他记得，当时整间小屋里光线昏暗，当电视屏幕上出现宇航员身影的时候，整个屋里寂静无声。那时候，镇上有电视机的家庭为数不多，利昂家算是其中之一。到了9岁，利昂喜欢在家后面的草地上发射自制的火箭，还经常惊扰到牛羊，为此他也没有少挨父母的斥责。后来，他设计制造了肯尼迪航天中心所使用的宇航服，还写了两本书，讲述了阿根廷这个当时唯一拥有太空项目的南美洲国家在探空方面所做出的努力。[①]当听说X大奖的时候，他正在布宜诺斯艾利斯，负责将于2000年初发射的航天飞机上的七项搭载实验。

　　巴勃罗肯定会找到一个参加大奖角逐的方法。作为未来太空船的设计师，他肯定也想亲自驾驶一番，他兴奋地对自己说。他可以先把火箭画出来，甚至已经给它起好名字，叫作"高切托"，意为"小牛仔"。

---

① 阿根廷航天计划主要有两部分：科学卫星以及小型运载火箭"雷霆"系列的研发。同时，在同步轨道上，阿根廷也有两颗通信卫星，均由欧洲航天局的"阿丽亚娜火箭"运载发射。阿根廷政府已经完成数颗科学卫星的设计制造工作，主要是和美国国家航空航天局合作。不过，阿根廷的第一颗卫星是在俄罗斯发射的。阿根廷上一颗卫星的发射是在美国加州的范登堡空军基地，由"德尔塔2型"火箭搭载升空。在阿根廷政府的太空计划中，载人航天并非首要任务。

史蒂夫·贝内特是英国曼彻斯特高露洁牙膏公司的一名实验室技术员。他的同事给他看了一篇新闻报道，上面写着美国设立了一个奖项，奖给在没有政府的帮助之下，建造并搭乘火箭到达太空边缘的个人。贝内特前前后后也自学了不少火箭知识，从各种推进系统到烧蚀保护层。他现在已经33岁，但至今也忘不了在他5岁那年，父母不同意叫醒他起床观看阿波罗11号登月的事。他妈妈告诉他，第二天是星期一，还得去上学呢。妈妈向他保证："以后会看到很多很多的火箭发射。"13岁的时候，他因为制造火箭，经常去买化学品，当地一家化学品供应公司的工人个个都叫得出他的名字来。长大之后，他见证了繁荣一时的英国航天业逐步走向衰落，这让他很是沮丧。60年代是英国航天业的全盛时期，当时英国有一款非常先进、颇受人瞩目的卫星运载火箭，名叫"黑箭"。这款火箭于1971年退役，因为决策者们选择了更便宜的美国火箭。

现在，当贝内特在辛苦工作的时候，他就把那些牙膏管看成火箭，把牙膏看成火箭推进剂。他想从事火箭方面的工作，想要闻到火箭的气息，但是现在，他还不能离开高露洁，除非找到另一份工作，不管收入是多是少。不过这些事情他太太是不会知道的。

在贝内特看来，人类将注定到地球之外寻找归宿，人类需要拿出勇气进行探索和冒险。他梦想着能到太空中去看一看，去领略宇宙的光辉与无尽的黑暗，还有银河、行星、恒星，以及数不清的星系和星云。在工作的间隙，他就开始绘制火箭草图。他设计的这枚火箭至少有40英尺高，座舱在火箭的顶部。他就像一个拿着紫色蜡笔的小孩那样，把自己画进了驾驶舱。

关于X大奖角逐的故事还有很多。布莱恩·菲尼是一位来自多伦多的发明家，当时正住在香港。他是在一家报摊前浏览的时候偶然看到这则消息的。加拿大的杰弗里·谢林据说也在制造一枚超级火箭，这枚火箭将以德国 V-2 导弹为原型，长度将达 54 英尺。还有报道称俄罗斯的一个团队准备使用固体燃料发动机将类似于小型航天飞机的飞行器送上太空。住在得克萨斯的一名前美国国家航空航天局火箭推进专家也在稻田中建造飞船，据说这艘飞船可以从水中垂直发射，也可以像水上飞船那样水平着陆。在加州，彼得的朋友加里·哈德森和贝文·麦金尼（他们在蒙特罗斯的约翰·高尔特聚会上见过面）也在建造一艘巴克·罗杰斯式的飞船。这艘飞船的顶部只有直升机一样的桨叶。

就连火箭制造祖师爷级的人物，在彼得·戴曼迪斯还没出生时就开始力推太空旅游的鲍勃·特鲁阿克斯[①]，如今也正关注着这个奖项。今年 85 岁高龄的特鲁阿克斯有一艘 40 英尺长的太空飞船、两只燃料储存罐，还有一台火箭发动机，这些东西都保存在圣迭戈的郊外。特鲁阿克斯曾为埃维尔·克尼维尔设计并制造过火箭推动的"空中飞车"，对于成功与失败都有深刻体会。他的同龄人都在享受惬意的退休生活，偶尔还去打打高尔夫，而特鲁阿克斯却说："我喜欢玩的只有火箭。"

约翰·卡马克经过一番慎重的考虑之后，决定先资助 CATS 奖的参赛者，因为 CATS 奖比起 X 大奖来，要求要低一些。卡马克做事很有条理，总是一步一步地来，他认为开始的时候应该选择小一点的奖项。

后来，卡马克发现 CATS 奖就是冲着 X 大奖来的，沃尔特·安德森是这个项目的投资人。他曾经和彼得一起在国际微空间公司共事过，但后

---

① 特鲁阿克斯参加过 20 世纪美国最高端的一些军事火箭项目，包括雷神、维京、北极星（潜水艇导弹），以及海龙。他对太空旅行也颇感兴趣，设计了可多次用于太空旅行的"大众火箭"。他还建造了埃维尔·克尼维尔的"空中飞车"，这是一枚依靠蒸汽驱动、带有轮子的火箭。克尼维尔曾在 1974 年想乘坐这辆飞车穿过蛇河峡谷，但由于降落伞提前展开，飞车最终落入谷底。

来两人产生了矛盾。CATS奖由瑞克·图姆林森负责，他是太空前沿基金会的主席，长期以来一直热衷于太空项目。他曾经也是X大奖董事会的一员，在彼得宣布X大奖尚未筹集到1 000万美元之后，他退出了董事会。图姆林森把曾经对沃尔特说的话又对卡马克说了一遍："如果你想给彼得一点颜色看看，就应该为我们提供资助。"

卡马克根本不知道谁是彼得，也不想卷入任何敌对的关系。他关注的只是CATS奖的参赛者。他还写了一些信，在信中做了一番自我介绍，说愿意为一些参加角逐的团队提供赞助，但很多的信居然石沉大海。经过打听之后，卡马克得出结论：这个太空群体里有很大一部分人都太不切实际了。很多团队的负责人都会告诉你他打算怎么用这笔钱，但是对于测试硬件却拿不出任何计划。当卡马克询问这一情况的时候，曾经有一个团队是这样回答的："我们不可能来教你怎么制作电子游戏，所以你也不要对我们制造火箭指手画脚。"他不断地听到参赛者说自己会赢得CATS奖，却几乎没有看到有人在真正动手制造火箭。他还遇到过这样的奇事：有人在这个行业里待了30余年，从未亲手拧过一颗螺丝钉，却一直坚称："这个奖项在技术上没有任何挑战！我们需要的只是资金。"

一家公司的创办人告诉卡马克，他需要"100万美元作为启动资金。"卡马克还同TGV火箭公司的帕特里克·巴恩谈过，巴恩的商业计划给他留下了深刻的印象。同时，他也有些担心，这家公司这么长时间都没有造出一枚火箭，又是靠什么得以维持的呢？除此之外，卡马克对另外一件事也非常震惊：那些航空专家们的学术会议一场接一场，上一场刚做完的报告，略加修改又拿到下一个会场上去讲。经过一个月的调查研究，卡马克列出了一张清单，将这些团队分为三类：疯狂的，不切实际的，尚不确定的。

最后，他还是对一些团队进行了资助，包括位于莫哈韦的环宇太空公司，他认为这家公司在所有参赛团队中是最好的。卡马克拿出 1 万美元资助 JP 航空，这是由一个志愿者组成的 DIY（自己动手做）组织，他们准备依靠气球在高空发射由大功率发动机推动的火箭，或者叫作"气球火箭"。卡马克还看过其他一些团队的发射试验情况，其中包括在内华达州黑岩沙漠的一次试验。他在那里等了好久好久，最后看到航天器在发射台上爆炸了。但是，这总比什么都不做要好得多。当卡马克看到航天器被制造出来，然后发射升空时，心里就会非常高兴。就算失败了也不要紧，因为失败意味着学到了新的东西。

卡马克一边经营 id 软件公司，一边对一些制造火箭的人给予资助。同时，他也开始研究制造火箭涉及的编程问题。他认真钻研了可靠性高的编程，在高负荷及频繁使用的情况下也不会出错。美国国家航空航天局在设计系统时，喜欢用三台同样的电脑进行相同的运算，比如导航定位或者主发动机燃烧。为了安全起见，工程师们会拿三个结果进行对比，然后采用两台电脑一致的结果。飞机控制系统也会进行无错误的自动校验，而错误校正系统要允许存储和网络错误，必须使用冗长的数据编码。在某种程度上，游戏编码和火箭编码就像同一个演员演着不同的角色——两者的表现形式截然不同，实质却非常相似。

对于卡马克而言，开发游戏比火箭编程更为困难。一个游戏里有上亿行的软件代码，也包含更多的程序对象。一个单机游戏就有数千个项目需要跟踪、更新和渲染。相比之下，火箭的传感器输入和操纵面的数据集较小，比如火箭喷嘴的角度。但是，如果考虑可靠性的要求，情况就恰恰相反。一个游戏的瑕疵不会引起太大反响，就算哪里出了问题也不致有人身伤害；但是，如果火箭的控制代码出现了一个小小的漏洞，那么耗费的将是数百万美元的资金，甚至可能危及生命。总之，火箭代码虽然较少，但需要格外小心。

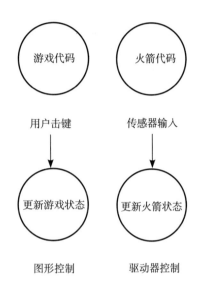

卡马克希望能像开发软件那样进行火箭编程。他不想写个软件也搞得像制造航天飞机那样，每个细节都得检查再检查，而且每过几周又会有所改变。这样做是可以的，但从成本和时间考虑就没有任何效率了。经过长时间的观察和了解，卡马克清楚了如果自己创办一家火箭公司，哪些事是不能做的。他不想经过千里跋涉来到沙漠之中，辛辛苦苦地工作一年半载，最后按动按钮，才发现出了问题。他希望每周都可以设计出一些新的东西，然后进行测试，让问题自己呈现出来。他想以共享火箭资源的形式，就像以前设计电子游戏那样，提供自己所知道的一些消息，包括在哪儿购买相关零部件。网络、个人电脑和智能手机的突破，均来自一种高效率的生产模式——能够对失败有所估计，且能不断地进行尝试。

一天，卡马克坐在办公室里，望着天花板上裸露在外的通风管道出神。他想："火箭完全可以用螺旋焊管来做，那样就不存在环向应力，也可以制造一枚像"宇宙神"那样内压稳定的火箭，还可以建造一枚不用金属板的土星5号。那晚回到家中，他走过堆满火箭零部件的车库和走廊，一辆法拉利的引擎盖上也堆满了关于火箭的教科书。当卡马克刚开始涉足这一领域时，他认为应该为其他火箭制造者提供资助。但是渐渐地，他意识到许多所谓的专家对他们自己所谈论的东西其实也一无所知。在卡马克的计算机生涯中，他把电子游戏这个行业算是研究透了。他在考虑自己能不能向航空业展示如何更快捷、更廉价地制造宇宙飞船。他知道是时候停止观望并采取行动了。

卡马克向达拉斯地区火箭协会的主席抛出了橄榄枝，问是否有人愿意和他一起研发试验火箭。后来有人报了名，于是他开始思考自己需要一个什么样的团队。之后，id软件公司地下办公室经常因为电路过载而变得一片漆黑，比萨、可乐让一个个"夜猫子"精神抖擞——这是公司最好的一段时光，他们坚信自己在创造一种全新的东西。几年下来，热情已经变成计划、产品、产量，以及专业化的手段。为了火箭，他还要继续从自己身上挖掘新的潜力，继续遨游未知的领域。

第十五章 / 不断叩问你的内心

　　迪克·鲁坦坐在热气球的加压舱中，已经达到 3 万英尺的巡航高度。这是一只巨大的充满氦气的热气球，气球飞得越高，迪克心里越是冷静。一年前他就开始策划此次飞行了。如果飞行成功，他将成为乘坐热气球不间断环游世界的第一人，而今天正是这次环球之旅的第一天。

　　现在是 1998 年 1 月初，距迪克上次历史性的旅行者号环球飞行已经过去 12 年。完成那次飞行任务之后，他受到了白宫的邀请，还应邀到世界各地发表演讲。但是，这些荣誉并没有阻止迪克再次书写历史的步伐。

　　热气球飞行了 10 分钟，一切都还算正常。这次飞行的起点是美国新墨西哥州。迪克监控着他装在热气球上的二氧化碳洗涤器的情况，以平衡这个直径 8 英尺的碳纤维密封舱内的氮气和氧气。他的副驾驶戴夫·梅尔顿在上升的过程中控制着氦气的释放，从而让热气球获得必要的浮力。

　　迪克检查了他的国际海事通信卫星组织的卫星通信系统和无线电高度仪，并且还不断地对舱内的气压进行微调。他把手上的劳力士金表取下来，换上了可靠的卡西欧。劳力士金表是一位赞助商赠送的，但是卡西欧却有一些劳力士所不具备的功能。他把劳力士放在了一个架子上。当热气球到达目标高度后，它受到的浮力便与自身的重力相平衡。梅尔顿脱下了靴子塞到一边，然后换上了拖鞋。现在可以稍微放松一下了，因为接下来的一个月他们都要在热气球里度过。这个热气球的座舱是由伯特设计、迪克亲手打造出来的。如今它正处于平流层，朝着东边飞去。"巡航开始！"迪克说道。于是他们就这样踏上了旅途。

突然，"嘣"的一声。

座舱的地板像弹簧床一样蹦了一下，氦气单元的底部出现了破裂。气球里面破损的部分呈条状向下垂着。他们正在往下掉！不是自由下落，而是逐渐地往下掉。迪克通过无线电发出求救信号："呼救！呼救！呼救！气球破裂……我们正往下掉。"他抓起一把小刀，想要割断救生装备的绳索，但立刻又停了下来。"我还会用到降落伞，最好不要用刀子割。"口子裂开的声音、气球被扯破的声音，还有气体涌出的声音一阵阵地传来，没有哪个声音是悦耳的。如果热气球顶部出现裂口，所有的氦气都将泄漏出去。没有了氦气，整个热气球就会像一只小气球那样弯弯扭扭地落到地面。因为这样的一处破损，这个足有三层楼高的银色热气球将缩成一面旗帜大小。

迪克面无表情，心里想着："美好的一天就此结束了。"

飞行控制中心传来声音："你们还能继续飞行吗？"迪克和梅尔顿降低座舱内的气压，并把舱内的物品抛了出去，以减缓下落的速度。他们拉下了紧急氦气释放阀门，用长绳子固定住阀门把手，这样就可以一直释放氦气。两人和控制中心的人都在来回踱着步子，希望能找到解决办法，直到又一次传来迪克的声音："飞行结构损坏……情况逐渐恶化……我们准备跳伞。"越战期间，他曾经在越南上空从燃烧着的飞机上跳下，降落到了越南共产党控制的领地。现在，他一样可以在新墨西哥州沙漠上空跳出去。迪克帮助梅尔顿穿好了靴子，系好降落伞，梅尔顿不停地问："我什么时候拉开伞索？我应该等多长时间？"迪克都快要被逼疯了。梅尔顿之前曾经说过自己有过 35 次跳伞经历。迪克当时问他这个问题是为了以防万一，他必须保证梅尔顿有过这方面的训练，因为在某些特殊情况下，他们必须跳伞。当迪克和梅尔顿都站在座舱边缘时，迪克心想："他的跳伞经历看上去几乎为零。"①

梅尔顿不停地说："不要打我，不要打我，不要打我。"

"你这是什么意思？"迪克忍不住问，"你觉得我会用拳头打晕你吗？"

"我的意思是你跳的时候不要撞到我。"梅尔顿回答道。

迪克摇了摇头，心想："这个家伙对此一窍不通，对跳伞中要拉开间距一点概念也没有，这可不太妙啊！"地面的风速至少是 40 英里/小时，跳伞着陆有危险。他向上望去，看到经过铝化处理的聚酯薄膜正从里面被扯成条状，像触须一样垂落下来。梅尔顿还在不停地问问题。迪克意识到是时候让那个家伙跳出去并打开降落伞了。

迪克告诉他："低下头，抱紧双臂。然后跳下去。数上差不多 5 秒钟，把胯部的开伞索拉下，伞就打开了。"

最后，他说了一声："跳！"梅尔顿便跳了出去。他几乎是在双脚离开座舱的同时就拉下了开伞索。当时迪克已经来不及告诉梅尔顿，遇到大风时要逆着风着陆，一定要注意保护自己的手臂。迪克想："我可没时间给他上跳伞入门课。"

现在距地面的高度是 6 000 英尺，迪克也准备跳伞。他已经来不及去

① 按照梅尔顿的说法，他是在这次飞行到了最后一分钟才找的替补。此前一年多的时间里，迪克都是与热气球驾驶员理查德·阿布鲁佐合作的。但就在任务开始的数周前，理查德退出了这场挑战。梅尔顿是一个天赋极高、经验丰富的热气球驾驶员，但是他和迪克一起准备的时间实在是太短了。

取那块价值 5 000 美元的劳力士金表了。他看到了坐在利尔喷气机中的飞行员克雷·莱西和商业巨头巴伦·希尔顿，希尔顿是这次迪克和梅尔顿飞行的赞助者。还有其他几个飞行团队都在不同地方争当热气球环游世界的第一人。在他们的身后，还跟着一个摄制组。迪克站在舱门口，准备跳伞。"我必须等到他们靠近一点再跳伞。这样我跳的时候，刚好可以出现在摄影机的镜头里。我必须让这倒霉的一天有点价值。"

迪克之前指导过不少人跳伞，但是他现在被摄制组和破裂的热气球弄得心烦意乱。他跳伞的时候蹬了一脚，这正是他告诫学生不要做的事情。随后他就开始下落，还不停地翻转。他试图掌握住节奏。他身体一边下落，一边喊着："不要翻！不要翻！不要！"但身体还是在滚翻。"气死我了！"终于，他回到了自由降落的姿态。他转过身来，做着娴熟的动作，很享受这种感觉。他沉浸在飞行的遐想之中，无拘无束，无牵无挂。直到他意识到飞行速度已经达 125 英里每小时的时候，他才明白已经没有回旋的余地了。"糟了，这次肯定会摔得缺胳膊少腿的。"他一边想着，一边拉开了降落伞。他准备了另外一个应急降落伞，可以迅速打开。他大声叫喊着："天哪！多么疯狂啊！"他分明觉得自己裆部有燃烧的感觉，今后免不了被人嘲笑了。

飞行之前，迪克对新墨西哥东部的地形做过一番调查：残雪、沙漠、灌木丛、小山、公路、电线、奶牛，还有几个牧场。这里地面通常都有大风。他还没来得及告诉梅尔顿，如果顺着风向，以 40 英里/小时的速度着陆，双脚会受到冲击，脚趾和膝盖骨会发生骨折；如果着陆时身体呈俯卧状，则会伤到面部；如果双手向下（这是人的本能），手臂和手指就会受伤，那么就没法解开降落伞，因为解开降落伞需要双手配合。如果不能逆着风着陆，在沙漠中也很有可能会被降落伞拖死。

迪克接近地面的时候，四周一片寂静，静得连降落伞与空气摩擦发出的声音都能听见。他从双腿之间的缝隙望下去，能模模糊糊地看到地面。他身体向后翻转了一下，这让他感到有些不适。"控制住，不要翻转！已经很低了！收紧肘关节！快着地了，不要翻转了。抓紧四根吊绳，抓紧！""砰"的一声，"双脚着地。将吊绳拉到胸前来！"他仰面摔了下去，接着又是头部。"我的头盔碎了吗？"

迪克就这样一动不动地躺着。他望向天空，又望了望四周。"我现在居然是在一片讨厌的仙人掌丛里，"他小声地嘟囔着，"仙人掌，周围全是讨厌的仙人掌。仙人掌居然让我动弹不得，仙人掌的刺直直地扎进了我的皮肤，我的脸上也是。"

他以前骑摩托车的时候也摔过，所以知道几秒之后，疼痛才会真正袭来。他一直等待着。脸上和手上的刺就不管了，"还好没有伤到其他地方。"他想。然后他对身体各个部位逐一进行检查："脖子还能动，双手完好，膝盖也还好。"然后他看了看经受了巨大考验的部位——双脚。"我的脚能动吗？哇，还可以！我的中枢神经系统也完好无损。"但是他的右手全是刺，这让他不知道该怎么办才好。"我是应该用我这全是刺的手去弄掉我脸上的刺呢，还是应该用我没有刺的手去弄，然后再被扎上几根？啊，或者我应该找一把刀。"

不久之后，一架电视台拍摄新闻的直升机也着陆了。一位摄影师扛着摄影机，围着迪克转了一个大圈。这个人并没问："迪克，你还好吗？"他只是不停地在拍摄，全程一句话也没说。迪克很快又听到另外一架直升机着陆的声音，他告诉自己，这架飞机的飞行员一定会帮助他脱困的。"好啦，飞行员朋友要来解救我啦。"这位穿着跳伞装、戴着头盔的直升机飞行员出现在迪克面前，看着他，问道："你还好吗？"迪克仍然是仰面朝天地躺在仙人掌丛里，他回答道："还好。你能不能先帮我把脸上这些讨厌的刺拔掉？"

这位飞行员戴着手套，小心翼翼地地拔掉了迪克脸上的刺。迪克的鼻子和脸颊看上去好像刚和老虎搏斗过似的。把手上的刺拔完之后，这位飞行员又小心翼翼地拉着迪克的手，让他能够慢慢地从仙人掌丛中站起来。迪克现在又行动自如了，但是梅尔顿就没这么幸运了。当他着陆时，他的股骨穿透了髋臼，在地上翻滚了好几圈。不幸中的万幸，梅尔顿还活着，他会没事的。

热气球最后飘到了得克萨斯北部，撞上了一条电线，电线割坏了球囊，然后落在了一个奶牛场里。充满纯氧和丙烷的机舱在坠地之后起火，就像一只大汽锅一样。迪克和团队的负责人，同时也参与过旅行者号任务的布鲁斯·埃文斯一同前去收集残骸，但是始终没有发现劳力士的踪迹。在这堆残骸中，最显眼的就是两根鞋带。

埃里克·林德伯格坐在莫哈韦的一家餐厅里，听着迪克·鲁坦讲述自己那不可思议的故事——本打算乘巴伦·希尔顿热气球环游世界，不料竟是这样一番遭遇。埃里克听得不由得心生敬畏，这是他听过最不可思议的冒险故事了，虽然自己身体状况一直不好，但心中的热情却越发高涨。

在X大奖举办的一次小型活动中，迪克将他的热气球历险记又给大家讲述了一遍。在莫哈韦举办的这次活动，邀请了董事会成员、当地一些飞行员，以及火箭制造者参加。埃里克很高兴能够来到这里。X大奖是一项全新而大胆的冒险体验，参加这类活动可以让他忘记自己的不幸。埃里克坐回到自己的椅子上。右脚接受了距舟关节融合手术之后，他的身体还处在恢复阶段。这个手术需要进行骨移植，并用螺丝钉固定。不知怎么的，听着迪克精彩的故事，埃里克竟觉得没有那么痛了。

迪克告诉大家，任何人只要能完成这样一次热气球环球之旅，就会得到由安海斯–布希啤酒酿造公司提供的100万美元奖励。但是他再三声明，自己不是为了那笔奖金才参加这项挑战的。

"我是想树立另外一座里程碑，"迪克说，"航空界的里程碑确实不少，我们把旅行者号看成是'最后的第一'。按照速度、高度、距离的标准，可以有很多的世界纪录。但是真正算得上里程碑的却寥寥无几。"他列出了其中的几个：人类第一次登上月球；约翰·阿尔科克和亚瑟·布朗1919年首次不间断飞越大西洋，从纽芬兰到达爱尔兰；1924年利·韦德的环球飞行（分为几个阶段，用了四架飞机）；1927年，查尔斯·林德伯格的纽约—巴黎之旅；1928年英国上尉查尔斯·金斯福德·史密斯[1]首次飞越太平洋；以及他自己的旅行者号飞行。"这些事件才是划时代的事件，标志着一种发展，标志着人类认知和能力的突破。它不仅仅是一个纪录，还会让你名垂青史。"

参加这次热气球环球角逐的还有：史蒂夫·福塞特，乘坐"个人精神号"；身价数十亿美元的维珍集团老板，乘坐"维珍环球挑战者号"；瑞士心理学家贝特朗·皮卡尔及同伴，乘坐"百年灵轨道飞行器"，以及凯文·乌利亚希，乘坐"珍·芮妮"。在此之前，还没有哪个人乘坐热气球飞过25 000英里的距离，有的人甚至因此而丧生。

"刚开始的时候，我对驾驶热气球一无所知，"迪克对大家说，"我问了很多问题，也和很多人交流过。我说：'我们可以乘坐热气球环游世界，我对环球飞行还是有经验的，坐热气球为什么就不行呢？'"迪克说，巴伦·希尔顿热气球的问题是由于制造者的过失，从而导致氦气单元的破裂。他现在已经开始制造新的座舱，准备再次进行挑战。他这次使用的氦气气球体积更小，同时还给这只热气球取了一个新的名字，叫"世界探索"。[2]

埃里克伸了伸腿。"这家伙还挺有勇气的。"他想。迪克花了一整年

---

[1] 查尔斯·金斯福德·史密斯为澳大利亚人。从1901年开始，澳大利亚成为英国的自治领，直到1931年才获得内政、外交等方面的自主权，成为英联邦内的独立国家。史密斯曾在英军中服役，被授予上尉军衔。——译者注

[2] 1999年，贝特朗·皮卡尔和布莱恩·琼斯首次乘坐热气球实现不间断、无补给的环球飞行。他们成功之后，迪克·鲁坦对热气球就不再有兴趣了。

的时间，亲自在莫哈韦建造座舱，制订计划，做好准备，然后启程。他将飞过一大片与美国政治制度不同，或者局势动荡的国家和地区，包括俄罗斯、中国、阿富汗和伊拉克。在气球到达平流层 12 分钟后，就当他们以为环球之旅已经开始的时候，气球爆炸了，随后的情况越来越危险，直到他落入大片的仙人掌之中。但是迪克却极为看重这一次经历，他曾经说过："你必须让倒霉的一天呈现一点价值。"

类风湿性关节炎给埃里克带来了很多痛苦，但他始终在考虑，既然身体不行，那又该如何在世上过得有意义，就像他过去那样。他不知道明天醒来后还能不能动弹，但他依然积极地规划自己的生活。他的一只脚已经动过手术，另一只脚可能也需要动手术。最后，迪克分享了他弟弟的一个故事。

"对于伯特的设计，我有两点要说：一是他的设计没法用，二来我们也做不了那么快。这时伯特就会回来，说着他的口头禅，'现在是灰色，晚上变白色'。也许飞机现在还是灰色的，但今晚你就可以把它刷成白色。"迪克笑了，"我们经常是这样一种状态，觉得'没办法了，才做了20%'。而伯特则会一直待在那儿，念着他'今晚变白色'的咒语。你别说，还真会出现奇迹。"

埃里克记住了这次有关奇迹的谈话。改变总是有可能的，可能就在你的下一步。埃里克心里也默念着："现在是灰色，晚上变白色。"

1998 年 7 月 25 日，迈克·梅尔维尔走上了莫哈韦机场的 30 号跑道。今天，他要进行普罗透斯的第一次试飞。普罗透斯是为天使科技公司制造的高空试验机，以便能够从平流层上提供宽带服务。在研发早期，这架飞机就已经放弃太阳能驱动模式而改为双引擎。伯特明白，太阳能飞机的动力和有效载荷都不够理想，而普罗透斯则需要在夜间没有阳光的条件下也能够飞行。如果一切按照计划进行，那么制成的普罗透斯应该能达到迈克之前从未达到的高度。这是一架全复合材料飞机，石墨环氧树脂结构，设计飞行高度超过 60 000 英尺，并且安有一根指向下方的巨大天线。

这架飞机既有美感又颇具野性，体型巨大却又不失精巧。进入机舱以后，迈克与飞机实验工程师皮特·西博尔德驾驶着飞机在跑道上滑行。普罗透斯做着各种动作——收折、扭转和弯曲。迈克测试制动系统时，宽大的起落架似乎向前向后都可以收折。他一直让飞机在跑道上滑行，直到熟悉了飞机的地面性能，他才感到踏实。随后，他又沿着 30 号跑道，测试飞机的高速性能。他小心翼翼地让前轮离地，减少能耗，用主轮跑完整条跑道。他很想看看飞机主轮第一次着陆时会有怎样的反应。于是，在接近跑道的尽头时，他放下飞机前轮，踩下了制动。普罗透斯调头之后，迈克迅速将飞机加速至设计的起飞速度，随后又降低功率，保持速度，再拉动侧置操纵杆，于是普罗透斯的整个机身便离开地面几英尺。

迈克笑了。当快要飞到 12 号跑道尽头的时候，飞机离地面仅几英尺高，操控性能非常好。他小心翼翼地试了试三轴控制系统，对其地面效应的操控也非常满意。最后，飞机引擎进入怠速状态，缓缓地着陆了。伯特坐在公司的卡车上，看着飞机高速滑行，他很是激动。飞机随后开回了公司，这里的地勤人员将对飞机进行细致的检查，就像骑手对待一匹名贵的赛马一般。他们要为普罗透斯明早的首次高空飞行做好准备。

几个月前，迈克和西博尔德参观了位于加州北部的比尔空军基地，学习了一些关于高空飞行的知识，并且接受了压力服使用方面的培训。当迈克第一次穿上量身打造的压力服时，他有点怀疑自己是否适合这样的航天飞行。他有严重的幽闭恐惧症。他在比尔空军基地待了两天，在第二天接受了急速减压测试。整个小组的人员，包括一名医生，都在窗外监测他的反应。在不到两秒的时间内，气压减至 70 000 英尺的高空气压。尽管头一天在课堂接受过相关的培训，但迈克还是觉得这种体验真是太恐怖了。戈尔特斯面料的压力服顷刻间从柔软的纤维变成了硬质的棒球材料，让迈克的四肢都难以动弹，几乎无法进行模拟飞行。这种体验让人疲惫不堪。迈克看到舱内窗台上有一碗水，当模拟高度达到63 000英尺的时候，碗里的水沸腾了，最后全都变成了气体。如果他没有穿上压力服，那么他体内的血液也会是同样的结果。[①]"太空中的东西真是太可怕了。"他心里想着。

　　7月26日这天，阳光明媚，风和日丽。一大早，迈克和卓越的年轻工程师，同时也是极有天赋的飞行员西博尔德着装完毕，背上降落伞，然后钻进了普罗透斯。今天迎来了这架飞机第一次真正的试飞。迈克在30号跑道上滑行，然后将机身后段的两个喷气式发动机马力加至最大。普罗透斯加速在跑道上急驰，随后机头抬起，第一次冲上了云霄。飞机尽可能地以平稳的速度上升。当到达12 000英尺的高度后，迈克驾驶着飞机，在滑翔距离内绕着机场上空盘旋。他对测试卡上的项目都进行了测试，包括应对失速的各种方法，觉得性能还不错。操纵飞机滚转的力要大于他驾驶过的其他飞机，但是对于这种大小的飞机来说也算正常；俯仰和偏航的力较轻，几乎完美，三轴操纵都非常不错。[②]普罗透斯有一

---

①　可用一个比喻描述那只碗里的沸水：水分子总是挣扎着从液态（牢狱）"越狱"，想通过表面（铁栅栏）获得自由（气态）。若要帮助它们，你既可以给它们一把强有力的钻头（加热），也可以让栅栏松一点（减小气压）。在阿姆斯特朗极限上（63 000英尺），所有的栅栏都不复存在了，所有液态水分子将全部逃逸，成为游离的气态。因此，这一极限之下为液态的水，极限之上则为水蒸气。逃逸出来的水分子在碗口形成水蒸气，不断地给液态的水施加压力，因此，水分子的逃逸就越来越困难。通过加热，可让它们获得更多的能量，最后逃逸出来，或者通过降低气压让它们获得自由。在阿姆斯特朗极限上，气压极低，人体内的水分也会沸腾蒸发。

②　飞机偏航时，机头向左右偏移；进行俯仰时，机头会上下移动；进行滚转时，机头则会像橄榄球一样旋转。方向舵在飞机重心四周产生偏航力；升降舵则产生俯仰力，机翼上的副翼则让飞机产生滚转。

对鸭翼，即前置翼，因此飞起来和加长超轻型飞机有一些类似。但它的机身是活动的，遭遇湍流时稳定性较差。飞机主翼细长，弯曲度比迈克驾驶过的其他飞机更大一些，好像一辆软悬挂系统的汽车。迈克适应了飞机的这种弯曲度之后，觉得驾驶起来还是很舒适的。

首次试飞结束之后，伯特和公司成员开始考虑在9月下旬进行普罗透斯的首次公开飞行。届时，他们的客户——马克·阿诺德、戴维·瓦恩和彼得·戴曼迪斯将到场观摩。伯特和迈克也兴致勃勃地讨论了一番，觉得普罗透斯的飞行高度可能会在同一重量级别的飞机中创造新的纪录。这架飞机非常独特，让人过目难忘，吸引了不少人的注意。

伯特的办公室就坐落在莫哈韦机场跑道旁。当他望向窗外时，他看见一架波音757商务机在跑道上滑行，接着便停了下来。波音757机长155英尺，翼展124英尺。波音757造访偏僻的莫哈韦，这可不是寻常的事。而伯特最期待的人，则是微软公司的共同创始人保罗·艾伦和维恩·拉伯恩，后者负责管理艾伦在科技方面的投资。

伯特盯着那巨大的波音757，一直看着它停到公司门前。他皱了皱眉。莫哈韦没有商业设施，机场也没有那种移动的舷梯可供亿万富翁大驾光临。伯特叫上几个伙计径直迎了出去。这架波音757和美国副总统乘坐的"空军二号"为同一机型。突然，机舱门打开了，精致的无缝三折舷梯落下。伯特抬头望见了保罗，心里想着："天啊，主降临了。"

艾伦和拉伯恩到莫哈韦来是因为艾伦在宽带业务上投入了大笔资金，包括购买了有线系统、门户网站、无线调制解调器，以及光纤网架构。他正在为他的有线电视公司——查特通信进行数十亿美元的IPO（首次公开募股）。他到各地遍寻网络方面的基础设施，这次专程从西雅图飞到莫哈韦来看普罗透斯到底能做些什么。根据设计要求，这款飞机可在高空连续飞行12小时，并发送宽带信号，然后由另一架飞机接替它继续工作。这引起了艾伦浓厚的兴趣。

伯特告诉拉伯恩和艾伦，他从 1994 年 11 月到 1996 年 5 月都在做普罗透斯前期的设计工作。第二个阶段从 1996 年 12 月开始，进一步设计了细节，然后制造出原型机——伯特的想法是制造若干架普罗透斯。这款飞机可用于商业通信、通信与数据中转、大气科学、侦察与勘测，以及小型卫星发射。各种仪器设备可搭载于机舱中段，根据载荷大小，飞机的机翼和前置翼翼尖可以伸缩。普罗透斯发送宽带信号比卫星要便宜得多。飞机最大起飞重量可达 12 500 磅，可在 52 000~64 000 英尺的高空连续飞行 12 小时。

伯特对飞机用于大气科学、侦察与勘测，以及小型卫星发射的相关数据也进行了分析，然后发现普罗透斯可能还有一个用途，只不过没有在公开场合透露，那就是太空旅行。伯特提出，普罗透斯或者类似的机型，有可能用于空基太空飞船的发射，发射出去的飞船穿出大气，让飞船中的乘客可以体验大约 4 分钟的失重状态，同时也可以观赏到同地球轨道上类似的地球景观，最后飞船返航并着陆。

阐述完观点的那一瞬间，伯特知道他已经完全吸引这个安静的亿万富翁。

艾伦出生于 1953 年，比伯特小 10 岁。他是一个标准的太空怪才：热爱科幻小说；听着水星 7 号宇航员的名字长大；追逐着美国国家航空航天局的每一次发射任务。和伯特一样，他曾经用软木做过模型飞机，还发射过模型火箭。1969 年，这个既热爱音乐，又热爱机械的十年级学生迎来了幸运的一年。5 月，他观看了生平第一次摇滚音乐会，还是吉米·亨德里克斯的；7 月，他又观看了阿波罗 11 号登月。最近，他还让建筑师弗兰克·盖里在西雅图修建了一座摇滚与科幻相结合的博物馆。艾伦是世界上第三富有的人，紧随比尔·盖茨和沃伦·巴菲特之后，拥有的净资产为 220 亿美元。他拥有波特兰开拓者篮球队和西雅图海鹰橄榄球队。他还有一艘白宫大小的游艇，波音757也只是他众多飞机中的一架。

伯特告诉艾伦，他也不完全肯定普罗透斯是否能够成为亚轨道航天的最佳载体，但它的确激起了设计另一架太空飞机的灵感。这架新型的太空飞机可能效仿X-15的方式，在空中进行发射。伯特的理念是要设计出一种"更安全、更廉价，还可创收"的飞行器。但伯特也表明，他看中的不是钱，并且告诉艾伦和拉伯恩："我不确定自己是否能够做到，只是一直在思考，确实是有可能的。"艾伦表示，他对此非常感兴趣。如果伯特有了确切的想法和设计方案，艾伦很希望伯特能首先告诉自己。

不久，艾伦和拉伯恩又登上了波音757。随着红地毯卷起，精致的舷梯也收回了机舱。飞机又飞入了莫哈韦万里无云的天空。

艾伦和拉伯恩离开之后，伯特站在办公室里思考着X大奖的事情。此前彼得来找过他，希望他能帮助制定和提炼X大奖的规则和要求。伯特告诉彼得："我不会帮助你，因为我也想参加这样一项角逐，然后获得奖励。所以如果我参与规则的制定，可能就不太好了。"看着一些已经完成的普罗透斯草图，他觉得飞船座舱中要带上三个座椅可能有点困难，但这是X大奖的要求。他脑子里的想法非常多，比如座舱用降落伞进行回收，就像水星号和双子号那样。他也考虑过用直升机进行回收，用邻居的"休伊"直升机在空中将飞船接住，即抓住座舱降落伞的顶部，然后再小心地带回到公司门前。

但是目前也有很多难题。连世界上的大国政府也没有造出一艘可以百分之百重复利用的载人航天器，[1]而且彼得现在也还没有筹集到这1 000

---

[1] 航天飞机是最接近可再利用的航天器，其15层楼高的外储箱是唯一不能重复利用的组件。

万美元的奖金。而以前奥泰格奖的 25 000 美元奖金和克雷默人力飞行奖可都是现成的。

那一天，伯特一边工作，一边思考着与保罗·艾伦的会面，脑子里不时地蹦出解决难题的办法。这道难题也是载人航天飞行最为困难的一个环节，无异于梦境中的圣杯，即安全返回地球。他坐下来开始画草图，等他抬起头来的时候，其他人都已经回家了。

第十六章 / 寻求生命中的贵人

　　X大奖在圣路易斯天文馆举办晚宴，厅内座无虚席。应邀前来的有宇航员，有著名科学家，有军官，有产业巨头，还有一位负责组织机构审批的政府高官。此外，彼得还邀请了参加X大奖角逐的团队成员，他们带来了各自设计的模型。这次活动，也吸引了媒体的关注。彼得甚至已经为最终获胜者准备好了精美的纪念品，这件东西倒没有让他操太多的心。

　　在火箭制造者、投资者和企业家们发表了一番慷慨激昂的演说之后，彼得和参与者们一起谈论起各种形状和大小的飞行器，有的是大众熟悉的飞船，有的是飞碟一般的造型。参赛队伍都向他保证，资金没有问题，或者很快就可以到位。但一天都快要结束了，也没看到任何人拿出实实在在的东西。彼得认为，只有参赛队伍的硬件到位了，这场比赛才算真正开始。

　　在渴望看到参赛者们拿出硬件的同时，彼得也在为资金奔忙着，成天嘴皮子都快说破了。在互联网创造财富的时代，一些网络企业如Pets.com 和 Webvan 依靠疯狂的投机赚取数亿美元的资本，而他却两手空空。他要做的，是要开拓一个新的产业，开创一段新的历史。

更糟糕的是，X大奖晚宴的主题发言人在最后关头取消了行程——巴兹·奥尔德林几天前打电话说他无法出席这次晚宴。更让彼得感到头疼的是，在可能参赛的选手中，唯一实实在在拿得出东西的只有伯特·鲁坦，而到现在为止，他还没有正式注册申请参加X大奖角逐。不过，他的普罗透斯倒是正在朝着那个方向迈进。此前有人披露彼得的天使科技公司出资建造了普罗透斯，为了不引起利益冲突，彼得给披露此事的团队写了一封信，表明自己并不希望伯特用普罗透斯的设计方案参与X大奖角逐。

阿尔·克尔斯是这场晚宴的主持。刚一开场时他就说："今晚宴会的出席率比去年多了30%，这是一场座无虚席的盛会，比参会人数涨得更快的可能只有最近的股市了。我在想，X大奖和股市还有一点差别，那就是，股市随时有崩盘的危险。"他顿了顿，以为大家会哄堂大笑。"好吧，这个笑话不怎么样。"

在表达了对参赛队伍代表的欢迎之后，克尔斯又谈到了航天界最近一些令人兴奋的进展，包括航天飞机的几次任务，克莱蒙提娜环月球轨道探测器在月球南极发现了冰，海尔-波普彗星造访地球，探路者号登陆火星，全球勘探者号进入火星轨道。他还特别提及，飞行员、热气球驾驶者、冒险家史蒂夫·福塞特也出席了此次盛会。出席宴会的还有皮特·沃顿、DC-X工程师比尔·高巴茨，以及克莱蒙提娜项目副经理斯图·诺泽特。彼得的父母，哈里和图拉也到场参加了宴会，并捐赠了25 000美元，他们因此获得了"新圣路易斯精神号"组织的会员资格。

克尔斯站在台上，有人递上来一张纸条。看过纸条之后，克尔斯抬起头，目光在人群中扫视着。他说，他要宣布一则惊人的消息：就在刚才，有一位来宾购买了 4 个"新圣路易斯精神号"的会员资格。不是 1 个，不是 2 个，也不是 3 个，而是 4 个，价值 10 万美元。克尔斯说："这是一位极具传奇色彩的先生。他是一位伟大的作家，作品包括《猎杀红色十月》《红色风暴》《爱国者游戏》《燃眉追击》《冷血悍将》。但是，你们有多少人知道，他最初只是一个身份卑微的保险代理呢？如今，他是 X 大奖参赛队伍之一的旋转火箭公司投资人，同时也是巴尔的摩金莺队的共有人。他个人在军事研究方面的造诣颇深，甚至超过许多国家机构。此前，有传言说 X 大奖是潜伏在地球上的外星人所筹划的阴谋。今晚，他的任务就是打破那个传言。"他顿了顿，等待着台下听众的反应。"他是谁？他的名字叫——汤姆·克兰西。"

克兰西手里端着酒杯走到台上。他说："我给大家讲个故事吧。1969 年 7 月 20 日，阿波罗 11 号登月。这天晚上地里正好在收获西瓜。我开着车回家，发现一路上都是西瓜。最后，我终于赶上了拉着西瓜的拖拉机，看到西瓜正一个个从拖拉机里掉出来。对于美国人来说，7 月 20 日是很重要的一个日子，代表了美国国家航空航天局终于有所作为了。美国国家航空航天局里都是些才华横溢、聪明绝顶的人，但是他们却在一个对成就没有任何奖励的体制下工作，政府并没有真正起到作用。

"如果政府想要做一点动脑子的事情，是离不开我们的。是谁发明的计算机？是政府吗？不是。是 IBM 吗？也不是。是乔布斯和沃兹两个从学校退学的人在车库里搞出来的。是的，建造火箭也需要一个很大的车库，但这就是美国人的方式。私营企业和政府的不同之处，就在于我们有效率。如果我们不挣钱，就会倒闭。我们需要打造出太空领域的私营行业。"

他继续说道："美国给世界带来了民主。解放了，自由了。今天，作为美国人，我们要做的就是继续向太空进发。只有敢于想象的人才会取得成就。"

最后，他总结道："让我们都做点有意义的事吧！我刚才给X大奖捐了10万美元，因为我认为那很有意义。能够让你创造历史的机会又有多少呢？你又有多少机会可以看到奇迹出现，然后再自豪地说，'那也有我的一份功劳'呢？希望有一天，你可以告诉你的子孙，'我也是出过力的'。我们身后留下的，将激励后人在拓展人类空间方面不断迈出新的步伐。

"我们为什么来到这里？因为我们要去做一些不可能的事情。当你看到那些从来没有做过的事情，我们要说'不可能'吗？'不可能'只意味着我们今天不知道怎么做，但是终会找到解决办法，未来是我们创造出来的。"

汤姆·克兰西的出场，让这场晚宴熠熠生辉，宴会最终在一片赞誉声中结束。筹到了资金，宴会也算是大功告成。但是现在彼得还在发愁，因为他需要一个超级有名的资助人。

彼得第一次游说是在圣路易斯，在拱门下宣布X大奖之后。游说的对象是圣路易斯的一位民间领袖比尔·马里兹，他经营着一家资产达数十亿美元的公司——马里兹公司，主要为其他公司构建内部营销的激励机制，包括通用汽车在内的多家公司都是他的客户。彼得和格雷格·马里尼亚克都觉得马里兹很适合做他们的冠名赞助商，因为马里兹自身对X大奖有一定的了解，而公司也主要经营一些激励型的项目。

格雷格早已从新泽西飞抵圣路易斯。在与马里兹会面的前一天晚上9点钟，他和负责市场营销的柯莱特·毕维斯一起，在圣路易斯市区的一家快印店与彼得碰面。他们今晚有很多事情要做，要复印、打印，还要装订。他们想要从近60页的幻灯片打印出高分辨率、全彩色的图片。几个小时过去了，复印件完成了。然后他们将3M胶水尽可能多地喷在11英寸×17英寸的彩色图片背后，让图片有一定的硬度，就像有硬纸板贴在

后面一样。他们准备了足够多的胶水，把大量的厚纸板贴上。他们凌晨
3 点才离开快印店，回到酒店已经凌晨 4 点了，随后早上 9 点便和马里兹
会面。

马里兹方面来了十来个人，彼得将他的三寸不烂之舌发挥到了极致，
一开始就对 X 大奖的目标做了概述。"X 大奖初创时，我们没有资金，没
有团队。我们旨在寻求一位 21 世纪的查尔斯·林德伯格。"彼得陈述了大
约几分钟。

阿尔·克尔斯当时也参加了会面。他谈到了 X 大奖会给圣路易斯带来
的影响。作为圣路易斯本地的赞助商，能够让这座城市从一座"过去的"
城市变成一座"未来型"的城市，能够为圣路易斯开创一个新的产业，
唤起年青一代对圣路易斯这座航天之城的印象——"迷人的太空"。同时，
还可以发掘"整座城市及其周边的巨大经济潜力"。克尔斯幻想着 X 大奖
在圣路易斯被获奖者赢取的种种情形，让这座城市再现 1904 年圣路易斯
世界博览会时的传奇和荣耀。当时的世博会吸引了世界各地的游客，让
这座城市声名大振。

马里兹和他的团队想知道像 X 大奖这种事情为什么不是由美国国家
航空航天局来做。他也询问了彼得，如果出现了什么问题，赞助商会不
会有什么风险。他还想知道获得成功的可能性有多大。虽然他提出了很
多问题，但还是让人感受到浓浓的暖意和莫大的鼓励。会面结束后，彼
得和其他人一起走出了会议室，格雷格推测他们这次成功的机会有 50%。

"他们看上去非常认同。"格雷格颇有些兴奋，因为彼得比他还要乐
观。那一晚，彼得和格雷格都在想象着，拉冠名赞助初战告捷会是什么
感受。

几天之后，彼得接到了马里兹办公室打来的电话。他们告诉彼得，
这个想法非常好，但是与"我们的宗旨"不符。

一番激情万丈的游说，换来的就是这样一句简单的回绝，而这仅仅

是一个开始。后来，彼得又去找了企业租车公司的创始人，又是满怀激情地将X大奖宣传了一番。圣路易斯叫得出名的企业，他和格雷格，还有其他成员几乎都走遍了。然后，他们又转战到了波音、凯迪拉克、冠军方程赛、查特通信、思科、国际快递公司、杜邦、回声星通信公司、艾默生、美国电子商务、葛威电脑、捷蓝航空、希尔顿、雷克萨斯、玛氏、米拉麦克斯、旅程、红牛、斯普林特、温蒂汉堡，还有很多别的公司。那些人每次都会问相同的问题："这种事为什么不是美国国家航空航天局来做呢？小团队真的行吗？会不会太危险？如果有人不幸丧生该怎么办？"

一连几个月拉赞助都没有结果。1998年末，彼得一部分时间住在圣路易斯，一部分时间住在马里兰的罗克维尔。接下来，彼得将与一位先生在伦敦会面。他有一种预感，觉得自己会中大奖，这个人就是他们要找的人。此次与他见面的不是别人，正是维珍集团创始人理查德·布兰森——一位颇为叛逆的亿万富翁、一位冒险家，也是一位热爱太空的人。

维珍集团创立于20世纪60年代，最早出版一本名为《学生》的杂志，从事唱片零售，后来有了自己的品牌，就叫作维珍唱片。现在，维珍集团旗下有上百家公司，包括维珍航空。维珍群岛中有一座内克岛，布兰森就住在属于他的这座私人小岛上。他兴趣爱好广泛，有着一头浓密的金黄色头发，古铜色的皮肤，喜欢穿开领衬衫。他拥有全世界最畅销的书——《一切行业都是创意业》。他既是一个人道主义者，同时也在努力寻求打破热气球、赛艇，以及两栖工具等方面的纪录。彼得希望能够劝说布兰森停止热气球探险这类危险的投资项目，转而进行一些更加稳健的投资，比如飞船。

彼得在新泽西的纽瓦克机场与他的朋友，也是他的生意伙伴埃里克·安德森碰了面，他们要乘坐维珍大西洋航空的航班到达伦敦的希斯罗机场。埃里克23岁，刚从学校毕业，在费城的一家软件公司上班。他和彼得是在20世纪90年代中期相识的。那时候，安德森还是弗吉尼亚大学航空航天专业的一名学生，也是弗吉尼亚大学SEDS成员。他的整个假期都在彼得的地下室里实习，帮助彼得处理X大奖及零重力项目早期的一些事务。他和彼得不久前刚与迈克·麦克道威尔共同创办一家名叫太空探险的公司，麦克道威尔是一家极地探险公司——夸克公司的创始人。太空探险公司是提供各类太空业务的伞状组织，业务包括配有宇航员的私人太空旅行、推进系统课程教学，以及零重力体验。他们希望能够在包括俄罗斯在内的火箭发射机构和一些寻求极端体验的有钱人之间牵线搭桥。

彼得和埃里克在伦敦时间早上7点之前就到达了希斯罗机场。彼得告诉埃里克，布兰森特意安排了一辆维珍的豪华摩的来接他们。埃里克从来没有听说过豪华摩的，但是他太累了，也顾不得多想。外面天寒地冻：灰蒙蒙的天空下着细雨，看上去很快就要下雪了。摩的司机来了，让他们穿上皮衣，戴上有耳麦的头盔。彼得和埃里克看着他们的行李被绑在车子后面。他俩就这样稀里糊涂地坐在那辆红色的维珍摩托车上，在清早忙碌的车流中穿梭。埃里克脑海里想的全是热咖啡，彼得倒觉得挺惬意的。最后，他们到达布兰森位于荷兰公园的三层小楼房，然后被带到客厅旁边的一个小房间。首先吸引他们的，是壁炉上的维拉科技公司太空巡航舰模型。这让彼得和埃里克感到有些焦躁，因为他们知道维拉科技公司的人已经捷足先登。埃里克怀疑布兰森是否还会从他们这里打听维拉科技公司的信息。这家位于弗吉尼亚的公司有自己的业务，并没有参与X大奖。现在，他们正在研发一枚可完全再利用的两级火箭，至少可以承载6名乘客进行亚轨道飞行，每人次收取8万美元的费用。埃里克还知道，这家公司也打算筹集上亿美元的资金。

15分钟后，布兰森走下楼来，亲切地笑着欢迎他们的到来。布兰森穿着他标志性的卡其裤和白衬衣，看上去怡然自得，还询问了摩的的服务情况。彼得一直很仰慕布兰森，对这次会面还有几分紧张和不安。接下来，他给布兰森做了详细的陈述，谈论了"维珍X大奖"将会产生的巨大力量，也详细地介绍了一些参赛团队和未来可能加入的新成员。

布兰森说，几年前他曾去过莫哈韦，当时去找伯特·鲁坦咨询过一些关于热气球加压密封舱的问题。彼得拿出了预先做好的"维珍X大奖"图标的样品，把查尔斯·林德伯格和奥泰格奖的故事都告知了布兰森。布兰森被彼得的一番话吸引了，他说自己很喜欢这个想法，当他还是一个少年的时候，就非常喜欢太空。阿波罗11号登月那一年，他19岁。布兰森有很多他喜欢的太空语录，其中一句是卡尔·萨根的，他这样描述了太空的广阔："浩瀚宇宙的星辰，比地球所有海滩上的沙粒还要多得多。"

埃里克说，太空探险公司准备通过零重力体验、亚轨道飞行，以及与俄罗斯方面合作等方式，为普通人提供太空旅行服务。这时，布兰森提出一个让埃里克很是吃惊的问题。这位亿万富翁很想知道，私人太空旅行是不是真的有市场，因为还没有私人乘坐商业火箭到过太空，私人太空旅行作为一个产业并不存在。

布兰森问道："人类环游太空真的有市场吗？我的意思是，我打算来做这件事情，但有些疯狂。"

彼得听着布兰森的一番话，他相信布兰森早就有了答案，只是故意要找点问题出来，而埃里克则认为布兰森对其中的市场确实有所怀疑。彼得和埃里克讲了很多不同的案例，表明公众对太空旅游有强烈的欲望。1958年，班坦图书公司在一些平装本科幻小说的后面附上了"太空旅行预订表"，让读者们"预订未来到其他星球的旅行。你的姓名和目的地将会保存下来。等到科技足够发达，将会带你去那儿"。这样一张预订表收到了超过25万人的反馈。十年之后，正是阿波罗计划的繁盛时期，泛美航空公司就开始接受月球旅行的预订，有93 000人报了名。1985年，从事探险旅游的机构——社团旅游公司又提出要搞私人轨道飞行，缴纳5 000美元定金的就有成百上千人，富人们纷纷开出了支票。但是，美国国家航空航天局不答应把航天飞机的席位卖给社团旅游公司，公司便聘请了加里·哈德森设计建造私人飞船。后来，挑战者号失事爆炸，这个项目也随之搁浅。

布兰森一边听着，一边点头。他是一个爱做梦的人，身旁这两位也都一样。但是，他不会因为看到了市场，就一定想着要建立一家公司。他创办公司的想法都很简单：想要听到更好的音乐，想要有更好的飞行体验，想要在果汁吧喝到一杯更好的果汁，想要更快地从希斯罗到达伦敦。如果他想要做一件什么事情，就会发现很多和他有同样想法的人。他现在去太空的想法非常强烈，他看着彼得，心想，每件事都让我觉得，我应该给他一个肯定的答复。

几天之后，彼得回到了美国，然后他从布兰森的工作人员那里得知，那位人所共知的"好好博士"说了"不"。彼得猛地一惊，一下子瘫坐在椅子上。他想："连理查德·布兰森都说了'不'，那还有谁会说'是'呢？"

1999年伊始，彼得要去和另外一位亿万富翁进行又一次的重要会面，这个富翁看上去也是赞助X大奖的最佳人选。这次，他要到西雅图去见亚马逊网站的负责人杰夫·贝佐斯。亚马逊网站是一家电商，目前的发展相当迅猛。虽然创立不到5年，但是股票市值已达300亿美元，股价曾在一年之内上涨了10倍。这家位于西雅图的电商一下子变得比德士古石油公司这样的大型企业还要富有。贝佐斯年仅35岁，就已经拥有至少90亿美元的身家了。同时，他也是一名太空爱好者。彼得和贝佐斯此前通过一封电子邮件。贝佐斯同意见面，但也提醒彼得说："我很忙，但愿能够抽出点时间来。"

  彼得心里不禁又燃起希望之火。小的时候，贝佐斯总是带着一份虔诚观看《星际迷航》，还会花时间扮演斯波克或柯克船长。当中学毕业的时候，他曾代表毕业生致辞。他在致辞中就说，要在地球轨道上为成千上万的人建造新家园，以此"保护我们的地球"。1986年，贝佐斯成为普林斯顿大学电器工程与计算机科学专业的优秀毕业生。在大学期间，他就曾担任过SEDS普林斯顿分会的主席。彼得和贝佐斯在同一个圈子里面，但从来没有相遇过。

  贝佐斯和彼得相约在西雅图市中心的一家小饭店共进早餐。这位《时代周刊》的年度人物穿着牛仔裤，戴着一块每天根据原子钟自动校时36次的手表。他的笑声有些奇怪，但也非常爽朗。他们谈论着在太空方面的共同兴趣，还回顾了当年在普林斯顿大学SEDS分会的时光。分会举办过电影之夜，播放的是从美国国家航空航天局拿来的讲述阿波罗计划历史的16毫米电影胶片。周五晚上，他们还可以观看007系列电影。每场电影门票是两三美元，有时候放一场电影下来有几百美元的收益。这些钱被用于观看航空表演，参观航空航天博物馆或者附近的空军基地。他们还会派学生去听罗伯特·戈达德的讲座，也会在校园内开展一些调查，询问同学们对美国太空计划的看法。

  和SEDS在别处的分会一样，普林斯顿分会也将志趣相投的学生联系起来，大家互相学习，一起规划太空更加灿烂的未来。普林斯顿分会的例会每次都有二十几名学生参加，要么是在学生会的走廊里开，要么是在一些开放的房间内召开。最大的一次会议是在里根总统发表关于将核武器发展转向构筑和平之盾的讲话之后。他们成立了一个倡议团体，还针对这个主题召开了一次大会，邀请了数百人以及军队里的一些高官前来参加。

  彼得和贝佐斯坐在深色木质装潢的小餐馆隔间里。彼得比贝佐斯大三岁，现在正给贝佐斯解释X大奖的概念。他谈到了参赛的团队，还向贝佐斯展示了一些设计草图，同时也说了一下比赛要求和推进系统。贝佐斯仔细地听着，也问了一些技术方面的问题。随后，他们又谈到了格里·奥尼尔，贝佐斯在普林斯顿上学的时候，奥尼尔正好也在普林斯顿。他们还谈到了登陆月球，开发太空资源等远景规划，这是他们都非常感兴趣的话题。会面结束时，彼得明白了一件事：贝佐斯不会投资X大奖。作为一名工程师，贝佐斯想做的不仅仅是投资建造飞船，他还想亲自参与进去，实现自己的梦想。他希望可以找到一帮聪明能干的人，一起实施属于自己的"追星计划"。贝佐斯告诉彼得，亚马逊网站就是他挣钱进入太空的渠道。亚马逊的利润越高，那么贝佐斯开启太空之门的机会就越大。当下他的全部重心就是亚马逊。两人起身将行之时，贝佐斯结了账。彼得留意到贝佐斯把小票撕了留在桌子上。这顿饭的花销可能有点多了。

虽然这次两人不能合作，但是他们都答应会保持联系。又一位热爱太空的亿万富翁拒绝了彼得，彼得再一次感到失望。彼得还感觉到，就算X大奖不能成功，凭着贝佐斯的财力和远见，终有一天也可以自己进入太空的。当彼得失望地走在西雅图崎岖的街道上时，漫天的小雨突然变成瓢泼大雨，他却没有带雨伞。

制片人鲍勃·韦斯见证了彼得不断地向其他人宣传X大奖，就像传道士挨家挨户地劝别人皈依一样。几年前当他们在纽约初次见面的时候，彼得兴奋地告诉鲍勃，自己写了一个电影剧本，希望可以卖给好莱坞，然后将挣得的钱用于X大奖。彼得以为，把剧本卖出后，初期就可以获得上百万美元；等到电影制作完成之后，又可以有数百万美元的收益。鲍勃一边听着，一边把鼻梁上的眼镜往下拉了拉。然后，他把好莱坞的真相告诉了彼得。对于打破了彼得"对电影收益不切实际的想法"，鲍勃深感歉意。

鲍勃告诉彼得，就算成功卖出了电影版权，得到现金的可能性也微乎其微。他觉得彼得充满了对未来的热切期待，他的脑子里接收了"外太空的召唤"，迫切地想要离开地球。鲍勃自己受到了同样的召唤，要帮助彼得实现他的梦想。这简直就是现实中的科幻电影。鲍勃来自好莱坞，他的任务就是创造虚幻的现实。彼得·戴曼迪斯的故事，还有X大奖，都让自己的灵魂受到了感召。初次相遇之后，鲍勃就尽他所能帮助打理X大奖的相关事宜，直到妻子提醒自己，他们还有几个孩子在私立学校上学。于是他又回到好莱坞继续从事电影制作，希望能够挣得足够多的钱重回X大奖。

如今，距1996年在圣路易斯大拱门下宣布X大奖已经快三年了。为了能够顺利运行下去，大奖仍然在多方筹集资金。为了找到赞助，彼得做了不下50次游说，见了各个大企业的总裁或高管，包括索尼、克莱斯勒、安海斯-布希、劳力士、百年灵、福特、联邦快递公司、空客、诺斯罗普·格鲁曼公司、美国在线、Discovery金融、企业号控股集团、日产以及施乐公司。这些公司全都把他拒绝了。所幸的是，"新圣路易斯精神号"组织的会员费让X大奖存活了下来，还有汤姆·克兰西也像及时雨一样送来了资助。但是，会员发展也越来越困难，X大奖往往是从这里得到25 000美元，从那里得到25 000美元。彼得就像一个赌徒，盯着那时断时续的一点资金来源。他要么继续赌下去，中个头奖，要么宣布破产，没有第三条路可以选择。

彼得游说回来，途经他在圣路易斯的圣查尔斯机场附近的X大奖办公室，他进去看了看助理给他的留言。他浏览了一遍，注意到这么一条："美国第一银行寻求捐赠。"彼得笑了笑，"难道还有人让我们捐款？"他把这张留言条揉成一团给扔了。不过后来，他还是决定让助理第二天打个电话问问到底是怎么回事。

第二天，他的助理带回一条激动人心的消息。美国第一银行不是在寻求捐款，而是希望可以给 X 大奖捐款。显然，在波士顿的银行负责人读到了刊登在《基督教科学箴言报》上关于 X 大奖宴会，以及克兰西当场捐赠 10 万美元的消息。所以他们想要和彼得见见面，谈一笔可行的交易。

不到一个星期，双方就在圣路易斯科学中心进行了会面。彼得先与格雷格、阿尔·克尔斯以及道格·金碰了面。四个人站在路边，看到身着黑色西服的美国第一银行高管们从黑色豪车中走了出来。看到他们，彼得不禁联想到电影《黑衣人》。落座之后，高管们就告诉他们四个人，他们想推出一款 X 大奖信用卡。他们就美国第一银行为高校、同学会、航空公司等定制信用卡的业务做了一番说明。他们也相信，热爱太空的人不在少数，推出新的太空信用卡肯定会吸引相当多的客户。他们希望得到 X 大奖的邮件列表，或者是飞行员以及一般航空企业名单，以及众多的飞行俱乐部和飞行机构的信息。持有 X 大奖信用卡的人将有机会赢得各种与太空相关的飞行机会，包括零重力飞行和俄罗斯米格喷气战斗机飞行。持卡人还可以直接向 X 大奖捐款。

交易很快就达成了，而且这还是一笔大买卖。美国第一银行相信发行 X 大奖信用卡可以获得巨额的收益，他们同意资助 X 大奖一半的奖金，但是有一个附加条件：只有在 2003 年 12 月 17 日之前有人赢得比赛，彼得才会得到这笔 500 万美元的资助。那一天是莱特兄弟历史性飞行 100 周年的纪念日。除非彼得能寻求到另外 500 万美元，否则大奖还是没有着落。

从圣路易斯回来之后，彼得穿上运动鞋，一头扎进了健身房。他现在的内心非常复杂。一方面，他可以向那些参赛队伍宣布：1 000 万美元的奖金他已经敲定一半；另一方面，他的冠名赞助商名称依然不知所踪。不管怎么样，尽管经历了无数次拒绝，但还是有人表达了同意。

第十七章 / 雕刻你的梦想

埃里克·林德伯格和一位擅长治疗风湿病的医生坐在一起。他现在正在明尼苏达州罗切斯特的梅奥医学中心，忍受了两天像肉加工生产线一样的各种检查，不过他也不清楚这些检查是否真的都有必要。他蹒跚地做着一项又一项检查，身上穿着件薄薄的纸袍，后面还敞开着，显得很不雅观。为了让身体状况有所好转，他看了无数医生，也尝试过各种各样的疗法，还用了一些尚在试验阶段的最新疗法。但是，病情依然毫无起色。万般无奈之下，他的父亲对他说："你得找个好点的医生看看才行。"然后还拿出一笔钱给他，让他到梅奥医学中心看看。于是，埃里克便坐到了这里，面前坐着一位德高望重的风湿病专家。医生看了看埃里克的X光片和病历，坐在椅子上转了转，然后实话告诉他说："你肯定需要做膝关节置换手术，双膝都需要。"

那位医生后面说的话，埃里克也没怎么听进去。他知道自己的膝盖出了问题，但是从来没有哪个医生给出如此直接的答复。以前的医生对他的病情并没有抱什么希望，只给他做了一些常规治疗，缓解他一时的痛苦。埃里克离开医院时，觉得神情有些恍惚。他一个人拄着拐杖，好不容易才走下那段已经结冰的阶梯。

虽然梅奥医学中心有室内通道与一家酒店相连，走着也暖和，但为了省钱，埃里克并没有住在那里，而是订了离中心挺远的一家汽车旅馆。他的耳边一直回响着一个声音：双侧全膝关节置换。

住进旅馆之后，他一下子坐在床上，连外套也懒得脱了。房间的墙壁有一道裂缝，顺着缝隙是棕黄色的水渍；室内的灯光忽明忽暗；暖气不时地向外喷溅着水汽；深黄色的地毯显得蓬松而凌乱；房间外有一个人正在冲着经理大吼，说水池里有老鼠。他用双手摸着自己长长的双腿。这双腿曾经那么强壮、敏捷，似乎专为冒险而生。他可以骑着山地车，顺着山间小径飞驰而下；他还可以灵活自如地踩着滑水板，劈开如镜的水面，在水面溅起巨大的浪花；还有侧空翻；还有那堆积如山的奖杯和奖牌……但那一切都成为过去。如今，他的双腿纤细而脆弱，就像生了锈的金属一样动弹不得。这房间，刚才的吼声，医生的话，还有双腿的感觉——这一切都击打在他的心坎上。他蜷缩在床上，哭了。几个小时过去了，房间里的灯光变成烟草般的棕色。他慢慢地下了床，逼着自己去照了照镜子，仔细地看着自己。几乎十年了，他都没有认真地在镜子前看过自己。他不愿照相，甚至不愿见到自己的影子。他曾经那么年轻，身体那么健硕。他是一名极有天赋的运动健将，今天却脆弱到举步维艰。他的微笑掩饰着他的痛苦，没有人会注意到他的拐杖。他告诉自己，自己依然是过去那个埃里克。困扰他的疾病时隐时现、时急时缓，就像和他抗拒的内心串通好了一样，这让埃里克一直拒绝承认自己患有严重的慢性病。他仔细看着镜子里的自己，摸了摸下巴的胡须。虽然他还不到35岁，却俨然一副老头的模样。

但他又告诉自己，接下来的一段时间哪儿也不用去了，就待在罗切

斯特的这家汽车旅馆里，这样倒也不坏。六个月之后，他有了全新的膝
关节。他把自己原本的膝盖骨装进一只小瓶子，放到冰箱里面，直到他
的太太马拉让他把两块骨头拿出去。

他其实想把两块骨头一直保留下来，甚至为它们搞一个葬礼。但是，
因为太太的缘故，埃里克不得不把它们从冰箱里拿出来，放到一只木盒
子里面。最后这两块骨头都被老鼠啃噬了。恢复的过程漫长而痛苦，他
的双膝上都留下了一条长达 8 英寸的纵向伤疤。但比起类风湿性关节炎
带来的痛苦，手术和恢复过程的疼痛要好受得多。他的母亲芭芭拉在班
布里奇岛海滩上有一间小屋，他就住在那里养伤，也需要一些照顾。一
些朋友到这里来探望他，理疗师也常在这里进进出出。手术之后不久，
他的双膝依然肿胀着，但是埃里克还是坚持站起来四处走走。有一天，
芭芭拉回到家中，发现埃里克不知怎么居然下了楼，正走在海水中。她
就这样一直盯着他。在母亲眼中，他是那样一个无忧无虑的孩子，从来
没有任何抱怨。不久之后，埃里克便可以丢掉拐杖走路了。但芭芭拉还
是非常担心，她不知道以后会出现什么状况，会不会像用旧的车装上新
轮胎那样。埃里克的腕关节因为使用拐杖已经变得僵硬，他的右脚踝也
需要接受左脚那样的融合手术。给他做手术的医生提醒他，在未来 10 年
或者 20 年内，他有可能还会经历一次同样的手术。

为了让自己尽快恢复，再次回归正常生活，埃里克寻到了一种叫作
依那西普的新药。这种药物是"生物"制剂，直接通过活细胞培养，没
有经过化学加工。培养的细胞是经过基因改良的中国仓鼠卵巢细胞。据
说，仓鼠卵巢细胞可以释放一种蛋白，这种蛋白能够抑制关节损伤和发
炎，从而对风湿性关节炎起到治疗作用。埃里克的医生对依那西普抱有
谨慎的乐观态度，但告诉埃里克说他的医疗保险不足以支付这种药物的
费用。非常凑巧的是，这位医生正好参与了依那西普的双盲临床疗效实
验，于是将埃里克也纳入实验。他告诉埃里克，在实验过程中，如果药

物还需要任何改进，保险公司都会支付治疗费用。他也告诫埃里克，这种疗法会抑制免疫系统，也就是说，身体将更容易受到感染，甚至导致更严重的后果。他还说，这种药物的长期副作用还未知，有可能会"致癌"。

埃里克听完了医生的一番告诫之后，没有丝毫犹豫便答应了下来。他身体好些部位的软骨组织已经出现严重磨损，骨头与骨头之间几乎是硬接触。虽然置换了新的膝关节，但他的生活质量还是很低，所以想抓住这个机会。他拿到一包无菌粉末和溶剂，需要在家里将两样东西混合在一起，然后每周在大腿部位进行一次皮下注射。三周之后，他有了一些不一样的感觉，就像从一场漫长而严重的流感中恢复过来似的。免疫系统自我攻击的炎性反应停止了。渐渐地，疼痛也得到了缓解。他感觉身体状况有所恢复，大多数时候也能睡得安稳了。几个月过去了，埃里克的体重回归到正常水平，甚至还长了一些肌肉。他感觉自己没那么脆弱了，就算撞到什么东西，也不会有先前那种剧烈的疼痛，身体也没有出现新的损伤。医生告诉他，如果继续恢复，那么他的右脚就不用再接受左脚那样的融合手术了。

随着身体状况的恢复，埃里克也开始在这座从西雅图乘船才能到达的小岛上走更多的路。散步的过程中，要是遇到一些浮木，他就会捡起来。他此前做家具做了很多年，因为这场大病，手头的活儿也是时断时续。他做的第一件家具是一把长椅，是因为捡到一块很不错的枫木，这块木材看上去就像一根叉骨。他将枫木分成两半，做成长椅的腿，然后在上面搁上一块红木板，再拿一块红木板做成长椅的靠背。

他听说一些癌症患者都会种下小树苗，那是生命和成长的希望。现在，埃里克也需要进行一些制作和雕刻。他选取的一些材料都是看似没用和奇形怪状的，上面可能还长满节疤和树瘤。他会将这样一些材料打造出来，让它们变得美丽，变得有力量，同时也变得有实用价值。那些原本要进入炉灶的木头，被他拖了回来，在他手头又焕发出了生命与活力。他需要制作、需要雕刻，就像他需要运动一样。他找到了两块造型别致的木材，像X一样交叉着。他将这两块木材做成了一件雕塑，然后带到了X大奖的聚会上。

　　他用扭曲的杜松和玛都那木做了一盏灯，用杜松和棟木雕蝴蝶，还用冬青和樱桃木做了把"费力克斯椅"。他把他的家具带到当地市场上去，向顾客介绍材料原来的形状和质地。渐渐地，他有了一些常客，其中有一位顾客还问埃里克，要不要考虑做一件圣路易斯精神号的雕塑。埃里克拒绝了，告诉这位顾客可以通过飞行杂志购买模型。但是这位顾客非常执着，声称自己正是读过《圣路易斯精神号》之后才成为一名飞行员，并且很喜欢埃里克的波希米亚风格。埃里克回到木工房之后，就一直在思考着顾客的那个请求。他选出一些浮木，观察它们的形状、色质和纹理。他四处寻找优质的木材，到邻居家的木材堆找过，也到林区里找过，找到一些残损的枝杈。他捡了些拖回木工房，然后又重新回到海边。那里是他经常能够发现各式各样浮木的地方。这些木材长满了节疤，也有的表面因为日晒雨淋，经受了沙粒和海水的冲刷而变得像锦缎一样光滑。

　　在寻找木头的过程中，他特别留意适合用来雕刻祖父的飞机的材料。走在海滩上，他时常想起他的祖母安妮·莫罗·林德伯格。当他在收集浮木的时候，也会想象着祖母走出来捡拾贝壳。她写过一本书——《海的礼物》，讲的就是她在佛罗里达州开普提瓦岛拾贝壳，从贝壳中获得了颇多感悟。这本书于1955年出版，至今已经卖出数百万册。和自己的祖父比起来，埃里克更容易想起自己的祖母，她比祖父要温和得多。祖父就像是一盏聚光灯，而祖母则像是一支蜡烛。当《海的礼物》面世的时候，祖母49岁。这本书是她一些沉思后的随笔，凝聚了她作为一名女性，对内心平和、外在和谐，以及生命意义的思考。书中的每一章都聚焦在贝壳的形状、目的和意义上，不管是牡蛎还是沟纹螺。这些贝壳述说着岁月的剥蚀、孤独的美，也述说着生命在不同阶段的不同需求。

埃里克的祖母现在已经92岁高龄了，和埃里克的姑姑丽芙住在一起。从表面上看，祖母像一朵弱不禁风的花儿，但在骨子里，她却有着红木一般的坚韧。在她的第一个孩子遭到绑架和杀害之后，她将另外的五个孩子都抚养成人。在查尔斯最意气风发的时候，她选择了嫁给他，然后自己也成为一名飞行员。她见证了公众对丈夫的赞誉，也忍受了丈夫所遭受的斥责。第二次世界大战期间，林德伯格奉行孤立主义，还对德国纳粹的军队和航空计划表示赞赏，这让他从人们心中的大英雄变成了恶棍。1974年，祖父去世，享年72岁，那时的埃里克年仅9岁。祖母说话温和，也很中听。她称埃里克是"天生的贵族"，因为他的内心向往外面的世界，举止随和。祖母看穿了他整个成长的历程，这让埃里克感到非常惊讶。

埃里克会时常读一读《海的礼物》中的文章，他喜爱祖母笔下那种在不经意间有所发现的情景："走在光滑而洁白的沙滩上，虽然我们的大脑中都存在意识，但没有人会知道，偶然的一朵浪花又会将怎样的宝贝带到我们的脚下。或许是一块圆润的石头，或许是从海底卷上来的一颗难得一见的贝壳；可能是沟纹螺，可能是月亮贝，甚至还有可能是魟鱼。"她写道："如果你焦躁不安、贪得无厌、缺乏耐心，那么大海是不会给你任何馈赠的。挖掘珍宝不仅仅要戒躁戒贪，还要坚定信念。耐心、耐心，还是耐心——这就是大海教给我们的东西。要有耐心，还要有信念。每个人都应该像海滩那样，敞开自己的心扉，无欲无求，静待大海的馈赠。"

在海滩漫步是一件非常惬意的事，特别是在太平洋西北部，这里的浮木比贝壳还要多。埃里克的祖母教导他，要学会接受上天的安排。

埃里克听从了祖母的教导，但同时也为现在的这样一份贪心而感到高兴——他还有创造的激情。动手制作不同于静观，它得创造出价值，毕竟自己还是要生活下去，同时也可以让自己的精神和情感得以升华。

回到木工房，这里弥漫着木材的气味，到处放着各式各样的工具，有砂轮、打磨机，还有钻头。他把一些木材放到桌子上，然后再把一块比较重的木料吊起来。他在邻居的柴火堆里发现了一块极好的木材，这块木材本来要被扔进壁炉的。他从邻居那里把它要了过来，希望可以做成一件艺术品。他喜欢被盐侵蚀过的木材，有点像在美丽的脸庞上看到笑纹一般的感觉。

他看着眼前的一块块木材，不禁想起了他通过X大奖遇到的很多宇航员。他们谈论着火箭发动机的巨大威力，还有黑色的天幕、引力、失重，以及脱离地球的束缚。将他们送入太空的是火箭和太空舱组成的航天器，既像一幢幢发射升空的摩天大楼，又像是一只只超音速飞行的瓶子。埃里克此前不知道该如何处理这堆奇形怪状的木头，现在他突然有了想法：有一块就像是火箭拖出的烟迹；他又拿起先前在华盛顿东边捡的一根树枝：这是火箭划出的弧线；还有那块，是带着环的木星。而从邻居家拿来的那一块，可以做成精致的火箭——可以是电影中巴克·罗杰斯那样的火箭，或者做得更抽象一些，甚至还可以做成像小时候玩过的埃斯蒂斯火箭模型那样——那一幅幅画面就像幻灯片似的在他脑海中闪过，他根本不需要搜寻图片。如果宇宙飞船都可以做，那么他也一定可以做圣路易斯精神号。

他需要合适的木材。圣路易斯精神号不算是最平稳的飞机，祖父专门把它设计得嘎吱嘎吱地响，为的是不让自己打瞌睡。它也不算是最好看的飞机。宇航员尼尔·阿姆斯特朗曾经评价圣路易斯精神号像是一只鸟，而且是那种只有它的妈妈才不嫌弃的鸟。埃里克不能让雕塑成为圣路易斯精神号的复制品，那架飞机是标志性的，完完全全属于他的祖父。

如果他愿意，他可以制作自己的、从动力学角度来看不大可能的圣路易斯精神号。他可以让这个飞机变得更加抽象，让人很难认出来。他完全可以制作自己眼中的圣路易斯精神号。这便是循着祖父的足迹，但不一定需要和他迈出同样的步伐。

他想起了祖父的朋友孔切拉赫。他是马赛族的一名战士，在他成年之前，他必须用长矛杀死一头狮子；自己的祖父必须穿越那片无情的大海；自己的父亲必须潜入深不可测的海底；而祖母也割弃了她所熟悉的一切，从捡拾贝壳中感悟人生。而自己，当住在罗切斯特那间幽暗的小房间时，已经一无所有。他必须打破命运的羁绊。他仔细地观察了一块木头，发现这正是自己苦苦寻找的：在大西洋中饱受了海浪和沙粒的冲刷。他把这块木头拿在空中，绕着木工房飞了一圈。这是他第一次想象自己坐在驾驶舱中，想象着祖父在空中连续飞行33个小时的情景。"起飞时默默无闻，降落时声名大噪，那是一种什么样的感受？"那次飞行改变了他祖父的生活，也改变了整个世界。

埃里克对着阳光举起那块木头，让木头穿越一束阳光。阳光中尘埃飞舞，他又想象着祖父飞越黑暗，迎来金色的黎明。如果埃里克继续逃避作为林德伯格家族一员的事实，那真是没有道理的。他一辈子都在逃避，但逃避却让自己一无是处。如同从壁炉边捡回的一块木材，他如今也拥有了第二次生命。

第十八章 / 梦想的身边是痛苦

　　彼得前往南加州创意实验室注意到的第一件事，就是门口停放的车辆：豪华轿车和保时捷跑车并排停靠在门外。在办公室里，所有的开放空间、暴露的管道，甚至连门都被当作了办公平台。职员们都不是在走路，而是在奔跑。这里用的不是太平洋标准时间，而是网络时间。

　　他在一天之内，就把自己位于马里兰州罗克维尔市的房子卖了，把家具和其他东西都送进仓库，然后搬来西部，准备经营一家名为升空公司的创意公司。该公司的目标，就是成为第一家将探测车送上月球，并将影像传回地球的私人公司。彼得已经与该公司达成协议，只要公司的月球计划得到充足的资金支持，那么接下来X大奖也会得到充足的资金支持。这是彼得目前最为冒险的一次经历，但是他脑子里想的都是："我竟然在为去月球筹款，这该死的月球，竟然要为月球提供资助。"

　　2000年上半年，以科技股为主的纳斯达克指数虽然开始下跌，但在一年内已经翻了两番还不止，而饱受诟病的"老经济指标"道·琼斯指数则退居二线。股权流通胜过了现金流通，电子商务也挤压着实体经济的空间。网景公司早在五年前就已经上市。谷歌也于两年前在门罗帕克市的一间车库里运作起来了。儿童教育益智软件eToys在1999年上市的第一天，其市值就达到78亿美元。

创意实验室的创办者比尔·格罗斯是一名工程师。他身材瘦小，但思维活跃。创意实验室的市值达到90亿美元，由超过40家网络公司组成，包含eToys、Pets.com、Friendster、NetZero, 以及CarsDirect。比尔·格罗斯早年就是一位发明家，他从一家名为亿贝的新公司那里获得了升空公司的灵感。比尔参加过网上拍卖会，想要买一枚登月火箭，这是他11岁时看到阿波罗11号登月时就想拥有的。比尔告诉他的兄弟拉里，有钱才能买得起火箭，但是他俩在亿贝上买了月球纪念品，现在已经身无分文。他们知道，登月火箭都是归政府所有的，要么被锁在休斯敦防飓风的洞穴中，要么被借给史密森尼博物馆这一类教育机构，甚至连月球上带回来的尘土都归美国政府所有。于是，比尔就决定建立一家私人公司，将宇航员送上月球，在月球上收集样本，然后拿到亿贝上出售。升空公司进一步的计划是用机器人代替宇航员。该机器人为一台无人驾驶的月球车，并配有摄像头，它将在月球上着陆并收集样本。这个项目将由投资人提供赞助，并通过电视和网络进行播放。比尔不喜欢在火箭和月球车上贴广告，但他更不喜欢政府对太空的把控。

詹姆斯·卡梅隆是电影特效制作的领军人物，也是多部全球顶级票房电影的导演，他的作品包括《泰坦尼克号》和《终结者》。对于升空公司拍摄月球的计划，他也非常感兴趣。电影制作人史蒂文·斯皮尔伯格则做了这一计划的投资者。登月计划在技术方面的负责人是一头银发、长相酷似爱因斯坦的托尼·斯皮尔，他是美国国家航空航天局探路者任务的项目负责人。探路者探测器于1997年7月4日登陆火星。比尔和他的兄弟拉里注意到，在探路者号登陆火星的前几天，每天所吸引的网络点击量都超过 8 000 万，其中喷气推进实验室官网的点击量接近 5 000 万。实验室的摄像头记录了斯皮尔和他的团队观看、等待以及欢呼的景象。

比尔在航空航天方面的一些朋友告诉他，要放点东西到月球上去，怎么也要花上 1 000 万美元。随着计划的推进，花费的确越来越大。好在比尔创办的公司都赢利丰厚，就像是财政部一样努力地印着钞票。创意实验室计划在 2000 年晚些时候 IPO，这是一件会让这个 41 岁的男人变成亿万富翁的大事。另外，比尔的另一家在线杂货零售店 Webvan 也可能会募集到超过 8 亿美元。这样，人们便可以通过这家网站，直接在家中接收网购的生鲜货物，而比尔登月计划的花费也就不算什么了。就算目前没有任何私人的太空计划也不重要，在互联网时代，利益相互关联，一切皆有可能。比尔可以吸引到最好的火箭科学家、最好的电影制作人，以及最好的太空企业家，包括彼得·戴曼迪斯。

比尔近期已经通过私募股权融资的方式募集到超过 10 亿美元的资金。他聘请了彼得担任升空公司的首席执行官。比尔告诉彼得，他已经为月球探索公司留出 6 000 万美元，但希望彼得能够从外部吸纳更多的资金。一旦彼得能够为升空公司筹集到资金，X 大奖的资金也就不是什么问题了。

很多朋友都说他们在互联网公司赚了大钱，彼得都已经听得厌倦了。如今，他成为升空公司的第 18 位员工。项目位于洛杉矶县的帕萨迪纳，沿着加州理工学院和喷气推进实验室所在的街道走下去便能找到。彼得选择了低工资、高股权的待遇，145 000 美元的基本工资及 130 万股的股权。他相信升空公司能够带动他的 X 大奖及其他太空事业的发展。他让格雷格及其团队仍然在圣路易斯从事 X 大奖的工作，而他则打算到西海岸来继续相关的运作。

在高速互联网的推动下，升空公司计划在 2001 年夏季实现登月，这样刚好赶上 2001 年秋季的 IPO。在比尔看来，这次私人登月计划绝对算得上是一个互联网事件，同时也是一笔数十亿美元的大生意。而在彼得看来，升空公司是他实现自己所有太空梦想的一种方式。

彼得和拉里·格罗斯是升空公司董事会成员，负责日常监管工作。他们在卡梅隆位于圣莫尼卡的办公室会面并见到了卡梅隆。办公室的门外就矗立着"终结者T2000"机器人。在他办公室的一角，还放着《泰坦尼克号》电影中的舵轮。卡梅隆很喜爱大海，对太空也非常着迷，也是从小看着科幻小说长大的。卡梅隆读书的时候，从家到学校要坐很长时间的车，他每天都会在车上读一本书，多年以来一直如此。亚瑟·克拉克、范·沃格特、哈兰·艾利森以及拉里·尼文的作品，他都读得津津有味。那些关于外星人和星际旅行的故事深深地吸引着他，而现实与幻想、科学与艺术之间的界限，在他脑海中也变得模糊起来。

在两个小时的会面中，拉里和彼得提出将升空公司30万股的股权出让给卡梅隆，同时就他参与的程度进行了探讨，还提出了关于这部月球电影片名的一些想法。彼得建议卡梅隆担任升空公司的项目制作人，但由于卡梅隆在福克斯电影公司已有了类似的职位，最后决定任命卡梅隆为影像总监。

这次会面提出的最为重要的一件事情，是卡梅隆坚持认为带有摄像机的月球车不应该只有一台，而应该有两台。卡梅隆一边说着，一边将摄影的角度画在白板上。"你需要一台车从一个角度拍，而另一台车从另一个角度拍，才能得到这一点的完整画面。"两台摄影机相互补充，将会大大增强观众的参与度。

经历多次这样的会面之后，彼得开始记录有声日志。他希望通过有声日志，将登月的过程记录下来。从他与卡梅隆会谈的记录来看，他认为卡梅隆很有头脑、待人友善，而且交谈的时间也留得很充足。不过，卡梅隆的经纪人可就不一样了。

"这件大事，"彼得在他的有声日志中说，"是由卡梅隆的律师伯特·菲尔兹打理的。卡梅隆和斯皮尔伯格本人都非常友好，但是之后你就不得不去和他们的经纪人，还有律师打交道，而这些人则相当难对付。卡梅隆今天给了我们那么充足的交谈时间，这让我很受感动。另外，他的团队又竭尽全力地想要照顾好他，不让我们占用他那么长时间。"

彼得经常在车里记录有声日志。他在日志中提到，虽然卡梅隆的加入让人兴奋不已，但月球车由一台变成两台，就意味着项目的花费和工作量都要翻倍，工程师们将不得不超负荷地工作。彼得很想知道，这些看似毫不相干的领域——讲求科学的航空航天业、蓬勃兴起的互联网，以及异想天开的好莱坞在一起是如何运作的。在彼得旁边的座位上，摆着海因莱因 1949 年的作品——《卖月亮的人》。书中讲的是一个商人一心想要成为第一个到达月球并且控制月球的人，他还想靠月球为自己赚钱，赚钱的方式包括出售月球陨石坑的命名权、提供宣传噱头，以及售卖从月球上带回来的钻石。彼得要求升空公司团队所有的人都要读这本书。

彼得初到升空公司时，有一次员工会议开了长达 7 个小时。他和团队对整个体系的要求进行了回顾。彼得想要整个公司具有"苹果公司早期的文化和精神"，让海盗的旗帜也飘扬在楼顶。①团队对所有的细节进行了梳理，从登陆地点到新进员工，再到月球车，以及将月球车和登月器送上月球的火箭。巴兹·奥尔德林否定了比尔·格罗斯原本打算降落在阿波罗 11 号着陆点附近的想法。1969 年插在那里的国旗已经倒下，比尔的想法是将两台月球车缓慢移动到国旗所在的位置，控制一台月球车拾

---

① 麦金塔电脑早期的制造团队将海盗旗挂在办公室里，以印证史蒂夫·乔布斯的话："当个海军自是不坏，做个海盗更觉激情澎湃。"

起国旗并将它重新插好，整个过程都将由摄像机拍摄下来。而奥尔德林反对这一想法，他认为不可能"把所有的历史都重新走一遍"，不能"循着我们当年的足迹再轧出几条新的轨迹"，那些足迹应当保留上千年。

团队也征询过哈里森·施密特的意见。他是阿波罗17号的宇航员，是第12个登上月球的人，也是倒数第二个离开月球的人（尤金·塞尔南是最后一个）。团队考虑过阿波罗17号的着陆点——陶拉斯-利特罗山谷和高地，但最后还是把地点选在了亚平宁山脉脚下，这是阿波罗15号着陆的位置。施密特告诉团队成员们，几十年前公布给大众的月球图片并不十分准确。原始的图片是由哈苏相机拍摄的，现保存于地下洞穴内。大众看到的是照片的复印件。施密特还说，月球并不像一般人看到的那样苍白无色，而是有色彩的，主要是棕色和砖红色。

讨论的话题又转到了着陆时间，这个时间应当与航天史上的纪念日、月球运行周期，以及IPO的时间相吻合。比尔想让飞船拖着美国国旗，于2001年7月4日登陆月球，而工程师们则希望是在2001年底。2001年12月的月相将会从17日的新月逐渐变为28日左右的满月。全球的学生从秋季开始，就可以对此次任务进行了解，学习其中的物理和科技知识。其中一位工程师指出，12月25日还刚好是艾萨克·牛顿的诞辰。

雷克斯·赖德诺尔是升空公司的总设计师，也是加盟该团队的第二个人（第一个是捷克出生的工程师托马斯·斯维特克）。他对其中的一些系统性问题进行了梳理，包括两台月球车如何将影像、图片和数据传回地球。他解释说，他们计划让两台月球车都通过2.4赫兹的无线频段，即遥控玩具汽车和飞机所采用的无线收发方式，独立地将信息传回登月舱（母舰）。传回的所有数据都将在母舰上进行汇总，整个过程可以进行直播，也可以录播。为保证数据能顺利传回地球，^①母舰将停在月球表面。即使母舰处于移动状态，它也能够随时发出指令。控制中心向月球车发出的命令，全部经由母舰进行转达。

赖德诺尔和格罗斯兄弟一样，也是毕业于加州理工大学，先前就职于空间开发公司。空间开发公司是最早从事商业化空间探索的公司。他在1992年前后曾见过彼得，当时他还在加州理工大学的喷气推进实验室做美国国家航空航天局的项目。彼得来到实验室，和他谈到了国际微空间公司能够开展的一些发射项目。赖德诺尔相信，升空公司很有可能成为第一家开展登月项目的私人公司。

团队讨论了能够将母舰送至月球的火箭类型，包括轨道科技公司的"陶拉斯XL"火箭，波音公司设计的"三角洲2号"火箭，以及由俄罗斯"SS-18撒旦"洲际导弹改装的"第聂伯"运载火箭。当他们就设计展开头脑风暴的时候，工程师和市场人员又展开了激烈的争论。工程师们注重功能，而市场人员注重形式，他们想把月球车搞成可爱的"家族成员"，而母舰则是让两台孩子似的月球车外出"玩耍和探索"。月球车需要有人形的外观：又白又胖的身子，纤细的脖子，大大的眼睛，还可以加上帽子或是眉毛什么的。

工程师们讨论了到达月球的最佳方案。他们可以"直接发射"，这也是阿波罗11号采用的办法，到达月球需要3~4天的时间。而选择这一方案，必须考虑地月之间的位置关系，月球与发射点之间应呈一条直线，所以每个月最多有一次发射机会。如果发射采用的是"过渡性定相轨道"，便可将飞船首先发射至地球的低—中轨道，让飞船首先绕地球轨道飞行（绕行次数根据轨道的高低而定）。使用这一方案，每月可有多次

---

① 可以通过月球车上扇形的介质增益无线电天线，与美国通用空间网的空间任务追踪网络天线建立X频段的高频无线电联系。升空公司控制中心还可利用该网络向月球车发出指令，网络上的天线将使用较大的功率，将指令传输至母舰上。

发射机会。[①]升空公司团队准备采用过渡性定相轨道这一方案。

彼得很晚才离开办公室，他感到非常疲惫。他一边走向自己的车，一边看着夜空中的月亮说道："这就是我们要去的地方。"

彼得来到阳光灿烂的帕萨迪纳已经有好几个月了，登月任务和互联网带来的狂热已经逐渐退去，他开始为升空公司看似不断推陈出新的假象感到不安。任务说辞变来变去，比创意实验室进进出出的汽车还要来得快。在向潜在的投资者进行推销时，比尔·格罗斯将升空公司吹捧为一家教育公司，然后又说是娱乐公司，接着又说做的是体育风险投资，项目则是让探测车在月球上进行比赛。最近一次，比尔向风投本家形容升空公司是一家宽带公司。彼得听到了他的说法，觉得这简直毫无根据。虽然他尽可能地去接受新的做事方式，但他还是被不断冒出来的商业观点搞得无所适从。拉里·格罗斯说他们需要的就是这样一种"大肆渲染"，一种让大家都能够兴奋起来的理念。彼得两次被派往巴西推广"月球奥运会"的概念。这个计划准备用母舰将 6 台月球车送上月球——是的，是 6 台，分别代表赞助企业所在的 6 个国家。然后由这 6 个国家的孩子拿着操纵杆，遥控插着各自国家国旗的月球车在月球上进行比赛。

工程师们更注重现实。他们清楚离发射只剩下 18 个月的时间。他们邀请了 16 位经验丰富的空间项目经理，对整个项目进行了自上而下的同行间技术审议。评审中包括一位喷气推进实验室的前主任、喷气推进实验室太空项目的几名副经理、前国防部负责空间事务的几名高级经理、火箭工程师，以及其他一些专业人士。大家一致认为，他们的设计非常可靠，只要资金到位，目标是可以实现的。

---

① 月球每 28 天绕地球一周，而登月飞船每两天绕地球一周，所以从地球到月球，每个月就有 14 次机会。

然后，问题就在资金上面。到目前为止，比尔仅仅为升空公司拨付了 1 200 万美元，而彼得被告知，在创意实验室投入最后的 1 000 万美元之前，他需要自己再募集 1 000 万美元。虽然一开始计划预留的是 6 000万美元，但是真正的预算最多只有 3 000 万美元。彼得在他夜间的有声日志中说道："我来这里不是募资的，而是为了帮助公司运作。现在承诺的6 000 万美元没有兑现。难道这就是互联网方式？把人吸引过来，然后将他脚下的地毯猛地一拉，让人栽个跟头？"

彼得和比尔以及他妻子玛西亚·古德斯坦约了个时间，准备和他们好好谈一谈。比尔的妻子是创意实验室的首席运营官。和比尔谈话还是令人愉快的，因为比尔对什么事情都很乐观，头脑里点子也很多。和玛西亚会面则不一样，因为玛西亚很固执，做事机械呆板，每次会面时都表现得很个人化，令人颇感不安。和他俩会面时，他俩告诉彼得，希望他能全力保证任务的完成。他们还说，他们本来是想为彼得提供资助的，但由于目前市场疲软，公司的IPO不得不推迟，所以做任何一件事情都是如履薄冰。一些专家和经济学家相信，目前市场正在经历一些震荡和调整；但也有一些人，包括比尔则认为，经济基础依然稳固，经济也将持续繁荣。然而，眼见着夏去秋至，市场持续低迷，要筹到资金也越来越不可能了。

公司内部也是状况不断。一位工程师辞了职。他眼见着公司给潜在投资人许下一些毫无根据的诺言，觉得自己已经受够了。公司现在兜售的产品，在工程师们看来完全是无稽之谈。还有那些网络公司，有的资金链已经断裂，有的已经在进行清算。创意实验室旗下的网站 Pets.com所售的布偶宠物曾大受欢迎，现在已经关闭并申请破产。

在 11 月上旬的一次会议中，彼得向团队提出，希望能够得到支持，从而让升空公司免遭同样的厄运。然而，他并没有得到丝毫同情。升空公司航空电子系统主管道格·考德威尔在会上告诉彼得，说他没法得到工程师们的支持。他直截了当地说，工程师们是不会支持彼得的，因为他们认为他不值得被尊重，他没有让投资者了解真实的情况。听完这番话后，彼得感到心里腾起一股愤怒和一种被背叛的感觉。他觉得很多工程师虽然很聪明，但在关乎他们饭碗的市场营销和资金筹集这类问题上，却表现得很天真，很无知。而彼得向投资者所描述的一些模型和概念，与真实情况也相去甚远，这也让工程师感到非常不安。当彼得成为工程师们的出气筒的时候，他不由得问自己："我到底是怎么把自己弄到这样一个鬼地步的？"他当初如果多花点时间，房子肯定可以卖个好价钱；但是，他为了尽快筹到资金，只用了一天时间就把房子给卖掉了。现在，他又在鼓励工程师们，为争取公司的生存而共同努力。他从心底觉得，这件事情是有可能做成的。当他掏心挖肺地向大家说出心中的想法时，却没有人信任他。于是，事情就变得越发困难了。

更让彼得感到难过的是，很多人都是他亲自从喷气推进实验室招募来的，其中还包括一名优秀的年轻工程师克里斯·莱维茨基。他在威斯康星北部一个奶制品县长大，也担任过亚利桑那大学SEDS分会的领导。莱维茨基以及其他很多人都放弃了稳定的高薪工作，全身心投入这项月球计划。彼得搬到了帕萨迪纳山上，同住的是他招来的两位颇具才干的人物：一位是发明家德若·莫尔纳，另一位是太空企业家乔治·怀特塞兹。彼得让鲍勃·韦斯做他的副手和市场主管，他花了好几个月才说服韦斯来接手这份工作。韦斯觉得，升空公司听起来就像一项计划，而不像是一个企业。但彼得并没有放弃，甚至连韦斯在度假的时候也给他打电话，试图从不同的角度说服他。韦斯只好拿起电话，退到一个安静的房间或者密室里接听，以免让妻子知道自己有离开制片行业，转而去实现月球计划的想法。最后，彼得终于将他说服了。

升空公司的公关团队由黛安娜·墨菲领导。她精力充沛，人脉广，领导团队做了大量媒体推广工作，包括一个全方位展现他们的工作与成果的网站，以及制作精良的视频。视频的开头是这样说的："如果我们告诉你，在过去的一年里，一个优秀的科学家团队，正在为一项登月计划而不懈地努力，你会有怎样的想法呢？……如果我们告诉你，这并不是什么官方的项目和机密，你又会做何感想呢？"

但是，随着时间的推移，梦想逐渐变成绝望。

彼得为了拯救这岌岌可危的局面，整天都忙得团团转，每天只能随便找个地方睡几个小时。他和拉里·格罗斯与洛克希德·马丁公司进行了多次商谈，准备购买该公司为海军生产的雅典娜II型火箭。政府在投入 4 000 万美元后便中止了这个项目，给洛克希德·马丁留下了一款全新的火箭。洛克希德·马丁公司愿意以 2 000 万美元的价格将其卖给升空公司。

德若·莫尔纳在私人太空领域已经工作超过 15 年。他从 1984 年开始，就和火箭制造商鲍勃·特鲁阿克斯一起工作。现在他知道，大裁员不可避免。他曾在黑鹰沙漠中，帮助车手克雷格·布瑞勒夫运作了一支名为"我与速度"的赛车队，当时的目标就是建造一辆突破音障的汽车。此后，他就受雇来到升空公司。在这儿，莫尔纳跟每个人都说，趁有健康保险，赶紧去看医生或牙医。他还问乔治·怀特塞兹："乔治，你看牙医了吗？我可以帮你预约。你的工作快要没了。这种事我在电影里看到过。"

2000 年末，升空公司的形势依然不见好转，高层决定让员工们节假日继续加班工作。到第二年 1 月上旬，彼得和比尔召集全体人员开了一个会议。会议的气氛相当凝重，大家好像站在即将沉没的泰坦尼克号甲板上一样。彼得开始说话了："伙伴们，我虽然很不想这么说，但还是不得不告诉大家，登月任务现在要暂停了。"比尔也就创意实验室没能如约提供支持表达了歉意。他们还讨论了待经济恢复后重启升空公司的问题；

讨论了如果背水一战，最后翻盘的可能性；以及和投资者约定的会面等相关问题。

鲍勃·韦斯看着员工们各自收拾自己的东西。一位工程师抱着一箱行李，临出门前在鲍勃的桌子旁停了下来，给他讲了一个笑话：

"嘿，鲍勃，你猜，一个航天工程师通常会对另一个航天工程师说什么呢？"

"我放弃了。"鲍勃回道。

"不对，他通常会说'你要来份汉堡配薯条吗？'"

鲍勃花了好一阵才弄懂这个笑话的意思。[①]

升空公司停工了，大部分停车场现在都空了出来，彼得一直待到最后一名员工离开。他需要重新回到合同的问题上，包括与洛克希德·马丁的合约。根据合约，升空公司每月必须向洛克希德·马丁公司支付 100 万美元。还有升空公司自己搞出来的那么多硬件和软件，他还要考虑如何处理。

鲍勃·韦斯与一家日本企业的谈判本来也已经展开。该公司也想对这个项目进行投资，打算在月球上搭建一种可以充气的房屋。彼得还与人才中介公司 ICM 的领导杰夫·贝格举行了会谈，该公司掌握着诸多潜在投资者的信息。而电影制作人罗恩·霍华德和布莱恩·葛瑞泽也正打算参与进来，可就在此时，市场却萧条了。

2001 年初，彼得也不得不缩减个人开支。他搬出了帕萨迪纳山上的豪华住宅，搬到圣莫尼卡的一个两室小公寓里。这座公寓的地址是第三大街 2408 号，彼得把地址记为 2 的一次方、2 的平方，以及 2 的立方。

---

① 工程师是以快餐店店员的口吻说的这番话。他们对这个项目不抱太大的希望，所以说这番话的意思是："这个项目失败了，就去开个快餐店得了。"——译者注

在离开帕萨迪纳之前，他站在泳池边，回忆他和乔治，以及德若期待着等项目完成之后，在这里搞一个泳池大派对。在这个泳池中，他或许只游过一次。

现在该重新考虑一下X大奖了，他不能让升空公司的失败终结他最重要的梦想。彼得把圣莫尼卡公寓的一间卧室当作自己的办公室。自X大奖在圣路易斯的大拱门下宣布设立以来，已经过去了5年的时间。格雷格和他的团队一直在坚持着，但也非常艰难。而彼得就算在升空公司工作，仍然是每天都要过问X大奖的事情——联系团队；与投资方以及董事会进行商谈，只不过重心变成升空公司，变成那个疯狂的登月计划，想象升空公司会像承诺的那样，将数百万美元投给自己的儿子——X大奖。他知道，很多团队在这方面的工作已经开展起来。知情人告诉彼得，伯特·鲁坦手头搞的东西有些不可思议，并且超级炫酷。所以，现在的X大奖除了奖金，其他所有要素都已经具备。已经有人承诺给他500万美元，但他还需要另外的500万美元，现在的问题仍然是资金问题。加入升空公司是彼得一生中最大的一场赌局，但是他输了。

第十九章 / 接纳生命中的意外之喜

　　快中午时，彼得的临时助手安杰尔·潘拉斯圭来到彼得位于圣莫尼卡的公寓。他看见了一幅与 2001 年早些时候极其相似的画面：彼得还是穿着他的浴袍，头发蓬松凌乱；窗帘紧闭，公寓里漆黑一片。彼得还没有从升空公司失败的阴影中走出来。

　　3 月的早些时候，当彼得看到封面上印着比尔·格罗斯的《财富》杂志时，他的心情更加沉重。乔·诺切拉采访比尔的文章标题是《为什么他依然在笑？比尔·格罗斯 8 个月烧掉 8 亿美元（但一无所获）》。彼得读完了这篇文章，里面根本没提到升空公司，这让他很不是滋味。彼得近十个月来也确实没有做出什么成绩。不像格罗斯，彼得已经孤注一掷。

　　2001 年 5 月的一天，彼得又在公寓里消磨了一下午，安杰尔告诉他拉里·格罗斯打电话过来了。

　　"彼得，"拉里说道，"我为你的 40 岁生日准备了礼物。"

　　拉里·格罗斯告诉他，有人要继续资助升空公司。一周后，彼得来到日落大道上位于屋顶的天空酒吧与投资者碰面。这是两个依靠互联网掘金的人，他们对太空很感兴趣。彼得从没听说过这两个人，所以记下了他们的名字：阿德奥·雷西和埃隆·马斯克。

通常，彼得对这种寻求资助的会面抱有极大的热情，但是今晚，他却少了那么一股兴奋劲儿。彼得在天空酒吧的泳池边找到了阿德奥，他正抽着香烟，眺望洛杉矶泛着金光的落日。阿德奥高高瘦瘦的，犹如瑞士雕塑家贾科梅蒂的雕塑一般。他见到彼得，脸上立刻显露出热情与友善。他告诉彼得，埃隆迟到了，正在赶来的路上。埃隆正在学习飞机驾驶，准备拿飞行员执照，现在正和他的教练从圣何塞飞过来。他还在制造一架新的飞机。

那天是 2001 年 6 月 3 日，星期天，彼得准备一会儿和阿德奥以及埃隆一起在东方古巴餐厅吃顿饭。这家餐厅紧挨着蒙德里安酒店里的天空酒吧。彼得身着西装，内衬圆领套衫，很是吸引性感美女的目光。不过，他这身打扮与穿着休闲裤、衬衫还敞着领口的阿德奥相比，确实过于庄重了。时尚动感的音乐，配着马提尼酒，整个酒店沐浴在白色和极简主义风格的爱马仕橙色之中。就连酒店的火柴也做得非常时髦，火柴头是灰绿色的。彼得一来到这家白色外墙的酒店时就注意到，侍者也是一身白色，每名侍者都以同样的姿势站立着，双手扣在一起。

彼得和阿德奥在游泳池边一起喝酒。阿德奥是在创意实验室当首席执行官的两个月里认识拉里·格罗斯的。那时，他刚出售了他的网站开发公司——第五方案，正在帮助一些经营不太好的上市公司走出困境。他说，他和埃隆从读宾夕法尼亚大学起就是室友。埃隆来自南非，他创立了泽普II公司，提供地图测绘与商业服务。同时，他还与人合办了一家提供在线支付服务的公司——贝宝，现在已经卖给了亿贝。

他告诉彼得，那是在阵亡将士纪念日前的一个周末，两人在车上才说到太空这件事情上面来的。那天晚上阴沉沉的，在他们开车从长岛回纽约的途中，他们聊着聊着就谈到下一步将要做什么。不知是谁说了句玩笑话："我们干吗不到太空里去干点事情呢？"当笑声渐止，埃隆说："对呀，为什么不可以呢？"讨论来讨论去，一会儿说太空开发太贵了。那为什么贵呢？因为太空开发需要很多基础设施。那为什么又需要那么多基础设施呢？因为太空开发都是掌控在政府的手里。那么，太空开发如果不受到政府掌控会是怎么样呢？最后，他们都提出了这样的问题：为什么不把太空开发当作一件有趣的事呢？有了这个想法，他们便开始讨论，如果可以进入太空，他们将会去哪里。快要到达目的地的时候，他们对接下来要做的事情在心中都有了答案。他们也知道自己真正想要去哪里。

阿德奥正说着话，埃隆赶到了，他为自己的迟到表示抱歉。三个人端着酒，从天空酒吧转移到餐厅，然后点了份大餐，有煎金枪鱼、味噌烤鲑鱼、亚洲面条，还有很多别的菜品。餐厅里放着佛之吧的音乐，彼得立马对埃隆这个人产生了好感。他觉得和埃隆很投缘。埃隆举止彬彬有礼，说话时语调温和、用词得体。阿德奥也很不错，不过他性格外向，似乎喜欢唱反调，挑点毛病。彼得对共进晚餐的这两个人了解得并不多，只是在会面的一周前才和他们有过一次短暂的通话，感觉还不错，而且当时听了埃隆的口音，还以为他是英国人。

阿德奥说："我觉得每个极客对太空都有几分着迷。"彼得听罢会心地一笑。彼得同他们谈到了升空公司、X大奖、零重力计划，以及他与埃里克·安德森共同创办的太空探险公司。该公司曾作为中介，帮助丹尼斯·蒂托以2 000万美元的价格搭乘俄罗斯"联盟号"宇宙飞船登上国际空间站，成为全世界的首位太空游客。彼得还提及美国国家航空航天局曾极力阻止蒂托的飞行计划，但蒂托还是在4月28日搭乘宇宙飞船去了太空，并于5月6日在哈萨克斯坦安全着陆。这在空间领域算得上是一个重磅消息，因为蒂托是一个美国人，但他却不得不和俄罗斯宇航员一起前往太空，而且还得不到空间站内美国方面的允许。在彼得来加州与比尔与拉里·格罗斯会面之前，就曾与蒂托碰过面。彼得想说服蒂托资助X大奖，但蒂托不愿意对一个奖项提供资助，他可能只想资助某个团队或者他自己。

彼得还描绘了他心目中的"终极太空公司"——实现登月计划，进行亚轨道及零重力飞行。埃隆和阿德奥的着眼点则有所不同，他们提出了一些更为困难的目标——登陆火星。他们是在长岛的那天晚上将这个目标确定下来的。他们准备将人类带往火星，准备投入资金来搞这样一个计划，从而让政府"感到羞愧，甚至无地自容，让政府在民间力量的刺激下，把载人火星计划做起来"。

彼得告诫他们说，很多伟大计划的失败，都是因为某位投资人希望其他的投资人与自己的观点保持一致。不过他也承认，每个有钱的投资人都有自己的主张。彼得现在相信，为了让这样一个项目顺利运行，必须得有一个资金充足且意志坚定的投资人，让他来为计划实施过程中的一切费用买单。埃隆听彼得介绍了升空公司和他另外一些公司的情况，觉得彼得的想法是正确的；而且很明显，彼得对未来的太空之旅给予了极大的关注和热情。但埃隆对升空公司的计划并不感兴趣，他不相信再次登陆月球会重新激发太空旅行的热潮。

话题转到火星计划，埃隆说他们想要做一件极有意义且预算合理的事情——200万美元的预算。阿德奥说他们手头有1 000万~1 500万美元，但准备从100万~200万美元的项目做起。

彼得听到200万美元这么低的投入，不禁吃了一惊。他知道，在航空航天领域，200万美元通常只能用来吸引更多的投资。他饶有兴趣地听着他们的讲话，但是不再对他们抱什么希望了。

不过，就算埃隆和阿德奥成不了什么事，彼得也算是结识了两个有头脑的朋友。埃隆是《星际迷航》的超级粉丝。在南非当他还是个孩子时，就看完了《星际迷航》全集。他做梦都想着宇宙飞船，也读过海因莱因、阿西莫夫，以及道格拉斯·亚当斯的作品。他说，就像杰夫·贝佐斯告诉他的，他在硅谷的成就可以为他未来的太空事业铺平道路。

阿德奥、埃隆和彼得都热衷于利用小的团队来完成此前只有政府才能办到的事情。不过在埃隆眼中，政府"也是一个团队，一个最大的团队"。和彼得一样，阿德奥和埃隆并没有把美国国家航空航天局当作坏人，只是觉得大众总是期待完美，这种期待反而限制了创新的步伐，让美国国家航空航天局做起事来变得格外小心谨慎。

埃隆说他一直想搞明白，为什么在登陆月球和火星的事情上，全世界都没有什么新的进展。"阿波罗计划点燃了人们内心的兴奋以及对太空旅行的憧憬，"埃隆说，"然而不知怎么的，人们心中燃起的梦想就这样熄灭了，或者说停滞不前了。"他说："我一直在想能不能做点什么，从而帮助人们重新拾回阿波罗的梦想，或许这也算是一项慈善事业。"

彼得知道，埃隆主要的身份是逻辑学家和工程师，所以要解答他的疑问，必须让他先了解火箭自60年代以来就不再有大的发展的原因，是受到诸多物质和心理上的制约。他知道埃隆和阿德奥也做过调查，也和航空航天领域的专业人员及相关人士谈过话。他告诉他们，他认为火星是未来移民的好地方，但是"登陆月球更加经济实惠。在月球上，你能获取你所需要的资源；而且离地球也近，在上面进行建设也比较方便"。

但是埃隆对月球不感兴趣。他说："或许我们可以先做一个迷你温室送到火星上去，或者先送几只老鼠上去，也可以考虑在上面种点农作物。"他说，从他小时候开始，登陆月球在他心中就已经成为过去时，而火星才是下一个目标。而且火星更有神话色彩，更加难以企及。月球距离地球24万英里，而火星与地球处于太阳同一侧时，两者相距3 400万英里；如果两者分别位于太阳的不同侧，则相距2.5亿英里。在夜空中，月球看起来光洁如镜，而火星却似一颗遥不可及的珍珠。用目前最好的燃料，到达火星至少需要一年半的时间。在这么长的时间内，所有行星的位置关系也都将发生变化，^①所以返回地球还需要半年的时间。埃隆认为这样的计划听起来是完全可行的。5月的时候，埃隆和卡梅隆参加了一个火星社团的活动。当时，卡梅隆正在拍摄一部有关火星的六集电视剧。

彼得似乎一直处于一种推销的状态。他也试着努力坐下来好好听一听，但是很快发现自己又开始推销起来。埃隆和阿德奥问他载人登陆火星的计划有没有可能在100亿美元之内做出来。"这个预算倒是比较靠谱。"彼得心想。他用极富磁性的语气对两人说："我有一个办法，只需要花1/10的钱，也就是10亿美元。"听了这话，两人来了兴趣，便靠上前来倾听。彼得说："你们可以用俄罗斯现成的火箭，实现一次单程任务，先将一批人送上火星，预计让他们在上面生活5年，等待下一次的补给或救援再次登陆火星。这一批人将是世界上第一批火星人。"阿德奥和埃隆对这个点子很感兴趣。接下来，他们又花了一个小时，对一些细节和可能遇到的障碍进行了讨论。彼得告诉他们，不论他们在太空中干什么，他们得首先证明自己的实力，"要一步一步地来"。

彼得很快感觉到，虽然埃隆和阿德奥对升空公司没有兴趣，但他们愿意在太空领域赌一把，这还是让彼得由衷地赞赏。不过，他们却给了彼得一个惊喜：埃隆说他很喜欢X大奖的创意。"我愿意资助这个奖项。"他说。他认为X大奖和升空公司不同。X大奖能够开启一个新的产业，重新燃起大众对于太空的热情。两人都对彼得所讲述的圣路易斯精神号、查尔斯·林德伯格，以及那些已签约的团队产生了浓厚的兴趣。

"我想要见见这些团队。"埃隆说。阿德奥则提出想加入X大奖董事会。

已过午夜，三人终于走出饭店，白衣侍者向他们致意。他们约好第

---

① 飞船离开地球的速度，是地球的公转速度与火箭速度之和。要计算到达火星的路程，必须将火星也在公转这一因素考虑在内。同样，飞船返回地球的速度，也是火星的公转速度与飞船速度之和。

二天早上在创意实验室的办公室继续讨论。

在驱车返回圣莫尼卡公寓的途中，彼得打开录音，然后开始回忆今天经历的事情。他说，今天感觉非常奇怪，觉得对埃隆这个大男孩颇有好感。自己现在已经 40 岁，感觉就像一个资深政客，而埃隆和阿德奥还不到 30 岁。他们两人才涉入太空领域，而自己则是从来就没接触过别的领域。

"他们只有 1 000 万~1 500 万美元，"彼得一边开车一边录音，"这笔钱不能花到升空公司上，却能投资给 X 大奖。无论如何，我觉得我们会成为朋友。我的确挺喜欢埃隆这个人。他更安静，但说到太空问题却显得非常严肃。我觉得今晚的谈话给了他一些想法，播下了一些种子，可能他也有了一些新的方向。"

彼得继续说道："听说人们对于登月都没有什么兴致，这让我感到很惊讶。倒不完全是对于今晚他俩的认识，而是对于其他对太空毫无兴趣的人。他们有一种'反正已经去过就不在乎了'的心理。人的心理都是变幻无常的。那么要怎样才会让人们兴奋起来呢？

"我不禁想到了体育团队，我对此倒并不太感兴趣。为什么人们花那么多时间关注体育？我想他们是出于理解和认识，所以也想要参与体育角逐。而我在这里谈的是将机器人送上月球的事，为什么民众的反应却如此冷漠？太空领域的发展不仅是科学的发展，更是一种敢于干大事的精神，这种精神本身就是难能可贵的。"

车进了车库，彼得也停止了有声日志的记录。四周一片寂静，车灯闪烁的声音也显得无比清晰。而另一个声音，则来自他的内心："升空公司算是完了，但是我对太空发自内心的热情却没有熄灭。"

几个月又过去了。"该死，我不能这样浪费时间了，"彼得说，"我毕生的任务就是要实现前往太空的梦想，我已经有太多的教训。从现在起，我要做的就是让自己的梦想成为现实。"

第二十章 / 在妥协中合作

这是莫哈韦沙漠一个凉爽的春日，伯特·鲁坦在午饭时拦住几名工程师，对他们说："咱们去试飞一些模型吧！"

缩尺复合体公司的职员们拿着泡沫模型飞机，沿着跑道一直走到莫哈韦塔。在离地面87英尺高的第七层平台上，伯特和其他人拿着太空飞机模型准备放飞。模型飞机的造型各异，通过设计加大了飞行过程中的阻力及稳定性。飞机的尾部用鱼线拴着飘带，以便测量飞行的角度。最后，一些飞机径直掉落下去，还有一些则是像波浪一样在空中飘忽着落向地面。

伯特观察着模型飞机的姿态，做着细致的研究。他时而面带笑容，时而眉头微蹙。这些泡沫模型飞机的受阻机制，即减速的方式都各不相同：有些飞机的机翼后缘或尾翼上装有类似于升降舵的结构，以实现机头上仰，这类飞机下降时受到的阻力很大；有些飞机在机翼的尾部装有副翼，这类飞机则是向左或向右拐。有一架模型装有巨大的襟翼，可产生很大的阻力，从而使机头抬升到一个极端的角度。这一系列的设计都会在飞机下降时对气流的角度产生影响。伯特做任何事都惯用右手，但在控制模型机的飞行时却是例外。他向大家交代了抛出飞机所用的角度，同时和工作人员测定模型飞机的飞行是稳定、颠簸，还是以非正常的角度下降。如果一架模型机在飞行中翻筋斗，那随后有没有恢复正常呢？还是又向另一个方向翻转？通过今天的实地试飞，伯特就是要探索一架独一无二的，经济上负担得起，而且还可以重复使用的宇宙飞船。伯特知道这些粗糙的模型并不能给出确切的答案，因为真正穿越大气的宇宙飞船必须以超音速飞行，穿越时的空气动力情况是完全不同的。他很欣赏 X 大奖的创意，当然更想要赢得这个大奖。但是，彼得只是启动了这样一个奖项，而奖金的筹集还仍然是一个问题，这让他有些担心。因为彼得现在有 500 万美元，而这个大奖的奖金是 1 000 万美元。伯特已经注意到有很多的竞争团队，他们的创意纷呈，既有火箭和气球的组合，也有垂直起飞、垂直降落的导弹。而彼得也会定期给伯特打电话，询问他目前的进展情况，并且不时地向他保证，大奖资金已经基本到位，现在还没有其他人发射过任何东西。

　　这时候，伯特不再考虑把他新近制造的飞机——普罗透斯作为此次太空竞赛的发射平台。不过，这架飞机的设计仍然对他产生了非常大的影响。他曾在不经意间有过这样的想法：先用飞机将一枚单座火箭搭载至一定高度，然后再将火箭发射至太空边缘。用这样的方法，B-52 飞机曾经从 45 000 英尺高空发射过带翼的 X-15。但是，伯特估计普罗透斯无法发射带有三个座椅的火箭，而能够搭载三个人却是 X 大奖的要求。自那以后，他时常会和工程师们讨论关于亚轨道宇宙飞船的其他一些想法。有时候，他会拿出他的设计草图分享给大家。其中一些设计是在原有基础上改进的，一些则是未来主义的风格，还有一些则是伯特·鲁坦特有的风格。他的草图有时用电脑画，有时在纸上画，或者拿支钢笔或铅笔就画在餐巾纸上。他画过一架三角翼（等腰三角形）的太空飞机，上前部为气泡型机舱，能够承载包括飞行员在内的6个人。他还受"红石"火箭的启发，画过一枚火箭的草图，其顶部是类似友谊7号飞船一样的座舱。根据伯特的构想，助推器熄火之后，火箭与座舱分离，座舱依靠降落伞返回地面，然后用直升机运回缩尺复合体公司。他还画过一个一端呈锥形的长方体座舱，两侧像手臂一样伸出羽状的机翼。

在观察了泡沫模型飞机之后，伯特便可以通过手工运算来确定他的最新设计是否有效。升力和阻力的计算并不像他童年时代做飞机模型那么简单，那种飞机只需要将每件16美分的轻质木件按照自己的想象搭建起来就可以了。当然，他现在可以利用电脑，并在空气动力学专家的协助之下，对飞机周围的气流进行数百次复杂的运算。[1]

虽然泡沫模型只是概念模型，但是能够为创意提供线索。伯特想要先看看模型亚音速飞行的情况。就像他在餐巾纸上的涂鸦一样，这些模型也是他设计过程的一部分。对于每一种新的机型，伯特都会先在大脑中进行构图、设计、搞清楚数百个细节方面的问题，然后再用电脑进行测试。这个过程从来就没有顿悟，也没有突如其来的惊喜，只有重复的迭代运算。美，也是性能的一部分。如果机翼能够到达性能上的要求，那它一定是很美的。伯特给翼尖装上一个形如鲨鱼鳍的小翼，其目的是提高飞机的性能。如果这样的设计的确让飞机看起来更酷，那算是锦上添花了。伯特对于每一种设计都会进行尝试，直到他从心底感到自己走

---

[1] 到2000年，计算流体动力学已经有了长足的发展。最早对纳维—斯托克斯方程推导进行数值模拟的计算机程序在20世纪60年代就已经诞生。到20世纪80年代，已经有大量相关程序在进行高效的运算。每家飞机公司都有自己的数值模拟系统。到2000年，这些计算机程序已经变得非常复杂，并且开始处理一些更加困难的问题，包括黏度和涡流的问题。如果两个方面都要考虑，你可以运用纳维—斯托克斯方程；如果只考虑涡流问题，你可以运用欧拉方程；如果两个方面都不必考虑，你可以运用所谓的全位势方程。

对了路子。一旦他有了那种感觉，便会加快步伐。

　　这样一个宇宙飞船项目，让伯特把自己喜欢、不喜欢的东西全都挖了出来。迄今为止，让伯特印象最为深刻的载人系统要数诺斯罗普·格鲁曼公司设计的登月舱。该登月舱是在世界上第一次载人航天飞行之后不到4年的时间内设计出来的，3年之后便进行了飞机测试。登月舱从月球轨道开始下降，在月球着陆，再起飞，再进入月球轨道。而令他印象最为深刻的飞机则是洛克希德·马丁公司的SR-71黑鹂，这是一架速度在3马赫以上的侦察机，是在淘汰了飞行较慢的活塞式飞机之后，在15年的时间内研发出来的。伯特对设计上的一些小改进并没有多大兴趣，他要的就是"开天辟地"。

　　伯特不太喜欢用降落伞来实施座舱的回收，他也不能想象太空旅行者会喜欢坐在座舱中，还依靠降落伞回落到地球，而且还是落到海里。虽然伯特此前画的火箭和座舱，与40年前将艾伦·谢泼德送入亚轨道并飞行了15分钟的类似，但伯特还是希望他的飞行员能依靠飞船本身返航并着陆。令人惊讶的是，美国历史上只有4次载人亚轨道飞行将宇航员或飞行员送至62英里以上的高度，包括艾伦·谢泼德和格斯·格里森1961年都乘坐过的水星-红石号，以及1963年乔·沃克乘坐的X-15，到达的高度为354 200英尺。暗灰色的X-15火箭飞机用以测试载人亚轨道飞行，它曾创造了新的飞行速度和高度。这架火箭飞机挂在改进后的B-52机翼下方，与B-52脱离后由火箭推送至亚轨道，然后无动力滑翔返回地球。在20世纪60年代，X-15试飞的时候，伯特正在爱德华兹空军基地任职。而现在，他正和X-15前工程师鲍勃·霍伊商讨他的太空飞机设计。

　　宇宙飞船方程式最大的挑战，就在于当飞机到达最高点之后，如何想办法控制其下降速度。在太空中，所有的情况都与地面有所不同。太空中没有空气，因此就没有空气动力。伯特需要设计出一个能够在飞船穿越上层大气时提供最大阻力和自然稳定性的装置，并且建造这样一个装置也不能花太多时间和费用，还得比此前其他装置更安全。现在，他已经开始寻求方法，让飞船能够首先安全返回大气层。从理论上讲，飞船此时的阻力应为最大：机翼升力为零，运动方向横截面面积最大。如果不重新调整姿态，飞船将以机头向下的姿态，以极高的速度冲向地面，那将是相当危险的。

这样一来，将会出现极高的空气动力负载（机身承受巨大的压力）并且产生高温。伯特理想中的飞船，是能够以任何姿态，任何路径接近大气，然后不依赖飞行员或电脑就能自行调整飞行角度。X-15 靠的是一种特殊镍合金，这种合金有一个很具航天时代气息的名字，叫作"英科耐尔 -X"。合金的耐热温度可达 1 200 华氏度，可承受的速度为 6.7 马赫。航天飞机使用的则是成千上万块用高纯度石英砂制成的隔热砖。而伯特用的都是复合材料，耐热性比金属和定制的隔热砖要低得多。[1]此外，他设计的飞船质量小、阻力大，开始减速的高度也比 X-15 高得多，因此承受的压力和产生的温度也低得多。

现在，经过数年来对私人建造宇宙飞船的一些思考，伯特相信他很快就能设计出一艘像样的飞船。为了节省燃料，增加安全性，他将使用类似于普罗透斯的母舰，像携带 X-15 一样将火箭飞机载至一定的高度。随后，以火箭作为动力的飞机会像 X-15 那样与母舰脱离。这就意味着伯特得制造自己的 B-52 和自己的火箭。他画了草图，建好了模型，并且经

---

[1] 航天飞机所使用的隔热砖大小为 6 英寸 × 6 英寸，一架航天飞机上大约有 2 万块这样的隔热砖，因此有时也被称为"飞行的砖厂"。这种隔热砖外层为硼硅酸盐涂层，质量比聚苯乙烯泡沫还要小，中空体积达 90%。隔热砖升温主要是由于空气对流而非摩擦。当速度达到 15 马赫以上的时候，产生的冲击波可以防止高热离子化气体对飞机机腹的伤害。热量只是通过等离子高温层的对流，从冲击波前端传导至机身表面。这种隔热砖有非常好的隔热性能，就算一块砖的一部分被烧得通红，你仍然可以用手抓住砖的一角。

过讨论、设想和分析之后，他对飞船重返大气有了一个奇特的想法：太空中，机身没有空气动力载荷，可以让飞船的尾桁向上弯折。这样的设计很是巧妙，那个像羽毛一样的装置只是在飞船重返大气、需要减速的时候才发挥作用。减速之后，便可以控制飞船下降到任何高度。不过，在快要着陆时，必须将羽毛去掉，以保证飞船在跑道上的正常着陆与滑行。唯一类似的设计是伯特在少年时期做的模型，后来这架模型被带到达拉斯参加了航空模型学会的全国比赛。1960 年，伯特只有 17 岁，他制造并试飞了一架北欧拖索式滑翔机。他在飞机上使用了一个名叫"去热能器"的装置，用以在飞机上升过程中控制水平安定面的翻转。他将棉花浸入硝酸钾，然后在滑翔机起飞前将其点燃，点燃的棉花慢慢地烧掉橡皮筋，从而使机尾翻折过来。

伯特请住在附近的 X-15 工程师鲍勃·霍伊帮助他评估这个项目的风险。霍伊看了看他朋友这个让飞机尾翼及尾桁弯折的设计，觉得比他之前见过的任何设计都要奇怪，不过他说这个设计可能会起作用。这个设计的理念很实用，但到了太空还是否适用则完全是个未知数，因为这是一个全新的设计。霍伊参与过高风险、高回报的 X-15 项目，每周都是既感到焦虑，又感到兴奋和激动。他对伯特说，他和他的缩尺复合体团队，这次飞向的将是未知的太空。同时，他也告诫他们，得做好面对失败的准备。但是，伯特相信自己是能够做到的，他的内心有着强烈的预感。

在莫哈韦塔上试飞几次泡沫模型机后，26 岁的工程师马特·斯坦梅茨看了看四周，发现伯特早已经走远，他不禁笑了起来。伯特会让人觉得一切皆有可能，以至于那些非同一般的事在他看来都再寻常不过，这就是缩尺复合体公司。就算有人带着一大箱子的现金出现在公司的大厅，坚称自己有关于飞机制造的好点子，也丝毫不会让人感到奇怪。飞行员们驾驶着各种各样怪异的自制飞机起飞和降落，飞机上都有一个形如海象的数字编号。在公司里流传已久的一个笑话是："你知道莫哈韦沙漠住了多少人吗？……有一半的人都在公司里呢。"

马特毕业之后结了婚，刚度完蜜月才一个星期，就立刻搬到了莫哈韦。他清楚伯特为什么会选择这样一个地方：这儿租金便宜，有足够的空间进行飞机制造和试飞，也不易引起外界的过多关注。联邦航空管理局将此地划为"无人区"，而这里正是对飞机进行测试的绝佳场所。同时，正如马特所见，这里也会淘汰那些对工作不够严谨的人。莫哈韦最繁华的地段无非就是卡车休息站、汽车旅馆、加油站以及快餐店，除此之外就什么都没有了。垃圾被飓风吹了过来，挂满了挡风的围栏。这片沙漠并不属于懦弱无能之辈。地球上最长寿的植物——石炭酸灌木在这里疯狂地生长着，剧毒的莫哈韦绿蝮蛇便藏匿其间。但是，这里也是旅行者号的诞生地，数十架由意想不到的材料制成的飞机也出自这片沙漠。沿着58号公路行驶23英里便是爱德华兹空军基地。莫哈韦是开拓精神打造出来的一片圣地，这里能够容纳各种天马行空的创意。

马特穿着T恤和牛仔裤，头发长得都披到了背上。他在缩尺复合体公司已经工作了两年，面对那个人，他依然会感到胆怯，可他从童年在堪萨斯开始，做梦都想为他工作，而那个人也是吸引马特来到这里的原因。那个人就是伯特。就如他所说的那样，这里随时都在上演着奇迹。马特是从他爸爸的一本航空杂志的封面上认识伯特的。他觉得伯特设计的飞机是他在堪萨斯宇航员太空中心之外见过的最酷的东西。

马特很喜欢在塔上放飞模型飞机，那是他童年的一大乐趣。他没有那么多的钱可以经常接触真飞机，所以总是自己制作飞机模型然后放飞。飞机的形状越古怪，他就觉得越好。1981年，航天飞机首次升空。那年他才7岁，看着做环卫工的父亲对着电视机上的航天飞机不停地拍照。当他还是个小孩子的时候，父母就允许他使用带宽刃的锋利工具，他也因此差点儿切掉自己的手指。伤口缝合后，他就再没犯过同样的错误。

251

当科赫兄弟的美洲杯双体船问世之后，他对废弃的轿车进行改造，也制成了自己的全复合材料帆船模型。[1]在堪萨斯州威奇塔州立大学上大学期间，他带领团队制造了一架小型喷气式飞机，最终获得了航空航天方面的学位。当他来到缩尺复合体公司面试时，伯特似乎对他做着玩的东西特别感兴趣。在公司里，很多都是像他这样来自非常春藤盟校的毕业生，但他们学的都是航空航天专业，或者天生就喜欢动手做东西，包括制造飞机。

当马特来到缩尺复合体时，公司的业务进展缓慢。公司也努力地承接项目，保证每个人都不致失业。马特一开始接到的任务是帮助华盛顿特区的一位知名艺术家制造一根 21 英尺长的碳纤维牛脊柱。随后，他和导师科里·伯德进入投标企划部工作。他的导师是一位艺术家兼完美主义者，同时还是一位自学成才的空气动力学家。他到公司的第一天是带着自己的工具箱来的。后来，马特又加入了巡航导弹项目，还为丰田汽车公司制造过原型机。2000 年，马特在一次会议中听伯特说要建造太空飞船。伯特甚至开了一个好长时间的会议，谈论他要怎样制作飞船的舱门。马特从没见过伯特亲自运行项目，这让他觉得非常紧张。马特身材精瘦，做事谨慎，而伯特是个大块头，有一双蓝色的眼睛，仿佛一眼就能把人看穿，所以，在向伯特学习请教的时候，马特会有意识地把头埋下去。

这会儿，马特一边在莫哈韦塔上放飞泡沫模型机，一边想着从莫哈韦沙漠发射一架由他们自己制造的太空飞船。他知道自己已经准备好迎接新的事物，也准备好要和他的偶像一起工作。

到 2000 年秋天，伯特来到微软共同创始人保罗·艾伦位于西雅图的

---

[1]　伯特和缩尺复合体团队设计的第一艘硬帆帆船还曾参加过美洲杯比赛。丹尼斯·科纳的双体船星条旗号在 1988 年的比赛中使用的就是这种翼形帆。

办公室，和他面对面坐在餐桌前。汤端上来了，沙拉端上来了，伯特却一口也没吃。他知道自己时间有限，他要开门见山地直奔主题。他们上次会面时，谈到了普罗透斯不仅可以应用在宽带通信领域，还可以用于载人航天飞行。现在伯特在考虑飞行时重返大气的问题。他希望能够找到一个通用的解决方案，能够将人类送往太空再安全返回。他早前告诉艾伦，自己还没找到解决这个问题的办法，艾伦让他想出办法之后再来找他。现在，伯特告诉艾伦，他已经找到解决方案。他相信，他的这个突破性设计能够实现"轻松"返回大气的目标。

艾伦听着伯特说，并不怎么说话，偶尔看向窗外。西面是西雅图的海滩和奥林匹克山，西南面是西雅图海鹰队新建的橄榄球场——艾伦1996年买了这支橄榄球队，南面是雷尼尔山和喀斯喀特山。艾伦很早就开始关注伯特的事业发展，觉得他的工作状态极佳。他还调查过伯特的安全记录，发现他的设计从未在测试中坠毁过。他和伯特多次谈论过他们共同的心愿，就是要让美国大众重新关注太空。他们对于老问题都不因循守旧，都有一股创新的激情。艾伦想要找回那些曾使美国国家航空航天局获得成功的冒险精神、想象力以及科技手段，然后把它们运用到私人企业中。他们两人都认为那个"年轻人"（指彼得）重启载人航天飞行的举措很有必要，否则就没有人再来做这件事情了。艾伦对X大奖很感兴趣，不过听说这个奖项的资金仍然是个问题：大奖已经设立四年，现在仍有500万美元的资金缺口。

在艾伦办公室吃午餐时，伯特讲述了他的朋友麦克·亚当斯所遭遇的X-15坠机事故，同时也谈了自己准备如何让飞机减速。他用了"羽毛"这个词来形容机翼是如何向上弯折，从而在返回地面的途中增大阻力，并且让飞船的腹部首先翻转过来。艾伦年轻时喜欢打羽毛球，于是把伯特所说的"羽毛"和羽毛球联系在了一起。羽毛球就是用球拍击打，随后球头朝前，按一定的路线飞出去。艾伦心想，这真是个奇妙的想法。

这样，飞船就能够以亚音速，再以超音速到达太空，然后再像滑翔机一样再返回地球。艾伦对美国国家航空航天局是充满敬意的，但他认为他们的系统过于昂贵，而且缺乏创新。是时候该把航天事业的火炬传给私人企业了。

伯特说自己有几十年在短时间内制造飞机的经验，利用类似造船和制作冲浪板的复合材料与技术，他能够"真正快速地"搞成一个太空项目。他可以依靠钢索和推杆控制系统来降低成本，而且也不打算用电脑代替飞行员。他很喜欢最后那一次完全依靠机械控制实现的超音速飞行，那还是在1947年，飞行员是查克·耶格尔。

"你之前制造过火箭吗？"艾伦问伯特。

"没有，"伯特答道，"但是我对自己的设计很有自信，如果我有钱，就会自己投资。"

听罢，艾伦从座位上站了起来，把手伸向伯特，对他说道："那我们一起来做吧。"

从伯特和保罗·艾伦达成合作意向到签订合作协议大概有一年的时间。他们的分歧在于其中的一个条款——如果艾伦出于某种原因单方面终止项目，伯特将不再有权使用他想出的任何创意。艾伦拥有所有知识产权，包括创意、概念、图纸，甚至还有他们在合作前已经制作好的模型。这是伯特所不能接受的，他对此提出了抗议。艾伦的一些律师告诉他，因为曾经有人"在签约之后就撒手不管了，并且联合他人与艾伦先生竞争"。律师们告诉他，这是为了保护艾伦先生的利益不受侵犯。他们让伯特放心，告诉他说："这都是正常程序，不用担心。"伯特并不担心，只是想到自己竟然有可能会成为全美国唯一一个不被允许制造太空飞机的人，心里面颇感不安。他告诉缩尺复合体的员工："我会继续抗议，直到结果没有那么糟糕为止。"

后来，双方也达成妥协，共同成立了莫哈韦航空航天投资公司。艾伦方面的负责人是戴夫·摩尔，他曾是微软早期的员工，艾伦很多的投资项目都是他在管理。摩尔认为这种合作应该很简单：刚开始时，伯特和他的公司拥有这家合资企业的大部分股权。随着艾伦资金的注入，伯特方面所占的股份将会有所减少。

对摩尔来说，谈判过程中的"难题"，在于如何对一个创意的价值进行评估。这个创意可能未经验证，却出自高人之手，而且这个创意确实比其他创意要高明。摩尔总是能站在强势位置来获得谈判优势，毕竟他的老板有资金。

摩尔从 1981 年开始就在微软当软件设计师，当时的微软只有不到 70 名员工，个人电脑刚刚开始起步。在微软接受面试时，摩尔被问及一些与数学相关的问题，同时还接受了技术测试。通过测试之后，他被叫去与保罗·艾伦面谈。艾伦问他之前在做什么工作，他说自己正在制造一台电子交换机，可以在电脑上设计零件，然后驱动机器对零件进行加工。摩尔提到他正在使用"样条曲线"这种决定形状的数学方法，艾伦兴奋地问他："你知道样条曲线？"然后，他站起身来，去了隔壁比尔·盖茨的办公室。回来后，艾伦对摩尔说："比尔想要和你谈谈。"于是，摩尔花了一个半小时给比尔·盖茨讲解样条曲线。①随后，摩尔就在微软负责最

---

① 样条曲线是由简单曲线组合而成的复杂曲线。一些简单的曲线可以用简单方程进行描述。之所以说"简单"，是因为其很容易进行描述，描述所需要的数字或是参数很少。但是，只用几个参数来描述的曲线是很死板的，无法穿过给定方向上的若干个点。而样条曲线则不同，它可以随意穿过任意方向的多个点，因为样条曲线是由若干片段拼接而成的，每一个片段都是简单曲线，穿过了几个点；而下一个片段又穿过接下来的几个点，以此类推。其中的关键就在于如何将曲线连在一起。当然，你会自然而然地想到让这些曲线首尾相接，这是一种惯常的思维。但是，你肯定还想要更多的连接方式，你想要线条首尾连接得恰到好处，恰是你所需要的连接方式。最常见的样条曲线是"立方样条曲线"，需要用三次项方程进行描述。

早的图形方面的业务。1997 年，摩尔离开了微软，那时候公司已经拥有
25 000 名员工，而且开始为风险投资公司做技术尽职调查。后来，艾伦
需要他调查一些潜在的投资项目，于是他又回到微软。多年来，摩尔和
许多有富有创新性且特立独行的思想家在一起工作过，所以他也很乐意
与伯特·鲁坦合作。

在伯特和艾伦签订协议前，摩尔已经与开展空间业务的公司接触过，
他们都希望从艾伦这里获得投资，其中还包括巴兹·奥尔德林。奥尔德林
是一家绿色科技公司董事会的成员。当他们谈到太空飞行和先进的航空
电子设备时，自然而然就说到了伯特。摩尔问过奥尔德林，是否认为伯
特可以造出载人亚轨道飞船。奥尔德林的回答是否定的，他觉得"伯特
是不会成功的"。摩尔和彼得·戴曼迪斯也见过面，彼得曾向他介绍过升
空公司项目，两人还就艾伦为 X 大奖提供冠名赞助的问题有过讨论。

摩尔听着彼得的介绍，但闭口不提他老板已经和伯特会面的事。摩
尔也见过加里·哈德森。当启动 X 大奖的时候，哈德森正在科罗拉多的蒙
特罗斯参加一个周末活动。他的公司名叫旋转火箭公司，大部分都是由
沃尔特·安德森资助的。摩尔乘坐私人飞机——索卡达 TBM700 飞往莫
哈韦，坐在了旋转火箭公司的模拟器上。尽管摩尔具有丰富的飞行经验，
而且很快就会拿到直升机飞行执照，但他几乎无法让模拟器着陆。摩尔
觉得飞船的推进系统有问题，这个系统被称为旋子系统：在基座上安装
一套旋转的发动机来推动火箭升空；同时，另一套安在桨叶上的旋转火
箭帮助飞行器返回地球，就像直升机那样。他觉得这个创意过于疯狂。
回到西雅图后，他告诉艾伦："不能给这个项目投资。"艾伦听从了他的建
议。2000 年，旋转火箭公司在花掉 3 000 万美元之后倒闭了。如今，那
架 63 英尺高，高度与波音 747 机尾相同的旋子火箭，正矗立在莫哈韦机
场的入口。

在合作谈判期间，伯特根据太空飞船需要完成的 21 项任务给摩尔出

具了一份报价，包括建造飞行模拟器，进行滑翔测试，以及"三人在两周内两次搭乘同一艘飞船飞至100千米的高空"等，从而达到X大奖的要求。最后一项任务是每周二定期发射宇宙飞船，连续五个月，以证实飞船的可靠性，并得出运行的直接成本。伯特认为这项任务是合乎情理的，但他还是有些担心，因为项目还没有运行起来，他无法说出具体的成本有多高。合资的莫哈韦航空航天投资公司拥有该项目的知识产权，而摩尔将成为这家新公司的首席执行官。在漫长的谈判过程中，伯特没有从艾伦那里拿到一分钱，他也不知道到底还能不能拿到资金。不过他还是先拿出部分资金开始了火箭和母舰的设计，并且对推进方式也展开了研究。

来回磋商了几个月，伯特终于拿到可以接受的合约。艾伦将持有新公司的大部分股权，而伯特也将持有较高的非控股股东权益。2001年3月，双方签订协议。双方同意秘密进行这个项目。他们不想让任何人，包括美国国家航空航天局发现他们正在做的事情。

4月，伯特和摩尔再次碰面，就保险、发射许可、发射许可的时间设定、新技术专利，以及动力测试开始的时间等问题进行了确认。会面结束后，他们走到大厅，在走出大厅前停了下来。整个项目的标价设定为1 800万美元。摩尔转向伯特问道："那么你需要多少钱作为启动资金呢？"伯特在心里默默地想着：3万？8万？还是10万？他还在算着到底要多少，就听摩尔说："要不我先放300万美元在银行账户上，你还需要的话再告诉我。"

伯特听了这话，尽力地抑制住脸上的笑容。300万美元启动资金，这真是太好了。

2001年6月上旬，伯特完成了运载飞机、火箭发动机和飞船基础部分的初始设计。伯特自己管这枚火箭叫作"太空船1号"，不过这个名字并不受欢迎。戴夫·摩尔想了几个很合艾伦心意的名字，其中包括"飞伊"——艾伦母亲的名字，以及美国各种鸟类的名字。伯特则为自己取的名字据理力争。他说，孩子们幻想着飞向太空时总会用到"太空船"这个词。他想要强调第一艘非官方载人飞船项目的非正式性和幻想色彩。母舰的制造马上就要开始了。伯特让员工带着扳手，到附近的废车场去把那些车上的方向盘取下来，用作临时的模拟器和太空飞船。他又派了一名工人——那天恰好穿得像个飞车族似的——让他到另一个废车场低价买来了几台J-85发动机。伯特在亚拉巴马州亨茨维尔找到了他的这些混合动力火箭推进器专家。此人从未有过把火箭发射到太空的经历，但是他制造了一辆火箭推动的自行车。他在亚拉巴马的小路上骑着这辆自行车，速度快得惊人。

在缩尺复合体机库的一片封闭区域内，有一架能够搭载太空船1号到一定高度，并将其释放出来的母舰——"白衣骑士"，这是科里·伯德看到母舰上的舷窗像骑士头盔上的缝隙，而尖细的机头像是长矛而取的名字。在另一片封闭区域内，火箭驱动的太空船1号似乎没有太大的进展。当然，太空船还是在建造中，但不像白衣骑士那样突飞猛进。为了让这边的进度能够赶上去，公司任命了新的项目工程师：马特·斯坦梅茨。

斯坦梅茨想着制造这样一架太空飞船的巨大压力，觉得这样一项载人太空任务简直有些不可思议，但这恰好是缩尺复合体的风格。伯特从不在意自己所做的事情是否可行或是疯狂，那其他的人还有什么顾虑呢？

第二十一章 / 试一试曲线救国

　　刚到 2001 年 1 月，朋友们就邀请埃里克·林德伯格一起去滑雪，埃里克很犹豫。虽然抗关节炎新药依那西普让他的病痛得到一定程度的缓解，但是他毕竟有 7 年没有滑过雪了。从梅奥医学中心回家后，埃里克对自己的过去和未来做了一番估计。他检查了一下珍藏的滑雪板——Atomic 的特里马、Dynamic 的 VR27s，以及 Völkl 的雪地漫步者，心里想着："我在骗谁呢？我现在走路都要拄拐杖。"他卖掉了 9 副滑雪板，每一副都代表着一种不同的快乐：有越野滑雪的，有滑速降的，还有障碍滑雪的。

　　他现在正踩着自己最古老又最结实的一副越野滑雪板，站在一个缓坡的坡顶，这座山坡位于华盛顿史蒂文斯峡谷以东大约 20 英里的地方。他穿着特里马的靴子，脚下的滑雪板是没有卖掉的黑钻矢量越野滑雪板。他觉得如果自己还能走路，那么也一样可以越野滑雪。他的妻子玛拉跟他在一起，而林德伯格家的新成员——他 6 个月大的儿子格斯，则被带子束缚在埃里克的背上。湛蓝的天空阳光明媚，4英寸厚的白雪在召唤着埃里克。

那天一早，埃里克就走出了朋友位于苏格兰湖营地的小屋。他打算试着看看自己行不行。最近他的两个膝盖都做了置换手术，一只脚的脚踝还做了融合手术。多年的类风湿性关节炎让他全身伤痕累累，他也不知道自己该如何才能支撑下去。不过，他和玛拉试滑了大约0.25英里后，感觉还不错。唯一觉得老旧且不太轻便的东西就是他的装备。而且，越野滑雪和高山滑雪是不同的，就像走路和跑步的差别。

"无论如何我得试一试。"他们登上山顶后，埃里克告诉玛拉。这是一个略微起伏的缓坡，比起他年轻时滑雪的障碍和雪檐路段差了很远。但是，现在的这个缓坡也能给他带来一种冲击，他不再认为什么事情都是理所当然的了，包括走路、舒服地坐着或者整夜安眠。他感觉是被赐予了第二次机会，这是上苍给他的一份礼物，就像一个粗糙的木疙瘩成为他的一件雕刻品。他终于可以把儿子背在自己的背上了。

滑雪板推开厚厚的积雪，没费多大的力气，他又感受到了久违的力量与速度，还有扑面而来的寒冷而清新的空气。

"我又可以滑雪了！"埃里克大叫起来。

过了一会儿，他又笑着补充了一句："我还要换新的装备！"

回家之后，埃里克又走进了木工房，忙着对一件雕塑进行最后的润色。做着做着，他突然停下手中的活儿，给格雷格·马里尼亚克打了个电话。他有了一个有些叛逆却又非常虔诚的想法。很多年来，无论朋友还是陌生人都曾问过他这样一个想法，而别人往往是话还没有说完就被他打断了。几个月前，他拿着木材对着阳光，这个想法在他脑子里渐渐浮现出来。在他完成圣路易斯精神号的雕刻之后，想法也差不多成形了。当他在山坡上滑雪的时候，当他一早醒来之后，感觉都非常好，于是，他心中的想法便越发坚定了。

埃里克见到格雷格时，格雷格正在工作。格雷格是留在X大奖项目中唯一的带薪雇员，他也不是一直都在这儿工作，也在寻求其他收入来源。他将位于圣路易斯科学中心的办公室一直开着，以免错过赞助的咨询电话。而X大奖的其他人员，包括彼得，都是没有工资的。埃里克是X大奖董事会成员，会议开了一次又一次，但资金的筹措问题总是令人失望。彼得在升空公司失利之后回到X大奖，正努力寻求亲朋好友的帮助，从而让大奖能够继续运作下去。他为了自己的梦想，把所有的钱都投了进去。

埃里克告诉格雷格，他想到一个主意，这个主意能够拯救X大奖，赢得公众的关注，同时对个人也是一项巨大的挑战。"我想要重现祖父的飞行历程。"埃里克说道。

两人陷入沉默。最后，格雷格说他认为这不是个好主意。"这太冒险了，"格雷格说道，"埃里克，你有妻子，孩子又那么小，干吗要冒这个险呢？那可是3 600英里的行程，下面是大西洋。直升机只能在升空后50英里或者落地前50英里的范围内才能展开援助。"

格雷格强调说，即使现在的飞机很先进，单人进行跨越大西洋的不间断飞行仍然很危险。埃里克还得忍受风湿性关节炎带给他的痛苦，在飞机里独自坐上近20小时。现代科技可能会有一定的帮助，但格雷格认为，有无现代科技的帮助，二者的区别就和埃德蒙·希拉里1953年攀登珠穆朗玛峰与现在攀登珠穆朗玛峰的区别是一样的。现在的登山者有了更好的装备、通信技术，也得到更好的训练，但是潜在的危险一直都存在，例如不可预测的天气、设备故障、人为错误以及身体疲劳等。

埃里克并没有退缩。他解释说，他是在制作圣路易斯精神号的木雕时想到这个主意的，而且在接受了新的疗法之后，他的类风湿性关节炎有了缓解，于是就越发地觉得这个想法可行了。他告诉格雷格，自己甚至又开始滑雪了。他有三个理由要实现这次飞行：一是为了对祖父的经历有更好的理解；二是为了让人们，尤其让孩子们看到，如果他们正在遭受苦难，他们是可以改变的；三是为了展示航空业取得的发展，以及在有了 X 大奖之后能取得的成就。

"我想我们可以借此机会为 X 大奖募集到大笔资金，同时也赢得更多的关注。"埃里克说。他认为这次飞行可以定在 2002 年春，这一年正好是他祖父跨越大西洋飞行的 75 周年纪念。

格雷格听了埃里克的解释之后，还是有些心动。他提出一番告诫，然后说需要对这样的一次飞行进行可行性研究。格雷格建议同彼得、拜伦·利希腾贝格、马克·阿诺德，以及乔·多布伦斯基础个面。乔是麦道公司声望颇高的首席试飞员兼工程师，他可以在机型的选择上提供一些建议。格雷格明确表示，即使小型飞机跨大西洋飞行很平常，埃里克也必须接受水面迫降和逃生训练。如果飞机坠落在海上，埃里克得知道在救援到达之前该如何求生。

可行性研究中最大的一个风险，是埃里克需要对他沉默、隐居的家族成员提出他的想法。埃里克的这个想法对他的家人来说是一个忌讳，就好像要在《蒙娜丽莎》的画作上再涂上一层似的。

埃里克最先告知的人是他的姑姑丽芙。姑姑很支持他，但她是家族中唯一公开林德伯格身份的人。她身份的公开还颇有一段经历。当她和第一任丈夫理查德·布朗结婚时，她很高兴自己成为布朗太太，也不再有别的期望了。后来，她的名字改成了丽芙·林德伯格·布朗，再后来又成了丽芙·林德伯格。她对林德伯格家族的传承，就是写关于这个家族的故事，她最近写的书是一本回忆录，详细记录了她与母亲在佛蒙特州农场度过的最后 17 个月。

丽芙告诉埃里克，这个飞行计划听起来是一个很大胆的想法。对她来说，埃里克因为类风湿性关节炎几乎不能走路就像是昨天刚发生的事情一样。但是她提醒埃里克，家里其他人可能就没那么容易接受了，他们可能会说这是"带着商业目的的作秀"。数十年来，家庭律师詹姆斯·劳埃德一直遵循查尔斯·林德伯格和安妮·林德伯格的嘱咐，不得将他俩的名字、肖像，以及签名用作商业用途。但是，面对这个棘手的问题，非营利性的林德伯格基金在筹措资金时总是如履薄冰，还因此丧失了一笔持续的捐赠。家庭成员给劳埃德取了一个带着几分亲切的名字，叫"不先生"。虽然埃里克注意到有一些假冒的"查尔斯·林德伯格官方商品"，但并没有采取任何措施。丽芙建议埃里克说，如果要进行这次飞行，他应该强调自己的姓氏，并且说出他的祖父到底是谁。

埃里克的母亲芭芭拉对儿子的这个飞行计划感到不安。她担心儿子飞行途中的安全问题，以及飞行之后可能会出现的身体状况。她和埃里克的父亲乔恩·林德伯格已经离婚很久，但她依然默守着不公开身份的规矩。如果你违反了，就会有不好的事情发生。在埃里克和他的兄弟姐妹们成长的过程中，她就告诉他们，如果他们愿意，可以使用母亲娘家的姓氏"罗宾斯"来作为他们的姓。一些孩子的确改了姓氏，但后来大多数还是像丽芙那样，把姓氏改回了"林德伯格"。

埃里克计划飞行的消息迅速在整个家族里传开了，芭芭拉也很快接到了其他几个孩子打来的电话。家里的男性都反对这个计划，情绪一个比一个激动，女性则很担心埃里克的安全问题。埃里克的哥哥摩根是X大奖的一个赞助人，他可以预见这次75周年的纪念飞行能够带来的资金和关注。但是，万一埃里克失败了呢？那会对祖父的遗产带来什么样的影响呢？而且，埃里克凭什么就可以利用家族的背景去谋求他个人想要的东西呢？

就这样和家人争论了好几个星期，埃里克和丽芙又谈了一次。丽芙说，家里的女人们是担心他做不到，而男人们则是担心他真的能做到。

不过埃里克已经打定主意，他一定要完成这次飞行。他饱受疾病的折磨，又被家族的传统束缚，但他和祖父当年受到批评与质疑时一样，提出了自己的反驳："为什么我就不能从纽约飞到巴黎？"

埃里克与格雷格及彼得在圣路易斯碰了面，将整个计划及所需的预算梳理了一遍。多布伦斯基、阿诺德和利希滕贝格也参加了这次会面。彼得是从格雷格那里听说埃里克的这一想法的。他并没有像格雷格那样担心，他认为这次飞行可以改变埃里克的人生——既可以打破家族的传统，还可以让他的健康状况得到改善。他告诉格雷格："这简直太棒了。我会全力支持的。"他觉得埃里克正是保留了他祖父所倡导的竞争精神，这是一件意义深远的事情。

格雷格做了40年的飞行员，认为X大奖的融资在"高度、办法和速度"上都没法提升了。他们被资金问题困扰，急需资金的注入维持项目的运行，以期待下一位赞助者。道格·金是圣路易斯科学中心的主任，已经多次对他们伸出了援手。

埃里克做了初步的预算，并且把飞行目标简要地描述了一下，随后话题转向埃里克到底应该使用什么样的飞机。有人建议购买比奇富豪，这是单引擎六座的通用型飞机，可以在飞行结束后转卖出去。多布伦斯基却建议道："为什么不和俄勒冈的兰斯公司谈谈呢？他们有最先进的飞机适合这次飞机。"格雷格现在成为埃里克这个飞行项目的项目经理，他和埃里克同意去看看兰斯公司的飞机到底怎么样。他们希望这次飞行能为X大奖筹到100万美元的资金，还有多余的资金将投向林德伯格基金和关节炎基金。

会后，埃里克思考着："我要开着自己的单引擎轻型单翼机，沿着祖父当年的路线，不间断地飞过大西洋。我要再现祖父当年里程碑式的航程。"此时的彼得也在想："这次飞行将是X大奖一飞冲天的助燃剂。"

第二十二章 / 接受不可避免的失败

　　史蒂夫·贝内特站在英格兰西北海岸莫克姆湾潮湿而厚实的沙滩上，为他四层楼高的火箭新星 1 号做着发射前的准备。美丽的沙滩是粉脚雁和脆弱的细纹蝶共同的家园。河流随时变换着流向，危险的流沙在暗处涌动着，潮水像是一支前进中的军队，迅速而又悄无声息地涨了上来。

　　2001 年 11 月 22 日清晨，贝内特在沙滩等待着新星 1 号的试飞。新星 1 号是他听说 X 大奖之后，在五年时间内开发出的一枚两级火箭。当他第一次告诉别人他要建造火箭时，别人还以为他出了什么毛病。但他告诉大家，这是一项全世界的竞争，他想要借此赢得 1 000 万美元的大奖。一时间，这成了一项在美国人的游戏里打败美国人的好机会。就连普通人也对这件事产生了兴趣。虽然这项大奖的奖金现在只到位了一半，但这并不影响贝内特和全世界太空企业家的热情：他们已经鼓足干劲，并且还拿出了硬件来展示他们的努力，尽管各自制造的飞行器在可行性方面还存在一定的差异。

新星 1 号是最严谨的参赛项目之一，也将是 X 大奖角逐中最先发射的火箭。在听说 X 大奖不久之后，贝内特就辞去了高露洁的工作，高露洁支付了他六个月的工资来支持他的火箭梦想。贝内特随后成立了追星者工业公司。接下来的三年里，贝内特依靠信用卡为生。他在曼彻斯特城外的索尔福德大学找到一份兼职教师的工作，能够维持他所说的"把饿狼挡在门外"的生活状况。这份工作让他拥有了一间小小的实验室、一间办公室和一部电话，还认识了一些对太空技术感兴趣、愿意帮助他的学生。后来，他的一枚火箭还在探索频道亮相，这算是他事业的一个突破，并且吸引了一位资金雄厚、对太空很感兴趣的投资者。

如果早上的发射能够按照计划进行，新星 1 号将成为在英国发射的最大的私人火箭。闪亮的白色火箭，颈部呈锥形——这些都是贝内特的设计，X 大奖的标志也被印在了火箭的尾翼上。新星 1 号的空间可容纳一个人，但要赢得大奖，贝内特还需要一个可容纳三个人的太空舱。虽然这次试飞没有载人，但是贝内特一直期待有朝一日能坐上自己的飞船飞向太空。而且这次试飞，也是在实现目标的过程中一块重要的探路石。

今天的试飞将对硬件做一系列测试，包括移动发射塔、新星号火箭构架、助推系统、太空舱降落伞，以及航电设备。如今，贝内特从小到大都梦想的火箭就矗立在面前：高度超过 37 英尺，直径 4 英尺，发射重量 1 643 磅，预计速度为 500 英里每小时。

贝内特看着周围的一切，自然之美和待测试的火箭融为一体。莫克姆湾历来盛产贝类和虾。人们一开始是使用马和马车，后来又使用拖车和渔网。贝内特最初来这里测设更小的火箭时，遇到了当地的采贝人。这些采贝人在这里采集小的心形鸟蛤以维持生计，生活颇不容易。

采贝人很清楚莫克姆湾的情况：这里的海潮涨潮快，河道随时变换方向，还有看不见的流沙。今天是发射日，采贝人收了钱，负责用拖车将媒体记者和贵宾们从主公路送至火箭发射区。

贝内特心里最大的担忧，是火箭的固体燃料推进系统能否正常工作。火箭有 19 台固体燃料发动机，它们需要同时精确点火。如果精确点火失败，火箭就有可能翻倒。点火器已经在工场里测试了三次，而每台发动机都配有四个点火器，以保证万无一失。贝内特担心的另一件事是 5 英里外的核电站。如果火箭坠毁，掉到核电站就糟糕了。

贝内特在天亮前就到达海湾，天地水汽迷蒙，让他不禁想起了透纳的画作。团队靠着照明灯进行各项准备工作。采贝人很高兴能从单调乏味的生活中得到喘息，还能借此机会挣点钱。必须在潮水返回前完成一切工作，贝内特时间紧迫。大约在早上 9 点，贝内特拿着管道胶带，戴着白色的安全头盔，穿着印有"追星者工业"标志的外套乘坐升降台上到了新星号的顶端。三台直升机在附近盘旋。数年来的梦想，节衣缩食，不停建造、测试，在这一刻就要梦想成真了，这一切就是他为之奋斗的目标。他害怕像"凡夫俗子"一样度过一生，害怕到了临终时，前债还尽，但夙愿未了。

回到地面后，贝内特站在一处显眼的位置接待客人、媒体和飞行控制中心的人。所谓的接待处，就是他们在拖车上搭的一间类似于游乐园售票亭一样的小舱。到场的全职工作人员有 20 人，另外还有一大批志愿者、记者、电视台工作人员，以及他的投资人、靠手机技术起家的保罗·扬。在场的还有一群从未见过这种场面的采贝人。英国民航局，即英国的联邦航空管理局，告诫贝内特不要让新星 1 号飞到 1 万英尺以上的高空。贝内特觉得这不是问题，只要有 2 英里的高度，就可以对所有系统进行测试了。

上午 10 点半，人群安静了下来。发射进入倒计时：10，9，8，7……贝内特深吸了一口气……点火！

火箭带着震耳欲聋的轰鸣声升空了。喷出的火焰变成了一条厚重的白线，一开始是笔直的，随后变成弯曲的，最后如波涛般滚涌开来。19

台发动机完美点火。在大约 1 万英尺的高度，太空舱与火箭分离，然后分别被降落伞带回地面。采贝人都欢呼起来，保罗·扬满含热泪，贝内特却追踪着两个部件划过蓝天的轨迹。风速大约为 15 英里每小时，这应当引起重视。两个部件都掉落在指定地点，但太空舱又被风吹走了一段距离才停下来。

这个被妈妈禁止熬夜看阿波罗 11 号登陆月球的小男孩，现在已经发射自己的火箭。虽然发射的目的地不是月球，但他的成果却没有一点来自政府的帮助。他建造并发射了英国本土有史以来最大的私人火箭。他的下一项挑战将会更大，也会做得更好：可容纳三个人的新星 2 号。

所有人都回去了。除了渔民，只剩贝内特一个人留在莫克姆湾海角，他习惯把这个地方叫作"海角"。海潮很快又要涌上来了，它将冲刷掉那天所有的痕迹。

电子游戏传奇人物约翰·卡马克和他的妻子凯瑟琳·安妮·康给他们新建的火箭公司起名为犰狳航空航天公司——取自得克萨斯州一种很有代表性的夜间动物，这种动物常常在卡马克家附近到处跑。飞行服上的小犰狳就是他们团队的标志。

卡马克经历了火箭研究的"懵懂期"。在 CATS 奖启动后，他也向一些航空公司投入了少量资金，但最终没人赢得这个奖项。卡马克还打电话问过达拉斯地区火箭协会，问是否有人愿意帮助他建造实验性大功率火箭。卡马克在电话中表示他想要"做点特别的项目，做点很不一般的事情"。

尼尔·米尔本是达拉斯火箭协会的会员，是少数接受了卡马克邀请的人之一。他因为那句"做点很不一般的事情"而加入了卡马克的团队。他和其他一些火箭爱好者在 id 软件办公室等了几个小时，才一同去见卡马克。米尔本看到一个一头长发，戴着约翰·列侬式的眼镜，身穿 T 恤和短裤的男人从容地从楼上走下来，他意识到那就是卡马克，他心想："我到底为什么会跑到这里来呢？"但一个小时的谈话之后，他感受到了卡马克的精明和睿智，而且他在航空领域也做了大量的功课。很快，一个包括卡马克和他妻子在内的核心九人组便产生了。

除了X大奖，卡马克的长期目标是要建造私人亚轨道载人航天飞船。他想让人们相信自己所做的一切。他告诉志愿者团队："我希望这个项目今后能成为富人的一项爱好，没有钱是不行的。"这意味着他会自己出资创建这样一家公司，而团队则负责飞船的建造、测试和试飞。如果资金充足，他们就不需要进行模拟实验。卡马克说，他希望这样一家公司能够和软件公司一样运作，信息公开化，成功和失败都要展示出来，"好的就继续发扬，不好的就抛到一边，以免影响士气"。

于是，他们的火箭"黑犰狳"就进入了研发阶段。卡马克买了达拉斯东边100英亩的土地，用于大功率测试以及太空舱垂直降落实验。有了这样一块地之后，团队成员用四个月造出了一架可以盘旋的小飞机，随即便开始了黑犰狳的建造。火箭箭身呈圆柱形，宇航员坐在锥形的前端，这与垂直发射、垂直降落的DC-X三角快帆的设计和飞行方式类似。拉斯·布林克是一名企业家，也是这个团队中的电子奇才，还是一个不怕死的人，他做自由落体跳伞纯粹是为了好玩。他将成为黑犰狳的飞行员。卡马克在亿贝上为布林克买了一套二手的俄罗斯宇航服。

这个全部由志愿者组成的团队每周碰两次面，周三4个小时，周六8~10个小时。卡马克承诺每年拿出50万美元用于日常开销，购买零件和支付发射费用。每个人都自觉地为既快又省地飞向太空这一目标而努力着。团队的主要成员有布林克、米尔本和菲尔·伊顿。

他们获得过很多成功，但更多的是失败。卡马克发现制造火箭比想象的要难得多。当成员们面临一系列技术挑战时，他们发现在获取行政许可方面也很让人头疼，这不禁让他们想起沃纳·冯·布劳恩的话："我们虽然可以战胜重力，但一纸文件就能把我们压垮。"有时，在联邦航空局商业太空运输办公室，处理发射许可的人比建造黑犰狳火箭的人还要多。

他们选择的火箭推进剂是高浓度过氧化氢，浓度超过90%，而一般民用的浓度为3%。但大家很快发现，要在美国购买大量的火箭级过氧化物很困难，因为如果黑犰狳火箭发射出现重大事故或致人死亡，作为第一家卖给他们过氧化物的公司可能会因此而遭到起诉。卡马克觉得可以自己配制混合的单元推进剂，也就是说，将燃料同氧化剂混合，这样就只需要浓度为50%的过氧化氢。购买这种浓度的过氧化氢也相对容易一些。所以，他们最后决定使用50%的双氧水与乙醇的混合物。这是一种相对安全的混合物，但要达到设定的功率也更加困难了。

按照设计，造好的黑犰狳高度将达到30英尺，直径6英尺，将以DC-X试验的方式降落——以自由落体的方式穿过大气层，在距地面15 000英尺时，四个引擎中的两个将重新点燃，此时火箭继续以尾部朝下的姿势下降，引擎的推力让火箭减速，直至安全着陆。这是巴克·罗杰斯式的降落方式。乘员舱位于燃料舱下方、引擎的正上方。每个引擎将产生大约5 000磅的推力。现在看来，这项任务最危险的环节就是返回地面：如果引擎没有按照他们设定的方式重新点火，宇航员生存的概率几乎为零。

2002年初，团队成员准备做更多的火箭降落测试。他们希望火箭能够在2003年发射。卡马克和他的团队在拼命往前冲，而他的妻子凯瑟琳·康则扮演了不同的角色：她才是团队里有过深思熟虑的人。

凯瑟琳形容自己是A型人格，自从她和卡马克2000年结婚以来，很多生意方面的事情都是她在打理。她支持丈夫创建火箭公司，但是希望把这也当成一项生意来做，得按部就班地做，有朝一日还能创造利润。她期望的，不仅仅是完美的发动机点火装置以及安全发射并返回的火箭。

当她第一次和约翰约会时，就得知他有一大笔钱存在零利息的支票账户里。卡马克不知道如何打理自己数百万美元的资金，也没有时间思考投资的问题。她告诉他，至少要考虑把钱从无息账户转入货币市场。这么多年过去了，她一想起这件事还会忍不住笑。当卡马克看见自己的钱能生钱时，他觉得这简直是太了不起了。

他俩有着相似的成长经历：在成长的过程中都没有得到多少父母的支持，所以不得不较早地扛起生活的重担。在他们讨论创立火箭公司的那段时间，约翰仍然在忙 id 软件公司的事情。他们把钱分成几部分——你的，我的，还有家庭共有的。现在，凯瑟琳开始了解保险费用、发射许可、律师，以及环境影响等方面的问题。她告诉约翰："我们需要设置合理的最高限额。相比之下，你的其他爱好要好管理得多。"每年 50 万美元的支出算是保守估计了。可以预见，火箭烧钱的速度比烧燃料还要快。

随着时间的推移，凯瑟琳知道犰狳火箭团队有些人开始觉得她是个坏人，专门监管资金，但大量的资金还是像火箭一样飞走了。她意识到有必要让丈夫知道他们到底花了多少钱。她需要用一些现实一点的东西来吸引丈夫的注意。她思来想去，终于在一天晚上，她把丈夫叫来坐下，告诉他说，如果他花一美元在火箭上，她也要花一美元……在钻石上。

她本来对珠宝也不是特别感兴趣，不过当她开始收集珠宝后，情况就不一样了。如果约翰为发射许可的保险开了一张 5 万美元的支票，她也会买 5 万美元的钻石。当她的钻石买得越来越大，她的计划起作用了。这便引起了约翰的注意。一天，约翰看到凯瑟琳买的珠宝，不禁大叫了起来："哇！我居然用了那么多钱啊！"

但是，她也看到，当约翰和他的小团队一起进行这个具有挑战性的项目时，他比过去显得更开心。约翰告诉凯瑟琳，他感觉好像回到了威斯康星的公寓，写着《德军司令部》的程序。但约翰现在做的不是虚拟游戏，不是第二次世界大战中跟踪纳粹的间谍，而是在编写软件，打造硬件，要让火箭飞向太空。他们要点燃引擎，发射火箭，而凯瑟琳则要买更多的钻石。

在全球各地，有很多团队都在为各自的火箭设计理念忙碌着。在马里兰州的贝塞斯达，一个名叫"TGV火箭"①的团队设计了一款名为"米歇尔B"的火箭，他们将其形容为"亚轨道公交车"。这款火箭可以将人送至62英里的高空，然后再返回地面。该团队拥有众多经验丰富的宇航员和来自军队的试飞员，但他们缺少资金。不过，他们的定位是廉价的亚轨道飞行服务，服务将根据重量计费。

由杰弗里·谢林领导的"加拿大之箭"，是加拿大两个X大奖参赛团队中的一个。他们已经构建一个以第二次世界大战中的V-2火箭为基础的全尺寸工程模型。谢林把模型放在平板卡车上四处巡游，希望能够得到赞助，他还把模型拖到纽约的洛克菲勒中心展示。在"9·11"事件之后的几个月里，这样的场景还是颇吸引眼球的。谢林还上了《今日秀》节目，谈论火箭、X大奖，还有他的太空梦想。他们团队也制造了一个V-2火箭式引擎，为钢质结构，该引擎的推进剂喷射器由黄铜制造而成。引擎使用液氧和乙醇燃料，可燃烧55秒。

另一个加拿大团队的"达·芬奇计划"由布莱恩·菲尼领导。当菲尼第一次听说X大奖的消息时，他正住在香港。他的想法是建造一艘名叫"野火号"的火箭动力太空飞船，这艘飞船将利用重复使用的氦气球，从65 000英尺高的空中发射。菲尼也是一面打造硬件，一面为他的载人"气球火箭"寻找投资者。

在得克萨斯州的希区柯克，吉姆·阿克尔曼年轻时就热衷于制造涡轮增压的卡丁车并参加比赛，他在美国国家航空航天局当了36年的工程

---

① TGV（Two Guys in a Vehicle）火箭意为一枚火箭搭载两人。

师，现在处于半退休状态（他更喜欢把这说成是从美国国家航空航天局"毕业"），他的心思大多在参与 X 大奖角逐的火箭——五月花 2 号上面。他的计划和其他人都不相同，至少和别人的发射方式不同。他计划从距离墨西哥湾大约 30 英里处的海岸发射 70 英尺高、重达 15 000 磅的大型火箭。根据他的计划，这枚钛火箭会像个浮标一样摇摆上升，还带有两个 1 万加仑容量的燃料舱：一个装液态甲烷，一个装液氧。驾驶舱位于火箭顶端，乘客坐在下面。火箭由 8 个美国天合集团的引擎驱动，能产生 4 万磅的推力。

阿克尔曼已经和一名飞行员签约。他将公司命名为圣临发射服务公司，寓意新的私人太空时代的开启。目前，公司临时的施工场地就在他家附近的一片稻田中。他估计五月花 2 号会花费 1 000 万美元，他正在努力筹措这笔资金。同时，他也努力从自己的退休金中攒下一部分钱。作为一个虔诚的浸信会教徒，他想要获得 X 大奖，想要让更多的人进入上帝安排的宏大宇宙，从而让世界变得更美好。

在布宜诺斯艾利斯南部的一个镇上，巴勃罗·德·利昂的"高切托"[①]"小牛仔"火箭也取得了进展。他最近刚进行了第一次全仪器降落试验，按比例缩小的太空舱模型从位于 54 000 英尺高空的 C-13 大力神运输机中落下。这个颜色像西红柿的高切托太空舱接受的另一次降落实验是从 90 000 英尺高空落下，创造了 X 大奖当时测试高度的新纪录。在两次实验中，利昂都对太空舱进行了追踪，记录了 GPS（全球定位系统）数据，并拍摄下从下降开始，到降落伞打开，再到最后回收的整个过程。同时，他还对自己设计的宇航服做了平流层滑翔测试及热试验，这种宇航服将用于最终的高切托火箭发射。

---

① 高切托，一个身穿阿根廷国家队球衣的小男孩，1978 年阿根廷世界杯的吉祥物。——编者注

利昂的个人经历还是很值得关注的。他于 2001 年利用美国的奋进号航天飞机，第一次成功地将阿根廷制造的仪器送上太空。他的房子里堆满了火箭零部件，厨房的橱柜也摆着一颗小型卫星。他制造过潜水压力服，还为美国国家航空航天局制造过宇航服。虽然在阿根廷，公众对他的计划很有热情，但他每年能得到的赞助只有 5 万美元左右，远不能满足需求。他和五名工程师把全部时间都花在了这个项目上。另外还有三十几名志愿者，大多来自当地大学。通过四处搜寻，依靠大家的帮助和捐赠，他们用木头和玻璃纤维制成了全尺寸的高切托太空舱，还建造了一套完整的模拟装置。该太空舱可运用模拟软件对一些概念进行演示。他们的下一个目标是建造一枚尺寸为真实火箭的 50% 的火箭模型。

利昂最近拿到了国际宇航大学的奖学金，参加了暑期班课程的学习。他在此期间见到了彼得·戴曼迪斯。在 X 大奖的争夺中，他感受到了与其他火箭制造者之间那种同志般的情谊。和其他人一样，他也在努力打听和伯特·鲁坦有关的新闻。他听到的关于鲁坦的最新消息，是他正在建造一枚空中发射的火箭。

利昂是唯一一位来自拉丁美洲的参赛者。他笑着对自己的团队讲，接下来要做的，就是设计 6 次无人驾驶的飞行试验，然后再考虑载人的问题。尽管资金不足一直是个问题，但他依然很开心。他相信自己正在做的事情非常有意义，仿佛看到通向太空的道路已经为他敞开。

罗马尼亚布加勒斯特的杜米特鲁·波佩斯库仍然坐在第一次听说 X 大奖的网咖里。这次，他又听说史蒂夫·贝内特在英国成功地发射了新星 1 号。他拿起电话打给他的妻子。"我们的动作要加快了。"他告诉她说。

波佩斯库现在已经从大学退学。他现在一门心思地研究太空飞船，整天在布加勒斯特 100 英里外的德拉喀桑镇上，在他岳父的后院里忙活着。他不是制造火箭，就是在读有关火箭制造的书籍。他的父母告诉他这是在浪费时间，朋友也说他是个傻瓜。但是他的岳父康斯坦丁·图尔塔，一名有经验的机械技师，为他在当地最大的制鞋厂找来了模具，还很高兴地和女婿分享他所知道的一切。波佩斯库的妻子艾琳娜·西蒙娜·波佩斯库专修法语，也在学习火箭方面的知识，以支持丈夫的工作，并且很快就要开始自己铸造复合材料了。现在，火箭和引擎的制造已经开始。和新星 1 号一样，他们的两级火箭会在空中分离，然后用降落伞降落到海里。

2001 年初，波佩斯库和罗马尼亚第一名，也是唯一一名航天员杜米特鲁·普鲁纳里乌见了面，希望普鲁纳里乌能够支持他的团队。普鲁纳里乌于 1981 年乘坐联盟号 40 到过太空，还作为航天英雄受到了苏联领导人勃列日涅夫和罗马尼亚总统齐奥塞斯库的热情接见。普鲁纳里乌与别人合著过几本关于太空和太空技术方面的书，同时也是罗马尼亚宇航局的现任局长。波佩斯库到达位于布加勒斯特的科研部，被普鲁纳里乌迎进了办公室。

波佩斯库发现，普鲁纳里乌友好开朗的性格的确能给人留下深刻的印象。普鲁纳里乌谈起了他 1981 年的太空经历，讲述了在太空中睡觉的困难，还有重返地球后要迈开腿走路的不便。波佩斯库同普鲁纳里乌讲了他的火箭及相关引擎和推进剂构想，以及想赢得由美国人创办的国际 X 大奖的愿望。他还给普鲁纳里乌看了有关他的工作、草图，以及模拟器的照片。普鲁纳里乌面带微笑听着他的讲述，但告诉他说宇航局可能帮不上什么忙。会面快要结束时，普鲁纳里乌告诉波佩斯库，说宇航局正在举办一个竞赛，收集关于太空项目的新点子。如果波佩斯库的想法能够被采纳，是有可能获得一笔资金的。

当这项由国家发起的竞赛公布获胜者时，波佩斯库和他的团队却不在其中。波佩斯库问普鲁纳里乌为什么他的团队——罗马尼亚航空航天协会（ARCA）没被选中，这位宇航员出身的局长却变得没有那么友好了。不久之后，波佩斯库的团队开始受到当地媒体的关注，普鲁纳里乌却说ARCA是一支业余团队，他们都不知道自己在做什么，根本没有机会赢得X大奖。双方关系从此恶化。

在波佩斯库和普鲁纳里乌来往的一封邮件中，普鲁纳里乌谈到2001年9月11日发生的恐怖袭击，认为波佩斯库团队所做的工作"能够被恐怖活动利用"。他还说波佩斯库没有"制造导弹制导系统的许可"，因为这样的活动只能在政府管控之下才能进行。这种"可能引起恐怖分子兴趣"的暗示让波佩斯库很担心，感觉似乎国家宇航局领导将他和恐怖主义联系在了一起。他听说议会也有人在向普鲁纳里乌提出质疑："为什么一群没有资金的学生都能够造火箭，而政府资助的罗马尼亚宇航局却一事无成？"

波佩斯库和他的志愿者团队尽力不去理睬普鲁纳里乌对他们日益公开的批评，只是继续他们的工作。波佩斯库想要制造飞得好，看起来也好的火箭。他开始像苹果公司创造自己的产品那样制造自己的火箭。苹果公司刚刚发布了它的第一款iPod播放器，其形状、颜色和对称设计都受到了广泛关注。不过，一年到头都在户外工作，对于波佩斯库来说算是一个挑战。春秋两季天气温和舒适，但冬季寒冷，夏季闷热。夏季的一天，波佩斯库和另外三个人在建造他们橙色的发射平台，当时气温达到了104华氏度。他们两个人扯着一张毯子挡在焊接工的头顶，另一个人拿纸不停地为他扇风，尽力不让他被太阳晒着。

波佩斯库一直在想着新星1号的发射，他知道其他团队的进度也会很快跟上。虽然公众都认为他只是业余爱好者，而且还有人私下觉得他和恐怖分子有联系，但他们仍然动力十足，甚至找到资助者为他们提供过氧化氢和其他燃料。燃料舱、供料管线，以及发射平台的建造也都在进行中。一些知道这个计划的邻居也会偶尔过来捐点钱，捐点工具或旧机器的零部件。有些人留下来当志愿者，还有些人则摆把椅子坐着看热闹。

他们为发动机和测试架忙活了几个月，然后又转移到离波佩斯库岳父家较远的一处旷野中。波佩斯库一铲一铲地挖深沟，在距离测试架大约 100 码的地方构筑了一处掩体。准备工作就绪，波佩斯库、他的妻子、岳父，还有两位志愿者都戴上了安全头盔和滑雪眼镜。推进剂用的是过氧化氢和乙醇。他们很有自信。这是他们第一次对引擎性能进行大测试。

点火时间到了——又过了。

什么都没有发生。他们互相望着对方。几秒钟之后，传来了罗马尼亚和平时期以来最大的爆炸声。波佩斯库几人从掩体向外看去，一切都不见了：包括发射台、燃料舱、火箭引擎，全都被炸成了碎片。这是一颗完美的炸弹，也是一个糟糕的火箭引擎。

几分钟内，警察蜂拥而至，方圆两英里范围内的窗户都被震碎了。

惊魂未定的波佩斯库尽力让自己表现得冷静些，也努力让事态平息下来。他告诉警察说他们只是大学生，在进行学校布置的火箭测试项目。他希望警察并不知道他们的事情，他不想让爆炸事故出现在新闻报道中，或者和 X 大奖联系在一起。他害怕会因此而被取消比赛资格。

"跟我们走。"警察说道，然后把他带到警察局。那天下午，在等待问讯的时候，波佩斯库一直在想他到底哪里没有做对。他觉得他们是过早地将燃料混合在了一起，而点火过迟，致使过多燃料堆积在了燃烧室内。一段时间之后，波佩斯库被释放了，他保证下次一定更加小心。

他回到岳父家里，发现大家全都不说话，一副闷闷不乐的样子。他对大家说，虽然丢失了昂贵的零件，但是吸取了深刻的教训，这些都是无价的。他还说，在他坐着警车被带到警察局的途中，他又有了一个新的想法——他们可以举办一个火箭制造的聚会，还要邀请全镇的人都来参加。

第二十三章 / 拥有随时重启的勇气

2001年9月11日早上，埃里克·林德伯格一直待在家里。他从收音机里听到消息，说一架喷气式客机撞击了纽约世贸中心的南楼，另一架撞击了北楼。他听说还有一架撞击了位于弗吉尼亚的五角大楼。还有第四架，经确认是美联航的93号航班，原来的目的地是旧金山，结果坠毁在了宾夕法尼亚州的一片荒野里。埃里克和他的妻子玛拉紧紧地抱着他们才一岁的儿子格斯，他感觉到了震惊、愤怒和悲伤，还有无法接受的现实。

恐怖袭击之后，美国和加拿大的空域完全对民间关闭了。在民众知之甚少，而且从未遇到过的国家安全管控之下，空域只对军队和医疗机构开放，大多数私人小飞机已经有好几周都不允许使用了。

埃里克打算六个月之后进行他的跨越大西洋之旅。为了这次飞行，他不仅克服了身体的不适，还努力打消了亲朋好友的诸多疑虑。但是由于恐怖袭击，他很想知道自己的飞行是否会受到影响。埃里克去问彼得，然而，彼得也正被一些X大奖董事的成员敦促着，要他放弃这个太空竞赛。因为"9·11"事件,这个竞赛可能搞不起来了。他们对彼得说:"现在没人会给你资金。"

然而,彼得并没有放弃,而且还告诉埃里克,说他相信恐怖袭击会让埃里克的飞行显得更加有必要,因为这个国家比以往任何时候都更需要一些积极的事情,需要平民英雄。还有一些鼓励埃里克飞行的人,则是想以此唤醒民众,让大家不要忘记美国历史上曾有过如此鼓舞人心的篇章。格雷格也鼓励他的朋友继续坚持。为了埃里克,也为了X大奖,他希望这次飞行能成功。

埃里克并不想成为任何人眼中的英雄,但是他想要帮助X大奖筹到急需的资金。当他的生活处于一片黑暗之中时,是X大奖照亮了他。这促使他思考如何用不同的方式解决问题,无论是像脱离地球引力这样的大问题,还是他在行走时能不能跑两步这样的小问题。他曾经只能坐着,根本走不了几步,而他现在想要高飞。

但是,他首先得接受生存训练。

飞机的机舱开始进水,先是淹到了埃里克的脚,随后很快便到了他的大腿,接着又到了他的腰上。他是被安全带固定在驾驶座椅上的,很快就会被水完全淹没。当水涨到他下巴的时候,他告诉自己:深呼吸,准备闭上眼睛。他在大脑中将要做的步骤飞快地回顾了一遍。在真实情况下,进入机舱的是含盐的海水,或许还混有燃油和各种碎片。现在还不是解开安全带的时候,舱外的水压很大,此时想要出去根本就不可能。等到内外水压达到平衡之后,他最后深吸了一口气,便潜入了水中。

埃里克闭着眼睛,摸索着解开四点安全带,然后又摸到了门把手。他推开门,把一只手留在门上,另一只手伸向前方探路。最后,他奋力地游到水面,睁开了眼睛。他感觉心跳得飞快,他成功了。他的朋友格雷格,同样是穿着湿透的飞行服,戴着头盔,从驾驶舱的另一侧钻了出来。他们的教练站在康涅狄格州格罗顿市那个深水塘的边上，朝他们竖起了大拇指。这次训练完成之后，他们还得再来一次。

2002年5月，离埃里克跨越大西洋的任务还有三个月。几分钟内，埃里克和格雷格又回到模拟器中。模拟器的形状和休伊直升机机身有些相似，位于水塘上方8英尺高的位置。他们的教练从背后打了个手势，让模拟器驾驶员把他们放到水里。埃里克的脑子里迅速闪过他们早上学的知识：在撞击之前身体前倾，让安全带将身体固定住；将拇指放到安全锁扣前面，飞机坠毁产生的冲击力可能会折断手指；牢记主要出口和备用出口的位置；牢记应急设备的位置。

机身触水，他们开始下沉。这次下沉的速度比较快，人也被颠倒了过来。埃里克告诉自己，这次吸气要早一点。涌入的水再次将他淹没，泡沫在他周围打转。他依然被安全带束缚在座位上，而且整个人是倒过来的。他闭上眼睛，和先前的步骤一样：找到出口，解开安全带，摸索着游出水面。

那天下午，他又做了11次训练，涉及所有能够想到的迫降情景，包括机身正面朝上，背面朝上，侧面着地，旋转，灯亮着，所有灯都熄灭，漆黑一片。几小时后，浑身湿透却无比兴奋的埃里克和格雷格从水塘里爬上岸来。埃里克那天还做了额外训练：在鼻腔进水的情况下使用水下紧急呼吸装置；练习做好碰撞前准备；从烟雾弥漫的驾驶室逃生。他甚至还对水上直升机救援的过程进行了演练。

对他们进行训练的生存系统公司从长岛海峡过来只需经过一个停车场就到了训练场地。这家公司是最早赞助埃里克飞行的公司之一，并且还对他们进行免费训练。对埃里克和格雷格来说，他们第二天的训练更加艰苦：他们将被扔进大西洋冰冷的海水中。

第二天的训练很早就开始了。格雷格、埃里克，以及他们的几名教练一起登上一艘驶往长岛海峡的小船。当时的风速大约为30节，在灰蒙蒙的海面上掀起阵阵巨浪。气温在零摄氏度左右（32 华氏度），水温大约为 35 华氏度。埃里克和格雷格穿上了橙红色的救生衣，只将脸露在外面。救生衣一般在飞行员飞过温度低于 55 华氏度的水域时才穿，可以起到保温作用，最多可产生 50 磅的浮力。

埃里克和格雷格虽然已经在水塘中练习过如何爬进救生艇，但现在却是在翻腾的海水中。他俩都服用了晕海宁，希望能够缓解晕眩恶心的症状。

埃里克拉动操控绳索——船头缆索，产生出的二氧化碳使救生艇很快膨胀开来。除了水里的救生艇，埃里克和格雷格根本没有别的选择。大风扬起 3 英尺高的海浪，拍打在埃里克的脸上，他只能进行浅浅的快速呼吸。如果没有救生衣，他在水里不到 20 分钟就会丧失行动能力，因为四肢的血液都会向心脏回流，体温也会在短时间内下降，而这可能是致命的。体重较大的人生存时间会相对长一些，因为他们的脂肪层更厚，能够起到更好的保温效果。埃里克和他的祖父一样又高又瘦。他的祖父 1927 年跨越大西洋时，身高 6.2 英尺，体重 170 磅。

生存系统公司的船渐渐远离了救生艇，朝着海岸驶去，一方面是为了避开飞溅到甲板上的海浪，另一方面也是为了避免撞上救生艇。此时，埃里克和格雷格只能完全依靠自己了。他们知道，即使在水塘里，要爬进救生艇也并不像看起来那么容易，而现在还是在海里。埃里克想象着如果他还受伤，这将会是件多么困难的事。他们借助软梯爬上救生艇，埃里克脸色发青，只感觉阵阵恶心，晕海宁似乎也不起作用了。坐在救生艇中，只能看到大海和波涛。他们知道接下来还有很多事情也非常重要——如果顶棚自己不能弹起，他们需要把它撑起来；把救生艇里的水弄出去；保证所有的尖锐物品都已经放好；找到急救物品、照明弹、旗帜和信号灯。埃里克觉得连坐起来都很困难。

当生存系统的工作人员返回时，埃里克和格雷格只能慢慢地、摇摇晃晃地从救生艇回到船上。他俩连救生衣都没脱，就一下子趴在了甲板上，背靠在船舷边沿。他们在救生艇里待了一个小时多一点的时间。现在，两个人都不想动，连话也不想说了。

经过一年的计划、训练和演习，终于到了起飞的那一天——2002年5月1日。一大早，埃里克走向了他的兰斯300，他已经做好飞往巴黎的准备。和他的祖父一样，埃里克也是从圣迭戈国际机场（现名为林德伯格机场）开始他的航程的。埃里克先从圣迭戈飞往圣路易斯，几天后飞往纽约。随后，便进入这段旅程最值得关注，也是最困难的阶段。

查尔斯·林德伯格当年的圣路易斯精神号，由圣迭戈的瑞恩航空公司制造，造价为10 580美元。它的引擎是莱特旋风发动机J-5C，动力为220马力（海平面），满载重量为5 250磅，其中包括450加仑的燃料，起飞时最大飞行速度为120英里每小时，燃料消耗后可达124英里每小时。在风速为零的条件下，以97英里每小时的理想经济航速起飞，飞行里程可达到4 110英里。飞机由木材、金属和经处理的纤维制造而成，颜色为银色，编号是N-X-211（X代表"实验性"用途）。编号和圣路易斯精神号几个字一样，都被涂成了黑色。查尔斯进行这次飞行时25岁。他的飞行座椅是柳条编制的，故意做得很不舒适，以便让自己随时保持清醒状态。他带着水和五份火腿三明治。为了寻找航线，他带着指南针和腕表，还学会了看星星，另外还带了一份裁剪过边缘以减轻重量的纸质地图。

埃里克的飞机是经改进的兰斯300。这架单引擎飞机线条流畅，由俄勒冈州雷德蒙市的兰斯公司制造，造价为30万美元。飞机被命名为新圣路易斯精神号。这架飞机搭载的"大陆"发动机有310马力，能驱动一个三叶螺旋桨。埃里克希望飞机的巡航速度能够超过180英里每小时。根据天气情况，他将飞行在7 000~17 000英尺的高度。机身是由复合材料构成的，全身白色，注册编号为N142LC。飞机满载重量为4 260磅，上面有四把皮质座椅。这年，埃里克37岁，他也带了五份火腿三明治，还抹了芥末。这是埃里克第一次飞往欧洲，就和他祖父当年一样。

埃里克已经驾驶兰斯 300 飞行 300 个小时，充分了解了这架飞机的性能，并掌握了其中的飞行技巧。

埃里克将从纽约法明代尔的共和国机场起飞。他的祖父当年是从罗斯福机场起飞的，彼得小时候曾在那里发射过火箭，那里现在变成了购物中心。

在共和国机场的停机坪上，埃里克停下来拥抱了彼得。彼得将带着埃里克的行李，登上一架客机，然后与他在巴黎会合。当彼得第一次读到《圣路易斯精神号》的时候，他不会想到埃里克·林德伯格对帮助自己实现梦想是那么重要。在前景暗淡的时刻，埃里克却要拯救 X 大奖。彼得被埃里克现在的状态震撼，此时的他与他们第一次在柯克兰的餐厅见面时判若两人。埃里克看起来既健康又强壮，这真是一个奇迹。他已经做好准备，要克服重重困难，再现祖父当年的辉煌。彼得再次拥抱了埃里克，对他说："巴黎见。"

埃里克穿着橙色的救生衣，腰间的拉链没有拉上，便爬进了兰斯飞机的驾驶舱。他的祖父在飞行前夜几乎彻夜未眠，夜里 2 点一刻就被吵醒了，而吵醒他的正是他自己安排在门口、以防被人打扰的那个人。埃里克和祖父完全不同，他前一夜睡得很好，睡足了 7 个小时。祖父是在一个又冷又有雾的清晨出发的，圣路易斯精神号的轮胎上还涂上了润滑油，以防被跑道的泥土粘住，而埃里克出发当天的天气却相当好。

新圣路易斯精神号开始在跑道上滑行，很快便飞到了空中。和祖父当年一样，埃里克将机翼左右倾斜，以表示道别，这让前来观看的数百名观众激动不已。

埃里克很快和控制中心取得了联系。格雷格全面负责这次飞行任务，他要确定飞行速度，与飞行员联系，还要检查各项数据。气象学家研究了天气状况，来自兰斯公司的人员负责对飞机状况进行监控。拜伦·利希滕贝格、马克·阿诺德，以及乔·多布伦斯基担任通信联络员，负责在飞行过程中和埃里克保持联系。格雷格还安排了搜救队待命。埃里克每隔30分钟就会进行一次系统检查，查看油压、燃料流量、缸盖温度以及其他数据是否正常。

大约飞行一小时后，一切进入平稳状态。在埃里克的脑海中，此刻浮现出他祖父在书中所说的一番话："我的机舱很小，机舱舱壁也很薄，尽管脑子里有各种各样的臆想，但在这个像茧一般的机舱中，我还是感到很安全……在这个机舱里，我看到了，也经历了各种各样的天气状况，这就是拥抱我飞行的自然环境。在这个机舱里，可以看到地球从窗外伸展开去，你一眼便能看到它的广袤与美丽。机舱中没有一件多余的东西，只有生活和飞行的必需品。一间飞行在空中的小屋，这便是我生活的家园。经过了几个月的计划和准备，我为这架飞机费尽了心思。现在，我一个人能够泰然自若地畅游在天空中，接受太阳的照耀、西风的吹拂，以及夜晚暴风雪的肆虐。"

依靠卫星通信和铱星电话，埃里克一边与地面通话，一边对运行状况进行检查。他也体会到一种意想不到的感觉——幽静而孤独。周围其实并不安静，引擎轰鸣不断，但独自一人飞行在空中，对他来说是一种放松，就像跑完马拉松之后那种劳累却又欣喜的感觉一样。

埃里克的飞行路线大致与他祖父的相吻合。当年，查尔斯为了确定从纽约到巴黎的最短路线，曾用一条橡皮筋绕着地球仪，发现由于地球曲面的缘故，处于中纬度上的纽约到利物浦的最短路线并不是与纬度线相平行的，而是一条穿过新英格兰，绕过加拿大新斯科舍西部，并越过纽芬兰岛的一条弧线。①

---

① 地球仪上两点间的大圆路径可通过在两点间拉上一条橡皮筋加以确定。橡皮筋会自然地收缩至最小张力的位置，从而找到最短路径。

埃里克离开了北美海岸，开始了他的飞越大西洋之旅，这让他很是高兴。接下来的几个小时，他既看到了暴风云，也看到万里无云的晴空。他看见大自然母亲在天幕上一会儿涂蓝色，一会儿涂灰色，挥就了最精致的单色图画。当夜幕降临之后，飞行变得单调乏味，但也会碰到令人意想不到的惊喜。他发现，位于上方大约 2 万英尺高空的几架客机，与自己使用的空中通信频率相同，他可以听见客机上飞行员之间的对话。很快，他们也问埃里克关于他的飞机和飞行计划。当他们得知埃里克是查尔斯·林德伯格的孙子时，他们抑制不住一阵狂喜。这时候，埃里克就问："嘿，你们能否帮我查查，你们的飞机上有没有一个叫彼得·戴曼迪斯的人？他是从纽约肯尼迪国际机场出发到巴黎戴高乐机场的。"埃里克听见达美航空的飞行员回复说帮他查查看，随后法国航空也答应帮他找找看。最后，美国航空公司的一名飞行员回话说："我们找到他了。你想要我帮你做什么？"埃里克回复道："把他叫醒！"几分钟后，这名飞行员回复说："我们把他叫醒以后才发现他不是你要找的人。"埃里克不禁大笑。彼得准是给颠到商务舱去了。不久之后，飞行员还是帮埃里克找到了彼得，把他叫醒并告诉他，他的朋友埃里克正和他们一起在天空飞行，他会在巴黎和他碰面。

当埃里克夜晚飞过开阔的海域时，望见了海面上的冰山，他再次想起了祖父所说的话："冰山——一座座白色的金字塔，从水面上发出白色的亮光。"祖父曾写道："我从没见过如此洁白的东西，像是一个幽灵，把我的视线从仪表盘上吸引过去，让我意识到自己进入了一片陌生的海域。"埃里克看着夜空中的云朵，觉得就像大峡谷一般层次分明而又变幻莫测。和他的祖父一样，他发现月亮竟成了一个"被遗忘的朋友"。

埃里克知道睡眠问题一直困扰着祖父，他的眼睛在空中也变得非常干燥。当时，查尔斯既没有通信卫星，也没人和他说话。他只有想到自己，想想圣路易斯的朋友们，才能够让自己保持清醒。祖父说："我怎么能告诉我的朋友们，我是因为犯困而没有飞到巴黎的呢？"他还写道："我已经控制不住自己的眼皮了。当眼皮要合上时，我完全阻止不了。眼睛一闭上，我就拼命地摇晃自己的身体，用手指把眼皮撑起来。"他操纵着飞机做快速的俯冲和拉起，以此让自己保持清醒。他现在对睡眠的渴望胜过了世间的一切。黄昏到日出这段时间仿佛永无休止，令他感到欣慰的是，飞机一直飞得很平稳。①埃里克也感到很疲倦了，清晨前的那段时间是最难熬的，但他还可以一直不停地和人聊天，检查系统，回答控制中心的朋友提出的问题。

埃里克与地面的联络一度中断，因为他碰上了暴风云团。当控制中心担心出现意外的时候，埃里克却很享受这样一份清闲。在这片刻的安静中，他感到自己和祖父仿佛在同一片天空的怀抱之中。他惊叹于天空的神奇——看不到，却能感觉到它的存在与厚重。还有飞机的翅膀，竟然能产生如此大的力量。他想象着越飞越高，越飞越高，一直飞到了太空，俯瞰整个地球的壮丽景象。现在，他正坐在一架现代化的飞机机舱中，里面都是高科技装备，这让他感觉到安全、干燥、温暖，他相信中断的联系很快便能恢复。他意识到自己的祖父当年可没有这样的手段和设备，遇见这如诗的景象也只能瞥上一眼而无心欣赏。

"圣路易斯精神号非常完美，"祖父写道，"它就像是一个生灵，平稳而愉快地飞行着……不是我，也不是它，而是我们共同飞越了大洋。"

当埃里克看见法国的海岸线时，他和所有人一起分享了这份喜悦之情。他的祖父曾对自己飞对了航线而惊喜不已。埃里克也飞在一条正确的航线上。"爱尔兰，英格兰，法国，巴黎！"祖父写道，"巴黎的夜！这是巴黎的夜！昨天我还走在罗斯福机场上，今天我就要降落在布尔歇

---

① 查尔斯·林德伯格的飞机没有反角机翼，这使得飞机的稳定性能有所降低。他之所以这样设计，是因为如果他打瞌睡，飞机就会倾斜飞行，产生的噪声就可以把他唤醒。埃里克开玩笑说这是自动驾驶仪的原始形态。

机场了。飞机能够不间断地从纽约飞到巴黎，航空领域真是有着无限的可能啊！"

　　埃里克现在已经连续飞行 16 个小时，已经飞临法国海岸。祖父曾说，海岸对他而言，"就像是对我伸出的一只欢迎的大手"。埃里克大约还有一个小时的航程。他现在十分困倦，脑子晕乎乎的。他儿时的朋友管他叫"爱飞客"，因为他总是在飞——滑雪、跳高、登高。从前，对他来说最重要的就是各种体育运动。他曾赢得各种比赛和锦标赛。他曾是他们中学唯一一个仅靠双手就可以顺着绳索爬上体育馆天花板上的孩子，后来又攀登了雷尼尔雪山。然而，就在登顶之后的几个月，他的生活完全改变了。埃里克觉得自己的身体变得那样陌生，他熟悉的一切都不复存在了，就像心爱的小屋被龙卷风撕碎了一样。一切的希望都在明尼苏达那间脏兮兮的旅馆房间消逝了。他的双膝做了置换手术，脚踝也安了钛合金，俨然一个害怕见到自己影子的老人。他蓝色的双眼曾满是泪水。而现在的生活——这架飞机，这样的一天，现在的身体，和现在这样一个时刻——对自己而言不啻为一份厚礼。他又成了爱飞客，而且感觉比过去还要好。

　　埃里克将会在清晨降落于布尔歇机场。他的祖父是在夜间降落的。查尔斯此前从未在夜间降落过圣路易斯精神号。此刻，埃里克又想到了祖父书中的最后几行文字，是那么精妙、诚挚，且富有感情。但随之而来的问题是，除了夜色，查尔斯什么也看不见，飞机上没有灯，机场也没有灯。他甚至想过要不要把飞机拉起来，再重新降落一次。好在轮胎轻轻地触地了，这是他收到过的最好的问候。他不断地联系地面工作人员，但仍然是只有漆黑一片。飞机在机场上转了一圈，然后停了下来，停在了"布尔歇机场中心坚实的土地上"。当祖父正打算将飞机朝着有灯光的区域滑行时，他突然注意到"机场的前方竟是人头攒动"，有超过 10 万人在那里迎接他的到来。

埃里克再次检查了各项数据，为降落做着最后的准备。现在，无线电导航系统指引着飞机，在巴黎戴高乐机场的上空盘旋。

"我必须顺利着陆，"埃里克对自己说，"不能下去了之后再弹起来。"他转了几个小弯，活动了一下身子。埃里克身体是僵硬的，感觉飞机也是僵硬的。当飞机飞出云层，他一眼便看见了布尔歇机场。他已经做好准备。"稳一点！"几秒钟之后，他成功着陆了，就像黄油一般顺滑。

格雷格兴奋地在圣路易斯问道："你着陆了吗？"

"顺利着陆！"埃里克回答道，控制中心那头传来一片欢呼和呐喊。祖父的飞行花了33小时30分钟，埃里克花了17小时7分钟。

他爬出机舱，望了望天空。太阳正缓缓从地平线上升起，这景象比他想象的还要美。迎着现场的欢呼和掌声，他在柏油路上走了几步，惊讶地发现自己的身体也没有僵硬得如想象中那么厉害。他双膝跪下，亲吻着大地，身旁站着彼得和自己的妈妈芭芭拉，他们都沉醉在这不可思议的历史性的一刻。很快，他就接到了布什总统的电话，感谢他在"9·11"事件后"鼓舞了整个国家"。埃里克也筹集到了超过100万美元，这笔钱足以让X大奖度过这段艰难时期，还可以为关节炎基金会和林德伯格基金会提供资助。5亿人很快便知道了他的这次飞行经历，历史频道也拍摄了整个飞行过程，并计划在5月播出。埃里克欣然接受了这一切。与他在地面上所经历的痛苦相比，飞行要容易得多。类风湿性关节炎曾将他击倒，而林德伯格的身份又限制着他。不过，他现在将这一切都抛到了身后。

在埃里克最需要帮助的时候，是X大奖让他看到了希望。现在，他总算给出了自己的回报。

第二十四章 / 让你的梦想有人买单

自从埃里克完成这次备受关注的跨大西洋飞行之后，X大奖又重新活跃在了人们的视线中，并且还吸引了更多人的注意力。随着这盏聚光灯被重新点亮，大量的资金也开始注入，整个项目运作得非常顺利，深受激励的各个团队也你追我赶，争分夺秒地打造自己的火箭和发动机。但是X大奖还是需要寻找冠名赞助商才能凑齐全部的1 000万美元。彼得为此已经忙碌了整整六年，但还有500万美元没有着落。而且，一旦过了2003年12月17日这个期限，美国第一银行此前承诺的投资也要打水漂了。现在距2003年12月17日已经不到一年半了。

鲍勃·韦斯与彼得、格雷格一起坐在位于洛杉矶的派拉蒙影业公司的办公室里，这时他提出一个"非常大胆"的想法来筹集X大奖所需的资金。这个想法听起来确实有些疯狂，乍一听会觉得不可思议。他的想法是向一群职业赌徒发起一场赌注为1 000万美元的赌局，打赌的内容就是没有人能够赢得X大奖。

彼得和格雷格大笑了起来，但是韦斯却一本正经。韦斯告诉他们，保险公司会在一场职业篮球赛中随机选取一名粉丝，如果他能进行 3/4 场的投篮并一次命中，那么保险公司将支付 100 万美元。保险公司之所以敢这样做，就是因为他们认定这名粉丝不能完成这个非常困难的投篮。就 X 大奖而言，保险公司也会分析参赛队伍在两周内两次向太空投出这一记"高球"的可能性——到底是伯特·鲁坦、杜米特鲁·波佩斯库、吉姆·阿克尔曼，还是布莱恩·菲尼，或者只是出现在参赛名单中的无名之辈。

彼得欢迎任何建议。他最近又刚刚向电影制片人乔治·卢卡斯和英特尔、索尼、派克金融、福克斯电影、劳力士、艾默生，以及福特等公司的负责人推销了 X 大奖。A、B、C 计划都失败了，D、E、F 计划也没有成功，如今，他正在实施他的 G、H、I、J 计划。

韦斯还说，当他在伊利诺伊州上学的时候，芝加哥就发生过这样一件事。如果谁可以从密歇根湖里抓起一条带有宗教徽章的鱼，他就可以获得芝加哥主教区提供的 100 万美元。韦斯还记得他曾经问过自己，主教区要怎么才能支付得起这样一场奖金为 100 万美元的抓鱼比赛呢？难道要写信给教皇，找教皇拿钱吗？这件事真的能兑现吗？他告诉彼得和格雷格，到最后他才知道，原来主教区投保了"一杆进洞"保险。也就是说，当地的教会人员买的是那种保险公司认为永远也不需要赔付的保险。在这件事上，保险公司赌赢了，没有人抓到那条鱼。但是，对于那个投篮，"一杆进洞"的保险就输了。那位随机选中的粉丝站在罚球线后，将球投进了场地另一边的篮筐，最后获得了那 100 万美元奖金。那是 1993 年 4 月，在芝加哥体育场，这位粉丝在 1.7 万名激动的观众面前，首投命中，也赚够了推销噱头。[①]

"这就是交易，"韦斯说道，"我们先找人和我们打赌，然后我们再打他一个猝不及防，让他们的如意算盘落空，因为这件事我们是能够做成的。赢了这场赌局，我们就有足够的钱了。"

彼得认真地思考了韦斯的提议，但是他首先需要找到一群和他打赌的人。他觉得这个概念不可思议的地方就在于，自己居然要从一群认定自己要失败的人手中赢到钱。怡安保险是一家风险管理公司，彼得联系了两位在那里上班的朋友——布鲁斯·克拉塞尔斯基和让-米歇尔·艾德。彼得想问问他们是否可以为卫星发射寻求投保渠道，然后再把它转成"一杆进洞"的太空保险。

吉姆·弗伦奇接受了怡安公司的这项任务。他首先要踏出极为重要的第一步，即估算X大奖被赢取的概率。他曾是一名航空航天工程师，为美国国家航空航天局工作多年，现在是一名独立咨询师。人们都认为他工作能力极强，而且办事公正。他曾经参与过阿波罗计划和土星火箭的测试与研究工作，也曾在喷气推进实验室工作过，参与了水手号、维京号，以及旅行者号的相关任务。彼得问弗伦奇是否有兴趣多调查几支参赛队伍，评估一下可信度，并给怡安保险写一份报告。怡安保险则以经纪人的身份，促成X大奖和信利专业保险公司之间的"一杆进洞"保险。

弗伦奇一直都希望商业太空旅行能够变成现实，这源于他小的时候读了太多海因莱因的小说。他认为只有向太空拓展，人类才能长久存在。但是，他认为私人太空业不可能在短期内完成这项任务。能够对X大奖进行分析，并且还可以接触各支参赛队伍，要么见到本人，要么通过长

---

① 这家保险公司最后拒绝支付奖金，因为这位粉丝隐瞒了他之前接受篮球训练，并在大学里打过篮球的经历。不过这位粉丝最终还是拿到了那100万美元，但是这笔奖金是由公牛队、可口可乐公司和"生菜招待你"饭馆共同支付的。

途电话采访，这让他非常高兴。他的时间并不允许他对每一支参赛队伍都进行调查走访，但只要参赛团队的想法"不违背物理定律"，他就要去看一看。在调查过程中，他仔细地询问了一些关于火箭、资金，以及团队成员资质等方面的问题。

伯特是他调查的第一个对象。多年前，他俩曾在DC-X三角快帆的项目中共事过。当时，弗伦奇在负责该项目资金的项目办公室工作。伯特对太空的兴趣他是知道的，他们还讨论了伯特脑海里那些独特的太空船设计。弗伦奇还记得，早在20世纪80年代，伯特和他的哥哥迪克就讨论过不间断、不进行燃料补给的环球飞行。那时的弗伦奇听来觉得不可思议，后来他才意识到，伯特在制定目标方面有独到的眼光，并且清楚应该制造一架什么样的飞机来实现自己的目标。

弗伦奇还亲自到莫哈韦的缩尺复合体公司拜访了伯特，听了他关于飞船建造的计划。弗伦奇问他："你做得出来吗？"伯特知道弗伦奇也是航空航天方面的专家，于是他仔细思考了一下，觉得如果自己回答说只有1%的成功率，这显得不够诚实，要是肯定地回答自己一定能做到，也显得不够诚实。所以他实事求是地对弗伦奇讲，他现在正冒着极大的风险，包括"制造一架速度可达3.5马赫，但没有经过任何风洞试验的飞机"。弗伦奇问伯特能否在2003年12月17日，即美国第一银行规定的截止日期之前完成这架飞机。伯特说他认为那不太可能。弗伦奇又问了资金方面的一些问题，伯特如实地回答说："我们的资金已经足够。"弗伦奇不清楚伯特的资金到底有多充裕，也不知道是谁在为他提供资助。

弗伦奇将所有的参赛团队都过了一遍，他发现在一些团队中，有头脑、有想法的成员不多，而且缺乏资金。一些团队根本就不靠谱，还有些团队如果资金充足，是能够做出点事情来的。弗伦奇特别喜欢阿根廷的巴勃罗·德·利昂，他相信如果他资金充足，一定能够成就一番事业。弗伦奇也和杜米特鲁·波佩斯库谈过，认为罗马尼亚的这支队伍一定能够给大家带来惊喜，但是他们很需要钱，就像火箭离不开燃料一样。他认为 V-2 火箭和加拿大之箭的发动机虽然很贵，但要能制造出来都还是可行的。他对自学成才的史蒂夫·贝内特的印象极深，贝内特已经在英国成功试射一枚火箭。他还了解过加州圣博纳迪诺的凯利太空技术公司。这家公司此前经营卫星发射，现在正在建造一艘可进行亚轨道飞行的火箭动力三角翼飞机。公司拥有很多技术方面的人才，但资金却没有到位。

最后，弗伦奇写了一份报告，认为伯特最有可能赢得比赛，但在莱特兄弟飞行纪念日之前完成不太可能，预计的完成时间会在 2004 年底。多年以来，弗伦奇感觉人们一直都在说几年后的私人太空业将如何如何，所以他对成功赢得 X 大奖也持怀疑态度。但同时，他又看到那么多的团队乐此不疲，各种创造发明层出不穷。

巴勃罗·德·利昂告诉弗伦奇，为了测试一个小型火箭的引擎，他最后拆了一条椅子腿来做杠杆。得克萨斯州的犰狳航空航天公司将后备箱锁定机制用到了很多地方，包括打开降落伞。布莱恩·菲尼负责的是加拿大的"达·芬奇"项目，他经常从家得宝公司购买零件，然后在一家潜水器商店后面制造他的火箭。吉姆·阿克尔曼聘请了一些退休的技术人员在得克萨斯的一片旷野里制造火箭，他梦想着火箭能够进行水基发射。缩尺复合体公司则尝试使用彩弹枪的压缩气体容器管，以用作飞船重返大气时的速度控制反推器。很多参赛队伍都会经常通过五金配件供应商——麦克玛斯特的商品目录寻求一些奇奇怪怪的零件。

弗伦奇完成报告之后，保险公司马上对这份报告展开了研究，分析其中的概率。X 大奖的挑战完全就是一个独立事件，此前没有可供参照的数据。而非独立事件则像掷色子一样，某个点数可能会不断出现。我们可以将结果用表格的形式呈现出来，然后，根据已发生事件的概率，对未来的结果进行较为精确的预测。相比之下，要为一个独立事件下注就要复杂得多。你该如何确定在没有政府的帮助下，飞入太空的概率会有多大呢？在这种情况下，概率只能依靠对结果的一种主观认定，依靠一种叫作贝叶斯推理的方法。这种归纳推理的方法是做一种先在的认定，然后系统地收集证据，然后对先在的认定进行调整。基于贝叶斯的理论，所有证据在分析时都应该加以考虑。

对于独立事件，保险公司要收集大量独立的证据，然后对其进行评估，才能得出相应的结论。鲁坦以往飞行的成功率、科技奖项的一般情况、所有飞行器发射的失败率、已知私人发射飞行器的失败率、相关的历史证据，以及像吉姆·弗伦奇这类人士的观点等，都会成为评估X大奖的历史数据。

随后，信利专业保险公司的精算师开始进行概率计算，他们辛苦的工作可能会得到出人意料的好结果。但是最后，他们还是将这样一个概率归结为系统的猜测，归根结底还是靠主观认定。

现在，彼得、格雷格和鲍勃·韦斯面对不同的人得用不同的说辞，这让他们颇感不适：当他们与潜在赞助商交谈时，X大奖似乎很快就能实现；而一旦和保险公司打交道，又觉得X大奖遥不可及。到头来，两种感觉好像都是真的。

2002年8月18日，布鲁斯·克拉塞尔斯基给彼得打来电话，告诉他一个消息：他已经和一群持怀疑态度的人达成协议；接下来，公司准备进一步与X大奖达成协议。由此可以推断，公司认定可以从中赚到一笔钱。保险公司与X大奖的协议对日期做了这样的限定：如果哪支参赛队伍在莱特兄弟飞行100周年纪念日当天或者之前赢得比赛，信利专业保险公司将支付500万美元，美国第一银行支付另外一半奖金。对于无人在规定时间内赢得比赛的情况，在协议第二部分也进行了说明。彼得让保险公司将协议规定的时间延长一年，并且将支付金额增加到1 000万美元。

但参与这样一个数百万美元赌局的并不只有保险公司。为了争取到承诺的 1 000 万美元奖金，彼得每月必须支付 5 万美元的保险费，总共要支付 16 个月以上，而且最后一笔支付的金额更是高达 130 万美元。X 大奖由彼得、格雷格、鲍勃和戴安娜·墨菲几个人管理，他们都还需要寻求其他的工作和收入来源。如果 X 大奖的保险费没有按时交上，那么以前上交的保险费将归信利专业保险公司所有，而整个"一杆进洞"保险协议也就无效了。彼得对每个月高昂的保险费，还有末期需要支付的巨额款项感到深深的焦虑。直到有一天，他接到一个盼了六年的电话。

这个好消息来自阿努什·安萨里、阿努什的丈夫哈米德·安萨里，以及她丈夫的兄弟阿米尔·安萨里。他们最近将手中的电信软件公司——电信科技以 12 亿美元的价格卖给了美国圣思网络公司。[①] 彼得暂时还没有找到 X 大奖的冠名者，但是安萨里家族承诺，可以先支付 175 万美元，这笔钱足以支付最后的那笔保险费和其他一些相关费用。安萨里家族也答应帮助彼得筹集资金，如果他们另外筹集到了 450 万美元或者更多的资金，他们就可以拿回先前支付的 175 万美元。

2002 年春，彼得和拜伦·利希滕贝格飞到了达拉斯，首次和安萨里家族的成员碰面。彼得也是偶然知道安萨里这个姓氏的，当时他在浏览《财富》杂志，上面列有美国排名前 40、年龄不超过 40 岁，且通过自主创业成功的富豪。现年 35 岁的阿努什排在第 33 位。但是彼得注意到安萨里的名字并不是因为安萨里的钱，而是她在采访中说到了一个词："亚轨道"。那段话彼得读了三遍：

> 阿努什·安萨里希望可以看到星星，但不是像好莱坞电影里那样坐在曼哈顿半岛酒店的大厅里看。她今年 35 岁，是圣思网络公司的

---

① 安萨里的这家公司售价在 4 亿~12 亿美元，这取决于股价以及是否达成所有目标。最后，所有的目标都达成了，因此支付的金额为 12 亿美元。

副总裁，也是年度富豪榜上两名女性之一。她说她想乘坐一艘能够携带公众进入亚轨道的飞船。"到地球以外去看真正的宇宙到底是什么样子，那种感觉一定非常好。"她说道。

坐在达拉斯的办公室里，阿努什和她丈夫的兄弟阿米尔都认真地听完了彼得的讲话。阿米尔觉得非常惭愧，因为和彼得比起来，自己太轻易地就放弃了飞向太空的梦想。他和阿努什都是在伊朗长大的，从小就喜欢看《星际迷航》，梦想着穿越星际的旅行。但是，一直没有哪个来自伊朗的人去过太空。美国国家航空航天局是不会把那些付钱的普通乘客带到太空的。到现在为止，也只有两个普通的乘客去过太空，一个是丹尼斯·蒂托，另一个是南非企业家马克·沙特尔沃思。他们都是支付了数千万美元才搭乘俄罗斯飞船进入地球轨道的。

与彼得初次见面时，阿努什认真地听着他的讲话，也尽量让自己保持严肃。她从来没有遇到过像彼得这样富有激情且有干劲的人，她想："和这个家伙在一起，就算一扇门被关上了，他也会打开另一扇门。"阿米尔认为太空大奖这个想法有些奇怪，但确实也是一个很绝妙的想法，或许真的会起作用。彼得也谈到他和拜伦正在向联邦航空管理局申请许可证，如果获得申请，将能够利用改进的波音 727 为公众提供零重力飞行体验。这也是彼得和拜伦追求了八年之久的梦想。彼得说，他们的零重力公司将可以为公众提供全世界独一无二的抛物线飞行服务，还可以帮助美国国家航空航天局训练宇航员、科学家和工程师。经过烦琐的法律程序之后，彼得和拜伦都相信，他们很快就会得到那份重要的许可。

阿努什的丈夫哈米德，看着彼得飞快地说着自己对 X 大奖的想法，感觉语速几乎有 100 英里每小时。"如果有人赢得这个大奖，那我们都可以去太空了。"彼得说。哈米德并没有他妻子和兄弟的那种"太空 DNA"，他俩对于太空的兴趣并不仅仅是一种愿望或者一场竞赛，太空是他们骨子里的东西，就像他们眼球的颜色一样。而吸引哈米德的，则是这样的一个创意，以及赢得比赛所需要的巨大勇气。

对于其中可能存在的风险，他一点也不担心，安萨里家族正是历经风险才有了今天的发展。在阿亚图拉·霍梅尼领导下的革命初期，他和家里人从德黑兰逃到美国。起初他们几乎身无分文，也不会说英语。由于伊朗的局势日渐恶化，阿努什和她的家人在几年之后也离开了马什哈德。80年代中期，哈米德和阿努什在美国相遇。当时阿努什正在乔治·梅森大学念计算机与电气工程专业，申请了到世界通信公司进行暑期实习，而哈米德正是在这家公司工作。后来，阿努什、哈米德和阿米尔一起在世界电信公司工作。最后，他们从工资中拿出5万美元创立了电信科技公司。

在彼得展示X大奖盛会的照片、谈论竞争者以及他们正在建造的飞行器时，阿努什、哈米德和阿米尔相互交换了一个眼神。阿努什依然尽力保持严肃。从她记事开始，她就一直梦想着能够到太空中去。她小时候最喜欢的书就是《小王子》，当时她读的是波斯文版本。小时候，她喜欢睡在祖母的阳台上，这样她就可以望着天空中的星星，在虔诚的祷告中入睡："外星人会来的，会带着我离开地球。"她只要一到外面，就会仰望天上的星星。阿努什问了彼得一些问题，包括这些参赛队伍建造火箭的资金来源。然后她又问，为什么太空之旅一直没走上商业化的道路。"谁是敌人？"她想知道，"是美国国家航空航天局吗？"

数十年来，彼得也一直在思考这些问题。"反对的因素很多，"他说，"一是政府，在它的监管下，太空商业化非常困难；二是美国国家航空航天局，20世纪60到80年代，它已经形成固定的思维模式，认为太空方面的事情只有政府能做；三是我们这个极力规避风险的社会，对此也不赞同；四是一些传统的对物理学的认识；五是资本市场不愿接受这样的风险和挑战，而是希望从投资少、见效快的互联网产业中得到收益。这些都阻碍了太空商业化的进展。"

会见结束时，安萨里家族说他们需要时间考虑一下。彼得已经听惯了这样的说法："我们回头再和你联系。"

当一行人向门口走去的时候，彼得走在阿努什旁边。他转过头看着她的眼睛，说道："我保证会竭尽全力把你送入太空。"

她相信了他的话。如今，彼得"一杆进洞"的保险费已经全部有了着落，价值 1 000 万美元的 X 大奖，已经在向人们招手了。

彼得在他的圣莫尼卡公寓整理着文件，找到了八年前在科罗拉多蒙特罗斯写下的章程。那份章程代表着 X 大奖的诞生。他重新读了一遍自己写的那些激情洋溢的文字，意识到在面临筹资这个现实问题时，当时的自己是多么幼稚。现在，他对章程中的每一句话仍然深信不疑。他剪下了其中的一段话，将它贴在桌子上：

> 人类凭借强大的技术，完成了诸多艰巨的，甚至是看似不可能的壮举。技术是帮助人类将所有智慧应用于确切目标的一个强制函数……这一概念、这个强制函数，或者说技术，其实就是竞争性"奖励"。这不是拼字比赛的奖励，也不是终身成就的奖励，而是设定一个看似不可能的目标吸引人们参加，从而让整个人类大步向前迈进的奖励。比如航空领域在速度、距离、持久力等方面的奖励；让一大批冒险家、梦想家和实干家涌现出来的奖励，比如奖金为 25 000 美元的奥泰格奖。没有政府出面，也没有直接的经济利益，但奥泰格奖却激励着人们不断进行冒险和尝试。该奖项的奖金为 25 000 美元，但带动的投入却接近 40 万美元——这就是奖励的力量。

在圣路易斯大拱门下宣布 X 大奖六年之后，彼得已经兑现筹集 1 000 万美元的承诺。他不知道当年查尔斯·林德伯格在圣路易斯得到资助以后，是不是和他现在的心情一样。林德伯格得到了资助，但接下来要制造飞机，还要踏上旅途，并且活着将飞机飞到终点。彼得每个月还要支付 5 万美元的保险费。每逢周五需要交钱的时候，他和其他人会在周一就打电话筹钱，他将这戏称为"价值 5 万美元的星期五"。现在，彼得已经向前迈出一大步，但仍然有很多事情需要完成。时钟一分一秒地向前走着：如果截至 2005 年 1 月 1 日凌晨 0:01，还没有人能赢得这个大奖，那么这准备好的 1 000 万美元就不复存在了。

第二部分

命运
会青睐那些
坚毅的人

第二十五章 / 一切都会好的

2002 年 11 月 21 日，在历经反复推迟、开局不利、多次错过截止日期后，伯特·鲁坦的缩尺复合体公司准备对其混合燃料火箭发动机进行第一次点火测试。此时，一直对外秘而不宣的太空船 1 号项目还在进行中，伯特希望它能冲破大气层并获得大奖，所以时间是一个非常关键的问题。而发动机的测试，则是关键中的关键。伯特觉得这个项目将是公司历史上最重要的一个项目。

缩尺复合体能坚持到今天实属不易！公司曾打算自己建造发动机外部的一切装备，包括燃料存储箱、发动机壳体和喷嘴！但缩尺复合体毕竟只是一家飞机公司，没有制造火箭引擎的任何经验。很快，关于发动机壳体、推进剂喷管和喷嘴的制造问题便摆到了桌面上。此外，氮氧化物燃料存储箱的设计能否经受规定的压力也是个问题。于是，伯特早前聘来负责火箭推进、设计及制造的亚拉巴马人蒂姆·皮肯斯（曾设计过火箭动力自行车、火箭动力背包和火箭动力皮卡车）接受了公司的建议，将存储箱的设计外包了出去。蒂姆·皮肯斯找到一个得克萨斯人，这个人有一座废料场，答应帮忙建造一个氮氧化物的存储箱。他手头就有一个这样的存储箱，依靠发电机供电进行冷却，可以储存 1 万磅氮氧化物。交易很快达成。不久，这个得克萨斯人便把氮氧化物存储箱给缩尺复合体送来了。缩尺复合体公司也投入了一辆破旧的卡车，专门用来拉这个存储箱和配套的发电机。

伯特对制造坚固的发动机外壳很有信心，但还是觉得缺乏足够的技术制造能承受最高温度的部件——烧蚀防热的喷管及喷嘴。缩尺复合体公司找到了一家专业的公司——AAE，来生产这些零部件，这家公司曾为所有制造火箭发动机的大公司提供过此类产品。此外，缩尺复合体还需要找到多家其他零部件的供应商，这些零部件仅凭公司自身的技术力量是无法制造的，其中包括喷注器、点火器、阀门和控制器，这些都是巨大的燃料存储箱两侧非常关键的金属组件。

为了保密，缩尺复合体向各大火箭公司进行招标时，谎称要为一个无人探测火箭制造一个混合火箭发动机，该火箭是美国国家航空航天局的地球科学项目，将对大气层的顶部进行测量。但是，他们收到的回复只有两种：要么是完全没有投标的意思——明显觉得这个项目毫无希望；要么就是报价远远超过了太空船 1 号工程的整个预算。于是，公司迅速转向另一个计划：它走访了包括加里·哈德森、环境航空科学公司以及空间开发公司在内的一些小公司。其中的两家公司由于测试失败被淘汰出局。

伯特最后看中了两家小公司，并且向它们承诺：测试中选出的最好的组件将会被用在一次具有历史意义的航天项目上。于是，缩尺复合体公司在位于西海岸的空间开发公司和位于佛罗里达的环境航空科学公司之间搞了一个固定价格竞争，看哪家公司制造的组件能够用在冲出大气层的载人飞船上。

混合燃料发动机的设计草图是伯特和皮肯斯在亚拉巴马州亨茨维尔

的一家餐厅里画在一张餐巾上的。他们的发动机不准备用通常的液氢和液氧燃料，而是准备用笑气和橡胶的混合燃料（一氧化二氮和端羟基聚丁二烯）。橡胶具有柔韧性，不用戴手套也可以触摸。公司一些员工的咖啡杯垫也是用这种材料做成的。

第一次点火测试激起了公司员工的热情。普鲁塔克^①的一句名言被写在了公司的白板上："人的头脑并不是用来填充知识的容器，而是需要被点燃的火种！""点火"成为测试当日的关键词。此次发动机测试将由空间开发公司进行；环境航空科学公司获得了在 6 个星期后（1 月初）进行测试的机会。伯特对测试当天的安全问题一一进行了检查，并提及缩尺复合体公司在组件设计过程中已取得的成就。他也提及了混合燃料的安全性，认为当天的测试不会出什么大问题。

一个晴朗而凉爽的日子，加州莫哈韦沙漠，东风徐徐拂来。空间开发公司制造的和篷车一般大小的发动机被安在了测试架上，开始注入氮氧化物。200 英尺以外便是测试控制室。这间控制室名为"SCUM卡车"（缩尺复合体移动控制系统），外面由钢质海运集装箱包裹着，大小与运送马匹的拖车差不多。此时，公司的飞行员兼工程师布莱恩·宾尼坐在篷车内观看点火测试。他负责火箭推进的研发，同时有望成为公司未来的太空船飞行员。

伯特和蒂姆·皮肯斯站在离测试场 300 英尺外的一处至高点上。伯特觉得此时空气中弥漫着兴奋。皮肯斯更是迫不及待，毕竟，他可是从小在亨茨维尔市（被称作"火箭之城"）长大的。在那里，土星 5 号的发动机测试曾发出隆隆巨响，而这已经成为他生活的一部分，就像纽约出租车的喇叭声一样。

---

① 普鲁塔克（约公元 46 年—120 年）是罗马帝国时代的希腊作家、哲学家和历史学家。——译者注

与伯特和皮肯斯一起站在制高点观察的人还有戴夫·摩尔和杰夫·约翰逊。戴夫·摩尔一直为保罗·艾伦经营着宇宙飞船项目，他把杰夫·约翰逊也拉了进来，以便让公司能早一点把发动机制造出来。保罗·艾伦对混合推进剂火箭发动机点火测试一再推迟表示不满。他曾在一次会议上说："我知道你们开局就很晚，但你们总不至于在工程都进行了三个月之后，还告诉我说你们的进度比原计划仍然晚了三个月吧？"在另一次会议上，艾伦又说："你们的意思是说，在上次告诉我的三个月的基础上，又浪费了三个月？"

就在测试开始前，摩尔半开玩笑地对皮肯斯说，万一测试出了问题，他就陪他死磕到底。而皮肯斯此时还在考虑：能否只用氮氧化物——氮气和氧气的化合物作为燃料，甚至连橡胶也不用！氮氧化物通常需要被降至零度左右才能进行运输，而当工作人员在把氮氧化物注入燃料舱时，其温度应当在 63 华氏度左右。与氮氧化物—橡胶混合燃料的性能相比，仅用氮氧化物产生的推力为前者的 2/3。控制室内一旦传出开始测试的命令，氮氧化物存贮箱上的阀门将会自动打开，燃料将根据控制流入燃烧室。至少他当时是那么想的。

测试进入倒计时。当数到"0"的时候，出现了一股白烟，紧接着是一小团火焰，然后传出剧烈的爆炸声。在 SCUM 卡车控制室内的宾尼激动得跳了起来，心中暗暗思忖："难道这就是要把我发射到太空中的火箭吗？"按设计，火箭发动机应在喷火 15 秒后自动关闭。漫长的 15 秒终于过去了。大家举起双手，击掌庆祝，点火测试取得成功，这是该项目的一个里程碑。然而，仅仅几秒钟后，庆祝就变成了沉默的观察。所有人的眼睛都盯着一个潜在的小问题：一股火焰像蛇在吐着信子一般，依然从喷嘴中冒出来。

戴夫·摩尔转过身去，想问皮肯斯怎么看这个问题，却发现皮肯斯早已不见踪影。他四处张望，终于找到了他们的火箭推进专家皮肯斯。此时，他正蹲在 50 英尺后的一辆卡车后面。摩尔朝他飞奔而去，想知道到底出了什么事。皮肯斯说："情况可能不妙！可能很糟糕！"他解释说阀门虽然已经关闭，但密封件却被吹跑了。现在，整个火箭发动机系统都充满了一氧化二氮，而推进管道能够支撑的测试时间也很短。他对接下来可能发生的事情感到忧心忡忡，因为燃烧会引起氮氧化物存储箱温度迅速上升。他告诉摩尔，整个发动机系统可能会发生爆炸，发动机将被炸成巨大的金属碎片飞得到处都是。而此时，在氮氧化物存储箱两侧还站着人，而在现场的消防车却还没有动静。

和皮肯斯一起蹲在卡车后的摩尔也一直观察着从发动机喷嘴里不断冒出的火苗。这样的开局可不是他们想要的。万一爆炸了怎么办？皮肯斯自言自语道："存储箱内的氮氧化物是否正在变成气体呢？"可任他怎么想都是无济于事的。一面美国国旗在风中飘扬，在火箭发动机这个半休眠的巨人旁边，它显得如此脆弱。整整 5 分钟过去了。在这漫长的 5 分钟里，人们在观望着，似乎也在等着世界末日的到来。消防车终于开到了火箭发动机近旁，并开始朝它喷洒灭火泡沫。

伯特气急败坏地嚷着说消防车喷错了位置，它应该对准燃料喷嘴的地方，火是从那里冒出来的。大约过了 15 分钟，喷嘴里闪烁的火苗终于被扑灭了。人们觉得这 15 分钟仿佛有一个世纪那么漫长。幸运的是，存储箱没有发生爆炸。皮肯斯认为，此次事故的原因之一，是按伯特的要求设计了三个点火器，而不是空间开发公司原本为发动机设计的两个，因为伯特想要增加一个点火器。在测试前，皮肯斯曾告诉过伯特和其他几个人，说他对当天的测试预感不妙。空间开发公司的工程师曾说过，他们会在点火前就将氮氧化合物释放出来。皮肯斯当时就说："这是一个非常糟糕的主意。"但伯特却回应说："好吧，反正这是一次竞争。我们得让他们从中学到点东西。"

戴夫·摩尔和杰夫·约翰逊来到缩尺复合体公司，参加了此次测试任务执行情况的报告会，观看此次测试的实况录像，并对遥感勘测数据进行了分析。他们最关心的问题之一，就是存储箱和测试架均在这次测试中遭到损坏，而这样的挫折会造成计划的再次拖延。此时，摩尔已经在思考应该如何向保罗·艾伦提交报告，详细汇报当天发生的一切。

摩尔让约翰逊参与此项目，就是要让他更好地了解公司内部的情况。约翰逊深谙与"合适的员工"套近乎的诀窍，他知道哪些员工比较务实，不喜欢搞虚的。摩尔从约翰逊那里了解到，尽管缩尺复合体公司内人才济济，全是聪颖过人的建造师和工程师，但这家公司却缺乏基本的项目管理。伯特规定的从上至下的管理结构根本就不适合这个项目。摩尔需要的是真正的进程表，而不是竞猜游戏或者痴人说梦。摩尔在微软公司有20年的管理经验，约翰逊也有10年的经验。摩尔想把微软的管理模式引入缩尺复合体。他与比尔·盖茨合作多年，正是这样一套管理模式让微软的诸多项目得以按部就班地完成。

有一次，摩尔告诉伯特："你需要四处走走，问问员工们，他们认为完成一个零部件需要多长时间，而且必须是他们自己认可的。"伯特认为这是要他去说服员工，摩尔却说："不，恰好相反！是要他们发自内心地相信，他们说出的就是真正能够实现的日子。"摩尔还说，他宁愿看到员工们确定一个相对保守的日期并为之而不懈努力，也不愿让他们一味地猜测。公司需要给员工指派具体的工作。曾经有一次，伯特说过他不准备给哪个工程师安排具体的任务，只会在不同的时间给他们安排不同的任务。伯特说："工程师们就好像婆婆或丈母娘一样。一旦你指定了一个工程师，他们就搬进来，掌管了一切，然后就再也不愿意离开了！"

在摩尔和约翰逊看来，伯特自己就是解决问题的方案——他可是个天才。若没有他，这一切都不可能发生。但在谈及进度计划的制订时，他就有些令人难以捉摸了。在这个项目进行的过程中，有好几次，看着缩尺复合体的员工，摩尔都不禁会觉得："他们就是一群在沙漠中建造宇宙飞船的摩托车机械工。"当然，他这话什么意思，要根据当时的情况来理解。有时是满怀敬佩之心，有时却是气急败坏。

其实，在那次不尽如人意的火箭发动机测试前，缩尺复合体公司已经成功地试飞母舰——白衣骑士。这架飞机外形虽然跟普罗透斯很像，但体积比普洛透斯更大，也更漂亮。白衣骑士将带着太空船1号升到约50 000英尺的高空，然后与之分离。太空船1号由火箭发动机推动，进入太空。白衣骑士的首次飞行令人记忆深刻：飞行持续了两分半钟。飞行员道格·沙恩试飞后报告称"一切正常"，只是J-85引擎会冒出一点小火花；扰流板也有点问题，它会发出"啪啪啪"和"砰砰砰"的声音，后来伯特对扰流板进行了加固。在第一次飞行后，白衣骑士便有了一个绰号，叫"惊魂骑士"。好在从那以后，白衣骑士多次飞行，引擎未再发生起火现象。

制造飞船的过程也不是一帆风顺。毕竟他们在建造的是一艘宇宙飞船。公司现在被架上了后来称作"血色计划"的快车。约翰逊和摩尔定期在公司里现身，一个扮红脸，一个扮白脸。缩尺复合体团队昼夜不停，不眠不休地工作着，更没有周末。他们最关心的就是飞船的制造。马特·斯坦梅茨在公司工作的头两年，因为害怕伯特而一直躲着他；而现在却数落起伯特的不是，提醒他要按计划行事。现在，他们已经确定目标，计划在2003年春天向公众公布整个项目。X大奖的资金也已经全部到位，说不准有人会在大奖的角逐中击败他们，使他们一夜之间又回到起点。

2003年初，飞船已经进入建造阶段。一切工作都已经展开，但完工的还一项都没有。飞船就在白衣骑士旁边一个封闭的飞机库里放着。与其说是一枚超音速火箭，还不如说它看起来更像一具没人要的废船残骸。深灰色的外壳上，舷窗还没装好，电线悬垂在外面。整个团队似乎都在等待漫长的"固化周期"。未固化的纤维树脂已定型完成，被"热塑"成了想要的配件。团队还需要制造整流片，这是用于从起落架到翼尖等诸多零部件上的复合面板。管道系统和相关配件的制造也没有完成，传动装置正在组装。反推控制系统和伯特设计的"羽毛"都是气动的，由推进器产生的高压气流驱动。但这一切都还有待制造，从容器到管道系统概莫能外。他们还让一名化学家对各种不同的火箭热保护方案进行综合分析。进入太空的最大困难，与其说是距离问题，倒不如说是速度问题，而速度必然产生热量。在此之前，公司曾对美国国家航空航天局使用的热保护材料进行过研究，却发现那样的材料太过昂贵，而且是量大起售。所以，公司只好让自己团队的一名化学家对不同的热保护方案加以整合，为飞船的超音速飞行制订一套综合方案。这位化学家最近研究出一套综合方案，在进行高温测试时竟发出"嘶嘶"的响声，就好像马特·斯坦梅茨小时候点燃的花炮一样。于是，他只得重新埋头研究新的方案。

值得欣慰的是，白衣骑士的试飞都非常顺利。每次被拉出机库时，当地人都会对它频频拍照。与此同时，外界最近对他们的航天项目也有很多猜测。斯坦梅茨和其他人带来了关于外界猜测的一些博客片段，他们用图钉把这些博客片段钉在飞机库的墙壁上。

在保留公司极富创造力的文化的同时，缩尺复合体也采用了摩尔和约翰逊严格的管理模式。此时，在制造火箭发动机的项目上，缩尺复合体公司已经势头大增，蓄势待发了。从起落架到鼻锥体等大量组件被组装到一张独一无二的"拼图"上。分别由空间开发公司和环境航空科学公司对混合燃料发动机进行的两次新的点火测试都非常顺利，没有出现任何问题，既没有多余的火焰冒出，也没有发生爆炸。之前看起来犹如灰色残骸的飞船，现在看起来和伯特·鲁坦梦想中的样子也有几分相似了。

2003年2月1日，星期六，早上，斯坦梅茨与妻子凯斯琳·姬特·鲍曼都在家里。凯斯琳已经加入缩尺复合体，成为一名制程工程师。她面带愁容地走进了卧室，缓缓地说："哥伦比亚号出事了！"一开始，斯坦梅茨还没回过神来，因为他当时没看新闻。但很快他就知道了：哥伦比亚号航天飞机，STS-107，在太空中进行了16天的科研任务后，在返回地球的途中解体。当时，哥伦比亚号的飞行高度为 200 000 英尺，时速为 18 倍音速，突然就与地面控制中心失去了联系。按计划，航天飞机上的 7 名宇航员将在 12 分钟后降落。然而，他们却没能等到那一刻，重达 100 吨的航天飞机在蓝色的天空中化为片片残骸。

当天晚些时候，布什总统在电视上沉痛地宣布："哥伦比亚号失事了！早上 9 点在休斯敦控制中心，我们失去了与哥伦比亚号航天飞机的联系！飞机残骸掉落到得克萨斯州境内。机上人员无一生还。"他接着谈到了"在外太空飞行的重重困难"。看完新闻后，斯坦梅茨思绪难以平静，满脑子都想着这则新闻，想着那 7 名宇航员。当然，也不可避免地想到了缩尺复合体公司的航天计划。到达太空轨道并在轨道上停留所需的速度可不同于仅仅飞到太空边缘所需的速度。哥伦比亚号航天飞机的飞行速度达到 25 马赫，而对缩尺复合体公司飞行员的要求仅为 3 马赫或者再略微高一点。仅凭几十个人的力量，他们却想进入太空。美国国家航空航天局已经搞了几十年，而且每次航天飞机飞行的费用都超过 10 亿美元。斯坦梅茨禁不住问他的妻子："我们到底在干什么呀?！"

周一早上，斯坦梅茨开着车进入公司的车库。熄火后，他又在车里坐了几分钟。外面下着雨，天色阴暗，风把楼顶的旗帜扯得"啪啪"作响。他脑子里还想着失事的哥伦比亚号航天飞机。他从小一直深信不疑的航天飞机竟然失事了，这让他有一种心被掏空的感觉。针对哥伦比亚号失事起因的早期报告提及：航天飞机升空时，泡沫隔热片从橙色外部燃料存储箱上松脱并撞击左侧机翼，造成左侧机翼受损。[①]当斯坦梅茨从

---

① 此前，外部存储箱上的小块泡沫隔热片也曾出现脱落并数次撞击航天飞机。哥伦比亚号失事后，在重启航天飞机项目时，美国国家航空航天局规定，航天飞机一旦进入轨道，必须对其外部进行强制检查。同时，只有当备用航天飞机可以随时起飞进行救援时，才能发射航天飞机。亚特兰蒂斯号，STS114，原本为哥伦比亚号的备用航天飞机，但它当时尚未做好起飞准备。

车里走出来的时候，他终于想明白了。他意识到他的工作更像一种使命：发动机绝不能出现无法点火的情况；任何零件都不能出现松动，也不能出现故障，必须确保万无一失。

太空船 1 号的首次公开亮相定在了 2003 年 4 月 18 日，耶稣受难节[①]上午。伯特喝着大量咖啡，昼夜不停地工作着。在以前，伯特总喜欢嘲笑迈克·梅尔维尔，说他把时间都浪费在了骑车和健身上，他说自己最好的锻炼方式就是坐在家里的沙发上，抬手把一勺勺冰激凌从桶里送到嘴里。如今，他连吃冰激凌的闲工夫都没了。[②]

揭开太空船 1 号神秘面纱的日子终于来了。来自远近各方的嘉宾们有的开着汽车，有的开着飞机来到现场。预计到场的嘉宾有好几百人，只有少数几位知名人士无法到场。保罗·艾伦也不打算出席。他认为，在哥伦比亚号航天飞机失事后，过早地宣布他投资了这个项目并不明智。尽管有传闻说艾伦就是伯特的支持者（实际上是伯特的客户），伯特对这种问题总是不予理会，声称"没听说过这种事"。此时的艾伦也正受到来自媒体的抨击。在最新出版的一本言辞尖刻的传记《意外的亿万富豪》中，艾伦被描述成一个豪华派对举办者、幸运的微软持股人和糟糕的投资人。2 月，《新闻周刊》的一篇文章则把艾伦描述成了败家子。

当缩尺复合体飞机库内的嘉宾们纷纷落座的时候，伯特往人群中扫了一眼。他发现，马克西姆·马克斯·费格特居然也在场，这简直让他欣喜若狂。费格特曾设计了水星号宇宙飞船的外形，也参与了双子星和阿波罗的设计，是航天飞机的首席设计师。1992 年伯特曾与费格特一起共

---

① 耶稣受难节：复活节之前的一个星期称为受难周，受难周的星期五即为耶稣受难节。——译者注

② 伯特在 20 世纪 80 年代末患上了严重的心脏病，所以近年来的生活方式要更健康一些了。

事过。那时他与费格特，还有安东尼奥·埃利亚斯以及考德威尔·约翰逊一起聚在休斯敦，讨论过空基发射运载机的初步设计方案。[①]这种运载机应具备多项功能，主要就是在空中发射宇宙飞船进入轨道。伯特曾在几周前打电话邀请费格特来参加太空船 1 号的揭幕仪式。他说："马克斯，来看看我用'羽毛'返回大气层的想法是否可行。"费格特婉拒了他的邀请，说："我已经 80 多岁了，都不怎么出门啦。"停顿片刻之后，伯特又问："马克斯，你准备怎么度过你的余生呢？"他挂断电话后心想，费格特一定不会来了。一天之后，费格特的女儿打来电话说："我会带他来参加你的宇宙飞船的首次亮相。"

在缩尺复合体，任何飞机在正式飞行前，伯特从未邀请公众前来参观，但这次是个例外。彼得凌晨 4 点钟就从他远在圣莫尼卡的公寓驱车赶了过来。坐在他旁边的还有埃里克·.林德伯格、安萨里一家，以及皮特·沃顿。沃顿现在是负责美国空军空间战略改革研究中心的准将。与他们相隔几个座位还坐着百万富翁、冒险家史蒂夫·福塞特，伯特正在为他打造环球飞行号，助其在速度上创造单人环球飞行的世界纪录。太空旅行者丹尼斯·蒂托和美国国家航空航天局德莱登飞行研究中心主管凯文·彼得森也来到现场。巴兹·奥尔德林也来到现场并坐在前排。揭幕仪式开始，主持人是伯特的好友、奥斯卡奖影帝克里夫·罗伯逊，他把伯特隆重地介绍给到场的嘉宾。

由于患了严重的感冒，伯特嗓音嘶哑。他说："这可不只是一架普通的飞机。这是一个完完全全的载人航天项目。"说这话时，他脸上洋溢着无可比拟的独特笑容，仿佛在说："这是不是很酷呀？！"接着，他又说："我们不是在寻求资助，也不是在销售任何产品。我们正在进行一个非常

---

① 初步的设计方案形成了后来的平流层发射号，该飞机由伯特设计，艾伦出资建造，是世界上最大的飞机，翼展达到 385 英尺。

重要的研究项目。我们想看看载人航天飞行是否可以不通过昂贵的政府项目，而通过别的渠道来完成。你们今天看到的绝不是一个实物模型。如果我们没有把握，我们是绝不会启动这样一个项目的。"

此刻，即将亮相的明星就在警戒线后，被一块点缀着黄色星星图案的蓝色布帘遮挡了起来。它今天将成为万众瞩目的焦点。随着伯特一声令下，布帘被拉开，宇宙飞船呈现在大家眼前。坐在后排的嘉宾全都从座位上站了起来，个个都想一睹为快。相机全都聚焦在这个小小的、样子怪怪的飞船上 ——飞船的船体白白的，一尘不染，腹部喷着蓝色的星星，后部还伸出一个喷嘴。船身侧面印着飞船的名字：太空船1号，以及在联邦航空管理局的注册号：N328KF，意为328千英尺（约100千米），即公认的太空起点和X大奖的"终点线"。[①]这样一艘飞船让人不由得联想到子弹、小鸟甚至乌贼。奥尔德林向前坐了坐，饶有兴味地研究着这个设计。还差两个月就满60岁的伯特此刻已笑得合不拢嘴。他仿佛又回到了孩童时代那次模型飞机展示上，那些支持他的人为他热烈叫好，那些保守人士却深感迷惑不解。

喧闹声沉静下来之后，伯特谈起了缩尺复合体公司的历史。他骄傲地说，他们在试飞中还从未发生过重大事故，也没有出现飞行员受伤的情况。他看着他的这艘宇宙飞船，努力提高嗓门说道："这个项目如果能够获得成功，我们将实现首次非政府的载人航天飞行，飞行高度可达100千米以上。如果凭我们这样一家小公司就能做到这一点，许多人肯定也会说，'是啊，我也能做到'。"

他提及，"水星—红石"计划在1961年，B-52/X-15在1963年均已经实现亚轨道载人航天飞行。伯特惊叹道："尽管艾伦·谢泼德、格斯·格里森，以及乔·沃克描述的经历令人敬畏，但在接下来的40年里，亚轨

---

① 当时，N100KM这个注册号码已经被别人注册。

道航天飞行却一直没有得到足够的重视。我们的目标，就是要让公众看到，非政府的载人航天飞行不仅可行，而且以很低的成本就能实现。"

说到这里，伯特让他的空勤长、在莫哈韦沙漠长大的史蒂夫·洛西启动并上仰"羽毛"。当飞船重返大气层时，"羽毛"可以增大阻力，从而让飞船减速。洛西此刻已经坐进飞船座舱。13秒后，机翼抬升，随后完全伸展达65度。伯特又让洛西点燃气动喷射推进器。人群欢呼起来。

伯特说，他们的计划是把可容纳三人的宇宙飞船挂在涡轮喷气式飞机白衣骑士上面。白衣骑士爬升一个小时后，可到达50 000英尺的高空。然后飞船脱离白衣骑士，飞行员点燃火箭发动机。火箭（飞船）会在"掉头"后以2 500英里的时速垂直爬升。在关闭引擎后，飞船会在惯性的作用下爬升至100千米的预定高度，然后重新返回大气层。在此期间，飞行员将会有3~4分钟处于失重状态。然后，在"羽毛"的帮助下，飞船"轻松"重返大气层。"羽毛"只有两个位置——或上或下。"羽毛"向下，飞船将变成一架传统的滑翔机，"悠闲地"滑行17分钟，最后降落到公司门前的跑道上。马克斯·费格特目不转睛地盯着这艘宇宙飞船。这个"羽毛"真是一个聪明绝顶、独一无二的设计。凭直觉，他认为这个做法行得通。

"这个项目很像X-15，"伯特打趣地说，"但我们遇到了一个小麻烦，不得不建造自己的B-52。"人群中发出一阵笑声。当然，伯特指的是白衣骑士。它不仅仅是一个发射平台，还是一个飞行中的系统测试平台。太空船1号的驾驶舱和白衣骑士的驾驶舱在功能上非常相似，所以白衣骑士可以用作太空船1号的模拟训练机。

伯特也特别提到了彼得，说"X大奖的规则经受住了时间的考验"，而且和7年前在圣路易斯大拱门下启动时一样，现在依然在等待着它的主人。

揭幕仪式后，嘉宾们纷纷走出机库参观白衣骑士。此时白衣骑士已经飞行 15 次，50 000 英尺高度的飞行就有 20 余小时。在停机坪上，飞行员迈克·梅尔维尔和道格·沙恩已经爬进白衣骑士的驾驶舱，驾驶着飞机滑行了出去。几分钟以后，白衣骑士咆哮而归，俯冲到人群前面，机头向上，拉起了一个 80 度的仰角。大概飞到 10 000 英尺的高度后，机身做了一个翻滚，然后又做了几个更为新颖的飞行动作。在场嘉宾太喜欢这样的表演了。

伯特微笑着感叹道："该死的，这两个家伙玩得太嗨了，我得把他俩的工资停了。"然后又接着说："你们现在看到的根本不算什么。"

那天晚上，彼得和一小群朋友在一家叫"台风"的亚洲美食汇餐厅吃了晚餐。这家餐厅正好可以俯瞰圣莫尼卡机场。晚餐设在二楼的露台上，共进晚餐的都是 X 大奖董事会的成员，有阿德奥·雷西、技术专家巴里·汤普森、阿努什·安萨里和埃里克·林德伯格。席间觥筹交错，喝了清酒，也喝了葡萄酒，餐桌上满溢着乐观向上的情绪。雷西和汤普森都在不同的星期五用 5 万美元挽救了 X 大奖。他们在最后一刻加入进来，注入资金交纳了"一杆进洞"的保险费。彼得也交纳过保险费，他父母也交过。

雷西于 2001 年加入 X 大奖董事会。那天上午，他也出席了在莫哈韦举行的揭幕仪式。他祝贺彼得在推动创新方向取得的成就。在网络经济的泡沫破灭以后，雷西担心创新精神已经消亡，但 X 大奖却顽强地与这一潮流抗争着，并鼓舞着人们的斗志。他那天在莫哈韦沙漠见到的情景，和他见到的其他 X 大奖的竞争者一样，都是创造性得以释放的结果。他看到的是真正的决心，是心甘情愿地趴在泥土中为火箭的发射构筑掩体，是为了疯狂的梦想而牺牲稳定的工作，是为了建造巨大的宇宙飞船而花光退休储蓄。

彼得很享受太空船 1 号揭幕带给他的兴奋和刺激。当他看到飞机在圣莫尼卡机场 4 973 英尺的 21 号跑道上起降时，他突然想到太空船 1 号也不过就像一架私人飞机那么大。他想象着太空船 1 号被拖出机库，从跑道上起飞，直至飞向太空。那就是他的梦想，私人也能乘坐宇宙飞船的梦想。

恰好在这个时候，埃隆·马斯克走了进来。自从上次升空公司项目失败之后，马斯克自己展开了对太空的探索。他想解决这样一个问题：如果一个人要制造一枚火箭，什么样的方案才是最划算的？雷西和马斯克曾于 2001 年去俄罗斯购买火箭，却发现那里就像蛮荒的（美国）西部。在那里，只要肯给钱，你可以买到任何一种导弹。俄国人用伏特加把他们灌醉了。等他们下一次再去时，火箭的价格已经飙升到此前的三倍。雷西还保留着俄罗斯主人家为他们特别制作的伏特加酒瓶，酒瓶上还印有雷西和马斯克的照片，以及一棵在火星上的棕榈树。

雷西和其他一些人曾试图说服马斯克不要创办火箭公司。雷西提醒他说，有"一大堆富翁都把资产浪费在了太空探索上"。他和彼得，还有很多人都给马斯克看过一张又一张火箭爆炸的简报。对于彼得来说，理由非常简单，他告诉马斯克："建造火箭并非易事！大多数人都失败了！有个更好的办法，就是资助 X 大奖。"雷西告诉马斯克："兄弟，别去干这事！别干这事！别干！"马斯克的回答也很干脆："我就是想去干！"

2002 年 6 月，在快到 31 岁生日的时候，马斯克开办了一家名叫 SpaceX 的公司。和俄罗斯打交道的经历已经让他充分认识到：他应该建造自己的引擎、自己的火箭和自己的宇宙飞船。他的第一枚运载火箭名叫猎鹰号，是一枚以液氧和煤油为燃料的两级火箭。这枚火箭是根据《星球大战》中的千年隼号命名的。他希望在当年年底能够进行发射。

马斯克对于 X 大奖所做的努力深受触动。他也看到这项活动是如何唤起普通大众对太空的兴趣的。他喜欢伯特关于"羽毛"的独特构造，并认为那是解决亚轨道飞行的一个非常好的办法。但他也说："'羽毛'只适用于亚轨道飞行，不适合轨道飞行。"

雷西看着马斯克，开玩笑地提出了这种可能性：某个资金充足的神秘团队将在最后一刻参与X大奖的角逐。谈话的焦点又转向了亚马逊的创始人杰夫·贝佐斯。他现在也开始涉足航天领域，而且拥有一家神秘低调的新公司，名叫"蓝源"。这家公司总部位于西雅图一个仅有一层楼的仓库内，仓库的窗户全都用蓝色纸张遮挡了起来。

不久，餐桌上的讨论又转向了哥伦比亚号航天飞机失事和举国上下对此事件表现出的巨大悲痛。埃隆说，在他看来，这也恰恰表明人们仍然非常关注航天项目，非常敬仰宇航员。那晚，这群共进晚餐的人都有一种共同的感觉：他们已经处于历史上一个出人意料的重要时刻。美国国家航空航天局已经暂停载人航天项目，但因为有X大奖，也因为有包括马斯克在内的企业家，人类飞离地球的前景从未像现在这般乐观。

彼得听大家愉快地闲聊。他看着坐在自己周围这一群英勇无畏的人，想起了那天早上在莫哈韦沙漠和伯特在一起的情景。其实，除了伯特，还有很多团队，正在自家后院、在稻田里、在沙漠里建造火箭。他们愿意为此承担一切风险，被人嘲笑，欠下债务，甚至不顾自身安危。他们都是不接受政府资助的现代探索者。彼得知道，他们会因为认识不到位，或者臆断而出现错误，开局可能也不尽如人意，甚至会走向失败。但此时此刻，对他来说，和此前任何时刻都一样，感觉非常真实，只是冲向太空的任务更换了主角。这是一个全新的开端，热情已经点燃。那就是他当时的感觉：组装完毕，点火。

第二十六章 / 不要对意外耿耿于怀

在缩尺复合体的工场里，马特·斯坦梅茨看着太空船 1 号的机头不禁皱起了眉头。太空船 1 号的机头看起来并不像一支箭的箭头那样线条明快、有力度且呈流线型，整个火箭的前端就像是一个干涸的湖床，而且还有裂缝，表层一些地方也出现了缺损。很明显，这是上午最后一次滑翔试验造成的。

公司的员工一直在苦苦寻求完美的热保护方案。填充物与树脂搭配的类型和比例不断地进行着调整。一会儿这种物质增加一点，一会儿那种物质又减少一点，目的就是保护太空船 1 号在返回地球时顺利冲破大气层。然而迄今为止，还没有寻找到一种有效的办法。

飞船已经进行 7 次成功的滑翔试验，很快就要进行第一次动力飞行了。动力飞行定在 2003 年 12 月 17 日，莱特兄弟在小鹰镇创造历史的 100 周年纪念日，这是人类飞行史上一个重要的里程碑。就算一切顺利，进入太空仍然需要好几个月的时间。伯特的最后期限是 2004 年底，这也是X大奖"一杆进洞"的保险截止日期。

要想让太空船1号飞到太空的起点，首先得确保它能够安全地进行超音速飞行。12月17日的动力飞行将对发动机结构的完整性、飞机的坚固性，以及飞行员操控宇宙飞船的能力进行一次全面的测试。但是，热保护方案的混合材料研制仍然一次又一次失败。

伯特坚持认为，他们需要某种既轻便又容易获取的材料来实现热保护的目的。斯坦梅茨对太空船1号出现裂缝的外壳进行了一番仔细检查，然后说道："在高海拔区域时，这个外壳根本没有热保护作用。"伯特看了一眼之后说："把这个外壳拿下来，然后把凹凸不平的地方清理干净，抹上些车身油灰。"在此之前，公司里的化学研究人员曾建议伯特往飞船上涂抹42磅重的热保护材料，伯特说了句"瞎扯"，让他只抹14磅就够了。再后来，14磅缩减至4磅。最终，伯特觉得混合的热保护材料完全属于过度研发，油灰应该就可以搞定。

"油灰……"斯坦梅茨惊讶地皱起了眉头。

"对，油灰。"伯特扔下这句话就走了。

斯坦梅茨同工场里的几个员工交流了一下眼神。"好吧，"他说，"就用油灰。"

在斯坦梅茨把油灰涂抹到飞船上面之前，他需要在800度左右的高温下对油灰进行测试，因为飞船在穿越大气时将承受极高的温度。他之前就对各种像魔法粉一般的混合物进行过测试，这些混合物要么发出"吱吱"的声响，要么冒出火花，有的则出现裂缝或者直接掉落下来。他一边干一边禁不住想："车身油灰？这也算是航空领域必不可少的东西了。"就像邦度涂料一样，虽然只是一种环氧基涂料，却可以用在很多地方，如找平表面的凹痕和裂口。而油灰的主要成分就是胶水和填充剂，光滑的一层干燥之后就变得像硬糖一般。

斯坦梅茨涂上一层油灰，然后对它进行了测试。测试结果让他大吃一惊：这东西还真的管用！航天飞机为了达到热保护的效果，用的是昂贵的高级合成砂。难道缩尺复合体仅靠在飞船外面涂上一层车身油灰就够了吗？

斯坦梅茨测试了一遍又一遍。最后，他跑去找到伯特。"这玩意儿真是太棒了！"斯坦梅茨说，"车身油灰还真管用！"

伯特也是一脸兴奋。以前当他看到莫哈韦沙漠上空少有的云层，当他想出要在飞机上安一个马鞍时，他也是如此这般兴奋的神情。"你再去搞点香草和香料来！"伯特说，"太空船可不能直接用油灰作为热保护材料。热保护一定得用高科技！它应该是一种专利配方。快去弄些香草和香料来！"

斯坦梅茨笑了。他是明白的。他曾听伯特讲起他在贝德飞机公司时的故事。人们喜欢打听一种效果独特的高科技黏性物质。伯特总是对他们说，那是有专利权的混合配方，他不能泄露机密。他还会引用限制某些信息泄露的国际规则——国际武器贸易条例——煞有介事地说："好吧，我告诉你。这种黏性物质是由尼加拉瓜赛车蜘蛛的睫毛做成的。"事实上，贝德的秘密黏胶物就是由杜邦公司发明的一种新纤维，名叫凯夫拉尔纤维。那时，贝德飞机公司正在测试能否将这种纤维用于飞机制造。

斯坦梅茨和另一名员工里昂·华纳立即前往杂货店买香草和香料。他们买了红色染料、牛至和肉桂。回到公司后，斯坦梅茨把香草和香料与油灰混合在一起，然后再把这种自制的魔法水调成了可爱的品红色。这种颜色将与白色油漆和分散的蓝色星星一起构成国旗的三种基本颜色。绝密的热保护材料被涂在了太空船鼻锥体下方、机腹以及机翼上。如果人们凑近了仔细看，也许还能看到少量的牛至。

对太空船 1 号进行飞行测试的有三位飞行员：迈克·梅尔维尔，63 岁，数十年来坚持将飞机安全飞回来的关键人物；皮特·西博尔德，32 岁，神童飞行员，加州理工大学工程师，他娴熟的技术让不少人嫉妒；布莱恩·宾尼，50 岁，刻板的常春藤大学培养的工程师，美国海军训练出来的飞行员。他们三个人都非常有天赋，头脑灵活，能够像骑师驾驭各色马匹一样驾驭各种飞机。但他们的勇气——这种妙不可言的特质可是无法学来的——将会面临前所未有的考验。

宾尼第一个被选中，他将驾驶火箭动力的太空船进行首次试飞。缩尺复合体此前从未制造过超音速飞行器。事实上，也没有哪一家私人公司独立制造过超音速载人飞行器。但伯特的太空船必须要做到这一点，才有可能到达太空：它需要证明它能从亚音速加速至跨音速（约 0.7 马赫），然后进一步加速至超音速。

宾尼比大多数人都更了解太空船 1 号。他负责了太空船 1 号所有部件的研发，从喷嘴到推进剂。此外，他还是公司里唯一具有超音速飞机驾驶经验的飞行员。他在美国海军服役 20 年，曾在伊拉克上空执行过几十次战斗任务。宾尼还经历过旋转火箭公司惊心动魄的旋子火箭飞行测试——那是加里·哈德森和贝文·麦金尼开发的可重复使用的火箭。宾尼曾非常确定，如果旋子火箭的飞行测试继续进行下去，迟早有一天，当他爬进这新奇的锥形驾驶舱后，便再也没有机会返回地面并爬出驾驶舱了。那只是时间早晚的问题。

伯特知道，身为海军军人的宾尼，以前都是一身笔挺的纽扣领短袖衬衫，头发梳得一丝不苟，裤线齐整，皮鞋油光锃亮。他也知道宾尼拒绝了五角大楼舒适的办公室工作，却跑到莫哈韦沙漠来驾驶实验火箭。至于他本人内心的想法，伯特也不清楚。

1953 年出生于印第安纳州西拉斐特的布莱恩，从小就喜欢一切可以飞行，或者能够离开地面的物体。他的父亲是普渡大学的物理学教授，他们一家住在学校家属区一个高尔夫球场后面。布莱恩小时候和两个姐姐一起，会围着高尔夫球场跑几个小时，放飞一架橡皮筋驱动的模型飞机。这架飞机可以像火箭一样发射，还可以用弹出的机翼减缓速度，并滑行到地面上。当一家人搬到苏格兰以后（布莱恩的父母是在苏格兰出生的），布莱恩就读的学校离家很近，所以他每天都走回家吃午饭。在布莱恩7岁那年，也就是1960年，妈妈问他长大了想做什么。布莱恩沉思良久，说："足球运动员很出名，当个足球运动员应该会不错，或许做个警察或者消防员。"他妈妈直摇头，说道："不，如果我是苏格兰高地的少年，我会想当宇航员。"她如痴如醉地谈起了火箭、恒星和行星。她是家里最有冒险精神的人。当宾尼一家从苏格兰搬回美国后，布莱恩有一段终生难忘的经历。那是一个炎热的夏日，布莱恩在波士顿洛根机场走下飞机，沥青的味道和飞机喷出的气体竟让他感到震撼，他突然喜欢上了那种感觉。这也是他以后生活的动力和镇静剂。后来他相继从布朗大学获得了航空航天工程学学士学位和热动力学硕士学位，又获得了普林斯顿大学航空工程的硕士学位。

在普林斯顿读书时，布莱恩遇到了一些海军飞行员，他们鼓励他跟他们一起飞行。他曾一直魂牵梦萦地想着飞机，研究飞机，努力做与飞机相关的工作，但他没有钱真正驾驶飞机。结果，他缺乏飞行经验反而被证明是件好事情，因为他可以对海军的教学方法全盘接受。布莱恩很快就喜欢上了飞行，通过了一项又一项的测试。他在佛罗里达整整训练了3年，最终获得了海军徽章。他对这枚徽章无比珍视，就像珍惜他的结婚戒指一样。训练一直没有间断过。空中加油、模拟空对空作战、紧密编队飞行、夜间飞行、低空夜间飞行，每天都面临着失败的挑战，监督也非常严格。但布莱恩喜欢飞行，在单人座的飞机里也能独自出色地应对各种情况。机舱里只有他一个人，他的教练则驾驶着自己的飞机在旁边进行指导。那就是一个人，一架飞机，不成功，则成仁。布莱恩每次飞行前，都会在脑子里把每一个飞行列队的动作过一遍，然后才走进机舱。他甚至把各种飞行模式画在房间的地毯上。他梦想着在空中飞行，乐于接受各种训练和任务。

　　他面临的下一项挑战是把走钢丝般的精准和拉力赛的力量结合起来：在海上将F/A-18大黄蜂降落在航空母舰上。航空母舰是一个移动目标，任何错误都可能意味着那是他的最后一次飞行。跑道只有不到500英尺长，而降落时的速度高达150英里每小时。当他降落到航空母舰甲板上，必须用机尾的挂钩钩住甲板上挂设的4条平行阻拦索中的一条。他的目标是钩住第三条。引擎开足了马力着陆，这真是一项违反直觉的挑战。如果飞机不能钩住阻拦索，布莱恩需要加足马力起飞并再次降落。所有这一切都需要在起伏摇摆的航母甲板上完成。

　　就这样一个模式，布莱恩要花上12~13个小时练习，而且所有动作都得在甲板上最苛刻的人——飞行长不近人情的监视之下完成。飞行长是无法取悦的，他厉声发出指令，奔跑着进行指挥。布莱恩大部分的飞行训练都是在列克星敦号航母上完成的，而这艘航母的甲板上只有三条阻拦索。每一次降落都会被评分，等级从A到F。如果飞行员得了F，就会被海军将领叫去谈话，飞行生涯就岌岌可危了。布莱恩也在企业号航母上训练过，这艘航母的飞行甲板上有4条阻拦索。一天，当他们在独立号航母上训练时，台风从北菲律宾海的海面上席卷而来，所有的飞行员都被要求返回航母。布莱恩接近航母时，也发出了他的呼叫信号，报告飞机型号和燃油余量，以便阻拦索能够设置得松紧适度。当他接近独立号航母尾部时，航母的船头往下倾斜，船尾翘了起来。布莱恩看到航母的螺旋桨竟然露出了水面。掌握着飞行员生死的着舰信号官冷静地说："甲板上翘。状况不错。继续着陆。"飞行员和着舰信号官霎时间被紧紧地连在了一起。"我得信任他，"布莱恩心想，"好的，我马上着陆。"当他着陆时，甲板的位置又发生了相反的变化，但他还是滑进了阻拦索，在咆哮怒吼的海面上胜利地完成了一次令人敬佩的着陆。

　　下一次的训练更加严苛。"OK"是海军的通用语言。他们不会说"真棒"，甚至连"好"也不会说。"OK"是每一个飞行员都想听到的话，只要听到"OK"，他们在接下来的 15 分钟内会感觉像"金刚"一般强大——至少在进行下一次训练前都会有这样的感觉。布莱恩在"沙漠盾牌行动""沙漠风暴行动""南方守望行动"中都执行过飞行任务。他在伊拉克上空执行过 33 次战斗任务，飞行的主要机型为 F/ A-18。他于 1998年 45 岁时退役，当时已经是一名海军指挥官。

由于对在五角大楼的格子间办公不感兴趣，他开始四处寻找能让他继续飞行的工作。当他看到有个帖子说有一份在莫哈韦沙漠做火箭试飞员的工作时，他很感兴趣，便递交了申请，于是就得到了在旋转火箭公司的工作。他和妻子以及三个孩子曾住在南加州的穆古角，那个地方跟他们曾经居住过的许多军事基地比起来，可以算得上是天堂了。那里有山，有太平洋，有高尔夫球场，还有草莓地。而他们却要离开那里搬往干燥而乏味的罗萨蒙德小镇，这个小镇位于莫哈韦沙漠以南 13 英里，刚好在爱德华兹空军基地的西侧。布莱恩一直都觉得他的妻子瓦莱丽是一个天使，人们都叫她"芭布"，现在他更是觉得如此。

正如他的家人没有为定居沙漠做好准备一样，布莱恩对于平民的生活也很不适应。从军队来到莫哈韦沙漠就像是进入了"阴阳魔界"一般。旋转火箭公司仿佛没有任何规矩，一切都是不固定的。日程安排表也不明确。有些员工的言行举止与其说是工程师，还不如说更像是来搅局的。布莱恩指着一个染着绿头发、戴着鼻环的家伙问道："这个家伙是谁？他在这儿干吗？"有人告诉他说："兄弟，你最好克服一下。这个家伙在负责设计你的飞行控制器。"他偶然还听说有的员工把嗑药当作消遣，觉得这是一个很严肃的问题，并申明说他不会驾驶那些瘾君子制造的火箭，结果又遭了嘲笑。他觉得，旋转火箭公司有关审批、许可、飞行测试的时间进度表上所说的任何一个字都无法让自己相信，因为他曾亲眼见过政府办事的速度是多么缓慢。然而，仍然有资金不断注入旋转火箭公司，而且还有更多的资金也有望注入进来。

布莱恩于1998年开始在旋转火箭公司工作，是该公司两名飞行员中的一名，另一名飞行员是马蒂·萨里居尔-克利恩，也是海军出身的工程师兼飞行员。布莱恩同时也担任旋转火箭公司的程序管理员。他久仰伯特·鲁坦的大名，曾远远地见到过他，但两人从未正式碰过面。加里·哈德森曾请缩尺复合体公司为旋子火箭设计外壳。当需要对该项目进行设计评审时，加里邀请了伯特和另外几位同行到场。布莱恩是那天最后一个做报告的，他从下午1:30一直讲到2:30。报告结束以后，布莱恩问大家有没有什么问题。当他看到伯特的手举起来的时候，他的心猛地往下沉，感觉自己就像是进入了狮子的视线一般。"鲁坦先生，请讲。"

"如果我们现在退出，"伯特欢快地说，"我们还可以获得9洞的成绩。[①]你意下如何？"

布莱恩觉得这个主意非常不错，后来他俩成为高尔夫球友。当旋转火箭公司在2000年关门大吉的时候，伯特便把布莱恩招进了缩尺复合体。

2003年12月17日，星期三。100年前的这一天，两名自行车机械师——莱特兄弟成功进行了人类首次持续的动力飞行，而他们那架看起来不太结实的飞行器，此前就没有人相信真的能飞起来。现在，一群"沙漠中的摩托车机械师"准备好了要进行太空船1号的第一次动力飞行。晨曦中，母舰白衣骑士和太空船1号被从机库中推了出来。此次试飞的目标非常明确：火箭发动机持续燃烧15秒，进行超音速飞行。对于发动机的点火及性能、跨音速时的反应，以及"羽毛"在较高海拔的表现，布莱恩都将进行评估。在所有因素中，突破音障是最大的挑战。尖尖的鼻锥体上零星地散布着牛至的小小飞行器还从来没有飞得如此之快，

---

① 一座国际标准的高尔夫球场是18洞。——译者注

如此之高。

　　布莱恩坐在太空船 1 号的驾驶舱内，准备由母舰白衣骑士携带着升空。布莱恩把目光聚焦在他面前的仪表上。火箭的控制系统很简单。两个开关：一个保险解除键，一个点火键。航电系统中有一个专用的推进显示器，上面显示的是发动机的重要参数，驾驶员和任务控制中心都可以进行监控，但飞行员不能手动降低火箭的速度。到达大约 48 000 英尺的高度时（伯特喜欢说第一个 50 000 英尺是免费的），太空船 1 号将脱离母舰白衣骑士，就像飞机投放炸弹一样。

　　没有过多的炫耀，来的宾客和媒体也不多。只见白衣骑士冲向带着一丝薄雾的蓝色天空，地面就像一块米黄色和沙色交错的调色板。在莫哈韦沙漠以北 6 英里的地方，布莱恩对太空船 1 号进行了一次系统检查。他们正在接近预定的海拔高度。布莱恩看到绿色的信号灯亮起，他和太空船 1 号已经做好准备。倒计时开始："5，4，3，2，1，目标脱离！"

　　"释放正常。"驾驶白衣骑士的飞行员科里·伯德叫道。

　　"火箭下降，"布莱恩报告，"控制检查正常。"

　　"状态——准备点火。"

　　"解除锁定，"布莱恩说，"绿灯。"

　　布莱恩坐在脱离母舰的火箭里，目不转睛地盯着点火开关。他曾经见过、听过，也感受过火箭发动机的熊熊火焰。它就像是被激怒的婆罗门牛，今天是时候把这头"牛"从"牛栏"里放出来了！布莱恩头靠向后方，将自己束缚在太空船 1 号的座椅上，手指放在点火开关上，然后摁下了开关。他的两只手紧紧地抓住操纵杆，就好像抓住马鞍的鞍角一样。飞船颠簸得很厉害，一会儿向上，一会儿向后，到后来他几乎连操纵杆都抓不住了。

　　他曾驾驶飞机在航母上着陆，也曾在战斗中执行过飞行任务，但驾驶太空船则完全是另外一回事。查克·耶格尔在驾驶 X-1 时就戴着自己的皮质橄榄球头盔，知道那架飞机会把他颠得四处乱撞。布莱恩也是被撞来撞去。"有比较强烈的震荡！"他很委婉地告诉控制中心。他试图把注意力集中在速度矢量上，速度矢量显示他在接下来几秒内所能到达的位置。他的飞行轨迹几乎与地面垂直，他担心飞船会一下子向后翻过来，但飞行线路的设计者告诉他，情况将与他担心的恰好相反。布莱恩现在进入跨音速走廊，他将受到更大的冲击，就像一个四处乱撞的冒失鬼，又像一个被人扔来扔去的布娃娃。

就在那一刻，巨大的轰鸣声在莫哈韦沙漠上空响起，太空船1号已经开始超音速飞行。布莱恩正以1.2马赫的速度飞行，他也不知道还能坚持多久。接着，如开始时一样迅猛，火箭发动机熄火了——他生命中最漫长的15秒钟已经结束。

布莱恩还得设法飞回莫哈韦沙漠。他启动了"羽毛"，机翼随即便弯折起来，并锁定在65度角。在尝试进行了15秒的超音速飞行之后，他又开始返回不太友好的跨音速区，于是又是一阵猛烈的颠簸和摇摆。他听到迈克·梅尔维尔从伴飞的飞机里传来的声音："布莱恩，你看起来棒极了！"他差一点就笑出声来。

在大约60 000英尺的高度时，仿佛一下子得到了上天的馈赠，那是一种比看到浩瀚的蓝色天空或钻进松软的云朵更奇妙的感觉——四周一片寂静，没有冲撞，没有推挤，没有颠簸，也没有噪声，只有一个人和一艘太空船。

布莱恩舒了一口气。"鲁坦是个疯子。"他说道，引得控制中心的人们一阵大笑。在大约50 000英尺时，他得到许可，放下"羽毛"，让机翼回到滑翔位置。

当他最后在莫哈韦沙漠上空徐徐下降时，他终于感觉一切都是那么熟悉。迈克伴飞的飞机就在他的左侧，观察着他驾驶的太空船1号，鼓励着他，准备随时报告轮胎高度。太好了！布莱恩已经感受到胜利的喜悦。他曾点燃火箭发动机，他曾以超音速飞行，他还成功操控了"羽毛"。一切都成功了，跑道就在前方。为太空船1号所付出的艰辛都将得到回报！如果缩尺复合体的飞行员能够以超音速飞行，他们就能够到达外太空的起点。只要布莱恩驾驶的太空船1号一触地，大家就会立刻为之欢庆。与此同时，在地面上，为数不多的嘉宾和媒体，还有他们的资助人——保罗·艾伦都将见证在人类进入太空的探索中，这极其重要的一步。

伯特对准跑道，放下起落架。他马上就可以降落到地面上了。突然，飞船鼻锥部开始滑向右侧。他试图修正，但情况却越来越糟。机翼也摇摆不定，无法保持水平。正当布莱恩想着他是否会一下子掉落下去时，迈克喊出了轮胎的高度。他松开了操纵杆，飞船落得离跑道更近了。难道空速指示器关闭了？他不能在降落时坠毁，不能在大功即将告成的时候坠毁。布莱恩已经收杆抬头，但无济于事。

他仍然一个劲儿地往下坠。

最后，太空船1号重重地撞到跑道上，左起落架嘎吱嘎吱地断裂了。飞船继续沿着跑道滑行了一段，接着偏离了跑道，冲进了跑道旁的沙堆里。布莱恩整个人被沙尘包裹了起来。

布莱恩扔掉头盔便破口大骂。伯特和其他人第一时间冲了过去，拍掉他身上的尘土。保罗·艾伦本打算在那天公开宣布是他资助了伯特的航天项目，但很明显，他没有出现在飞船紧急迫降的现场。因为他的助手认为，被人拍到他和紧急迫降的飞船在一起就不太妙了。

伯特告诉布莱恩，他完成了一件非常了不起的事情：他进行了超音速飞行，而且还测试了"羽毛"装置的效果。飞船的硬着陆，完全是由于他们为了让飞机飞行更加稳定，而在最后一刻进行了一些改进。他还告诉他，他们还会在几周内让太空船1号再次飞向太空。

布莱恩仍然感觉极度沮丧，他认为他一生都在为这次飞行而努力。

他是一名退伍军人，一名技艺娴熟的海军战斗机飞行员，一个忠于家庭的男人。之前他从未出过错，但是这一刻，之前所有的成就似乎都归零了。他感觉自己就像一名奥运会运动员，战胜了每一波酷热，跨过了每一道障碍，却偏偏在终点前跌倒了，而此时才是最重要的。他相信这将是留在人们心中的记忆，而他在那一天驾驶着第一架私人建造的飞机，以超音速飞行，从而创造了历史——这样光辉的成就似乎也与他无关了。

公司里，同事们的言论再度加深了他对自己的怀疑，他怀疑自己作为太空船1号的飞行员是否称职。飞行测试之后，有的同事就在说，这位海军飞行员在驾驶太空船着陆时，就像他驾驶着F/A-18战斗机在飞行甲板上降落一样，又快又硬。甚至连从伴飞的飞机上观察到整个事件全过程的迈克，也说布莱恩是直接把太空船1号迫降到了地面上。布莱恩·宾尼突然之间就成了"紧急迫降"的代名词。但所有这些负面的言论对布莱恩的打击，都不如紧急迫降这一事实本身对他的打击大。当飞船被修理时，布莱恩担心他可能会被降职，去为他从未执行过的任务填写测试卡。

两天之后，也就是那周周五的下午，伯特、布莱恩和缩尺复合体公司的同事凯文·米奇早早出发去贝克斯菲尔德打高尔夫。米奇在莫哈韦沙漠长大，小时候经常在钢丝网围栏后偷看这个名叫伯特的家伙到底在造些什么东西。他从每小时6美元的地板清洁工做起，现在已经是一名副总了。

走到高尔夫球场上，伯特拿出厚厚的一沓数据表格，上面有各种球杆和球洞的详细数据，他对高尔夫球在平坦球道、果岭和深草区能够被击出的距离进行了测算。布莱恩的"差点"已经降到5[①]，而伯特的则为

---

① 在高尔夫球运动中，球手的平均成绩（杆数）和标准杆数的差距。——译者注

10。米奇的发挥也比较稳定。布莱恩的优势在于开球。伯特比较擅长近距离推杆，一旦打到 100 码以内，他就势不可当了。伯特给自己做了一根专门的轻击球杆，跟腹式推杆相似，有一个"T"字形的杆头。他把这根轻击球杆称作"泰坦尼克"，因为他相信它只需轻轻一推，便能将球击入洞内。来球场上放松放松是打高尔夫球的主要目的，所以对于伯特和他的球友来说，谈论高尔夫球杆、球杆杆头，或者聊聊高尔夫球的空气动力学特征和弹道系数都不足为奇。他们甚至还讨论了高尔夫球上凹坑的深度和形状，包括六边形。大一些的木杆杆头会产生更大的阻力吗？或者当高尔夫球手击球的时候，这样的杆头能够带给他更多的信心，因而击出更大的力量吗？高尔夫球上的凹坑是如何减小阻力的呢？

伯特发现，布莱恩仍然在为太空船 1 号紧急迫降的事情闷闷不乐。当他们在贝克斯菲尔德打完那一回合之后，伯特问布莱恩是否听说过美国高尔夫球手道格·桑德斯的故事。1970 年，道格·桑德斯在圣安德鲁斯举行的英国公开赛上，在打第 18 个球洞时仅以一杆之差与冠军失之交臂。布莱恩说他没有听说过。

"他在同杰克·尼克劳斯对决的最后关头，丢掉了一个 3 英尺推杆，失去了赢得英国公开赛冠军的机会。"伯特说。道格·桑德斯曾赢得美国职业高尔夫球协会 20 场巡回赛的冠军，但那一件事情就改变了他人生的轨迹。伯特听说，多年以后有人问他，现在是否经常想起那错过的一击，桑德斯回答说："差不多过了 9~10 分钟，我就不再想那事儿了！"

这个故事久久盘旋在布莱恩的脑海中，甚至在开车回家时都让他有些分神。布莱恩心想："我不能让那次紧急迫降为自己盖棺定论。如果是那样，那我可就真的糟透了。"

第二十七章 / 人生有时就是一场豪赌

2004 年 6 月 21 日午夜时分，一股温暖的风吹起了莫哈韦沙漠中的沙尘，吹倒了椅子、帐篷和一切未固定住的物品，连移动厕所也被推回去了。在离缩尺复合体公司不远的地方，一个临时停车场里已经停满了旅行房车。小汽车排着长队，从加州 58 号公路蜿蜒前行到了新近改名的莫哈韦航空航天港。人们到这里来的目的，就是想目睹这样一次顶级的飞行测试——太空船 1 号第一次太空之旅。如果成功，将成为夺取 X 大奖的前奏。

伯特·鲁坦凌晨 3 点不到就来到公司。天空中繁星点点，一轮银色的新月高挂。因为预计会出现严重的交通拥堵，飞行员迈克·梅尔维尔头一天晚上就来到机库，在旅行房车里度过了一夜。飞行前会议预计在清晨 4:45 召开。机库内，太空船 1 号和白衣骑士泛着白光，准备就绪。继 2003 年 12 月布莱恩·宾尼进行了里程碑式的超音速飞行之后，太空船 1 号又进行了两次动力飞行。飞船摔坏的起落架已经更换，其他修理也已经完成。此外，飞船还安装了口径更宽的喷嘴，也安装了能覆盖机身的后部到喷嘴的整流罩，以减少飞行阻力。每一次试飞都让这支火箭飞得更高更快——前一个月，飞行高度达到 211 400 英尺，飞行速度达到 2.3 马赫。这一高度，已经达到今天预计飞行高度的 64%。今天的高度将是 328 000 英尺——国际上公认的太空起点。[①]

今天的飞行才是最大的一场赌局。前面每一次试飞，不管是滑翔测试，还是火箭动力测试，都出现了异常情况。有一次，在滑翔测试中出现了尾翼失速的危险状况，最后整架飞船竟失去了控制。在一次动力测试中，航空电子系统显示屏突然黑屏，飞行员迈克·梅尔维尔必须立刻做出决定：是继续盲飞，还是放弃。正如 X-15 的工程师鲍勃·霍伊所警告的那样，太空船 1 号团队一直都活在灾难的威胁之下。但是，团队成员们也体验到了奇迹的存在，从而证实了他们所做的一切都是对的。在此之前的几周，伯特开始觉得工作和入睡都非常困难。他虽然从未去过太空，但他已经在描绘着下一步的蓝图：轨道飞行器。几个小时以前，他在自己金字塔形状的家中招待了保罗·艾伦和维珍集团的亿万富翁理查德·布兰森。晚餐前，他坐在沙发上，两旁一边坐着一位亿万富翁，他为他们展示了长达 44 页，题为"载人航天远景之巅"的幻灯片。他兴奋地

---

① 5 月的试飞所达到的 211 400 英尺只是大气的中间层，也就是四层大气中的第三层。2004 年 6 月 21 日瞄准的 328 000 英尺是大气层的第四层——暖层。我们的大气圈由薄薄的如洋葱皮一般的四层大气环绕地球而成。对流层始于地球表面，一直延伸到离地面 8 千米~14.5 千米的高度。大气的这一层空气密度较大，几乎所有的天气变化都发生在这一区域。平流层位于对流层之上，一直延伸到离地面约 50 千米的高度。吸收和散射太阳紫外线辐射的臭氧层就位于平流层内。中间层又位于平流层之上，一直延伸至离地面大约 85 千米的高度。闯入大气层的流星在中间层便燃烧殆尽。中间层仍然有一些云层，不过都非常稀薄，著名的夜光云便是出现在中间层。暖层位于中间层之上，一直延伸至离地面 600 千米的高度。极光就是在暖层中产生的，卫星也是在暖层内环绕地球飞行。

谈起了私人空间站、零重力旅馆，以及轨道飞船。他把升级版的、可搭载 7 名乘客的太空船 1 号的效果图也展示给了两位亿万富翁。PPT 让大家都陷入沉思。这时，伯特对两位富翁说："你们也许会问，我们今年该做什么，明年该做什么。对于今年和明年，能做出明智决定的唯一办法就是——回答一个非常重要的问题。"他停顿了一下，房间里一下子变得安静了。"这个问题是，在你们的有生之年，你们想要看到点不同寻常的事情吗？"艾伦笑了。他看得出来，伯特被太空彻底迷住了。艾伦也是如此，但是他对于他们在载人亚轨道飞行中所做的尝试已经很满意。而布兰森则想看看伯特的创意和发明到底如何帮助大众走向太空。[①]

凌晨 3:45，伯特在公司的办公室内不安地走来走去，他突然意识到他是在场唯一没有具体任务的相关人员。他看了看时钟：还有 45 分钟可以做自己想做的事情。所以他径直沿着飞行跑道，跑去找斯图尔特·威特。斯图尔特·威特是一个直截了当、非常严肃的前海军王牌飞行员，他现在担任莫哈韦航空航天港的主管。正是他的努力，才促使联邦航空管理局授权将莫哈韦机场改为航天港。这个计划本来是伯特的主意，他提出来的时候还是他那副心急火燎的神色。伯特走进了威特的办公室——他总是从靠近飞行跑道的侧门进去。一进去就说（仿佛之前一直在跟威特聊天似的）："我需要一条 14 000 英尺的跑道，可你的跑道却只有 10 000 英尺！"

"你要那么长的跑道干吗？"威特问道。

"哦，你一旦建好我马上就需要。还需要这么大一个喉咙（跑道的转弯）。"伯特边说边做出夸张的手势。

"谁来为这个跑道买单？"

---

① 早在 3 月，保罗·艾伦和理查德·布兰森就已经开始讨论由布兰森买下太空船 1 号的事宜，但未能达成这笔交易。

"见鬼！我不知道。"

后来，威特说服了国会，也拿到了建设更长的跑道和新的转弯的资金。在今天的试飞开始前的几周，威特不分昼夜地工作，决心用军事上的精确性运筹帷幄。这天早上，他繁忙的日程安排表上列着诸多要做的事情，例如，安排人手把移动公厕支起来，做好安全保卫工作，值守紧急电话。这天就接到一个从爱德华兹空军基地的上将那里打来的电话，他请求着陆，但飞机却并不在当日的进港计划中。

现在，半夜三更，伯特站在他面前，又有了一个想法，这个想法与其说是野心勃勃，还不如说是个恶作剧。"我有45分钟的时间，当然，现在已经不到45分钟，可我想不出来我该干什么。"伯特说道。

威特无法拒绝他的请求。于是，两人跳上威特停在门外的卡车。当两人沿着跑道开过飞行控制塔的时候，天还没亮。车还没完全停稳，伯特就已经跳下车。威特几年前遇到伯特时，伯特曾告诉他，自己扎根莫哈韦沙漠的原因非常简单：他从位于美国—墨西哥边境以北的布朗机场开车出发，一直往北开，拜访了沿途的每一个机场，直到他找到一个允许他开办公司，而且他也支付得起的机场。

威特把卡车停好，下了车。伯特走向停在最佳观测点的一辆旅行房车。这辆车能停在这个位置，说明它几天前就已经来到这里。这位莫哈韦的魔术师想要和这些火箭迷交流交流。

房车里的灯亮着，伯特走上前，敲了敲门。门"吱嘎"一声开了。一对夫妇从门缝里探出头来，看到一位满头银发的高个男人站在他们的车前，蓄着猫王似的连鬓胡子。

"有事吗？"

"我是伯特·鲁坦，我想感谢你们前来观看这次试飞。"伯特说道。当这对夫妇勉强拉开滑门时，他伸出手去跟他们握手。这对夫妇来自犹他州的圣乔治市，房车后部还有两个孩子在睡觉。他俩慢慢回过神来，原来站在他们面前的正是伯特·鲁坦，传说中的那个伯特·鲁坦！这位犹他州男人大笑了起来，门也大大地打开了。他告诉伯特，几天前下班回家，妻子兴奋地给他讲了一个新闻故事，是关于私人宇宙飞船发射的，于是他果断地说道："把装备带上，我们出发去莫哈韦！"

伯特继续会见观众并致以问候。他又敲开了好几辆房车的门，与车主们握手，感谢他们前来莫哈韦沙漠。他环顾四周，看看接下来该做什么。保罗·艾伦的员工并没有为公众停车做预算，因为艾伦只是想要媒体和贵宾们来参加，但伯特也想要普通民众见证今天这个重要的时刻。因此，他和夫人汤娅决定支付这一笔不菲的停车和安保费用，还不包括所有的许可和手续，总费用就接近 10 万美元。伯特和汤娅支付了 8 万美元，威特付了其余的费用。伯特和汤娅想要孩子们也能前来观看，以便他们以后可以告诉他们自己的孩子们：他们见证了全世界首次非政府载人宇宙飞船的发射。

在旅行房车停车区，威特看到伯特的视线转向了不远处的一些司机，他们好像在很费劲地在转直角弯以便泊车。伯特走到一位停车场工作员跟前，对他说："我来帮你。"他一边说着，一边从他手里拿过发光的指挥棒。工作人员被吓了一跳。伯特迅速就位，开始指挥交通，甚至还热情地说着："欢迎来到莫哈韦！"并为车主打开车门。有些人认出了他，其中一群人身上还穿着印有"加油，伯特！加油！"字样的 T 袖，他们迅速取出照相机与伯特合影。还有些人则为找到了停车位而感到心满意足。

天边一抹橘色的光线昭示着黎明的到来，已经习惯莫哈韦沙漠中暖风的参观者们已经摆出折叠椅，占好了观察的位置，时刻准备着观看私人宇宙飞船发射的精彩瞬间。此时，威特和伯特都需要回去参加飞行前会议了。他们离开停车区，驶向飞行跑道。一长串的私人直升机也已经到来。日出将为天空抹上一片壮丽的橘色，群山如黛。威特和伯特坐进车里。当他们在小汽车、旅行房车和人群之间穿梭时，他们两人都没有说话。威特看了一眼副驾驶座上的伯特，只见伯特眼里噙满了泪水。

在缩尺复合体公司内，迈克穿着飞行服，和工程师以及飞行组的各位负责人一起坐到会议桌前，每个人面前都摆放着任务记录本。当其他人在说话时，迈克陷入了沉思。如果一切进展顺利，他将成为民间首位飞出地球大气层的宇航员。他不是为军队，也不是为美国国家航空航天局。但迈克比任何人都更清楚：这是一个大大的"如果"，出问题的可能性很大。

他现年 63 岁，已经过了民航飞行员的法定退休年龄。按照同为飞行员的皮特·西博尔德几周前发给他的一封电子邮件中的说法，他更像是一名牛仔，没有受过高等教育。这封邮件还被转给了伯特。伯特看了这封邮件，穿过大厅，把这封邮件放在了迈克的办公桌上，说："看看你面临着什么样的挑战。"迈克是第一个承认他在模拟器上的表现不如西博尔德的。西博尔德制造了那台模拟器，其中大多数的软件程序也是由他编写的。和伯特一样，西博尔德也是一位加州理工大学的毕业生。迈克连高中都没有毕业，是一位自学成才的工程师。迈克从未打过电子游戏，而西博尔德则是一位游戏高手。迈克飞行靠的是自己对飞机的感觉。

尽管西博尔德对迈克颇有微词，但太空船 1 号的大多数载人测试飞行还是由迈克完成的——在 13 次测试飞行中，他就飞了 8 次。他就是那位当太空船 1 号的航空电子设备显示突然全部熄灭后，还敢继续盲飞的飞行员。迈克的这一"壮举"受到伯特的高度赞扬，但同时也遭到了西博尔德的猛烈抨击。布莱恩·宾尼那次紧急迫降之前也一直飞得很不错。西博尔德也曾赢得一次强动力飞行的机会，但在点燃发动机之前他却犹豫得太久。当时太空船 1 号已被母舰白衣骑士投放出来，而西博尔德却并不信任火箭的操控性能。当他还在对整个问题进行评估时，太空船 1 号已经下落了 1 英里多的距离。直到任务控制中心告诉他必须点燃发动机，他才没再犹豫。满载燃料降落将会非常危险，西博尔德善于分析的工程师大脑最终战胜了他作为试飞员的鲁莽。无论如何，他还是在努力地争取今天这项历史性的太空飞行任务，任务的指挥官道格·沙恩也一直支持他。但由于伯特对西博尔德 5 月 13 日的飞行很不满意，所以迈克这位飞行牛仔又被选上了。

在此之前，伯特从未邀请过公众前来观看关键的测试飞行，因为有太多的因素可能会导致发射取消或者发射偏离轨道。旅行者号的环球飞行已经引起全世界的关注，但现在又冒出一些无孔不入的摄像头和媒体。这次飞行，从飞行员的更衣室到白衣骑士和宇宙飞船的驾驶舱，到处都有摄像头。如果出了问题，全世界都会知道，风险之大是可想而知的，但伯特相信迈克一定能够顺利完成任务。

在凌晨的短会上，大家回顾了整个日程安排，沙恩强调："我们将按原计划在 6:30 开始滑行。"空勤长史蒂夫·洛西再次对飞船的系统校验进行了仔细检查。检查完毕之后，史蒂夫看着他的朋友说道："一切正常，可以出发了！"迈克微微地点了点头，但他的脑子里却迅速将当日的飞行过程又过了一遍。大家又讨论了更多的细节：满载的飞船的重量，包括飞行员在内是 6 380 磅；白衣骑士投放太空船 1 号的目标高度是 46 000 英尺；起飞时风速限制为横风 15 节。

沙恩显得非常沉稳，泰然自若。他和往常一样，面无表情地提醒大家"今天与平日不同"，面临着很多新的挑战，包括"众多的观众"，以及"全世界的耳朵都想听到任务控制中心的广播频率"，等等。他们还面临所谓的"乌龟风险"。按照联邦航空管理局商业太空运输办公室颁发的授权协定，环境保护署要求缩尺复合体公司对其飞行跑道进行全面清扫，确保跑道上没有濒危的乌龟。在酝酿火箭项目的早期，曾有人提出把莫哈韦最漂亮的一只乌龟带到太空中去。但根据该授权协定，公司的员工不允许触碰、接近或者挪动这些爬行的闯入者，而且还要求公司必须邀请一名接受过相关训练的专家，对乌龟进行再安置。差点就没接受莫哈韦的这份工作而跑到加拿大哥伦比亚省捕鱼的威特不无讽刺地说，他们每天在跑道上进行的活动有 300 多项，各种飞机、设备、卡车、航空器、直升机来来往往，还从未被要求对跑道进行检查，只为了确认是否有乌龟在跑道上。"但是我们对上帝发誓，为了太空船 1 号，既然要求我们这么做，那我们就去做。"

　　会议结束以后，迈克和布莱恩·宾尼走向飞行员室去拿他们的降落伞包。俩人都没有说一句话。布莱恩感觉他在白衣骑士里有点像是一位巴士司机，他下定决心，有朝一日一定要努力从母舰的驾驶舱回到飞船的驾驶舱。在机库里，员工们正纷纷在太空船 1 号的喷嘴上签名。保罗·艾伦也用一支"三福"金笔在飞船的喷嘴上签上了自己的名字，又在驾驶舱里面也签上了自己的大名。皮特·西博尔德祝愿迈克飞行顺利，还带着几分失落地说："这次飞行是在向美国国家航空航天局宣告说，'嘿，NASA，我们来了！'"伯特和保罗·艾伦一起走到外面的停机坪，往风锥的方向望去。几小时前，风锥还在剧烈地飘荡着，风袋里鼓鼓囊囊的。现在，它已经偃旗息鼓，一声不吭了。伯特告诉保罗，每次他们要执行飞行任务的时候，莫哈韦的风总是会平静下来，就像一个懂事的孩子，知道是时候该好好表现了。

　　彼得·戴曼迪斯、埃里克·林德伯格，以及其他几个来自 X 大奖基金会的人，包括威廉·夏特纳都来到莫哈韦。维珍集团的理查德·布兰森也已经到了，巴兹·奥尔德林和飞行员鲍勃·胡佛也来了。鲍勃·胡佛被查克·耶格尔称为"我见过的最棒的飞行员"。正是彼得举办的好多次聚会，才促成了今天的这次飞行。彼得在太阳初升时赶到了停机坪。如果缩尺复合体今天成功了，下一趟太空之旅就将是赢得 X 大奖的首次飞行。彼得要求参与 X 大奖角逐的团队需在飞行前 6 天提前通知他。现在，已有好几支团队告诉他，他们在飞行硬件上已经快接近目标。有一支团队还表示，载人飞行也为时不远了。彼得一边等待试飞开始，一边梦想着在莫哈韦举办更大的聚会，梦想着一艘接一艘的飞船飞往太空。X大奖的1 000万美元已经到位，但是根据他"一杆进洞"的保险约定，剩下的时间已经不多了。

在飞机库一个安静的角落，在远离同事和摄影记者的地方，迈克和萨利找到了一分钟属于他们自己的时间。他们紧紧相拥，亲吻。迈克把萨利脸上的头发拂开，对她说："我绝不会拿我所做的一切去换取其他人的爱！"萨利看着迈克，告诉他："一定要回来！回到我身边来！"她把他们的幸运马蹄铁别在了迈克飞行服的袖子上。迈克再次亲吻了萨利，走向他的飞机。测试飞行员和宇航员一样，都接受过相关的专业训练，有模拟器、飞行计划、飞行服、头盔、护身符，以及人们的祝福，而测试飞行员的妻子却只拥有那最后的一吻。

时间到了。飞行相关人员陆续就位。

迈克走向太空船1号。胳膊下夹着头盔，心里仍然想着他即将执行的任务。伯特从未让他坐上过有去无回的飞机。迈克用自己的生命信任伯特，伯特也从未让他失望过。当然，他也从未让伯特失望过。今天，他并不准备改变这一切。不过，迈克心里还是有些担心。

在驾驶舱的舱门关上之前，伯特探身进来。"这次飞行非比寻常哦，伯特。"迈克说道。他的声音里带着几分情感。

"我们找你是找对人了！"伯特说道，他的声音也有几分颤抖。他紧紧握住迈克的手。"忘记太空这回事儿吧，"伯特说，"就把它当作一架飞机就行了！"

驾驶舱的门很快关上了，迈克独自一人待在驾驶舱中。伯特对他讲的最后一句话在他脑海中回响着，就像驾驶飞机一样就行了。

伯特站在飞机跑道上告诉保罗·艾伦，只要一升空，迈克就有事可做了，他心里的恐惧就会像莫哈韦的风一样消失得无影无踪。他说："试飞员都是这样的。"保罗还是很担心。当初他决定资助伯特建造宇宙飞船的时候，并没有想过飞行员和飞行员的家人。现在，他和飞行员以及他们的妻子都成了朋友，才意识到这一切都是有风险的。

在白衣骑士内，布莱恩·宾尼坐在控制椅上，马特·斯坦梅茨坐在两个乘客座位中的一个上面。斯坦梅茨要做的事情就是拉动把手，投放飞船。在跑道上，两架伴飞的飞机已经准备就绪：一架是保罗·艾伦的高海拔阿尔法喷气式飞机，另一架是伯特早期设计的比奇星舟。白衣骑士开始在跑道上滑行。当飞机滑行的时候，斯坦梅茨从侧面的舷窗向外看了一眼。他很失望，因为他只看到了 100 名左右的观众。泛光灯照着跑道，很难把两边的情况都看清楚。"难道今天到场的就这点儿人？"他问道。

然而，当白衣骑士经过控制塔的时候，从舷窗望出去的情形完全变了。地面上观者如云，一直排到了斯坦梅茨看不见的地方。"天啊！"他惊叹道，"你看看！"他看到了卫星天线、小汽车和旅行房车。他又惊呼了一遍："我的天啊！"看到跑道隔离栏后成千上万的观众，布莱恩也很惊讶。"我的天！"他禁不住说道，"让这一切见证今天这个好日子吧。"

当双引擎的白衣骑士载着太空船 1 号朝人群驶过来时，欢呼声从远处的人群中传了出来。一个小女孩激动地大喊："白衣骑士来啦！白衣骑士来啦！"几分钟后，人群中再次爆发出掌声和欢呼声。此时，白衣骑士已经起飞，朝着内华达山脉南面的群山飞去。

63 分钟后，母舰到达 47 000 英尺的高度和目标投放点。飞船投放倒计时开始。飞船被投放出去了，飞船发动机解除锁定。

迈克报告："解除锁定……点火！"加速度让他的头撞到了椅背上。他几乎是垂直飞起来的，并迅速接近跨音速区域。风的切变使他很难控制飞船，飞船也偏离了预定航线，而这将在某种程度上影响他到达外太空的高度。突然，迈克听到了三声不祥的砰砰的响动，一声非常响亮，另外两声稍微轻一点。他看不到外面的船体，所以也不知道到底发生了什么事情。他非常担心飞船受损或者什么东西掉下去了。试飞了这么多次，今天的开局不算最好。

飞行 73 秒后，太空船 1 号的发动机如期关闭。迈克觉得发动机的运行情况不是特别好，而且他仍在忧虑此前发生的响声。[①]他担心飞船可能没有足够的惯性到达卡门线。

在任务控制室内，当飞船显示的数据到达 328 000 英尺时，有人便开始鼓掌，但掌声很快停止了。机组成员需要等待关于最终海拔高度的报告。伯特坐在道格·沙恩的右边，保罗·艾伦和联邦航空管理局商业太空运输办公室的两名官员则是朝后面站立着。

在飞行跑道边上，成千上万的观众通过高倍相机镜头或者双筒望远镜望着天空。其他人则是将手举在空中，仿佛常见的敬礼姿势，试图能看见飞船。而此时的飞船，已经变成拖着长长航迹云的一个白点，朝着太阳的方向飞行。有人大喊："加油，迈克，加油！"在近旁，一个戴着锡箔纸帽子的男子在卖 T 袖，T 袖上印着"向我的外星母亲问好"和"带我去土星"的字样。一位女士挥着一条标语，上面写着："我们要去太空，没有政府的份儿！"另外一条标语上写着："这一天我已经等了 40 年。"萨利和她儿子一起站在跑道边上，在天空中搜索着飞船的痕迹，看起来满脸的痛苦和焦虑。

迈克设置好"羽毛"，为 4 分钟后重返大气层做好了准备。他解除"羽毛"的锁定，"羽毛"上仰。当它收折为 65 度角时，迈克感觉到它发出"砰"的一声。"没有问题。"迈克想。他仔细地研究着面前显示的数据，注意到"羽毛"上控制高度的安定面不太平衡。一个为 10 度角，而另一个为 30 度角。"这里有问题。"他想。以前没出现过，这很糟糕！迈

---

① 后经确认，那几声巨响是火箭发动机在烧完发动机舱内所有燃料时发出的正常噪声。

克知道这会带来潜在的致命后果：20度的差异将使飞船打转，这是他无法控制的。如果他不能赶紧想出解决办法，他将无法生还。唯一的逃生出路就是通过鼻锥体跳出去，但在超音速，并且旋转着的飞船中，这样做完全是徒劳的。

在任务控制室内，沙恩要求迈克"进行安定面配平"。坐在沙恩后面一排的航空动力学家吉姆·泰伊则让迈克打开断路器，启动备用马达。迈克试了，可备用马达没有反应。迈克重重地呼着气。他悲哀地看着太空中的美景。此时的他，与其说是感到惊慌，倒不如说是感到沮丧。成千上万的人在观看着，等待着，而他则孤零零一个人待在这艘实验宇宙飞船中。

突然，任务控制室跟太空船1号失去了联系。保罗·艾伦从团队成员们的身体语言中可以感受到一种明显的变化。伯特和道格也从椅子上直起了身子。

"地面呼叫太空船1号。"道格呼叫道。

没有回应。

"地面呼叫太空船1号。"

仍然没有回应。

道格的嘴唇微微颤动起来。

"地面呼叫白衣骑士。联系太空船1号。"仍然没有任何回应。

"白衣骑士呼叫太空船1号。"

片刻之后，正拼命想办法的迈克决定再次尝试对系统进行修正。这一次，也不知道是什么原因，左边的安定面竟然动了起来。①"我的天啊！有效果了！"迈克想。

---

① 迈克和任务控制室内的所有人当时并不知道，为防止过热，控制安定面的精密电动马达被设置为自动关闭。在两分钟的冷却时间结束后，马达又恢复了运行。

"太空船 1 号呼叫地面。"迈克说道。此时，任务控制室内，大家都不约而同地松了一口气。

吉姆·泰伊立刻说道："再次进行安定面配平。很好！让它自行修正。"

沙恩补充道："修正角度已经可以降落了。"

迈克看着窗外那壮美的景色。他又躲过了一劫！"哇。"迈克慢慢喊道，当他的视线追随这地球的曲面时，心跳也逐渐恢复了正常，"我的天，这景象是你们根本无法想象的！"

他现在处于 3~4 分钟的失重状态。他拉开飞行服左边口袋的拉链，拿出他上班途中在便利店买的糖果。他抓出一把七色的糖果，松开手，这些糖果便像夏日午后的清凉水雾一般飘到了空中。它们飘浮在洒满阳光的驾驶舱内，每次碰到舱壁就发出"咔嗒"一声响，仿佛一条条小小的彩虹环绕在迈克身旁。

"他现处在中心区域以南 20 英里的地方。"沙恩说。

"我们需要向西北方向飞行。"泰伊说。

地球引力很快起了作用，轻飘飘的糖果"哗啦啦"地掉落在驾驶舱的地板上。

"重力加速度来啦。"迈克说。当他以超过正常情况 5 倍的重力加速度穿过大气层的时候，他的呼吸变得急促起来。飞机的外壳温度高达 1 000 摄氏度，而混合了肉桂和牛至的油灰则起到了很好的保护作用。

"正在下降，加速度过去了。"当迈克穿过超音速区时，沙恩说道。接着，他看了一眼监视器，不禁喊道："飞船出现了！"

"迈克，你还好吗？"沙恩问道。

"好极了。"迈克说道，其实，他现在很想有一架伴飞的飞机能够对飞船进行一下目测检查。几分钟后，检查完毕。迈克被告知，只是喷嘴部分有一小块膨胀变形，但完全没有影响。

在莫哈韦沙漠的地面上，人们看见了从天外返回的太空船1号。顿时，人群中爆发出当天最热烈的欢呼声。太空船1号在广袤的天宇中看起来很小，就像一只高高飘扬的风筝一样。萨利双手紧紧捂着自己的脸，说道："快回来，迈克！"观众们不停地喊着："加油！宝贝，加油！"一位男士高呼："这才是美国精神！"但是，没有人知道这趟飞行曾经多么艰难。

起落架已经伸展开来。太空船1号成功返航，两侧有母舰和伴飞的飞机。这架像鸟儿一样的飞行器在停机坪上投下深色的影子。几秒以后，它着陆了。人群中再次响起欢呼声。"那家伙太酷了！"一个男人这么说着，人群中便响起了更热烈的掌声。

驾驶舱内，迈克如释重负地呼了一口气，这位太空牛仔又成功地躲过一劫。

任务控制室内，平时最不露声色的沙恩也抹去了眼角的泪水。保罗·艾伦拍了拍伯特的后背，他俩一起出去迎接迈克。他们看了数据：326 000英尺，327 000英尺，一些人认为飞船已经达到328 000英尺——62英里，但是没有人可以确信它是否已经真正进入太空。他们需要等待来自一个私人专业团队以及位于爱德华兹空军基地的德莱登飞行研究中心发回的追踪数据。

迈克走出驾驶舱，在飞行跑道上晃悠了短短几秒钟。当伯特和保罗走近太空船1号的时候，迈克和伯特紧紧拥抱在了一起，就像分开多年以后又再次重逢的好友一样。

"我们今天能做到，那以后都没有问题。"迈克满面笑容地说。

"你感觉怎样？"伯特问道。

"从未感觉像现在这么好过！"迈克说。

"你做得太棒了！"伯特说。

萨利直奔她丈夫的怀抱。

随后，发生了一件以前载人航天史上从未出现过的一幕：伯特和保罗坐在一辆皮卡车的后面，拖着太空船 1 号径直靠近观众，以便让每个人都可以近距离地欣赏这艘飞船。伯特在人群中扫了一眼，突然跳下车，跑进了人头攒动的观众当中。回来时，他手里拿着从人群中拽过来的一条标语，递给迈克。当伯特回到皮卡车的后面，和保罗坐在一起，拖着太空船 1 号回机库的时候，迈克站在飞船顶上，手里拿着借来的标语，只见上面写着："太空船 1 号，政府 0 号。"①

缩尺复合体公司很快得到证实：迈克驾驶的飞船飞行高度略高于太空起始点，为 328 491 英尺。他已经超过卡门线近 500 英尺。

在当天的庆祝仪式上，63 岁的迈克·梅尔维尔接受了由美国联邦航空管理局主管玛丽安·布莱奇和商业太空运输副主管佩蒂·格雷斯·史密斯颁发的首位商业宇航员翼章。其实，他在遇到伯特·鲁坦之前只是一名职业机械师，在 30 岁时才成为飞行员。在当天和接下来的几周时间里，迈克都会被路人拦住，要求在 T 恤衫、咖啡垫或者任何能随手找到的东西上签名。他深受感动，然后总会说："我觉得自己就是一个在莫哈韦机场上空飞行的普通人而已。"

对于伯特来说，那是从 1955 年他 12 岁时开始的梦想所达到的巅峰。他曾呆呆地盯着电视节目《明日世界》里沃纳·冯·布劳恩对迪士尼谈论他对于太空比较现实的憧憬。他回顾了太空压力服的发展、约翰·斯塔普和他的火箭雪橇，以及人类获得巨大加速度的能力。冯·布劳恩：："如果我们一步步地进行研究和开发，我相信，10 年之内我们就可以建造出一艘载人飞船。"后来，这位德裔科学家又说了一句话："我已经学会以最

---

① 迈克后来半开玩笑地说，拖向机库时，站在飞船顶上是他那一天经历的最危险的事情。太空船 1 号的顶部非常光滑，他担心自己从太空飞行中幸存下来，最终却会摔倒在莫哈韦的停机坪上。

谨慎的态度使用'不可能'这个词。"这句话对伯特来说一直有着深深的吸引力。

当天下午晚些时候，观众们都已收拾好行李，那阵势就像当年马车排成长队慢慢驶出西部蛮荒地区一样。缩尺复合体公司也开放了机库，供成百上千应邀前来的客人参观，以庆祝世界上首次私人载人航天飞船飞行成功。飞船并未用警戒线隔离，其目的就是要让参观者感受到太空是可以到达的。客人们参观了驾驶舱，倚着飞船拍照留念。他们不允许进入驾驶舱，但很多人都会停在驾驶舱前，想象一下自己坐在飞船后排座位上飞向太空的情景。

此时，公司内部已经开始谈论X大奖以及改善飞船性能的问题。此次飞行，飞船重量已经减到不能再减才勉强到达卡门线。为了达到X大奖要求的飞行，伯特的团队还需要给飞船增加 400 磅的载荷——相当于两位后排乘客的重量。类似今天的试飞还要进行，而且只能做得更好，要达到两周内能够飞行两次的要求。他们需要争分夺秒。角逐X大奖的首次飞行已经定在 9 月 29 日。对于伯特来说，他没有太多时间沉醉在当日的兴奋中。他需要具备更强劲动力的火箭，而且他已经有了好主意。

第二十八章 / 不遂人愿是常态

在 6 月 21 日的试飞之后，伯特第一次开始质疑自己的自制飞船能否斩获 X 大奖，尽管太空船 1 号勉强达到太空，飞行员迈克·梅尔维尔也经受住了他用生命完成的飞行。

对于公众来说，缩尺复合体公司似乎已经击出一个全垒打：约 25 000 人观看了第一次私人太空飞行，也见证了世界上首位商业宇航员的诞生。但是在私底下，伯特觉得这次飞行已经暴露其飞船的弱点。在飞船爬升的过程中，迈克最终还是飞到了人口稠密的帕姆代尔上空，偏离了联邦航空管理局批准的 2 英里 × 2 英里的飞行空域。

伯特告诉负责火箭推进力的员工们，为了首次 X 大奖飞行（命名为 X1），他们得竭尽全力，尽一切可能从他们的混合燃料发动机中获取更多的能量。根据 X 大奖的规则，飞船的载荷需要达到 600 磅——相当于一名飞行员和两名乘客的体重。伯特指示斯坦梅茨和空勤长史蒂夫·洛西找出一切可能的办法，减少飞船的重量，给飞船"瘦身"。此外，白衣骑士也需要进行同样的改进，以便在投放太空船 1 号时能飞得更高。

伯特心里想的可不单单是削减太空船 1 号和白衣骑士自身的重量，他还要去买点东西——导弹！

如果伯特不能从他的混合燃料发动机中获取所需的动力，他计划把响尾蛇导弹绑在太空船 1 号上。响尾蛇导弹属于体积虽小却动力强劲的空对空导弹，由位于印第安威尔斯山谷的中国湖海军航空武器中心研发。这种导弹能把他们带到他们需要去的地方。伯特有一个值得信赖的朋友可以帮他买到这种导弹。同时，伯特又派遣布莱恩·宾尼运用他在军队中的人脉寻找其他供应商，以备不时之需。一直负责监管火箭推进研发的布莱恩断定，他们需要 9 颗响尾蛇导弹。他看着现在的情形，心里想："越来越恐怖了！"驾驶飞船已经有了坐在导弹上的感觉！

布莱恩随后接触了一下雷神公司，雷神公司制造名为 AMRAAM 的大型中程空对空导弹。如果缩尺复合体使用这种导弹，只需要两颗就够了。但现在的问题是：雷神公司不确定，这本是供应军队的，如果单单为了满足沙漠中实验性飞船项目而制造导弹，这么做是否合适？雷神公司也担心如果出了问题，它会遭到起诉。

布莱恩还去找过阿连特技术系统公司（ATK），该公司曾为"泰坦 IVB"火箭制造过固体燃料发动机。ATK 公司非常乐意与缩尺复合体合作，也给缩尺复合体送来了空的火箭外壳，以便让缩尺复合体团队能够解决导弹安放的位置问题。保罗·艾伦公司的戴夫·摩尔和杰夫·约翰逊还与缩尺复合体公司的设计团队就导弹的储运、测试及定价等问题进行了讨论。

伯特的想法是，把固体燃料导弹安装在飞船尾部混合发动机的旁边。过去，导弹曾被用来推动滑翔机、飞机和喷气式飞机，固体燃料发动机曾被用来推动火箭进入太空。但是还从未有过把混合燃料发动机与固体燃料导弹相结合的先例，而且还是用于私人航天飞行。其基本的构想是用混合燃料发动机把太空船 1 号推进到一定高度，此时船头朝上。当穿过了不可预测的跨音速区域后，宇航员点燃固体燃料发动机，将飞船像箭一般地发射到目标位置。这种构想的风险非常大，如果一个固体燃料发动机点燃，而另一个未点燃，不对称的推动力将会成为太空船 1 号的终结者。而且，自身携带氧化剂的固体燃料导弹也会增加爆炸的危险。

伯特的想法若要行得通，安装固体导弹的角度就非常重要，得避免其释放出的废气将火箭的零部件融化。要实现这些构想，必须在距离这次重大飞行不到两个月的时间内，对飞船进行重构。因此，原来安放在飞船尾部且至关重要的"羽毛"减速系统、起落架，以及其他一些零部件的位置就需要进行调整。增加了导弹后，从驾驶舱到发动机还需要重新布线，以便宇航员能够适时解除锁定并点燃发动机。固体燃料发动机一旦点火，将是无法关闭的，宇航员只能一直坚持住。还有一个问题：这样的新系统如何进行测试呢？这样的"测试"也要载人飞行，而且是全球实时直播吗？

伯特大多数时候都异常聪明，大多数时候做的决定也都是正确的。但是这一次，员工却一致反对他的想法。一年多以来，火箭推进方面的专家反复给团队灌输这样一个观点：固体燃料发动机非常危险，混合燃料发动机才是安全的。现在，实际上也就是一夜之间，他们却在谈论"邀请魔鬼来参加派对"。

当伯特和布莱恩外出采购军用硬件时，推进力研究团队也在紧张地解决从现有发动机中获取更多能量的问题，这可是关系到他们荣誉的问题。太空船 1 号的火箭发动机几乎完全是由缩尺复合体公司自行研发出来的。它也是目前用于飞行器的最大的，同时也是唯一载人飞入太空的一氧化二氮混合燃料发动机。[①]

斯坦梅茨和洛西把飞船仔仔细细地看了一遍，寻找有无可以去除的部分。他们一个零件一个零件地看，甚至还用砂纸打磨，以求得更好的空气动力。他们把所有钢制的紧固件都换成了更轻的钛固件。他们又去除了飞船舱门上额外的材料——其实就是门闩之间的织物。他们还把所有标准配置但其实不必要的测试仪器也给去掉了，甚至连电线都查看过，看是否有多余的。经过他们的检查，所有多余的材料和零件都被剔除掉了。他们也对隔壁机库里停放的白衣骑士做了同样的清理。母舰用湿砂打磨过，并加装了整流罩以减少阻力。

此外，混合燃料发动机零部件供应商也在研究两套可行的方案：增加推进剂，或者让现有的推进剂发挥更大的效能。他们决定看看能否提高发动机的性能，将其从伯特最初要求的 63 万磅/秒（反映以磅计算的力量和以秒计算的时间之间关系的计量单位）增加到至少 70 万磅/秒或者更高。空间开发公司的首席推进工程师弗兰克·马克林与缩尺复合体的推进专家约翰·坎贝尔一直有着密切的合作，他们都觉得要找到一个新方案的压力非常大。[②]

在寻求发动机解决方案的同时，布莱恩还在寻求自己的另一次机会。在辛苦工作了一整天之后，布莱恩于下午 6 点多回到位于罗萨蒙德的家中。他脱下工作服，换上跑步服，走出门外。外面依然是将近 100 华氏度的高温，而沙漠小镇也没有什么阴凉的地方。由于高中时练习柔道曾

[①] 迈阿密的环境航空科学公司制造了巨大的氮氧化物存储箱前面部分的组件，包括燃料注入、排出，以及气体排放系统。加州波韦的空间开发公司制造了存储箱后面的部分，包括阀门、喷注器、点火装置、控制器，以及固体燃料的外壳铸件。

[②] 蒂姆·皮肯斯在项目早期就离开缩尺复合体公司回到亚拉巴马州，还一度组建了自己的团队争夺 X 大奖。

受过伤，他的膝盖做过四次手术。跑步对于他来说是件很痛苦的事情，但现在却成了他夜间的习惯。尽管很痛苦，但可以缓减他的压力，让他继续坚持下去。现在，是该考虑回到太空船 1 号驾驶舱的时候了。

7 个月前的紧急迫降之后，布莱恩连圣诞节也一直在思考，他试图从已经发生的事情中寻求点意义。每逢休息日，他都会到机库来看看受损的飞船，觉得它就像一只受伤的小鸟一样。

尽管迈克 6 月 21 日的历史性太空之旅已经载入史册，但布莱恩和其他人仍不清楚谁会成为 X1 任务的宇航员：迈克、皮特·西博尔德，还是布莱恩？公司的飞行主管道格·沙恩将负责通知他们，布莱恩把他看成是希腊神话中的传神谕者。他总是在一切都还不清楚，一切都还未受到质疑时传递预言。为了了解清楚有关 X1 任务的宇航员是谁，布莱恩带着办公室的咖啡壶就出去溜达了。传神谕者、师傅（迈克）和门徒（西博尔德）三人之间总是形成不断变换的攻守同盟关系。布莱恩曾半开玩笑地对妻子说，亲疏关系的转变让他感觉真人秀《幸存者》已经在缩尺复合体内部搭台上演。甚至连迈克都想搞清楚公司对飞行员是如何排序的。沙恩通常都会保守秘密，直到飞行前一天。迈克猜想，沙恩是用这种办法促使所有人都艰苦训练，做好准备。但迈克担心的是，这样的方法不能团结飞行员们，反而容易使他们之间产生分歧。无论如何，如果电话打给布莱恩，他肯定会全力以赴。

布莱恩在自家房前做了一系列快速拉伸运动后，便开始他每天例行的跑步——从家里跑到一个有树荫的小公园，再跑回家。他不听音乐，因为他的"唱片"已经被他反复播放过无数遍。其实，那更像是一场电影。当他开跑时，他的"电影放映机"便开始转动，驾驶太空船 1 号的四个阶段开始在他的脑海里循环播放着。第一个阶段是在驾驶舱里——到达海拔 48 000 英尺的高度，准备与白衣骑士分离。他想象着：他的拇指放在点火开关上。准备——就位——点火！5 秒钟的时间处于战斗状态。生活如你所想的那样在头脑中爆发、颤抖。控制，还是放弃？想象一下。保持镇静，保持清醒。

下一个阶段——跨音速区。飞船摇晃得更加厉害，上下颠簸，左右震动，还有雷鸣般的声音。第三个阶段——最长的一个阶段，或许有45秒的时间。飞船船头呈85度角朝上飞行。飞行平稳，氧化剂开始燃烧。

第四个阶段——冲刺。液态的氮氧化物发挥作用。它以液体的形式流入燃烧室，接着又是气体，然后燃烧室内注入更多的液体，产生出比先前大10倍的推进力。发动机的巨大威力推动着飞船在震颤中极速向前。手在颤动，头也在颤动。任务控制中心提醒飞行进入最后阶段。引擎产生的推进力不再与飞船的中轴成一条直线，身体也因受到强烈的冲撞而颤抖。空气稀薄。增加追踪空气动力操纵。操作必须一次到位。在3马赫的速度下，任何一个错误都会让你坠毁在帕姆代尔，或者别的什么找不到的地方。速度在下降，飞船在惯性的作用下到达最高点，"羽毛"解锁。成功进入外太空。顺利返航。这次可不能再像上次一样了。必须精确着陆，实现自我救赎！停在跑道中心线上，随后便是观众的欢呼。

布莱恩脚步沉重地跑在炎热的人行道上，几乎忘记了自己膝盖的不适，直到他在自家房前停下来。每次慢跑都是一样的：他在脑海里会将飞行的四个阶段从头至尾过上一遍，从来没有空缺过。

布莱恩的一天开始得很早。他会赶在其他人的前面到达公司，以便抓紧时间在太空船1号飞行模拟器上进行练习。起初，他觉得这台模拟器，拿海军的说法就是太差劲了，但最近新加上的铃铛和口哨还不错。这台模拟器有和飞船一样的显示屏，但没有杆力。模拟器的视野也不是你在太空船里看到的真实情景，需要运用想象力，因为模拟器里既没有动静，也没有声音。但吉姆·泰伊给模拟器加了一个很"聪明"的特点，每次模拟飞行时可以对一些参数进行重新设定，让操纵者能感受到不同的发动机特征和外部力量，比如风的切变。如果布莱恩早晨没有在模拟器上进行练习，他也会在午餐休息时到模拟器上进行练习。有时他会和西博尔德一同练习——西博尔德也非常渴望能执行X1的飞行任务。他俩会花上几个小时相互交流应对各种问题的技术和策略。布莱恩和西博尔德都很担心他俩再也没有机会驾驶飞船了。他俩都说："执行X1任务的人一定是已经驾驶过太空船1号的人。"那就是迈克。

　　布莱恩现在认为，上次紧急迫降不应该对他的名誉有任何影响。自从12月的飞行之后，他发现：因为安装了减震器以防止升降副翼发生颤振，飞船控制在着陆前就显得很不灵活。那些减震器（原理跟汽车减震器一样）在12月的飞行中变冷、僵化，所以收杆抬头的操作也变得非常困难。自那次飞行之后，技术人员在减震器上安装了加热器以防止减震器被冻住。当然，布莱恩也知道有些人背后所说的话：他就是那个在飞行跑道上着陆跟在航母上着陆一样的海军飞行员，全速着陆去捕捉并不存在的阻拦索。这样的说法肯定是不对的，但布莱恩觉得提出抗议或者辩驳也没有什么意义。他唯一能做的，就是要证明所有怀疑他的人都错了。

　　8月初上班的时候，布莱恩碰见了迈克。从6月的太空之行后，迈克很长时间都不在公司里，而是到处演讲，接受媒体采访，还上了杰伊·莱诺的脱口秀。迈克一飞成名，吸引了很多昔日的名人来到缩尺复合体，所有人都想亲眼看看太空船1号。一天，哈里森·福特突然来了，也没有提前打招呼。还有一天，吉恩·哈克曼也来了。

　　这些日子，迈克享受着非正式的半退休生活。他声称，自己已经是全世界首位商业宇航员，他不打算超越这一成就。但他也没有宣布他会退出宇航员队伍，他仍在进行飞行测试。然而在他的脑海中，太空牛仔已经收起羽翼，准备到农场去过一过有质量的生活。他的妻子萨利肯定也是这么想的。

这天早上，迈克悄悄走近布莱恩，把胳膊搭在他的肩头，说他为布莱恩出了个主意。他见过布莱恩每天在模拟器上练习，知道布莱恩想要重回飞船驾驶舱。迈克告诉布莱恩，他要把他招到他的麾下，他说得很认真。迈克这名高中辍学的学生想要当布莱恩这位从常春藤盟校走出来的海军飞行员的导师。

两人从迈克的加长超轻型飞机开始进行训练，这架两座的飞机是迈克和妻子萨利亲手打造的，而且开着它与迪克·鲁坦一起进行过环球飞行。迈克和萨利把这架飞机当作他们的私人出租车，他们开着它去过阿拉斯加，还飞到死亡谷吃午餐，心情不好时就飞去看看孩子们。

斯坦梅茨通过数学计算，为加长超轻型飞机做了一个硬纸板的抠图面具，模仿太空船1号的内部结构，两侧有小窗户，但不能直视前方。这个想法就是要让加长超轻型飞机的驾驶舱感觉跟太空船1号的驾驶舱一样，舷窗的布局也类似。伯特主动提出为他们的练习支付燃油费。迈克觉得布莱恩是一位很好的飞行员，只是缺乏驾驶小飞机的经验。迈克说，如果需要，他会出钱购买新的轮胎，因为他们将会进行大量的着陆训练。

迈克告诉布莱恩，在早期的很多次测试飞行中，他都只能依靠伴飞的飞机飞行员喊出轮胎高度，在他视野非常有限的情况下告诉他离飞行跑道的距离有多近。他说，他还会自己去找一个合适的地方练习着陆，一练就是十多次。用加长超轻型飞机进行训练的时候，迈克会坐在后排，模拟着陆时喊出轮胎高度。

加长超轻型飞机是一架完美的训练机。它接近跑道时的速度跟飞船一样。迈克指导布莱恩以155节的速度进入，调整为退出着陆姿态，向后拉动操纵杆，以115~120节的速度触地。在布莱恩掌握了正确的路径和速度后，他们便开始不断进行演练。除了至少十次的飞行后着陆外，他们还要练习完美着陆。师徒俩飞了一圈又一圈，有时候在莫哈韦沙漠上空飞行，有时候在加利福尼亚的城市和特哈查比环线的上空飞行。一天，在又一轮起飞和着陆之后，他俩把飞机放到了一边。布莱恩说："我真的非常感激你所做的一切，但这一切可能都是徒劳的，我认为他们不会让我来驾驶飞船。"

迈克告诉布莱恩，如果他没有做好准备，那他肯定不会被选中的。于是，他们继续练习，周六和周日都没有停歇。加长超轻型飞机换了两副轮胎，布莱恩一共进行了 84 次着陆。最后那几次着陆非常完美。

2004 年 8 月，离 X 大奖飞行只有一个月的时间了。伯特在公司召开了一个大约 20 人参加的会议。他所不知道的是，会议室内的每一个人都在酝酿着该如何告诉他们的天才老板，他捆绑导弹的主意行不通。在此之前，伯特一直引领着整个缩尺复合体团队。正是他的远见和无畏带领大家披荆斩棘，走到了今天。如果伯特认为可行，整个团队都会认为可行。但是现在，伯特第一次对他自己制造的航天器产生了质疑。在整个团队看来，他们富有创造力的领头人在火箭推进力问题上采取的补偿措施有些过头了。

伯特的团队成员们可不仅仅是提出不同的看法。为了打消伯特原有的想法，他们群策群力。每个人，从地板清洁员到员工主管，都更加勤奋地工作，也做出了更多牺牲。他们把飞船和母舰打造得更轻、更光滑，使之具有更好的空气动力。飞行员们相互学习，加紧训练。负责推进力的工程师们也提出了一个捆绑导弹的替代方案。

会议开始时，伯特最忠心的手下一个接一个地发表他们的观点：捆绑导弹的主意既不可行，也没有必要，而且还不安全，这是大家都认同的观点。伯特耐着性子但又有些恼怒地听着大家的陈述。毕竟，在安全这个问题上，公司的准则就是"随时质疑，绝不辩护"，意思就是：有问题就开诚布公地提出来，出现问题时也绝不为自己辩护。在交锋了多个回合以后，伯特说："你们过分质疑我的想法，让我不得不为自己辩护几句了。"

伯特仍然坚持认为他捆绑导弹的主意是可行的，他一生都在用他革命性，也非常成功的飞机设计来与他的质疑者对抗。对于他来说，运用导弹只需要"简单的计算"即可。然而他也知道，时间在飞快地流逝，导弹尚未弄到手，而他的团队已经提出不同的解决方案。伯特一直推崇卓越胆识和别出心裁，他也欢迎公司任何人提出的观点。

伯特最终还是放弃了使用响尾蛇导弹的方案。根据推进剂工程师们的观点，答案就在存储箱的缺量上。缺量就是指瓶子、桶，或者存储箱内未装满液体的那一部分，或者由于蒸发而空出的多余空间。约翰·坎贝尔认为太空船1号需要改进的就是装更多的氮氧化物，留更少的空间。在存储箱内留多余的空间其实是没必要的，因为氧化剂加热膨胀的程度没有最初想象的那么大。飞行员总是在凉爽的清晨起飞，攀升到更加寒冷的海拔高度。当飞船返回大气层，一切都被烧到极高的温度时，氮氧化物也已经消耗完了。缩尺复合体团队只需要添加更多的推进剂就可以了，这就和徒步登山者打算爬得更高时，需要在背包中多带一些水是一样的道理。尽管这个做法会增加飞船的载荷，但这种载荷是合理的。

"如果我们去除了更多的空间，我们将能飞出完美的轨迹。"弗兰克·马克林说，"我们一定能做到！"

缩尺复合体团队认识到，其中的关键在于：液态一氧化二氮的密度取决于温度。当加热氮氧化物时，必须为液态一氧化二氮留出足够的膨胀空间。坎贝尔和马克林通过压力释放装置对这个问题进行了研究。马克林说："我们在存储箱中装满氮氧化物，不留任何空间。然后，我们对温度实施监控，以确保存储箱内的压力不会过大。当温度降低时，一氧化二氮的密度也会显著增加。在灌注燃料时，他们也会尽可能地降低氮氧化物的温度。"

马克林和坎贝尔相信，他们的混合燃料发动机是能够满足要求的。

他们知道温度上升的过程，于是设计了一套新的燃料加注方案，几乎不给燃料舱留任何剩余空间。坎贝尔还想了一个办法为油箱隔热。他制造了一套小型空调单元，往存储箱的两端吹冷空气。他和马克林设计的燃料加注方案很原始，但的确令人印象深刻。凌晨2点，他们在莫哈韦沙漠跑道上对他们的系统进行了测试，这也是他们在临飞前实现加注氮氧化物的时间。坎贝尔爬进一辆旧拖拉机的驾驶座，并拉动承载着存储箱的拖车。一旦静止下来，氮氧化物上层温度较高，底部温度较低，这将使其顶部的压力增大，这将是他们不愿看到的结果。要采用新的零缺量方案，掌握好压力比以往任何时候都重要。在装上火箭之前，必须完成氮氧化物的加注。在跑道上，泛光灯将两人的影子拖得老长。坎贝尔对马克林说："我拖着燃料开一段，然后猛踩一脚刹车，看看效果怎样。"坎贝尔的想法是，让旧拖拉机尽可能地跑快点，然后突然刹车，以搅动氮氧化合物，避免出现分层。马克林则会在拖车旁边检查压力表。他们没有美国国家航空航天局数百万美元的开销，也没有历经数年的拖沓，只有他们两个人和他们身旁的拖拉机、拖车，以及伸向远方的莫哈韦沙漠跑道。他们会一直工作到黎明。现在，他们的搅拌系统开始发挥作用了。

测试显示，让存储箱不留空间确实至关重要。推进专家们相信，只要飞行操作正确，飞船完全能够飞过卡门线。多亏伯特从一开始就强力推行的做法，他们的工作才如此有效率。正常情况下，发动机研发都是先在小范围内展开，然后才是更大的测试，最后是实测和整机测试。然而，伯特却要他们从一开始就进行整机测试。他想要知道什么样的方案才能达到最快的速度。现在，重新构建的零缺量混合燃料发动机效率已经达到75万磅/秒~100万磅/秒。

当缩尺复合体在准备硬件的时候，彼得·戴曼迪斯和X大奖团队也开始将莫哈韦沙漠打造成一个巨型的游乐场和运动场。他们好不容易凑到的1 000万美元还有3个月就要到期了，而他们需要看到历史不仅仅上演一次，而是上演两次。好在彼得现在的团队都很齐心，还有一群真正热爱太空的志愿者。

就在X1飞行前的几周里，任务指挥官道格·沙恩宣布，他为驾驶太空船1号的宇航员建立了一套全新的机制：X1将会有一个首选的飞行员和一个备选的飞行员。如果首选飞行员未能准备好，或者出现生病受伤的情况，飞行任务则将由备选飞行员来完成。他还宣布了飞行员阵容：皮特·西博尔德是X1的首选飞行员，布莱恩是备选飞行员，但没有宣布谁将担任X2任务的飞行员。布莱恩对此感觉尚可，他很高兴自己入围了。

但是，就在飞行员队伍宣布之后不久，在9月中旬，西博尔德和伯特私下里聊了一下，他把自己的一些情况告诉了伯特，说他要退出太空船1号的飞行项目。因为他的妻子刚怀孕了，而且他有持续性胃痛。此外，他还觉得零缺量的方案不安全，也未进行充分的测试。

尽管到了这个节骨眼上，离X1飞行仅剩8天的时间了，但伯特听罢丝毫没感到意外。他曾观察了西博尔德在5月首次进行动力飞行时的表现。在太空船1号被母舰投放之后，西博尔德思想上斗争了很久才点燃发动机。看得出来，西博尔德对太空船1号的操纵性能不满意。

伯特认为，在先前那一次航空电子显示屏突然熄灭的情况下，如果是西博尔德，他一定会选择放弃飞行任务，而迈克却选择了看着窗外继续飞行，并说那是一个天赐良机，让他有机会目睹天空从蓝色变成紫色，再变成黑色，他从来没有想过要关闭发动机。西博尔德天资聪颖，但和迈克比起来就显得过于谨慎了。他是一名工程师，同时也是一名飞行员，有时这双重身份会带来冲突。他并不太像一个牛仔，而在伯特的心目中，测试飞行员必须得是牛仔才行。他们戴上皮制的橄榄球头盔就钻进驾驶舱，连头天晚上意外摔断的肋骨也毫不在意——就像耶格尔那样，像一只逃离地狱的蝙蝠一般驾驶飞机突破音障。

当迈克接到道格·沙恩的电话，让他立即赶回莫哈韦的时候，他正在得克萨斯进行普罗透斯的展示。

回到公司，迈克匆匆把行李一扔，便赶去了伯特的办公室。他发现伯特、道格、皮特和布莱恩都在伯特的办公室里。萨利站在走廊上，虽然没有人告诉她会有什么事情发生，但她已经猜出来了。道格平静地宣布了这样一个消息：皮特退出X1飞行。迈克加入X1飞行员队伍。布莱恩坐在那里惊呆了，心想："我这个备选飞行员又被选到哪里去了呢？"为了避免媒体嗅出风头，知道皮特退出的真正原因是因为对该项目的安全性没有信心，公司将对外声称是因为皮特生病了。现在已经没有时间来说服皮特，也没有时间进行更多的测试。他们在下一周就要赶赴与太空的"约会"了。

会议再没说别的什么内容。当迈克出现在门口时，萨利用哀求的眼光看着他，迈克点了点头。萨利知道他又回到飞行项目，尽管此前伯特曾向她保证过，迈克已经为这个项目做得够多了。她和迈克回想起太空船1号之旅，觉得危险重重。现在，他们离X大奖飞行仅剩一周的时间了，而迈克一直都没有认真进行训练。他会让他的"守护神"伯特，也会让萨利失望的，而且他也没有思想准备。迈克知道这次飞行对于伯特和整个团队来说是多么重要。他也明白萨利心里所想的：他已经驾驶飞船飞到极限高度，运气已经够好了。

布莱恩早早地离开了办公室，唯恐自己再待下去会说出什么不该说的话来。到家后，他盯着自己的跑鞋。足足有一个小时，除了满怀着挫败感走来走去之外，他什么事也没法做。他拿起一本书，是他最喜欢的作者迪恩·孔茨写的。孔茨写道："有时，生活并不是你跑得多快，跑得多优雅。生活就是坚持不懈。找到你的立足点，无论步履如何艰难都要顽强地前行！"房间里的光线逐渐暗淡下去，他做出了决定。他换上自己的跑步服，然后走出家门。

第二十九章 / 努力过才没有遗憾

　　杜米特鲁·波佩斯库和他的小团队已经为他们的大事做好准备，这也是罗马尼亚首次高空大型民用火箭的发射。2004年9月1日，星期三，他们来到黑海米迪亚角的空军基地，计划在9天之内完成发射任务。他们的火箭——展示者2B，有15英尺长，全部由复合材料制造而成。火箭的尾翼用X大奖的徽标装饰着。来自4个国家的近100名记者将会到场对这次飞行进行报道。

　　波佩斯库只有9月8日和9日两天的时间进行清场。他用阿波罗13号任务中那般决绝的口吻对妻子西蒙娜说："我们不能失败。"发射将被现场直播。为了这次发射，波佩斯库和他的团队已经倾尽所有。他们现在已经一无所有，如果失败，也没有办法在短时间内再次进行尝试。波佩斯库一直相信X大奖即将创造历史，他想要成为这段历史的一部分。但在他的脑海中，只有当自己成功发射火箭之后，一切才有可能，而且他必须赶在X大奖的领跑者——伯特·鲁坦之前发射才行，而伯特的首飞也只有几周的时间了。

在安装好发射架，演练好发射程序和应急预案，并对点火控制系统进行测试，也让媒体人员近距离观看火箭之后，波佩斯库和他的团队已经为9月8日的火箭发射做好一切准备。展示者号拥有可重复使用的全复合材料引擎，而且还闪耀着波佩斯库在美学细节上的光芒。火箭矗立在发射架上，在平滑而光洁的火箭和高大洁白的发射架后面，是黑海那深蓝色的水域。波佩斯库将在第一次世界大战期间修筑的一处掩体中通过闭路观看发射情况，西蒙娜则在两英里之外招呼96名到访的新闻记者。

所有人员均已到位，即将进入倒计时。系统检查完毕，成功就在眼前。突然，问题出现了。一根软管发生了推进剂泄漏。浓度为70%的过氧化氢流进了发动机和阀门内。当日的发射被迫取消。波佩斯库和他的妻子急忙通知媒体和来宾，发射将推迟一天。

而接下来，情况却进一步恶化。除了软管泄漏之外，波佩斯库和他的团队还得知燃料压力也不正常。接着，罗马尼亚空军官员告诉波佩斯库，一场暴风雨即将来临，风速预计将达到每小时40英里，并伴随滂沱大雨。军方官员对这次发射不太放心，担心围观者的安全会受到威胁。罗马尼亚自古以来一直有人居住的城镇康斯坦察距此仅13英里，而且还有那么多的新闻记者在现场，情况可能会迅速变得越来越糟糕。

波佩斯库和西蒙娜待在空军基地的一间小房子里。那天晚上，两人都睡不着。"罗马尼亚航天局似乎准备看我出洋相。"波佩斯库说道。他又不禁想起宇航员杜米特鲁·普鲁纳里乌那无情的批评、嘲讽以及暗中的破坏。如果他不能发射，普鲁纳里乌就赢了——至少让人感觉如此。深夜，波佩斯库冒着危险到室外看天气状况。树木被风吹得弯了腰，一道道闪电伴着雷鸣划过夜空。站在漆黑而风雨交加的苍穹之下，他觉得这是他一生中最糟糕的夜晚。波佩斯库回到屋里辗转反侧了差不多一个小时，想睡又睡不着。这时，黎明的第一抹光线已经出现，波佩斯库又走到屋外，他需要好好地想一想。他想起他崇拜的一位英雄——赫尔曼·奥伯特，他 1930 年在罗马尼亚教书，还因为液体燃料火箭获得了罗马尼亚专利局颁发的专利。后来，奥伯特离开罗马尼亚去了德国。在德国，他成了年轻的沃纳·冯·布劳恩的导师，沃纳·冯·布劳恩把奥伯特称作生命中的指明灯。然而，奥伯特却是不得已离开了罗马尼亚才成名的。波佩斯库在想，自己能否在一个一直视之为"家"的国度成名呢？

波佩斯库看着红日在他的火箭后方冉冉升起，这时，基地的指挥官走到他的身边。波佩斯库准备迎接更多的坏消息——他确实听到了坏消息。他被告知：他的一名工程师安德烈·科曼恰努在夜里离开了基地，去了诺伐达里。那天清晨，他在翻墙的时候被抓住了。幸运的是，发现他翻墙的士兵认出他是 ARCA 团队的工程师，所以才没有鸣枪警告。波佩斯库向指挥官道了歉，然后找到了他的这位朋友。安德烈·科曼恰努在航空工程学校比他低一个年级。

当波佩斯库看到科曼恰努时，科曼恰努跪在地上失声痛哭。他说他非常抱歉，但是他没法承受那种巨大的压力。此时的波佩斯库，也已经骨瘦如柴、胡子拉碴，两个黑眼圈也非常明显。他扶起科曼恰努，告诉他，他们仍然准备发射，他应该昂首挺胸，为自己感到骄傲。"第一架飞行器也仅凭两个人就造出来了，"他让科曼恰努想想怀特兄弟，"能够走到今天，我们已经足够勇敢了！我们不能放弃。"然而在自己心底，波佩斯库却在责备自己，问自己为什么不选择放弃，"可能自己确实有点傻"。

他们所剩的时间不多了，他告诉冷静下来的科曼恰努，说自己已经想到一个主意，可以避免发射时危及他人的安全。头天晚上，当他从狂怒的天空收回目光之后，他又进行了一番思考。他考虑到强风可能会把火箭变成导弹，于是就对减少燃料发射的可能性进行了模拟。"我们把燃料水平从 100% 降低到 19%，"波佩斯库说，"火箭离开发射架后的飞行速度会更快，受到风力的影响也更小。"他们可以放弃将火箭发射到 28 400 英尺高空的计划，但发射必须进行。他告诉他的朋友："当你迈入火箭制造行业，在几秒之内，你可能成为英雄，也可能成为失败者。今天，我们将要成为英雄。"

发射窗口将在下午 4 点关闭。新闻记者们被重新召集过来，准备观看中午时分的发射。然而，发射又一次推迟了。下午 1 点过去了，2 点过去了，3 点也过了。黑海里浪端的白色泡沫不停地翻滚着，只差几分钟就到 4 点了，波佩斯库回到掩体，下达了发射命令。一切迅速行动起来——快！快！快！这就是命令！

最后，他们期待的场景终于出现了！展示者号脱离发射台，直奔云霄！此刻，时间对于波佩斯库来说流逝得很慢很慢。他跑出掩体，火箭正像箭一般呼啸着扶摇直上。奇怪的是，他感觉火箭就在他头顶上方一般。火箭看起来是黑色的，而不是白色的，羽状的烟云呈现暴风雨云团的颜色。这是波佩斯库第一次将火箭发射出去，非常完美。最关键的是，这是他自己的火箭。所有的辛苦、挣扎、嘲笑和质疑，突然都让人感到是值得的。带着有限的燃料，火箭飞到 4 000 英尺的高度，然后便开始往下掉，最后坠落在黑海中。周围响起一片欢呼声。平常一向保守的高级军官竟像兄长一样拥抱波佩斯库。这是波佩斯库一生中最完美的时刻。

一天之后，波佩斯库得知，土耳其渔夫在罗马尼亚海域非法捕鱼时发现了一些展示者号的残片。他们想要波佩斯库拿钱来交换火箭残片。那渔夫看了新闻，得知波佩斯库参加了美国 1 000 万美元的竞赛，猜想他应该很有钱。还有几个故事，波佩斯库读到之后也不禁哑然失笑。故事中引用宇航员普鲁纳里乌的话说，波佩斯库的这次发射对他和他的团队来说是件了不起的大事，但其实"没有任何真正的意义"。波佩斯库还注意到，这些话均出自一位可以自由处置政府资源的人士，然而这人却什么都没有发射过。

波佩斯库破产了，但他创建了一家公司和一个品牌。作为角逐X大奖的一分子，他也发射了自己的火箭。"我们有能量，我们有惯性。"他告诉他的团队，"我们不会放弃。我们正在做的事情是革命性的。"

约翰·卡马克和他的犰狳航空航天公司团队出发去往得克萨斯的梅斯基特。他们都相信，这天将是完美的一天。天空碧蓝，风平浪静，他们计划发射的是直径为48英寸的火箭。几天前，这枚火箭在天空中盘旋了16秒，没有任何问题。到达发射基地做好准备以后，犰狳团队给火箭装上推进剂并进行了增压。卡马克、拉斯·布林克、尼尔·米尔本和其他6个人一起，站在无人驾驶的锥形火箭安全距离之外。火箭已经准备好全速测试。约翰的妻子凯瑟琳已有9个月的身孕，不得已缺席了这次发射。

然而，刚一开始却出了点小问题：引擎还没预热。卡马克只开了大约20%的油门，没有动静。他加大油门，为引擎注入更多的推进剂，温度才慢慢升高。他们以前一直测试的都是引擎的悬停推力，有人担心如果开足引擎，可能会出意外。但是，伯特·鲁坦的X大奖飞行近在眼前，如果他们还想把握机会与伯特竞争，就必须向前推进了。

终于，他们点火发射了。火箭直冲云霄，朝着600英尺的高度飞奔而去，在空中划出一条完美的弧线。大家屏息凝视，四周一片寂静，唯一的声音是得克萨斯火辣辣的太阳底下蚱蜢的叫声。过了一两秒钟，就在火箭到达预定目标高度之前，飞船开始以每秒50度的速度旋转起来。这可是个大问题。

拉斯·布林克看着这样一个情况，他意识到他们这个身着白色犰狳T恤的团队还从来没有坠毁过任何大型的飞行器。以前也有过着陆器从大约40英尺高的地方坠落的情况，但这次则完全不同了。此时，火箭尾部朝下径直下坠。就在撞击地面的一刹那，火箭发生了倾斜，它的侧面撞到了地面，但大体依然是头朝上，尾朝下。450磅的玻纤存储箱中压力尚存，在约 200 码之外的撞击点被撞脱落了，尘土和残骸散落在草地和向日葵地里，到处都是。

离鲁坦的 X 大奖飞行只剩几周的时间了，这可不是犰狳团队原本希望得到的结果。他们只希望能快速推进他们的飞行测试。

当尘埃落定，大家从震惊中恢复过来之后，卡马克和他的团队奔向坠毁现场。那里有一个相当大的撞击坑，上面插着一些破损的火箭残骸，有几套管件还是完整的。玻纤存储箱破裂了，火箭携带的摄像机也坏了，但录像带居然奇迹般地保留了下来。整个团队花了几个小时搜索挖掘火箭残片，对找到的零部件进行拍照。有的零件已经破损断开，外面还挂着电线的残端，还有些零件由于高速撞击也遭到了损坏。他们把能找到的东西全都拖回了工厂，准备进行彻底的分析。他们还用等离子切割机将引擎打开，打算弄明白到底哪里出了问题。同时，他们还对遥测数据进行了分析。他们发现，在引擎预热的过程中，有 2/3 的推进剂已经被吹到地面上，所剩燃料已经很少。而那时卡马克正在加大油门，以加速预热过程。他们所使用的引擎需要一个逐渐加热催化材料的过程，所以启动过程较为缓慢，这显然很难控制。将来他们再进行发射时，需要使用另外的引擎才行。

在火箭坠毁之后不久，卡马克在网上的帖子中写道："我们放弃了赢得 X 大奖的最后一线希望，因为我们的火箭无法准备到位。"他又补充说道："我们创造奇迹的途径本是对直径 48 英寸的火箭进行测试；测试顺利，再建造直径为 63 英寸的碳纤维飞船，再进行测试。然后寻求一些富有影响力的参议员和大众的支持，催促商业太空运输办公室尽快为我们办理发射许可证，以便我们准备发射现场的工作。但现在，这一切都不太可能了。"尽管损失了价值 4 万美元的火箭，但犰狳团队仍保持良好的精神状态。他们将搜集到的火箭残骸称作"犰狳便便"。卡马克最新推出的游戏《毁灭战士 3》也颇受玩家推崇。"销售不错，这是件好事。"

当卡马克想到此处时，他意识到就在他们被迫放弃使用90%的过氧化氢的那一天，犰狳团队已经丧失争夺X大奖的机会，因为过氧化氢对于他们的火箭设计来说是至关重要的。因为害怕承担责任，也因为犰狳团队所需购买量相对较小，所以销售商拒绝出售过氧化氢给他们。于是，犰狳团队花了整整一年的时间开发混合的单元推进剂。卡马克认为，如果他们能获得浓度90%的过氧化氢的持续供应，犰狳团队就已经踏上X大奖之旅。

9月中旬，一枚全新的火箭又开始建造了。这一次，火箭引擎进行了改进。卡马克把在火箭编程中所学到的关于结构、可靠性和简洁性的知识运用到软件设计上。不过，他还是喜欢亲自动手建造火箭，喜欢取一块坚固的金属，不断打磨，直到做出他想要的闪闪发光的部件。虽然他只能跟随在莫哈韦沙漠的X大奖飞行之后，但他对自己进入太空的目标毫不动摇。他告诉团队成员："我们将拭目以待，看看明年的这个时候能否制造出飞行距离为100千米的火箭，并且进行测试。"

卡马克也坚持他的黑客信条。他热衷于分享他所学到的一切知识。他会继续白手起家，从最基础的工作做起，建造自己想要的一切。他相信美丽是可以通过自己双手的劳动获得的，不管是通过键盘，还是通过烙铁焊接。结果远比规则重要，一切都应该是可自由获取的。不是不收费，而是可以自由改变。他决心在开拓太空疆域的浪潮中占据一席之地，把进入太空的权利从政府手里拿走，放到大众手上。

在英国，X大奖的竞争者史蒂夫·贝内特正在建造新星2号。在2001年，他已在莫克姆湾成功发射新星1号。新星2号将比新星1号体积更大，飞得更高，箭身高度为57英尺，预定飞行目标高度为120 000英尺。贝内特把他的新火箭看作他未来载人航天项目的关键。

他在进行地面系统测试时，让一名飞行员和两名乘客进入密闭的新星 2 号飞船舱内待了 2 小时。贝内特将飞船运载到佛罗里达，装上降落伞；然后又运到亚利桑那，准备从 13 000 英尺的高空进行载人降落测试。一切进展顺利。然而，就在这个时候，意外发生了，他的项目被迫退出 X 大奖的角逐。

没有任何预兆，BBC（英国广播公司）网站上突然出现了一个故事，声称这位自学成才的火箭制造者正在设计一个死亡陷阱，他的飞船不过是"一台改头换面的水泥搅拌机"。贝内特认为这个 BBC 故事的杜撰者一定与他有不共戴天之仇。于是，他花了整整 20 个月的时间，耗费了 25 万英镑起诉 BBC。最终，BBC 被判向贝内特道歉，并支付他所有的诉讼费用。但是，浪费的时间再也无法追回了。还好，贝内特在他发起的一个教育项目中找回了些许安慰，这个项目致力于把新星 1 号介绍给全英格兰的学校。他邀请火箭科学家，带着火箭模型走进课堂，告诉孩子们追逐自己的梦想是多么重要。"这是美国人的方式，"贝内特告诉孩子们，"美国人从小就受到教育，要敢于梦想。美国是一片机会的乐土。我们国家在这一方面还做得不够，我们应该这么做，你们也应该这么做。"

即便贝内特已经恢复新星 2 号的建造，他也很清楚，到 2004 年夏末，伯特·鲁坦离 X 大奖已经近在咫尺，唾手可得了。鲁坦人很聪明，拥有一支了不起的团队，而且还有一位亿万富翁作为资助人。贝内特听说保罗·艾伦投资了 2 500 万美元到鲁坦的航天项目上。其他人可从没有获得过那么大的一笔资助。但一切都只是相对的，贝内特想，美国国家航空航天局光是花在设计蓝图上的费用就会有那么大一个数目。

贝内特在 2003 年曾遇见过鲁坦。那时，X 大奖主办方邀请各支团队到洛杉矶展示他们的模型，并分享各自的一些进展。他们那次还到加州的埃尔塞贡多进行了实地考察。在埃尔塞贡多，埃隆·马斯克在一个占地 75 000 平方英尺的机库中开创了他的 SpaceX 项目。贝内特印象最深的，是在去 SpaceX 的大巴车上，他偶然听到鲁坦在电话中低声说到哪些人参

第二十九章
努力过才没有遗憾

加了竞赛。当他听到鲁坦说"贝内特也来了"的时候，贝内特会心地微微一笑。

无可否认，X大奖是一个竞赛，但在其中也有共同的使命和友谊。达·芬奇项目的布莱恩·菲尼也来了。他有一个绰号，叫"飞行的布莱恩"，因为他总是"过不了几天就要坐一次飞机"。贝内特看见了菲尼建造的飞船模型；他还与卡马克的志愿者团队进行了交流，觉得他们的硬件很酷；他也对阿根廷的巴勃罗·德·利昂和他的亚轨道飞行计划印象深刻。贝内特记得杜米特鲁·波佩斯库曾告诉他，他们曾经一度资金短缺，以致他的工人在焊接时都只能选择直接闭上眼睛，因为没有合适的护眼装备。贝内特还遇见了他的英国同行格雷厄姆·多灵顿，他是一名航空工程师，也是首批登记参加X大奖角逐的。但他的计划还只停留在一架名叫"绿箭"的飞船设计图纸上。

总之，这么多年来，贝内特应对了无数挑战，勇敢追逐着自己的梦想，这让他感到无比自豪。他本可以守着牙膏公司稳定的工作，从而避免经济困难，避免与家人的紧张关系以及媒体的抨击。但他就像追求杰作的艺术家一样，除了坚持，别无选择。他就是一名火箭制造者，仅此而已。

2004年9月，彼得·戴曼迪斯邀请贝内特前去参加鲁坦的第一次X大奖飞行。贝内特多么希望即将腾空而起的是自己的火箭。尽管并非如此，但也改变不了他在X大奖的角逐中第一个成功发射火箭的事实，他甚至在自己的国家创造了历史。虽然即将赢得X大奖的不是自己，但也无法阻止他建造自己的亚轨道飞船。在并不遥远的将来，他将把旅客送到太空的起点，让旅客体会太空飞行的乐趣。对于贝内特，对于像波佩斯库和卡马克这样的竞争者而言，这都仅仅是一个开始。

X大奖正在塑造新的历史，为人类留下宝贵的精神财富。它的力量，早在首次正式飞行以前就已经展现。

第三十章 / 每个人都有自己的高光时刻

  2004 年 9 月下旬，距离彼得在科罗拉多州的蒙特罗斯酝酿出 X 大奖已经过去 10 年，离他在圣路易斯启动私人太空竞赛也过去 8 年。在那个令人难忘的夜晚，在查尔斯·林德伯格贴上航空地图的同一座城市里，传奇的飞机设计师伯特·鲁坦站在台上，透露了他要制造一艘太空飞船的梦想。而此刻，伯特已经准备将梦想的杰作展示在众人面前，这个梦想也是彼得的梦想。所有目光都聚焦到莫哈韦沙漠，X 大奖的角逐也最终在此拉开序幕。

  彼得的志愿者大军来到这小小的沙漠小镇上。这些志愿者都是洛蕾塔·伊达尔戈从各个太空组织和大学工程学专业挑选出来的。伊达尔戈曾经读过国际宇航大学，也管理着彼得的"特种任务"团队。这个小团队什么事情都做，包括到机场迎接各方贵宾，还要帮助主流媒体的新闻记者理解该太空项目的技术细节问题。几年前同样从国际宇航大学毕业的学生哈里·克鲁尔重新进入彼得的生活，他在几十家媒体和电视节目上为

X大奖进行宣传。对于彼得而言，这个事件的意义远不止一场竞争和一笔奖金——他想让全世界的人转变对太空旅行的看法。为了获得更多的支持，彼得还找来他多年的好友丹·帕洛塔。帕洛塔是加州的一名企业家，他曾发起过多项持续数日的慈善活动，包括"艾滋骑行"。帕洛塔跟彼得都出生于1961年，一次次阿波罗宇宙飞船的发射伴随着他们的成长。

彼得、鲍勃·维斯和莫哈韦航空航天港的主管斯图尔特·威特坐在一起，花了几个小时反复研究他们想要传递给全世界的信息以及X大奖活动每分钟的时间安排表。他们划定了机场的网格区域，对贵宾和迎宾帐篷、纪念品销售摊、食品小贩、超大电视屏幕、应急救援人员，以及根据预计观众数量安排医疗急救人员和设备（预计在3万观众中可能会发生2起心脏病发作的病例）等应急预案都做了精心安排。维斯把他执导好莱坞电影学到的知识全部用在了莫哈韦沙漠的现场管理上。每一个人，从组织者到观众，都明白这场真人秀有可能以胜利结束，也有可能会以失败或者绝望收场。

对于彼得来说，他所做的努力在同一个时间汇聚到一起。在跟联邦航空管理局这个官僚主义泛滥的机构斗争了10年之后，彼得、拜伦·利希滕贝格和雷·克洛尼斯终于为他们的零重力公司争取到了许可，成为首家为公众提供零重力抛物线飞行的公司。健怡可乐公司赞助了零重力飞机的12城巡展，沿途安排媒体采访。彼得的生活中从此就是两件事情：一是向全世界介绍零重力飞行的惊险刺激，二是为X大奖进行策划。

X大奖的角逐将成为2004年最轰动的新闻。彼得以前打赌也曾输过；现在，他把所有的赌注都押给了伯特·鲁坦和他的太空船1号。与信利专业保险公司签订的"一杆进洞"协议将在三个月后到期。到那时，1 000万美元的奖金将不复存在，他也没钱开展X、Y或者是Z计划了。在缩尺复合体6月21日成功试飞之后，彼得被叫到圣塔芭芭拉与保险公司的高层进行了会面。很显然，那些高层已经弄明白——不过稍微晚了点——拿伯特·鲁坦来打赌是很不明智的。他们提出了新的交易方案：降低对海拔高度的要求，从海拔 100 千米降低到海拔 50 千米；同时，保险理赔金额也减少一半，减到 500 万美元。彼得可不理会这一套，临出门的时候对他们说："你们真滑稽，你们很快就得开出 1 000 万美元的支票。"

X1 的飞行定于周三进行，彼得在周一就早早地来到莫哈韦沙漠。与他一同前往的还有他的父母哈里和图拉，以及他的妹妹玛塞勒。现在，他身边已经有了自己心爱的人，名叫克里斯汀·拉德克。她是一位艺术家，也是 20 世纪福克斯公司旗下一家创意广告公司的副总裁。彼得感觉似乎得有人先赢得 X 大奖，自己才能真正赢得克里斯汀的芳心。他的密友及合作伙伴也都来到莫哈韦，包括埃里克·林德伯格、格雷格·马里尼亚克、阿德奥、埃隆、鲍勃·理查兹、詹姆斯·卡梅隆、黛安娜·墨菲、哈里·克鲁尔，以及安萨里一家。黛安娜·墨菲负责 X 大奖的营销和宣传工作。哈里·克鲁尔是彼得早年在国际宇航大学结交的朋友。另外，由于没有其他人愿意当冠名赞助商，X 大奖便更名为安萨里 X 大奖。

迈克·梅尔维尔从他位于特哈查比的家中开车来到了莫哈韦沙漠。在这个重大日子到来的前几个月，迈克一直在接受媒体采访，没怎么进行刻苦的训练。他以为他在太空船 1 号中的使命已经结束。在突然被召回到太空船 1 号的驾驶舱时，他只有 8 天的准备时间。他曾在模拟器上进行过训练，而对于一名优秀的飞行员，模拟器是不能当真的。迈克也在自行车上进行剧烈的锻炼。幸运的是，迈克的状态非常好，毕竟他也不是第一次搞竞技表演了。对他而言，做准备更多的是在心理上，而不是身体上。他又要重新穿上聚四氟乙烯飞行服了。

当他驶向莫哈韦沙漠时，他向外看了一眼爱德华兹空军基地，心想："今天会是怎样的一天呢？"这里时常有土狼出没，有约书亚树和干涸的湖床，还有长长的飞机跑道。B-24轰炸机曾在这片土地的上空轰响。P-38战斗机的飞行员们也曾在这片土地上训练，他们在训练中猛烈地轰击训练目标，然后便奔赴第二次世界大战战场。天空中还残留着那些飞行员和飞机的记忆。在这里，贝尔XP-59A和洛克希德XP-80流星战斗机开创了一场涡轮喷气式飞机的革命。在这里，雄性激素刺激着试飞员竞相展开角逐，看谁飞得更高，飞得更快。在这里，超音速飞行成为司空见惯的事情，一架架外形炫酷的飞机划破长空，直冲天宇。也是在这里，一些飞行器失控解体，英勇的飞行员们在致命的旋转中不幸遇难。这就是莫哈韦的天空。迈克希望缩尺复合体小小的火箭项目也能写进这段光辉的历史，所以他还不打算像那些失事的飞行员一样英勇献身。

9月29日凌晨，离飞行还有几个小时。当迈克到达公司时，看到尘土飞扬的莫哈韦已经变成一座帐篷之城。飞行跑道旁音乐声不断传来。人们三五成群地聚在一起，放着音乐载歌载舞。迈克看着这一切，然后走进公司。安全人员已经在飞机跑道上就位，天空是一片暗粉色。早早来到的人们兴奋地看着私人飞机降落下来，就像猎鸟者看到珍奇鸟儿一般欣喜若狂。彼得也在早早到来的人群之中。他看到的第一架飞机便是一只"不同羽毛的鸟"，这只鸟喷涂着维珍集团引人注目的标识，恰到好处地停放在所有摄像机的镜头前。彼得想："这种埋伏式营销真是令人印象深刻！"他曾努力游说过维珍集团的总裁理查德·布兰森，而且还游说了两次，希望他能赞助X大奖。既然他们现在都已经站在起跑线上，布兰森必定会全情投入。他头一天支付给了保罗·艾伦200万美元，只为在太空船1号的尾部印上维珍集团的标志。他手下的人头天晚上很晚还给空港主管斯图尔特·威特打电话，请求当太阳升起、电视摄像头全部打开时，从跑道上能看清维珍集团的标志。除太空船1号外，在莫哈韦只有一家飞机喷有维珍集团的标志，那就是维珍集团出资、伯特设计的环球飞行家号，这架飞机不久后将由史蒂夫·福塞特驾驶进行环球飞行。当彼得还在宾馆时，威特就已经叫缩尺复合体的员工把环球飞行家号推出机库，推到了跑道上，使其进入观众和媒体的最佳视野。威特估计，当彼得看到维珍集团的飞机占据最佳位置的时候，他一定会非常震惊。因为彼得此前也一直在为X大奖赞助商寻求最佳位置，而且这是他多年来一直在努力促成的事情。

彼得看着跑道上印着维珍集团标志的飞机，心中既充满景仰，又觉得难以置信。X大奖只花了很小一笔钱主办这次活动，而且也不知道还有没有第二次。但现在看来，这一切似乎都变成维珍集团的一场广告。还有一点也让彼得觉得很讽刺：此前他曾数次与保罗·艾伦的助手戴夫·摩尔会面，希望艾伦能对X大奖进行资助，但一直没有得到回应，原因很简单：艾伦实际上已经赞助太空船1号。

但彼得不想让任何事情影响他的情绪。他认为布兰森很聪明，同时也为维珍集团投资商业太空这一消息感到振奋。在X1飞行前，布兰森和伯特在伦敦向英国媒体举行了一次记者招待会，宣布了维珍集团正在达成一桩买卖，准备买下太空船1号的技术，其目的就是要将普通的乘客送入太空。虽然彼得希望布兰森能早一点加入进来，在一切都没有完成之前就加入进来，但他仍然感激他终究还是来了。太空事业需要才华横溢且财力雄厚的拥护者。

在缩尺复合体公司内，飞行前会议已经持续将近一个小时。混合燃料发动机准备工作已经完成。一氧化二氮浓度混合已经完成，正在严格的温度控制下进行加注。空勤长史蒂夫·洛西已经对飞船里里外外都进行了仔细的检查。很久以前他就答应过萨利，如果飞行不是绝对安全，他是不会让迈克登上飞船的。洛西那一整晚都跟飞船待在一起，就好像一名马夫与自己心爱的赛马待在一起，甚至连喷漆的工作也做到了尽善尽美。丹·克雷是负责飞船结构的工程师，他采用伯特的设计，进行了必要的适应性改进，然后指导工场进行建造。他也是缩尺复合体公司的艺术家。对于太空船1号，他和布莱恩·宾尼确定了一个爱国的主题。因为飞船要飞向太空，克雷恩便努力地寻找一种能够唤起潜意识的设计。他想要太空船1号看起来就像穿越了神奇的星云，而且还带回了一些星星。白衣骑士将涂上红色的条纹，从而成为爱国主题下的一个意象。克雷和他的妻子洛佳娜总是在午夜时分对飞船进行装饰，他们把所有乙烯基的印花纸和条纹剪下来，然后再费劲地贴到飞船上。最近这几天晚上，他们则是在贴一些维珍集团的标志。他们还会把尺寸小一点的X大奖赞助商的印花纸贴上去——圣路易斯科学中心、冠军赛车系列赛、M&Ms糖果、七喜，正是这些赞助者才使这个梦想一直持续到今天。

　　飞行前会议结束后，迈克走进更衣室进行准备工作，萨利也在那儿。不久，伯特也来了，手里拿着一个像沙漏一样的小玻璃瓶。伯特说那是他妈妈艾琳·鲁坦的一点点骨灰。她虽然身材娇小，但非常坚强，对伯特的兴趣爱好给予了极大的支持。在伯特小的时候，她开着车送他去参加航模大赛，还记录下他每年有多少架飞机参加了奥什科什的航展。伯特希望他的妈妈也能和他一起踏上这段新的旅程，而这段旅程的目的地则是太空。迈克前前后后地打量了一下自己绿色的飞行服。萨利告诉他新的飞行服没有口袋，所以迈克只好把那只小瓶子塞到头盔包里面。他和萨利走出更衣室，走向停机坪。摄影师们"咔咔"地拍着照片。祝福的人们也不知从哪儿冒了出来，热情地跟他握手，向他致敬。迪克·鲁坦也在现场担任CNN（美国有线电视新闻网）报道的解说员。

　　上场的时间到了！彼得站到台上，看着人群。他的父母坐在最前排的位置。

　　"女士们、先生们，"彼得开始了他的发言，"我们现在正在开创私人航天飞行的新时代。今天，就在莫哈韦，就在此时此刻，便是这个时代的开始。莫哈韦发生的一切不关乎技术，而在于你是否愿意冒险，是否愿意追随你的梦想，以及你是否能够接受失败。"彼得说，他相信太空船

1号今天能够到达太空，两周以内也会再次到达太空。

阿努什·安萨里紧随彼得上台发言。"今天对于我们所有人来说，都是令人兴奋的一天，"她说，"这是我们的梦想即将实现的一天。我感谢伯特，感谢所有参与竞争的团队。没有他们的勇气和挑战不可能的精神，这个梦想将永远不可能实现。"

"我相信我们正在改变太空探索的未来，"她说，"我们来到这里，就是对X大奖参赛团队和大奖基金的支持。我们不仅在梦想中进入太空，也正在将梦想变为现实。我们每一个人都有责任。"阿努什也见过不少让梦想变为现实的事情。就在那天清晨，她碰见了儿时的偶像——饰演詹姆斯·柯克船长的威廉·夏特纳。当看到他戴着安萨里X大奖的棒球帽时，她激动得说不出话来。

就在不远处的跑道上，迈克和萨利紧紧拥抱在一起。萨利的身体在颤抖，她觉得好运终究会到头的。萨利再次把他们的幸运马蹄铁别在了迈克的袖子上。又过了一小会儿，伯特把迈克拉到一边，给他打气，就像一位教练在给他的四分卫温习球赛计划一样。伯特提醒迈克，这枚火箭还从未承载过这么大的负荷，迈克需要尽可能快地把火箭调整到垂直状态，迈克点了点头。两个男人也彼此拥抱了一下。

迈克爬进了飞船。他摸了摸别在衣袖上的马蹄铁，闭上双眼，让自己冷静下来。在他座椅的后面有一个容器，里面装满了缩尺复合体的员工们放进来的各种各样的纪念品。有几十枚结婚戒指，还有一捆捆的硬币、照片和个人的护身符。

很快，白衣骑士便带着太空船1号开始在跑道上滑行。在白衣骑士内，布莱恩·宾尼再次成为"巴士司机"，斯坦梅茨坐在乘客座位上。作为一名优秀的团队成员，布莱恩对于今天的飞行有着复杂的情绪。他觉得，今天本该是他坐在太空船1号的驾驶舱里的，他的驾驶水平已经被人不公平地低估了。但他对迈克还是充满了深深的敬意，迈克在他心中不仅仅是一名飞行员，更是一个值得尊敬的人。在过去的几个月里，布莱恩一直坚持不懈地进行训练，期待着老板能够点到他的名字。但是，仍有一种不安的感觉在他的脑海中挥之不去：他自己的艰苦训练将化作泡影，迈克才是两次X大奖飞行的飞行员。

当白衣骑士升空时，人群沸腾了。彼得和威特等人充当解说员，为观众们进行讲解，观众们也将各种聚焦镜头对准了天空。一个小时之后，太空船1号脱离了白衣骑士。在X1飞行过程中，网络和电视台都在全球范围内进行了现场直播。甚至连爱德华兹空军基地的行家们也都全程跟进。他们正在测试一台高分辨率导弹跟踪摄像机，这台摄像机将跟踪拍摄太空船1号从起飞到降落的全过程。

太空船1号脱离母舰几秒之后，戴着头盔和护目镜的迈克呼叫："解除锁定，点火！"

"点火正常。"他说。推力产生的加速度将他压到了座椅靠背上。火箭开始上升。

在莫哈韦沙漠中，一个人指着太空船1号的航迹云说："快看，那玩意儿在动呢！我的天！"

太空船外部的摄像机将拍摄到的图像传输到地面的超大电视屏幕上。威特此刻正站在台上，他对观众们说道："让我们合上双手，一起祈祷吧。"

在飞船驾驶舱内，迈克的呼吸非常沉重。

在任务控制中心，伯特坐在道格·沙恩的旁边，吉姆·泰伊坐在后面一排。保罗·艾伦和联邦航空管理局的负责人佩蒂·格雷斯·史密斯以及马里恩·布雷基也坐在任务控制室内。

"20秒，迈克，"当飞船发动机燃烧到20秒时，沙恩说道，"马上30秒。"

"一切正常。"迈克主动回应道，他的声音听起来很不错。

"马上40秒。"沙恩继续说道，"45秒。"

迈克想让飞船尽可能地垂直飞行，于是他使劲拉动操纵杆，飞船的仰角一下子便超过90度。当达到91.6度时，他向前轻推操纵杆，飞船便停止了快速上仰，又回到90度的位置。现在，飞船的机翼根本没有产生升力，飞船出现了轻微的摇晃并偏航。机头上仰8度，偏离预定航线15度。

迈克现在还遇到一个严重的问题。他开始旋转起来，起初很慢，然后越来越快，最后竟然像花样滑冰运动员那样转起圈来。与此同时，他也在快速上升，但是在翻转着上升。[①]迈克告诉自己，旋转最终会停下来的。如果他此刻关闭引擎，赢得X大奖的所有努力就将化为泡影。他必须渡过这道难关。

威特看着天空翻滚的飞船，又看了看屏幕，忍不住说道："噢，糟糕！他在翻转。"还有解说员评论说："看起来这可不像预定的飞行动作。"

人群安静了下来。理查德·布兰森看了一眼萨利·梅尔维尔，她那极其痛苦的表情说明了一切。布兰森也梦想着私人太空之行，但他知道这是在超越极限。保罗·艾伦看着这样一番情景，感觉自己承受着巨大的压力，似乎一下子衰老了20岁。

当飞船开始翻转时，迪克·鲁坦和迈尔斯·奥布莱恩正在CNN现场直播的节目中交谈。迪克对奥布莱恩说："这应该不是迈克计划中的情形。"迪克抬头看着天空，心想："迈克真的有可能没法恢复对飞船的控制了。"

坐在台上，彼得又产生了每次观看载人火箭发射时都会出现的感觉：狂喜、敬畏、不确定。他站起来说道："迈克很快就会冲出大气层，他有

---

① 缩尺复合体公司后来进行了仔细的分析，确定翻转是由于轻微的推进力不对称造成的。在方向稳定性低的情况下，这种翻转是飞行员无法控制的。此前的试验均未对这一情况进行测试。方向稳定性低的情况只有在高马赫数和低攻角（零度或者为负）时才会产生。

反推控制系统，能够用来抵消翻转。他会没事的。"然后他又说了一遍："他会没事的。"彼得的妈妈图拉可没有儿子那么有信心。她在祈祷，祈祷上帝保佑一切顺利。飞行员的坏结果对他儿子来说同样也是个坏结果。大家都听到威特在喊着："加油，迈克！加油，迈克！"接着，他告诉观众："与空中表演的通信中断。各位，这是异常紧张的时刻！我们等待着迈克的好消息。"一台摄像机将拍摄的画面传回地球，画面中展示出从太空船 1 号上看到的美景。

在驾驶舱内（观众们看不到驾驶舱内的情况，只有任务控制中心可以看到），迈克紧紧握住操纵杆，全神贯注地盯着面前的仪表盘。他在以每小时 2 000 英里的速度极速上升。此时的驾驶舱就像是一盏闪光灯，旋转着，忽明忽暗，太阳的光亮和太空的黑暗交替着从驾驶舱的舷窗倾泻进来。如果迈克望向窗外，他很快就会迷失方向。他一直在以 283 度每秒的速度旋转着。他发现，如果将注意力集中在仪表盘的某件物品上，他迷失方向的感觉就能有所缓解。迈克盯着旋转速度指示器，上面小小的数字显示着飞船每秒翻滚的度数。数字跟打字机的按键差不多大小，迈克得凑近了才能看清楚。他把操纵杆拉到最左边，左方向舵的踏板也踩到底，以抵消飞船向右的翻滚。

"闪光灯"闪烁的频率降低了，飞船的情况出现了好转，就像花样滑冰运动员在抱膝旋转后又伸开了双臂。现在，太阳的光亮和太空的黑暗交替的时间要更长一些了。迈克已经冲出大气层，现在旋转的速度是每秒 160 度。在他多年的飞行测试生涯中，迈克曾多次故意让飞机旋转起来，但直到此时他才明白，原来垂直上升也可能出现旋转。由于太空船 1 号此时已经冲出大气层，空气动力的控制就不再起任何作用了。控制杆和方向舵踏板变得"松弛"下来，由于没有空气的压力而完全失效了。

不一会儿，旋转的状况得到进一步缓解，一度中断的通信也恢复了。"他挺住了，"迪克·鲁坦对奥布莱恩说道，"这就是勇气！当然，还有技术！"

遥测信号恢复了正常，沙恩询问迈克感觉如何。这一次，迈克有些犹豫地说道："还行。"

吉姆·泰伊说，迈克将需要依靠反推控制系统对飞船进行定位。"启动'羽毛'。"他对迈克说道。

在太空船 1 号离开母舰 77 秒后，发动机在离地面 328 000 英尺的位置关闭。现在已经到达目标高度，即太空的起点，但在惯性的作用下，迈克驾驶的飞船依然在急速向上冲。任务控制中心内已经有人开始鼓掌，莫哈韦地面上的人群也开始欢呼起来。但萨利一直双手紧握，她的担心远没有结束。除非迈克能够平安地回到她的身边，否则她是没法安心的。

迈克打开了"羽毛"，并启动了反推控制系统。反推控制系统由 4 对小小的喷嘴组成，装在飞船鼻锥体附近；另外，还有 4 对喷嘴安装在飞船顶部和翼尖下方。他几乎用光了 A 瓶和 B 瓶里所有的压缩空气，才最终把翻滚的速度降到接近零。

当迈克确定太空船 1 号已经达到足够的高度时，他从仪表板下面拿出一个小型照相机，透过椭圆形的舷窗拍摄起窗外的景色。接下来的 3~4 分钟处于失重状态，这将是整个旅程中最平静的一段时间了。当迈克第一次飞入太空时，他从太空中看到了如模糊的蓝宝石一般的地球，这让他由衷地赞叹。而这一次，他更加惊叹于地球的美：他的妻子、儿子，以及地球上他所珍爱的一切。

"羽毛"上仰，翻滚的速度也降下来了，反推控制系统开始正常工作。太空船 1 号飞过了 330 000 英尺，最终到达 337 000 英尺的高度。该返航了。他已经做好准备，他知道自己将以 3 倍音速的速度飞行，并且要承受 5 倍的重力加速度。

在莫哈韦的地面上，威特解说道："飞船准备返航。好的。它要回来了！重力加速度在增加。速度增加得极快。他现在正以 2.2 马赫或者更高的速度返回地球。飞船会发出'隆隆'的响声，还会有些震颤。加速度还在增大，他现在就像颗子弹一样。"

过了一会儿，威特忍不住微笑起来，因为此时的太空船1号已经不再旋转，迈克也恢复了对飞船的控制。迈克相信，生命中总有一个时刻会要求你使出浑身解数——你所学的知识、你获得的技能，以及你所有的潜能。当年他来到莫哈韦沙漠面试这份工作时，公司的办公室让他想起20世纪40年代的海军陆战队指挥部：百叶窗式的房门，尘土飞扬。但在他的眼中，这片土地却是一片乐土。它让人们可以在政府的掌控之外，冒险去做一些意义非凡的事情。

看到迈克飞行在离地60英里的高度时，威特说："你能想象一艘飞船从328 000英尺的高度安全降落到在地面上，所需要的技术是多么复杂吗？今天真是一个让人汗毛倒立、惊心动魄的日子。迈克已经启动'羽毛'，飞船下降的速度在减缓。"

他继续说道："现在，他需要放平'羽毛'，让它重新变成飞机。大家快看，'羽毛'现在已经放下来了。好了，你们现在可以看到太空船1号的踪迹了。这架太空飞机、火箭飞机，现在变成了一架滑翔机。我们现在开着一架滑翔机回来赢取奖金啦！"

稍微停顿了一下，威特又补充道："这是纯粹意义上的试验性飞行，这可是一件非常冒险的事。听，空中有轰鸣声，这是音爆发出的声音。各位，迈克·梅尔维尔回来啦！"

但迈克的空中表演还没玩够，死里逃生的他感到异常欣喜。这位64岁的飞行员想要驾驶着太空船1号再最后"蛮干"一把。他已经做了29次翻滚，干吗不凑足30次呢？迈克让太空船1号的机头朝下俯冲，然后突然提速。在他旁边伴飞的阿尔法飞机飞行员非常清楚这位牛仔飞行员在做什么。他惊呼道："迈克又要翻滚啦！"坐在阿尔法飞机后排的杰夫·约翰逊开始大笑起来。迈克达到190节的速度，他将机头拉起，飞船便开始翻滚。

在任务控制中心，沙恩看出了迈克的意图。这可不是飞行卡上的任务，而此时，联邦航空管理局的头头就站在他身后。

翻滚结束，迈克愉快地喊了一声："耶——哈！"

沙恩突然意识到，他需要让迈克这个大胆的动作看起来像是事先计划好的才行，这样才不至于让联邦航空管理局的家伙们产生怀疑。于是，他冷静地说了一句："翻滚评估完毕。"

经过确认，此次飞行已经越过太空起始线，X1飞行顺利完成。当红、白、蓝三色相间的飞船在跑道上着陆时，伯特已经站在跑道上迎接朋友的凯旋。伯特冲到跑道边上，与警戒线外的观众们握了手，然后又飞奔回来，跳上了拉着太空船1号的卡车，并且坐到了理查德·布兰森和保罗·艾伦的中间，他还开玩笑地说，如果他们两个亿万富翁有哪个被颠下去可就有好看的了。迈克站在太空船1号滑溜溜的顶上——他很庆幸自己早年做过体操运动员，有着良好的平衡感。他不停地向人群挥手。在人群中，他看到了自己最爱的人。

当他回到地面时，萨利看着迈克说："现在我们终于可以一起慢慢变老了。"

彼得和他的女朋友克里斯汀目睹了人们为太空船1号欢呼的场景，那热烈的场景犹如最华丽的游行花车驶过人群。彼得给克里斯汀讲了X大奖和亚轨道飞行的故事，给她解释什么是"一杆进洞"的合同。他给她讲了他一次又一次地游说，却一次又一次遭到拒绝的经历。克里斯汀被彼得吸引，正是因为当大多数人都说不可能的时候，他却拒绝放弃自己的梦想。她喜欢他专一的心志和近乎天真的灵魂。当人群仍然在为创造奇迹的太空船1号欢呼时，勇敢的飞行员，以及天才的设计师都将目标对准了赢取1 000万美元的下一次飞行。但在克里斯汀的心中，当天的明星，真正的赢家，应该是彼得。

伯特和他的团队并没有多少时间来庆祝X1飞行任务的成功。就在首飞成功的当天晚上，他们就通宵达旦地分析到底是什么导致了那29次翻滚，以及如何防止这样危险的情况再次发生。

"我要退出了。"迈克说。

就在X1飞行成功几小时后，迈克对伯特和道格说出了这句话，表明他不会再执行X2的飞行任务了，当时保罗·艾伦也在场。他非常坚定，觉得自己已经足够，他认为布莱恩也应该拥有这样一次机会。"我和布莱恩一直在一起共事，"迈克说，"我对他也进行了训练，他是有准备的。"

迈克注意到保罗脸上不可置信的表情。保罗心里一定在想，布莱恩就是那个去年12月驾驶他的飞船迫降的家伙，这事才仅仅过去了10个月。沙恩也不敢相信，他们最可靠的人竟然不打算进行这次至关重要的飞行。倒是伯特保持着沉默。他也曾有过非常危险的飞行经历，他深深明白，总会有那么一个时刻，你会说：该适可而止了。迈克觉得他自己做得已经足够，他是世界上第一个获得私人宇航员徽章的飞行员。他也是自1961年艾伦·谢泼德之后第一个独自飞到太空的人。他还是唯一一位仅凭操纵杆和方向舵飞向太空的飞行员，而且他已经飞了两次。

第二天（9月30日）下午，缩尺复合体团队成员再次开会讨论X2飞行事宜。伯特一向喜欢把重要的飞行放在重大航空事件的纪念日。这一次，他选择了10月4日。这一天，是苏联发射人造地球卫星，开启由政府主导的太空竞赛47周年的纪念日。①现在，缩尺复合体的目标是要创

---

① 沙滩球一般大小的斯普特尼克1号是世界上第一颗人造卫星，由苏联于1957年10月4日发射升空，环绕地球飞行了98分钟，由此拉开太空竞赛的序幕。11月3日，苏联又发射了斯普特尼克2号，上面还搭载了一条名叫莱卡的小狗，媒体用了"太空犬"这样的字眼描述这名犬科宇航员，但这条小狗不幸在太空中死掉了。

造一个新的纪念日，一个私人太空飞行的纪念日。

下午6点，会议接近尾声。此时，史蒂夫·洛西说他已经完成对飞船的检查，然后把工作交给了负责推进力的小组。他的日志上还需要再补充一条信息，这也是一条非常重要的信息：飞行员的体重。他问伯特："这次谁来飞呢？"

这时，布莱恩就坐在桌边。他刚和吉姆·泰伊，以及皮特·西博尔德回顾了遥测数据，还在模拟器上进行了飞行。他对迈克头一天宣布的重磅消息还一无所知。此时，沙恩就坐在布莱恩对面；伯特坐在桌子的一头，和洛西相向而坐。伯特决定听从沙恩的意见。

布莱恩在等待答案，感觉自己的生命似乎都悬而未决。他会得到这次机会吗？或者人们永远只会记得他着陆失误？他已经51岁了，这样的机会再也不会有了。尽管他训练得非常辛苦，也全身心地投入了，但在内心深处，还是觉得这个机会仍然属于迈克：已经驾驶过飞船的人才会有机会再次驾驶。当他发现沙恩甚至都没有看他一眼时，他的这种想法更加确定了。

随后，沙恩平静地说："布莱恩飞X2。"

布莱恩竭尽全力和眼前这位传神谕者一样，不表露出任何神色，尽力装出他早就已经知道的样子。然而，在他内心深处，他在飞奔，他的膝盖也不痛了。此时，他脑海里浮现出漆黑的夜晚，他在航母上完美着陆的情景。还有他在鹅卵石海滩高尔夫球场的第18个果岭打出一记漂亮的小鸟球的情形。他仿佛看到妻子在朝他微笑，她的笑容仍和多年前他们初次相遇时一样迷人。

他还有3天的时间，来为他人生中最重要的日子做好准备。

第三十一章 / 机会只给有准备的人

布莱恩·宾尼坐在客厅里，看着电视上激动不已的伯特·鲁坦对CNN记者说，第二次X大奖飞行定于第二天，即10月4日星期一的早上进行。伯特告诉CNN记者，缩尺复合体团队这次的目标不光是"本垒打"，还要赢得"大满贯"。布莱恩心里一紧："天哪，这道障碍设置得还不够高吗？"

布莱恩在房间里踱着步，时喜时忧。采访结束后，他关掉电视，窝进了沙发，准备今晚就在这里凑合了，而楼上的主卧则让给岳父岳母。妻子芭布认为，这样的安排最好不过了：方便他凌晨2:15起床，煮杯咖啡，然后尽早出门。

但他刚一睡着，就被新的烦恼给弄醒了。添乱的是家里的狗，一只名叫坦纳的巨型金毛猎犬，它正努力地宣示自己对沙发的主权，那里平时可是它的地盘。布莱恩也不想数绵羊，他开始回顾自己以往的飞行经历。自从三天前的那个下午获知自己将成为X2飞行员之后，布莱恩就几乎没离开过模拟器。躺在沙发上，他的脑海中再次浮现出驾驶太空船1号的整个过程：坐在驾驶舱中，被白衣骑士投放后，将太空船1号的仰角调整为60度。为了避免迈克遭遇过的旋转，布莱恩要把飞行仰角控制在81~87度。

想着那些数据和景象，他又迷迷糊糊睡着了。然后他又会醒来，唯恐自己睡过了点，却发现狗的爪子还搭在自己的脸上。于是，他起身写下了自己飞行的目标：

> 1.飞至100千米的高度=1 000万美元
>
> 2.不在失控状态下离开大气层=布兰森未来的兴趣点
>
> 3.打破X-15的高度纪录=伯特的个人愿望
>
> 4.完美着陆=自我救赎

随后他又写道："1和2是必须的。3是尽力而为，而4纯属个人目标。"

即便半睡半醒，他也很清楚地知道自己正处于地狱边缘，徘徊在现实与梦境、过去与未来之间。时间一分一秒地流逝着，他也越来越清醒。这次飞行任务对他的回馈，取决于任务完成的好坏。曾因摔机着陆而萦绕心头的阴霾旋即消散，但仍有疑云挥之不去。

妻子更加频繁地为他祈祷。芭布是一个虔诚的天主教徒，当得知布莱恩得到了第二次机会后，她立刻行动起来。她发起了一场涉及全球的祈祷活动，还要确保每一位祈祷者所祈祷的内容都是一样的。"上帝喜欢具体的祷词。"她对教友们说。

"祷告的内容要具体。"她为布莱恩祈祷的祷词是："安全升空。安全下降。安全着陆。"

比起上帝的保佑，布莱恩更相信美国精神，不过他对任何形式的支持都表示欢迎。在时睡时醒的夜晚，他甚至也会在内心默默祈祷。他向上帝保证，如果飞行自始至终都能非常顺利，他将对上帝永怀感恩。

凌晨 2:15，闹钟响了，这对布莱恩来说几乎是种解脱。他从沙发上爬起来，想赶在 3 点钟以前到达公司。一出家门，清新凉爽的空气扑面而来，夜空清朗而宁静。他看着天上的星星，找到了银河，仿佛听到了来自天外的召唤。

开车去莫哈韦要 15 分钟。在路上，他打开了短波收音机，意外地听到一个叫《夜半荒漠：深夜灵异》的节目。主播亚特·贝尔正在讲述大多数人无法触及的"异度空间"。布莱恩听着这个怪诞的凌晨节目，回忆起12 月 17 日，在他执行完太空船 1 号试飞任务的几天后所遇到的那次灵异体验，那是布莱恩遭遇的最奇怪的经历了。当时他已经醒了，躺在床上等着 5:45 的闹钟响起。突然，卧室一下子亮了起来，就像打开了电视机一样，但电视机并没有打开。银光透过窗帘，布莱恩下床走到窗边，发现自家后院亮如白昼，而邻居家的院子还是一片漆黑。一些沙滩球或排球大小的泡泡飘浮在空中，颇有几分顽皮的感觉。片刻之后，这些神奇的半透明物体就消失在黑暗中了。他呆呆地站了几分钟，没有说话，也不想动弹。他不相信超自然现象或外星人，但他清楚自己的确看到了什么，这是他无法理解的。不管出于什么原因，这样一个瞬间给了他希望，回想起来也让他精神一振。车拐进莫哈韦航空航天港，布莱恩又看了看闪烁的星空。对于他即将出发探索的秘密，上天知道了多少呢？

早上不到 5 点，在附近的帕姆代尔，1 500 名学生分别从三个不同的接送点登上了驶往莫哈韦的巴士，他们都是要去观看太空船 1 号发射的。这样的免费旅行是斯图尔特·威特、彼得，以及所有 X 大奖团队成员都曾梦寐以求的。这趟一辈子只有一次的实地考察旅行是由当地房地产开发商格雷格·安德森赞助的，许可证、保险、领队，以及巴士的费用都是由

393

他出的。他觉得这是一次机会，让孩子们见证这样一个历史性时刻，这将激励他们一生。安德森还希望当地的青少年们多接触航空航天业，见识一下缩尺复合体公司是如何获得全球关注的。威特在早前的一次计划会议上曾给彼得提过："你看小鹰镇的照片，上面就没有孩子。"彼得觉得这个想法能为下一代创造又一个"林德伯格时刻"。他们虽没有勒布尔热机场，但他们拥有莫哈韦。

到达航空航天港后，孩子们被领到跑道旁边。他们就在那里等待、观看。当看到白衣骑士时，孩子们一阵欢呼。母舰飞近，然后一个急转弯，朝着群山的方向飞去了。

彼得抽出一点时间，在跑道附近对诸多细节进行了一番细致的观察：人群、记者、名人、富豪、孩子们、宇航员、美国国家航空航天局和联邦航空局的管理人员、他的家人、万里无云的碧空，以及白衣骑士与太空船1号联袂出演的那种奇特的美感。彼得不知道今天的飞行将会产生多大影响，但他已经被航天技术的发展震撼。这正如他的发小斯科特·沙夫曼所说的：他设立了一个没有奖金的航天奖项；他想做一些只有政府才做过的事情；他相信可以造出一艘可重复使用的太空飞船；他还相信，只要设立奖项，就会有团队参与竞争。现在，太空船1号只需要再成功地飞行一次，就大功告成了。参与角逐X大奖的更多团队也一直在建造飞船。只要有人赢得大奖，航天梦就会一直继续下去。人们遨游太空的激情也会长存。

在罗马尼亚、英格兰、阿根廷、美国得克萨斯州和其他一些地方，火箭及相关硬件的制造一直没有停止。理查德·布兰森已经签订研发太空船2号的协议，他将使用鲁坦的技术和"羽毛"设计。彼得的朋友埃隆·马斯克的私人火箭公司也开始承接航天业务。而SEDS普林斯顿大学分会的前负责人杰夫·贝佐斯也开始向航天业投入大量资本。彼得相信，在载人航天飞行呈螺旋式下降的今天，这将是一个新的拐点。

彼得看着太空船 1 号。他在布莱恩座位下的配重箱里装了三本自己珍爱的书:《卖月亮的人》、格雷格·马里尼亚克送给他的《圣路易斯精神号》,以及托德·霍利送给他的《阿特拉斯耸耸肩》。他和托德都特别喜欢书中的这样一句话:"疯狂和愚蠢都是暂时的,不会长久。它能使人癫狂,因此也将自取灭亡。你我需要做的,只是再努一把力而已。"

飞行前准备会议结束后,伯特提醒机组人员:"这次是拿奖金的飞行。""他一直在施加压力,"布莱恩心想,"大满贯! 拿奖金! "布莱恩穿上飞行服朝机库走去。他提着要带上飞船的小包站到秤上:身高 5 英尺 11 英寸,体重 165 磅。近日来的跑步和压力让他的体重有所下降。他打算带两面美国国旗上太空——一面是比较重的布质国旗,另一面是聚酯纤维的,还有同事们最后塞给他的各种各样的东西。主配重箱已经装满,里面包括戴夫·摩尔放进去的一万个硬币,一方面是为了配重,另一方面也能当作航天纪念。布莱恩可以携重 200 磅,现在稍微超了一点。他不情愿地选择了较轻的聚酯纤维国旗,还学着当年查尔斯·林德伯格那样,撕掉了沉重的飞行手册上没用的部分。要是他到现在还不熟悉飞行手册,那可就麻烦了。他穿了好几双袜子以保护双脚,火箭外面可是零下 70 华氏度的低温。脚趾与外界只隔着三层碳纤维。他可不打算把袜子也减掉。最后,配重达标了,布莱恩走向了飞机。

他每走几步,就会被一群群前来祝福的人拦住。最后,布莱恩只得放弃在准备区待一会儿的想法。现在他总算明白了,为什么宇航员在飞行前都会躲起来了。试飞员查克·柯尔曼是有史以来迫降次数最多的人。今天,他将驾驶追逐机引导布莱恩着陆。他说:"我在 15 000 英尺的地方等你。"星舟追逐机的所有者罗伯特·谢尔勒郑重地对布莱恩说:"世界与你同在,上天与你同在。"杰夫·约翰逊非常了解布莱恩重返飞船驾驶舱的决心以及为此付出的努力,他给了他一个深情的拥抱。布莱恩还见到了埃里克·林德伯格和彼得·戴曼迪斯，他们对布莱恩说，他就是"今天的查尔斯·林德伯格"，他将创造历史。

接下来是他的岳母玛丽亚·安德森，她端着一杯麦当劳的咖啡，看起来头天晚上休息得不错。这位女士从不害羞扭捏，也绝不轻易言败。布莱恩谨慎地看着他的岳母和她的咖啡。可他还没来得及开口说话，她就已经张开双臂拥抱了他，以示"祝福"及"请善待我的女儿"。接下来的事情发生得很突然：随着岳母紧紧的拥抱，滚烫的咖啡从他的脖子顺着脊背流了下来。"真烫，"他心想，"果然和广告里说的一样。"16盎司咖啡把他宇航服下的白T恤全都浸湿了。惊吓之余，正如他开玩笑所说的，他发现了此刻的幽默之处，岳母很慷慨地给她自己留下了大概4盎司（100毫升）的香草味咖啡。空气动力学家吉姆·泰伊马上就咖啡的重量及其对到达高度可能带来的影响进行了评估。他告诉布莱恩"在离最高点400英尺左右就会干掉"，那里已经接近迈克6月21日飞行时的边界。

布莱恩继续大步走向飞机。芭布走在他身旁，穿着自制的衬衫，上面有星条旗的图样。她亲了他，摘下婚戒塞在他的口袋里说："就当是我陪着你上太空。"她戴着水晶蓝念珠串，等布莱恩飞行时她将捻动念珠为他祈祷。她的祈祷团队同样都戴着念珠，等着为他祈祷。

不久，萨利·梅尔维尔也来了。她把他们夫妇俩的幸运马蹄铁送给了布莱恩，布莱恩也欣然接受。然后是迈克，他的导师兼好友。布莱恩知道他一直在力挺自己执行此次飞行，但他不知道的是，沙恩早上还在对迈克说："我们很快就会知道这个决定是好是坏了"。但是迈克却对他很有信心，他对布莱恩说："你能做到的，我知道你能做到。"在他的加长超轻型飞机上训练时，他也是这么对布莱恩说的。迈克还告诉他："今天将是伟大的一天。"在这次飞行中，迈克将担任母舰的飞行员。

最后出现的是伯特——布莱恩的老板、好友，兼高尔夫球友。他看起来并不紧张，而是一脸兴奋。他俯身探进驾驶舱，用高尔夫术语向布莱恩建议道："拿出发球杆，挥杆要流畅，球路要长。"几秒钟后，舱门关闭，驾驶舱内只剩下布莱恩一个人，他重新回到承载自己的梦想与恐惧的飞船驾驶舱。有意思的是，他也没有体验到什么深刻的、有启发性的瞬间，只是舱内充满了别样的味道，那是法式香草咖啡的味道。

当地时间早上 6:49，白衣骑士以 130 英里每小时的速度从 30 号跑道起飞。在白衣骑士按固定模式飞行并爬升到预定高度之前，布莱恩得挂在下面飞一个小时。他此前无法想象自己重新回到这个滚烫的座位上，等待着发射会是什么感觉。但是现在，他已经准备好，而且非常冷静。

早上 7:49，刚好一小时，白衣骑士爬升至 47 100 英尺的高空。布莱恩握住操纵杆，做好了脱离母舰的准备。

迈克开始报数："3，2，1，投放。"斯坦梅茨随即拉动控制杆，将太空船 1 号投放了出去。

"投放完毕，解除锁定，点火。"布莱恩说道。

"我的天，太刺激了！"看到太空船迅速掉头向上，斯坦梅茨如此这般说道。布莱恩这次是一飞冲天。

几秒钟之后，控制中心的沙恩问道："速度看起来不算快。一切顺利吗？"

"一切顺利。"布莱恩答道，他这一次是胸有成竹。他知道会出现摇晃、拖拽和搅动的感觉。他期待着如同打响第三次世界大战一样的巨响。他的呼吸非常平稳，所有感觉都如期而至。

"出现小幅横向振荡。"布莱恩说。

沙恩回复道："收到。30 秒。机头再略微向上。40 秒。轨迹完美。"

迈克补充了一句："布莱恩看起来棒极了。"

在莫哈韦的地面上，人们纷纷将照相机镜头对准了天空。他们看到母舰和太空船 1 号分离，看到白衣骑士向左转向而火箭径直向上，在竖直方向上留下一道又浓又白的航迹云。今日无风，能见度极佳。斯图尔特·威特又开始进行实况解说，同时进行解说的还有格雷格·马里尼亚克。今天，人们口中呼喊的是："布莱恩加油！"

随着氧化剂存储箱中一氧化二氮的浓度开始下降，燃料将从液态转为气态。此刻，布莱恩正专心地驾驶着飞船，努力避免旋转着飞出大气层。[①]

"350，建议关机。"沙恩说。高度预测器显示，如果现在关闭发动机，布莱恩最终将到达 350 000 英尺的高度。这就已经将他安全地送到卡门线以外。

布莱恩还想飞得更高一些。他要用尽发动机能提供的所有能量。他缓慢地操纵着飞船，希望能在高度预测器中读出 370 000 英尺的高度。

84 秒时，引擎最终关闭。这台引擎在迈克执行 X1 飞行任务时坚持到了 77 秒，在 6 月 21 日坚持到了 76 秒。

沙恩正式宣布："引擎关闭。"

"'羽毛'上折，"布莱恩报告，"'羽毛'工作正常。"然后，他看着漆黑的太空说："哇，我是倒着的。"他已经到达太空，而且完全没有旋转。

当布莱恩通过卡门线时，感觉自己已经脱离任务控制中心，而是被一股神奇的力量指引着。那种感觉非常清晰，如同当天清晨的天空一般。现在脱离了地球的引力，他凝视着漆黑的穹顶中地球那淡蓝色的轮廓。

"感觉不错吧？"沙恩问。

"感觉太棒了，"布莱恩答道，"哇，上面好安静。"

"收到。"

"建议拿出照相机。"

"收到。"

---

① 发动机的初始推力为 1.6 万~1.8 万磅。在燃料从液态转为气态前，推力将逐渐减弱为 8 000 磅；此刻距发动机点火约 1 分钟左右，飞船同时会出现晃动与颠簸。

布莱恩拍了一些照片，然后在驾驶舱内放飞了一只太空船1号的纸模型，那是临行前别人给他的。由于没有重力的影响，纸飞船立刻在驾驶舱内自由地飞翔起来。

然后，布莱恩听到了伯特的声音："打破X-15纪录。"

在控制中心，伯特兴奋地挥舞着双拳。保罗·艾伦则拍了拍他的后背。X-15曾在1963年达到354 200英尺的最高点，而布莱恩的飞行高度比这个纪录高出10 000英尺。这就是这位老板所谓的"大满贯"。

伯特一直在分析数据。引擎是在213 000英尺关闭的，当时速度为3.09马赫。太空船1号就像被抛入空中的球一样，继续依靠自身动能不断上升，动能之大令人惊叹。飞船一直飞到367 550英尺的高度才停下来。

"太厉害了。"布莱恩说。

到达最高点之后，太空船1号开始迅速回落。布莱恩仍能闻到驾驶舱内香草咖啡的味道。

"重力加速度来了。"沙恩说。

"有5个g。"布莱恩回复道。

伯特在认真地记着笔记。他一会儿看着沙恩，一会儿又看着屏幕。

"已达到加速度峰值，当前高度75 000英尺。"沙恩说道。控制中心又响起一片掌声。

"感觉快要散架了。"布莱恩这样形容太空船。

"收到，"沙恩说，"在收回'羽毛'时，将飞船姿态调整至平衡位置。"

在大约63 000英尺的高度时，布莱恩回收"羽毛"。控制中心紧张地注视着飞船的尾桁由上仰的63度缓慢回落至锁定位置。①

---

① 伯特将"羽毛"上仰的角度从65度调整为63度。同时，他们还安装了缓冲器，以减小传动装置受阻停止时产生的冲击。

"'羽毛'锁定。"布莱恩在一片欢呼声中向控制中心汇报。伯特从少年时的去热能化模型飞机中获得了灵感,于是有了"羽毛"这一巧妙的设计,这一减速机制的表现可以说非常完美。伯特抹掉了眼角的泪花,觉得自己抓住了那一刻的灵感。他心里清楚,整个任务的成败就取决于"羽毛"能否正常工作。许多专家曾对他说,"羽毛"是行不通的,那只是一个疯狂的想法而已,但伯特却不止一次成功了。就在大家都认为他是在胡说八道的时候,他却找到了突破口。

现在剩下的就是安全着陆了,伯特和保罗·艾伦走向停机坪,与理查德·布兰森、彼得、埃里克·林德伯格,以及飞行员的家属站在一起。一时间,大家看到伯特、保罗和理查德都用左手指着天空。

近处,芭布正在捻动念珠祷告,坚信自己的祈祷能指引布莱恩平安归来。他们的孩子则举着"爸爸加油!"的标语。

跑道上的风锥安静地垂着,莫哈韦此时非常适合着陆。

布莱恩在关键时刻放下了起落架。他还会在终点栽跟头吗?在经历了惊心动魄的太空飞行后,布莱恩的内心深处已经有了答案:他一定会完美着陆。他会用自信战胜并抹掉自己心中的疑虑。

布莱恩神情专注。他不像是要投出孤注一掷的万福玛丽亚传球的四分卫①,却像是要完美地添上最后一笔的艺术家。他听见了呼叫:"看起来不错,不偏不倚。"

太空船1号处于滑翔状态,推进器燃料已经耗尽。当时没有风,也没有颠簸。布莱恩既看不见欢呼的人群,也看不见卫星通信车和应急车辆。他的眼里只有中线。鼻锥体上闪烁着星星的小小太空船马上就要着陆了。

---

① 在橄榄球比赛中,万福玛丽亚传球是一种向前孤注一掷的长距离传球。这种传球成功率低,通常在比赛快要结束时使用。——译者注

柯尔曼从追逐机上呼叫:"时速 200……100……状态不错。"

布莱恩脑子里闪过在加长超轻型飞机上所做的着陆训练,还有在模拟机上进行的训练。他尽量保持机身平稳。现在,已经能看到飞船在跑道上投下的黑影。

那里没有航空母舰,没有阻拦索,那里就是他的画布。

3,2,1,着陆。轻轻地,踩正中线。完美。

"恭喜你,布莱恩!"沙恩说道。一向表情严肃的他也有些激动了。

在母舰上的迈克已经喜不自禁,他又大喊:"耶——哈!"这一次是为布莱恩喊的。然后,迈克又声音哽咽着说了一句:"为你感到骄傲。"

布莱恩对他的导师回答道:"谢谢你,迈克。"

伯特在跑道上迎接布莱恩,并向他表示了祝贺。"尝鲜的滋味怎么样!你超越了 X-15!太酷了。"

萨利和芭布跳上跑道上的一辆卡车,朝布莱恩飞奔而去——试飞员的妻子知道如何拿到应急车辆的钥匙。

车还没有停下来,芭布就跳下了车。她跑着来到飞船跟前,然后爬进了驾驶舱,一遍又一遍地说:"你成功了!"布莱恩紧紧地抱住她,竭力不让眼泪流出来。他太激动了,简直不知道要说什么才好。埃尔顿·约翰的歌曲《火箭人》响彻整个航空航天港:"我是一个火箭人,火箭人;他独自飞行在太空。"他做到了,他赢得了宇航员的勋章。

当人群还在欢呼时,学生们则被叫上了巴士,他们还得上一天的课呢。当地《羚羊谷报》记者拉住一群中学生,问他们是否愿意成为宇航员,所有人都举起了手,没有丝毫迟疑。

人们打开了香槟,又唱又跳。X大奖的几位参赛者也都在现场,包括巴勃罗·德·利昂,站在他身旁的是罗瑞塔·希提尔柯和乔治·怀特塞兹。[①]"这是一个新纪元的开端,"利昂热泪盈眶地说,"今天之前与今天之后就完全不同了。从今天开始,局面将发生翻天覆地的变化。政府对于载人航天发射的垄断到此结束了。"庆典移至缩尺复合体公司门前举行。彼得、伯特、保罗·艾伦,以及理查德·布兰森一起站在临时搭建的舞台上。埃里克·林德伯格和安萨里一家也在旁边。直到长长的跑道尽头,都回响着彼得的声音。

"40 年来,我们见证了很多次太空船的发射,"彼得说,"人群必须站到 5 英里开外的地方,只有少数几名宇航员才能登上飞船并点燃发动机。而今天,太空船 1 号着陆了,我们再也无须站到 5 英里之外了,我们离它只有 5 英尺。"

彼得继续说道:"我们见证了私人航天飞行这一新纪元的诞生。今天,我们很高兴在此,在加利福尼亚莫哈韦航空航天港宣布,太空船 1 号完成了两次高度超过 100 千米的太空飞行,并赢得了安萨里 X 大奖。"

彼得回到人群中,与家人和克里斯汀站在了一起。他的父母可能并不明白轨道与亚轨道,他们可能对 X 大奖所有的计划、经过的痛苦、感受的激情都不甚了解,但他们最理解 X 大奖对彼得的意义,理解它对于一个靠着火箭能量四处奔走、无法停歇的孩子的意义。那个孩子曾让他们坐下来听太空知识讲座,还保存着看完每部《星际迷航》后记录的卡片。少年时期他在家里私藏炸药,制造试验火箭,这些火箭最后往往变成了威力巨大的导弹。他大学生时创立了 SEDS 和一所宇航大学,毕业后为了取悦他们而读完了医学院——这个孩子从来没忘记自己的梦想,其中就包括今天已经成为现实的这样一个梦想。

图拉笑着说,她大概不该继续问彼得什么时候去当医生了。哈里对彼得说,他已经为家族带来巨大的荣誉。对于彼得来说,今天只是一个

---

① 怀特塞兹是彼得经营升空公司项目期间的室友,后来担任维珍银河 CEO。

开始。当他听着伯特讲话的时候，他一直在想着：我们点燃了太空的新纪元。

伯特对人们说："你们看看，1961 年苏联人把尤里·加加林送进太空之后的 12 个月，光是第一年里就有 5 次载人航天飞行。而现在，43 年以后的今天，有多少次载人航天飞行呢？5 次。我们这小小的项目就占其中的 3 次，俄国人有 2 次。我们这个小团队就是美国优越主义的代表。"①

站在伯特身边的布莱恩随后上台发言。他铿锵有力地说："每天早晨醒来时，我都会感谢上帝，让我生在这个一切皆有可能的国度。美国人富有创造力，干劲实足，说干就干。一群人为了共同的信念，拼尽全力并最终把它变成现实。"几个小时前，布莱恩还命运未卜。现在，他已经是进入太空的第 434 个人。

那天晚些时候，大多数人都已经离开莫哈韦。彼得、保罗·艾伦、伯特、迈克、布莱恩和缩尺复合体团队都聚集到会议室。他们接到了一个电话，是乔治·布什总统打来的。这位乘坐空军一号的总统评论说，他的飞机不如太空船 1 号炫酷，也远不及迈克和布莱恩的飞行那么令人兴奋。

此时，迈克与布莱恩并肩而坐——迈克是世界上第 433 位宇航员。他们对面坐的是伯特和彼得，其他人也都凑在一起。就这个项目一番寒暄之后，布什总统说："莫哈韦的天空很大，你们的梦想也很大。"接着，他又补充道："感谢你们有如此伟大的梦想。"

那一晚，斯坦梅茨、洛西和其他人慢慢地喝着啤酒。这份宁静与安

---

① 伯特相信，太空船 1 号项目将被载入史册。他希望缩尺复合体的每一位员工都能告诉他们的子孙，他们曾在太空船 1 号的设计、制造或测试中出过力。参加初始设计与计划的有 8 人。参与制造白衣骑士和设计并测试火箭的有 25 人。有大约 60 人参与了白衣骑士和太空船 1 号的航电设备以及模拟器项目。在准备太空飞行的这一年中，有 30 人直接参与了该太空项目。伯特估计，一共有大约 80 人共同成就了世界首次私人载人航空项目。

稳是他们好多年都未曾感受过的。

"人们总在说着早年阿波罗计划的神话,"斯坦梅茨说,"而现在这里也发生了同样的事情。所有合适的人,都发挥了恰当的作用。对于今天的成功,每一个人都很重要。我们就是一个神话。"

不远处,当太空船1号被送回机库时,伯特告诉他的团队:"你们把心血与才华都倾注在了这上面。这不是结束,而只是一个非常好的开始。"

一个月之内,伯特、保罗·艾伦和缩尺复合体团队将前往圣路易斯领取1 000万美元的奖金。太空船1号将再一次挂在母舰的机翼下,飞向它最终的目的地。

第三十二章 / 历史会记住那些真正的梦想者

　　这里是史密森尼国家航空航天博物馆的飞行里程碑展厅，离闭馆还有一个小时。彼得独自待在展厅里，他是忙里偷闲从华盛顿特区来到这里的。这些年来，他为了国际微空间公司、天使科技公司和零重力公司，经常和美国国家航空航天局以及联邦航空管理局的官员们会面，结果往往是令人沮丧的，以致让人神经都有些麻木了。于是，他常常来到这里寻求灵感，从而提醒自己：虽有风险，但也有回报。

　　一走进阳光明媚的大厅，他立即又沉浸在那些关于飞行器的故事里。有很多是他知道的，还有更多是他想要知道的。他经历了太多的不眠之夜，为资金而奔忙，为设计而争吵——这里面有太多太多不为人所知的故事。站在橘色的贝尔X-1试验机下，他想到要制造这样一架子弹型的飞机，还要找到合适的空军飞行员驾驶它，并且以前所未有的音速飞行，他的设计者和制造者们一定付出了太多太多。还有火箭动力实验机北美X-15，意在探索人类将在太空扮演的角色。那时，人们还无法知道飞行员和飞机是否能够离开大气层并安全返回。

彼得又走向水星号飞船，想象着约翰·格伦在成为美国第一位绕地球飞行的宇航员时所具备的勇气。看着阿波罗11号的指令舱哥伦比亚号总会让彼得觉得精神愉快。飞船已经改变他的生活，当他只有8岁的时候，就已经对人类踏上月球时，电视屏幕上那满是雪花点的黑白图像着迷了。

彼得抬起头，看到了世界上最快的喷气式飞机——钛合金的SR-71黑鹂。这架飞机是在洛克希德·马丁公司秘密的臭鼬工场里制造出来的。他又漫步走向了伯特的旅行者号，这架飞机成功地证实飞行员能够在不添加燃油的情况下，实现不间断的环球飞行。每一座里程碑都推进了人类对未知领域的探索，每一座里程碑都是建立在人类已有的认知之上。

彼得看着来来往往的参观者，他们在这件或那件展品前总会驻足停留片刻。他们是否也会想到这些成就背后的设计师、工程师、投资人、飞行员？是否会想到他们在寻找材料的过程中的艰辛，遇到挫折时的痛苦，还有找到突破时的快意？每看一件展品，他都会想象一下，在这些飞行器首次公开亮相前的10年，那又是怎样一番情景。他想到了这些飞行器在问世以前，成功的可能似乎总是微乎其微。为了建造这些飞行器，谁必须得被说服？资金从何而来？多少希望之门被关上，又有谁在坚守，直到打开下一扇希望之门？

这个展厅以个性化的方式记载了航天史上的得与失，而这一切都成为人们心中的记忆。1995年春，在正式确立国际宇航大学章程之后，他和鲍勃·理查兹、托德·霍利一起到的也是这里。他还珍藏了一张他们三人的照片——彼得、鲍勃和托德站在圣路易斯精神号和X-1前，这是他们在众多飞机之间找了块空地拍摄的。三个月之后，托德去世了。他最好的朋友，那个他称作兄弟的人，将被永久地铭记于此。当时，所有人都曾排队触摸过来自月亮的岩石，仿佛在寻求与托德的最后一丝联系。也是在这个展厅里，他遇到了丽芙·林德伯格，正是丽芙向他介绍了林德伯格家族中的飞行员。埃里克的人生已经被X大奖彻底转变，而当X大奖前景一片暗淡时，也正是埃里克拯救了彼得的梦想。

彼得走向前门入口，他走走停停，一大堆问题又涌上了心头：有多少人为此而丧生？多少婚姻家庭因此而被毁？人们经历了怎样的磨难才制造出这些疯狂的航天器？这一次，彼得终于找到答案，所有问题的答案都汇聚在这样一架标志性的飞船上：太空船1号。这里也是这艘小火箭最终的目的地，它是几个月前的2005年10月被安放在这里的，那正是它斩获X大奖1周年的纪念日。这是彼得再熟悉不过的故事了——极其疯狂、饱受痛苦、光辉灿烂、身心俱疲、扣人心弦，而且这个故事差一点就没有能够成为故事。

如果在圣路易斯精神号和查克·耶格尔的X-1试验机之后还有什么空缺，那填补这个空缺的一定是世界上第一架私人出资、私人制造并驾驶的宇宙飞船。来自莫哈韦沙漠的奇迹完全能够与圣路易斯精神号比肩而永存于世。这两架飞行器虽然前后相隔了77年，但都有自己特立独行的想法，有自信满满的制造者，还有它们前面的一份大奖。正如查尔斯·林德伯格曾经问过的那样："我为什么不能飞到巴黎？"伯特·鲁坦也问道："我为什么不能飞上太空？"

博物馆准备闭馆了，彼得看了太空船1号最后一眼。这架鼻锥体上闪烁着星星、在稀薄的空气中畅游过的飞船，完美展现了航空业所取得的成就。今天，是彼得在地球上度过的第16 157天，他的信念得到了证实：挑战不可能，一切皆有可能！

结 语 / 各自精彩

彼得·戴曼迪斯作为X大奖的奠基人和执行主席，一直运营X大奖基金。X大奖现在已经扩展为一个全球性的基金组织，设立了多项激励机制以解决一些世界性的难题，范围从能源、环境、太空、海洋到教育、健康和全球发展。迄今为止，该基金已经颁出的奖金有3 400多万美元，正在进行的奖项涉及奖金8 200万美元，还有多项总价值超过1亿美元的奖励也正在策划中。该基金最大的奖项——3 000万美元的"谷歌探月奖"将授予首个运用机器人登陆月球，使其在月球表面行走500米，并将视频发送回地球的团队。彼得在谈及他在帕萨迪纳经营不善的网络公司时说，"谷歌探月奖"可以看作此前升空公司的延续。他创立的SEDS以及国际宇航大学一直延续至今，并得到了长足发展。彼得在运作国际宇航大学以及联合创办奇点大学的过程中获得了丰富的经验，后者是总部位于硅谷的一个教育智库和产业孵化基地，致力于指数技术的运用和全球推广。他将自己的经验提供给正在进行创业或者产业调整的企业家及管理者。最近，彼得与合作者共同创办了两家新公司，延续了他一手抓太空，一手抓医学的一贯风格：一家"星际资源公司"，目前正在建造深空无人机，为将来展开小行星资源探测做准备（同时也可以监控地球表面农业及能源状况）；另一家是"人类长寿公司"，涉及基因组学、干细胞以及机器学习，致力于延长人类寿命的问题。彼得想通过这样一家公司获取人类长寿的机制——这也是他在哈佛医学院的本行，以便有一天能够亲自到太空中去。此外，零重力公司也让15 000多名年龄从9岁到93岁的人体验到了无重力状态。2007年，彼得和拜伦·利希滕贝格将史蒂芬·霍金教授这位世界级专家从重力空间载入零重力空间。零重力公司现在是美国国家航空航天局抛物线飞行体验服务的唯一提供者。彼得现住在圣莫尼卡，是畅销书《富足与勇敢》的合著者，经常到世界各地与《财富》世界500强的CEO进行对话，并且为企业家提供一些建议。他和他的妻子克里斯汀有了一对双胞胎男孩——杰特和达克斯。

埃里克·林德伯格倾其一生都想逃离生命的重力，这也激发他进行一种新的探险，名叫"逃离引力"。他的新公司旨在帮助人们面对衰老时还能获得力量，保持优雅。林德伯格解释说："我很高兴获得了第二次生命，活到了51岁。现在生活仍然在继续，这是我一生中最好的时光。'逃离引力'将分享人们生命中复杂的心路历程，并且拿出一份激情来为社会做点贡献。我自己通过太空、艺术，以及冒险逃离了引力，而你又是怎么做的呢？"

伯特·鲁坦在2011年4月从缩尺复合体公司退休后，和他的妻子汤娅搬到了爱达荷州的科达伦。经过短期休息之后，他又开始在车库建造他第47款新型飞机。这款水陆两用机名叫滑水鸥，具有用于着陆的伸缩式滑橇。根据设计，飞机能够从加州直飞夏威夷而不需要中途添加燃料，并且可以在水面、雪地、草地，以及硬质地面上着陆。汤娅拿到了水上飞机的私人飞行员驾驶证，他俩计划驾驶着滑水鸥，怀着冒险家的梦想，开启环游世界的旅程。伯特说滑水鸥是耐盐水的，这也将成为他亲自设计和建造的最后一架飞机。他有 6 架飞机，包括太空船 1 号，都悬挂在美国国家航空航天博物馆。

迈克·梅尔维尔在 2007 年 10 月从缩尺复合体退休后，仍然在驾驶他的加长超轻型飞机和皮特双翼机，每年至少要飞行 120 个小时。他还有幸驾驶了一次一位朋友收藏的第一次世界大战时的战斗机。萨利与迈克同一时间退休，每周拿出两天时间在一家幼儿园做志愿者。迈克说："我俩一起来，一起走，这真是件开心的事。伯特是我俩遇到的最好的老板。他很大方，和他在一起工作很有劲儿。我从来没有感到乏味，我们的工作很酷、很了不起。我们从 1978 年 9 月就开始为伯特工作，当时整个公司就三个人——伯特、萨利和我！"

太空船 1 号发射成功之后，缩尺复合体公司开始为理查德·布兰森以及他的太空船公司打造太空船 2 号。在赢得 X 大奖之后的 10 年里，布莱恩·宾尼打算按太空船 1 号制造一艘尺寸更大的太空船 2 号，这艘飞船将能够搭载两名宇航员和 6 名乘客。后来，他于 2014 年离开了缩尺复合体公司，转而参与了环宇太空公司"山猫"亚轨道宇宙飞船的制造。作为高级试飞员及工程师，他建造的飞船可利用火箭动力直接从跑道上发射，飞向太空，然后像滑翔机一样返回地面。山猫的尺寸与太空船 1 号大致相同，可搭载一名乘客。这名乘客将与飞行员（宇航员）并排坐在驾驶舱内。布莱恩将他在缩尺复合体的日子看作职业生涯中最有创造性、最有收获的一段时光。他说："我此前从未与这样一个天赋异禀的人，在这样一个人才济济的团队中工作过。这样的氛围恰好体现了伯特·鲁坦的才能与人文精神。"布莱恩和他的妻子芭布希望能在西海岸的某个地方退休养老，那儿有着乡野的天气和温度，可以让他回忆起远在苏格兰的根。

保罗·艾伦在太空船 1 号上面花了大约 2 600 万美元。他说，看着太空船 1 号挂在国家博物馆里，这将是他永远难忘的一天。"我从没有这么骄傲过，"艾伦说，"整个过程曾经只出现在梦里，现在真真切切体验到了。这真是太奇妙了，能参与到这样的一个团队中，真是人生的一种巅峰体验。"艾伦仍然参与空间方面的投资，但很乐意将载人飞船这一块交给理查德·布兰森。"我不是太迷恋商业性航天业务。"艾伦说。他觉得这个领域或早或迟都会出现一些失误，或者"与计划的偏差"，这都是不可避免的。艾伦旗下的火神航空公司与缩尺复合体公司签订了合约，打造人类有史以来最大的一架飞机——平流层发射号，其翼展达117米。该飞机将从高空发射卫星及探测器进入轨道。伯特·鲁坦仍为公司董事会成员，负责平流层发射号初始概念的形成，但基本上不再参与飞机的建造工作。

　　1 000万美元的X大奖奖金由伯特·鲁坦的公司以及保罗·艾伦的公司五五分成。伯特拿到钱后，将奖金分发给每一位参与了太空船1号制造的员工，从工程师、飞行员到清洗工场的工人。每人的奖金都相当于自己一年的薪水。现在，缩尺复合体公司完全为诺斯罗普·格鲁曼公司所拥有。很多人都离开缩尺复合体到了维珍银河公司，包括道格·沙恩和太空船1号前空勤长史蒂夫·洛西。维珍银河现在可以说是沿袭了缩尺复合体的路线。在莫哈韦航空航天港一个较为偏僻的角落，巨大的平流层发射号正在一个机库中成型。

　　理查德·布兰森的维珍银河公司正是在太空船1号的基础上建立起来的，它的建立为太空旅行商业化创造了条件，更多的人和设备也因此得以进入太空。公司2014年10月的一次试飞遭遇了挫折，酿成一场惨剧——太空船2号（根据《星际迷航》中的飞船被命名为"企业号"）的"羽毛"在错误的时间解除了锁定，导致飞船解体。当时机上的试飞员是皮特·西博尔德以及迈克·阿尔斯伯里。根据国家运输安全委员会的调查，事故是由阿尔斯伯里的人为错误导致的。他不知怎么的，在速度还未达到1马赫时就解除了"羽毛"锁定，而按照伯特的设计和他们所接受的训练，解除锁定必须是到达那一速度之后。解体的飞船瞬间夺去了阿尔斯伯里的生命。西博尔德在空中受到猛烈的撞击，但仍然和座椅系在一起。他一度丧失了意识，但很快便清醒过来。他立刻解开安全带，拉开了降落伞。着陆时，他只是肩膀受了点伤。阿尔斯伯里是迈克·梅尔维尔的徒弟，迈克一直对他进行训练，正打算把他的加长超轻型飞机留给他。2016 年 2 月，理查德·布兰森在莫哈韦举办了一次活动，揭开了第二架太空船 2 号的面纱，这架被命名为联合号的飞船依然沿用了鲁坦的"羽毛"设计，但加装了锁定保护装置。理论物理学家史蒂芬·霍金在揭幕式上表示："如果我能乘坐这艘飞船，将感到无比骄傲。"布兰森说："我想，我们今天要去一个地方，比过去要快得多了。我还希望我们的旅程不会那么痛苦，相信那一天已经不远了。如果没有 X 大奖，我们今天也不会站在这儿。是的，正是这个大奖开启了人类的太空之旅。我还相信，通过我们的努力，还将创造出更多的奇迹，比如杰夫·贝佐斯和埃隆·马斯克正在从事的工作。人类不会甘于平凡的生活，会向极限发起一次又一次的挑战。"

2006 年 9 月，阿努什·安萨里成为世界上第一位女性太空游客，伊朗第一位到达太空的女性，同时也是第四名到达国际空间站的太空游客。正是由于她与彼得·戴曼迪斯的联系，她去太空旅行的梦想成为现实。彼得·戴曼迪斯与埃里克·安德森共同创办的太空探险公司作为中间人安排了此次太空之旅。

约翰·卡马克和他在犰狳航空航天公司的团队后来继续为火箭竞赛联盟打造有人驾驶的火箭动力飞机，同时也在向太空边缘发射电脑控制的火箭。他们甚至有一年的时间都在创造营业利润。从 2006 年开始，卡马克团队的志愿者变成领薪水的全职员工，卡马克也开始注意他所谓的"职业中的葡匐主义"。他解释说："一项活动一旦成为人们的工作，人们便会寻求别的一些爱好，比如赛车、开模型飞机或者其他娱乐活动。以前我们一周只有两天时间，每个人都专注地做手头的事情。后来，我们开始与美国国家航空航天局合作，那里有现成的蓝图、图解，以及技术评审资料，这反倒让团队变得松散了。"卡马克现在是 Oculus Rift 公司的首席技术官，他说："我依然对航天方面的一些想法很感兴趣，所以等我把虚拟现实这一块厘清之后，还是有可能回来继续做航天方面的事情。我对我们所做的工作并不感到遗憾。虽然有些目标尚未达到，但我们已经尽力。"

X 大奖有了归属之后，包括布兰森、马斯克以及贝佐斯在内的企业家都开始创建立自己的太空公司。阿根廷人巴勃罗·德·利昂经过一番观察之后，意识到私营太空公司对宇航服存在需求。基于前期的一些努力，他成为宇航服方面的知名专家，并创办了一家开发商业宇航服的公司。2004 年，他进入北达科他州大学的空间研究系工作，开始是做载人航天飞行方面的研究员，2013 年成为教授。利昂获得了美国国家航空航天局的一些项目资助，用以开发探索月球和火星的宇航服，并为学校争取到200 多万美元的外部资金。他目前正在利用美国国家航空航天局的资金，开发充气式火星宇航服样品。

杜米特鲁·波佩斯库于 2014 年离开罗马尼亚，在新墨西哥建立了ARCA 太空公司总部。该公司现主要制造大型无人机，包括比商用飞机飞得更高的电动无人机。同时，它也在制造高空气球及亚轨道飞行器。

波佩斯库最近发布了一款新产品——ARCA 风动力滑板。这是一款形如床垫的全复合材料滑板，可以"飞"起一英尺高，给冲浪者一种飞翔的感觉。波佩斯库说，参与 X 大奖改变了他的生活。"我初次听说这个奖项时，就知道它一定能被写进历史。我从未想过放弃。我们创建了一家公司，创立了一个品牌，我们还要继续做下去。"

英格兰追星者工业公司的史蒂夫·贝内特说："对我而言，X 大奖为我一直以来的努力找到了合法性。在 X 大奖之前，人们经常拿我开玩笑；X 大奖之后，同样还是这些人，他们开始敲我的门，问我什么时候能把他们送上太空。"在 X 大奖之后的几年里，贝内特的公司集中力量开发液氧/煤油火箭发动机。2007 年，追星者工业公司打败众多竞争对手，与欧洲航天局签订了"利用私人航天器进行商业性载人航天飞行研究"的协议。2008—2009 年，追星者工业获得了英国国家开发署的资助，负责研究和开发一款适用于太空旅行的环保型火箭发动机。追星者企业团队成功地设计、制造出一系列混合式火箭发动机，并进行了试射。追星者工业的教育服务项目也在不断增加，每年向大约 200 所学校开放火箭与太空项目相关的工场，举办展览并进行讲解。现在，贝内特正在为 2017 年发射公司的新星 2 号载人火箭做准备。"2017 年对我们来说将是不同寻常的一年，"贝内特预测说，"这一年是追星者工业创建的 25 周年纪念，同时，也是斯普特尼克绕地球飞行，由此开启太空时代的 60 周年纪念。新星 2 号的发射，将首次把我们追星者工业的宇航员送入外太空。"

其他 X 大奖的竞争者，包括得克萨斯的吉姆·阿克尔曼依然在从事载人航天项目，并积极地支持私人企业进入太空领域。杰夫·贝佐斯的蓝源公司在"新谢泼德"亚轨道火箭上不断取得突破。该火箭配有推进式垂直着陆系统，现正在努力实现重复利用并降低成本。贝佐斯还在努力地从亚轨道向地球轨道提升。埃隆·马斯克的 SpaceX 创建于加州埃尔塞贡多的一个旧车库中，当时成功的机会确实不大，但发展至今，却一次又一次地创造了历史。公司从创建之初的 30 人，成长为一家超过 4 000 名员工，并拥有世界上最先进的火箭和发动机的企业。在早期，三次大力宣传的火箭发射均告失败。如果再次失败，马斯克将被抛向破产的境地。但公司最终还是取得了成功，成为第一家将火箭射入地球轨道的私人企业、第一家将物资送到国际空间站的私人企业，同时也是第一家将轨道推进器回收至发射平台的私人企业。SpaceX 与美国国家航空航天局签订了 16 亿美元的合同，负责将人员及物资补给送至国际空间站。对于运送宇航员至国际空间站的任务，美国国家航空航天局与 SpaceX 和波音公司都签了合同，两家公司都说它们正在准备 2017 年的载人发射。

后 记 / 梦想正在变为现实

我不惧怕冒险。当机会来临的时候，我总会抓住机会寻求冒险。几年前，我曾坐着我的机动轮椅，顺着旧金山最陡峭的山坡疾驰而下。我四处旅行，去过南极和复活节岛，还乘坐潜水艇潜入过水下。

2007年4月26日，在我65岁生日之后的三个月，我有了一次特别的经历：体验到了零重力。这种体验让我暂时摆脱了身体的困扰，带给我一种真正自由的感觉。在轮椅上坐了40年之后，我终于飘起来了。我体验了4分钟的失重，那种感觉真是妙不可言。感谢彼得·戴曼迪斯以及零重力公司。我当时乘坐的是一架改装过的波音727喷气式飞机，飞机从佛罗里达飞往辽阔的大洋上空，经过一系列姿态调整之后，我便进入这种美妙的失重状态。

到太空旅行一直是我的梦想。彼得·戴曼迪斯告诉我："现在，我可以把你带入失重状态。"那种体验真是太奇妙了，我真想一直体验下去。

现在，我又有了一个前往太空边缘的机会，那就是登上理查德·布兰森的维珍银河所制造的太空船2号——联合号。没有X大奖，没有伯特·鲁坦，就不会有太空船2号。所有参与其中的人都有这样一个共同的愿景：太空应当对所有人开放，而不仅仅属于宇航员和少数幸运儿。理查德·布兰森很快就能让太空飞行成为大众化体验。如果我足够幸运，也将成为较早进入太空的普通乘客。

当理查德提出要在太空船2号上给我预留一个座位时，我立刻就答应了。我患肌萎缩侧索硬化（ALS）已经有50年了。当我21岁被诊断出患有这种疾病的时候，医生估计我只能再活两年。那时我正在剑桥攻读博士，面临的是一项巨大的科学挑战：研究宇宙是否一直都存在，或是将会一直存在，再或者是源于一次大爆炸。我的身体变得越来越虚弱，但头脑却越来越强大。我再也不能用手书写方程式了，但在我的大脑里，却构建出了很多种穿越宇宙的方法，呈现出的是整个宇宙的清晰画面。

让思维一直处于活跃状态，这对于我的生存至关重要。在我生命中，有2/3的时光都是头悬死亡之剑，这也教会了我如何利用好每一分、每一秒。当我还是个孩子的时候，我经常仰望星空，想知道永恒会在何处终结。长大以后，我又问了很多问题，比如我们为什么会在这里？我们来自何方？是上帝创造了宇宙吗？生命的意义是什么？宇宙为什么存在？现在，有些问题我已有了答案，但有些依然没有答案。

和彼得·戴曼迪斯，以及这本书所讲到的所有人一样，我认为我们需要新一代的探索者对我们的太阳系，对更遥远的星空进行探索，而首批私人宇航员就是探索的先驱。我希望我能成为其中一员。我们即将进入崭新的太空时代，一个会让世界变得更加美好的时代。

我相信，商业化的太空旅行是完全有可能的，无论是为了探索，还是为了保护人类自身。我相信，地球上的生命因一场灾难而惨遭灭绝的风险也越来越大，比如突发的核战争、基因改造的病毒，或是其他灾难。我想，如果不去太空，人类是没有未来的。我们需要激励下一代，让他们参与太空和科学事业。要鼓励他们提出问题，比如：我们去太空会发现什么？那儿有外星生命吗？我们是宇宙中唯一的生命吗？在火星上看日落是什么样的呢？

我的轮椅在地球上，但我却放飞着我的梦想。这是我的信念，也是这本书传达的信息——人类的努力是没有止境的。抬高你的眼界，做一个勇敢而善良的人。要仰望星空，而不是只盯着你的脚下。

太空，我来了！

史蒂芬·霍金

理论物理学家，宇宙学家，

六本科学畅销书作者，

另有五本儿童书与女儿露西合著

写于 2016 年

作者按语 /

　　我在 2014 年春天与彼得·戴曼迪斯见过面，那时是因为在写《旧金山纪事报》的一个故事，我对他做了一次采访。记得当时问了彼得一个看似简单的问题："X 大奖是怎么开始的？"彼得笑着问我准备给他多长时间来回答。于是，我立即被彼得的故事吸引了。这是一个关于太空极客追逐梦想、努力走出这个世界的故事，也可以说是一个讲述民间太空竞赛的故事。我喜欢听弱者的故事，他们的历程正如同大卫与歌利亚之间的第一次世界大战。

　　我刚刚对我的前一本书进行了宣传，那本书是关于拉里·埃里森和他角逐美洲杯的故事，以及他与一家蓝领划船俱乐部的会长、一名散热器修理工之间看似不太可能的合作关系。我意识到，彼得的故事，以及那些追逐安萨里 X 大奖的男男女女的故事，完全可以写成这样一本引人入胜的书。于是，我从 2014 年 10 月，也是 X 大奖颁出的 10 年之后，对这个话题展开了调查。不过，我真正全身心地投入，还是从 2015 年早春开始的。

　　我去了佛罗里达，见了彼得的父母和妹妹，从他们那里拿到了一些珍贵的照片、相册和报纸剪辑。我也去过好几次莫哈韦沙漠，有一次是带我儿子诺曼一起去的。他那时才9岁，那些复杂的火箭发动机令他惊叹不已。他说，他从来没有看到过那么复杂的东西。我和缩尺复合体的工程师们在一起待了很长时间，也和布莱恩·宾尼以及他的妻子芭布聊了很多东西，我们聊得非常愉快。布莱恩遭遇挫折以及他决心重返赛场参与角逐的故事让我不由得称赞。我查看了太空船1号的飞行日志，观看了几小时的视频录像，听了音频资料，并阅读了飞船试飞以及正式飞行期间所做的记录。我还采访了众多的观众、其他参赛团队，以及航空航天历史学家。

　　我还花了大量时间接触迈克以及他的妻子萨利，并乘坐了迈克的加长超轻型飞机。迈克开飞机开得很随意，这让我的这段经历也变得非常有趣。我们翱翔在特哈查比山的上空，他让飞机做着翻转和其他令人肾上腺素激增的动作，让我好好地感受了一番。与全世界第一名商业宇航员一起飞行是件令人无比陶醉的事情，他的为人也绝对是世界一流的：谦逊、勇敢、善良。

　　我很荣幸与迪克·鲁坦以及伯特·鲁坦进行了长时间的交流。兄弟俩生来就是为了制造飞机、测试飞机和驾驶飞机。他们是先行者，也是特立独行的人。特别是伯特，脑子里一旦有了新的想法，总会高兴得眼睛一亮。从他的眼睛里，你还可以读到那些具有里程碑意义的记忆。他在航空界备受推崇，但我希望他的故事和才华也能让航空界以外的人有所了解。伯特的的确确是美国伟大的创新者。这一切，从他还是个制造模型飞机的小男孩时就已经初露端倪。

　　为了撰写本书，我还采访了许多人，包括埃隆·马斯克、理查德·布兰森、保罗·艾伦、美国国家航空航天局的丹·戈尔丁，以及联邦航空管理局的玛丽安·布莱奇。我前前后后进行了100多次采访，他们中许多人都是看到我离开了，然后一次次地返回来，似乎总有问不完的问题。我去了达拉斯，约见了Oculus Rift首席技术官约翰·卡马克。他为人处世非常周到，而且超级聪明。我还见了罗塞尔·布林克以及从犰狳航空航天公司过来的团队。我当时开着车，远赴位于美国角落的得克萨斯州，才见到这些不屈不挠的火箭制造者，同时也看到了他们角逐X大奖的飞船残骸。我去西雅图见了埃里克·林德伯格。他的故事真是太精彩了。我发现埃里克很聪明，感情很丰富。他的命运就这样与X大奖连在了一起，这让我很是感慨。我甚至去了圣路易斯，走访了墙球俱乐部——那里是埃里克的祖父查尔斯·林德伯格与赞助商会面的地方。几十年后，同样也是在那里，X大奖找到了赞助者。

当然，还有彼得·戴曼迪斯，一个拥有强大内心，且具有坚韧不拔的毅力的人。在过去一年半的时间里，他除了和我分享他的个人经历，还讲了他的一些社会关系，给我提供了一些照片、视频和音频资料。我听了他所做的长达几小时的有声日志，又听了他在一些会面场合所做的录音。他将早期创办SEDS和国际宇航大学时的剪贴簿暂时交给了我。我与他孩提时代的朋友，还有那些对他产生过影响的老师、教授都一一见了面。彼得还拿出一个封存多年的盒子，里面是他个人的手写日记，时间跨度从1979年上高中时起，到2006年X大奖颁奖两年之后。和其他日记一样，这些日记记录了他的个人经历和思想，是一个男孩成长为男人的过程中，对梦想、渴望、挫折、失败，以及成功最自然的表达。这一切，让我们看到了一个对宇宙的美与浩瀚充满虔诚和坚定信念的人。这一切，都化作他开启私人航天领域的不懈努力。今天，这个梦想已经成为现实。

致　谢 /

　　首先，我想感谢我的朋友兼编辑戴维·路易斯。我的每一本书都有他的功劳，包括现在的这一本。这本书讲述的人物众多，遍布全球；时间跨度长；涉及高深的科学、技术，以及航空航天的历史。而这些都要求在有限的时间内写进书中。其次，我要感谢我的技术顾问保罗·佩德森，他既聪明又喜欢钻研，帮助我理解了很多我无法理解的问题。他从来没有被我那些奇怪而晦涩的问题难住，还欣然为本书添加了多处脚注。

　　我非常荣幸地请到维珍集团创始人理查德·布兰森先生为本书撰写推荐序。同时，史蒂芬·霍金教授为本书撰写了后记。我谨在此表示衷心的感谢，两位大家身后的故事，也让我敬佩不已。对于本书的主题，他们都表示赞同。他们相信，规则就是用来打破的，极限是可以超越的。

　　在此还要特别感谢我在"格什局"一直以来的代理乔·维尔特。在我第一本书还未售出之前，他就给予我信任。在此向他表示衷心的感谢，我们一路的行程充满了乐趣。我还要感谢企鹅出版社的斯各特·莫耶斯。他从读我的大纲起，就对这样一本书产生了浓厚的兴趣。他还帮我取了书名。我们花了好几周的时间，斟酌了几十个题目，甚至还征集了五六个题目，但感觉都不到位。现在确定的书名主要基于这样一些原因：在我看来，人们是在制造，而政府是在建造。而个人制造正在开启一场轰轰烈烈的运动和复兴。本书所讲的，就是卷起袖子自己干，让你心中的宇航之梦变为现实。能有这样一个机会与企鹅出版社博学而有进取的编辑以及才华横溢的团队一起工作，我感到十分欣慰，他们是克里斯托弗·理查兹、亚米尔·安格拉达、克里斯·霍尔姆斯、马特·波依德以及萨比拉·卡恩。

我很幸运能够与X大奖团队一起工作，并想借此机会对马库斯·辛格尔斯、埃斯特·康特、埃里克·德萨特尼克、格雷格·奥布莱恩、科迪·拉普、马克斯·布里克林、乔·波利希，以及黛安娜·墨菲表示感谢。还有很多人花了大量时间与我交谈，包括加里·哈德森、格雷格·马里尼亚克、德若·莫尔纳，以及拜伦·利希滕贝格，在此一并表示感谢。

最后，我要谢谢我的家人——我了不起的母亲康妮·格思里、聪明而富有创造力的兄弟戴维·格思里，还有他的孩子韦恩、劳伦和加勒特，以及我特别而且永远的朋友马丁·马勒。我现在有一个习惯，总喜欢在书的结尾加上一段想对儿子诺曼说的话，他见证了我采访和写作的整个过程，对我挑灯夜战，在假期还要加班的日日夜夜给予了包容。诺曼，你和你同时代的人肯定会喜爱这样一个故事：里面有火箭，有叛逆，有令人兴奋的创新，有巨奖背后的挑战，还有加州高地沙漠中那一个个惊心动魄的时刻。诺曼，这些故事难道对你没有启发吗？努力追寻你的梦想，拒绝说"不"，做出点儿像样的东西来。听听史蒂芬·霍金是怎么说的吧，他说："超越极限的最好方法，就是运用我们的大脑和我们制造出来的机器。"